THE WORLD
WITHOUT US

인간 없는 세상

앨런 와이즈먼 지음 | 이한중 옮김 | 최재천 감수

THE WORLD WITHOUT US

RHK
알에이치코리아

창공은 영원히 푸르고,
대지는 장구히 변치 않으며 봄에 꽃을 피운다.
그러하나 사람아,
그대는 대체 얼마나 살려나?

• • • •

The firmament is blue forever,
and the earth will long stand firm and bloom in spring.
But, man,
how long will you live?

이백 시/한스 베트게 역/구스타프 말러 곡
"중국의 피리 : 대지의 애수를 노래하는 술노래", 관현악곡 〈대지의 노래〉 중에서
(한스 베트게가 의역하고 말러가 곡을 쓰며 다시 고쳐 쓴 이백의 원래 시구는 〈悲歌行〉의 "天雖長, 地雖
久… 富貴百年能幾何"로 추정된다 - 옮긴이)

'인간 있는 세상'이
지속되려면

몇 년째 쓰고 있는 책이 있다. 제목은 일찌감치 'They Know(그들은 알고 있다)'로 붙였다. 우리는 야생동물들이 우리를 모른다고 생각한다. 천만의 말씀이다. 그들은 우리가 누구인지, 우리가 뭘 할 수 있는지 잘 알고 있다.

유리병에 머리가 끼인 여우가 길 한복판에 앉아 있다가 사람들이 다가오자 거침없이 직선 거리로 달려와 머리를 들이댄다. 한 남자가 여우의 목덜미를 잡고 조심스레 병을 빼자 쏜살같이 숲으로 도망간다. 평소에는 사람 근처에 얼씬도 하지 않을 여우가 곤경에 처하자 어쩔 수 없이 사람을 찾은 것이다.

하와이 근해에서 쥐가오리 군무를 구경하는 관광객들에게 큰돌고 래 한 마리가 다가온다. 온몸이 낚싯줄로 감겨 있고 가슴지느러미에 는 낚시 바늘이 박혀 있었다. 잠수부가 자칫하면 지느러미를 잘라낼 수도 있는 절단기를 들고 접근하는데도 돌고래는 무서워하기는커녕 몸을 비틀어가며 잠수부가 잘 자를 수 있도록 불편한 부위를 차례로 드러내 보인다. 그런 상황에서 자신을 구해줄 수 있는 존재는 동료 돌고래가 아니라 인간이라는 걸 잘 알고 있는 듯하다.

코로나19가 예고편을 틀어줬다. 바이러스가 창궐해 사람들이 집 에서 나오지 못하자 세계 곳곳에서 야생동물들이 도시를 활보했다. 호주에서는 캥거루들이 차도를 질주하고, 웨일스에서는 산양들이 떼 를 지어 시내 상점을 기웃거린다. 남아프리카 크루거국립공원에서는 사자 수십 마리가 아스팔트 도로 위에 드러누워 낮잠을 즐기고, 칠레 산티아고에서는 대낮에 퓨마가 길고양이처럼 도심 한복판을 어슬렁 거린다. 우리가 사라지면 이 지구에 무슨 일이 벌어질지 분명히 보여 줬다. 훨씬 평화로워 보인다.

오랫동안 우리는 야생동물이 본디 야행성인 줄 알았다. 많은 야생 척추동물의 눈에는 인간 눈에 없는 특수한 반사판tapetum이 있어서 망막을 통과한 빛이 이 반사판에 부딪혀 다시 망막으로 되돌아오면 밝기가 거의 2배가 된다는 연구 결과까지 들먹이며, 그들은 원래부 터 밤에 돌아다니기를 좋아한다고 설명했다. 그런데 알고 보니 그들 이 우리보다 야간 시력이 탁월한 건 사실이지만 야행을 즐기는 건 아 니었다. 아프리카 가봉의 표범들은 원래 하루 활동의 64퍼센트를 낮에 하는데, 인간의 사냥 활동이 활발한 지역에서는 야행 비율이 무려 93퍼센트로 치솟았다. 폴란드 멧돼지들은 인적 드문 숲속에서 야행 비중이 48퍼센트에 지나지 않지만 도시 인근에서는 90퍼센트에 이른다. 알래스카 불곰들도 생태 관광이 성행하면 76퍼센트가 밤에 돌아다니다가 관광객이 사라지면 그 비율이 33퍼센트로 줄어든다. 그들은 우리의 일거수일투족을 늘 예의주시하고 있다.

138억 년 우주 역사를 1년으로 환산해 보자. 행성 지구가 탄생한 46억 년 전은 얼추 9월 1일경이다. 지구에 생명이 처음 나타난 것은 10월 초였고, 인류는 섣달 그믐날, 그것도 오전도 오후도 아니고 밤 11시 40분이나 돼서야 태어났다. 현생인류(호모사피엔스 Homo sapiens)가 등장한 것은 길게 봐야 25만 년 전이니 11시 59분을 넘긴 시각이다. 우리가 이른바 농업 혁명을 일으키며 인구가 폭발적으로 늘기 시작한 때는 자정을 불과 20초 앞둔 시점이었고, 문화 혁명 르네상스는 자정 1초 전에 일어났다. 빌 브라이슨은 《거의 모든 것의 역사》에서 이렇게 묘사한다. "두 팔을 완전히 펴고, 그것이 지구의 역사 전체를 나타낸다고 생각해 보는 것이다. (…) 인간의 모든 역사는 손톱줄로 손톱을 다듬을 때 떨어져 나오는 중간 크기의 손톱 가루 한 알 속에 들어가 버린다."

생물학자들은 종종 쓸데없는 내기를 한다. 요사이 우리는 인간이 과연 지금까지 살아온 시간만큼 생존할 수 있을지를 두고 내기를 하고 있다. 나는 잠시도 머뭇거리지 않고 턱없다고 답했다. '인간 없는 세상'은 우리가 생각하는 것보다 훨씬 일찍 올 것 같다. 이 책의 저자

앨런 와이즈먼은 그런 세상이 언제 닥칠지에 대해 정확하게 짚어주진 않았지만, 유발 하라리는 《사피엔스》에서 인간의 군림은 앞으로 300년을 넘지 못할 것이라고 예언했다. 2016년 4월 26일 그가 방한했을 때 가진 대담에서, 나는 300년은 고사하고 이번 세기 안에 인류가 멸종한다 해도 눈 하나 깜짝하지 않겠다고 말했다. 기후 변화와 생물다양성 감소 등 지금 우리가 저지르고 있는 온갖 환경 파괴의 현장을 지켜보노라면 인간은 영락없이 스스로 갈 길을 재촉하는 어리석은 동물이다. 섣달 그믐 11시 59분이 넘어 태어났지만, 자정을 지나 불과 몇 초를 더 버티지 못하고 떠날 것만 같다.

환경 문제가 심각해지자 지구의 미래가 걱정스럽다고 말하는 이들이 있다. 웬 착각인가? 지구는 끄떡없다. 우리가 사라질 뿐이다. 그리고 우리가 사라지면 공기와 물이 다시 맑아지며 지구는 훨씬 살기 좋은 곳으로 되돌아갈 것이다. 와이즈먼은 인간이 사라진 바로 이튿날부터 자연이 집 청소를 시작할 것이라고 내다본다. 그리고 그 청소는 물 청소일 것이란다. 생명의 본질인 물이 인간 생명의 흔적을 지우는 데 앞장서다니 이 무슨 어이없는 역설인가? 그의 예측에 따르면, 인간이 사라지고 겨우 이틀 후면 뉴욕시 지하철 역사가 물에 잠긴다. 지하철 터널이 수압을 못 이겨 터지지 않도록 매일 5,000만 리터의 물을 퍼내고 있었는데, 그걸 못 하면 불과 이틀 만에 도시의 지하철 시스템은 간단히 끝장나고 만다. 세계에 자랑할 만한 서울 지하철도 예외가 아니다. 3년 후면 온갖 배관들이 터지고, 댐들이 무너지는 데도 그저 100년이면 충분하다. 대기 중 이산화탄소가 인간이 탄생하기 이전 수준으로 돌아가려면 적어도 10만 년이 걸릴 것이고, 플라스틱을 분해하는 미생물이 진화하려면 족히 수십 내지 수백만 년을 기다려야 한다. 50억 년쯤이면 지구도 불타 없어진단다. 새해 8월 어느 날이다.

이 책이 처음 출간된 해가 2007년이니, 벌써 13년 전인데 플라스틱으로 인한 환경 오염과 건강 피해에 관한 논의는 마치 2020년 상황을 지켜보며 집필한 듯 절절하다. 사스 코로나 바이러스에 관한 설명도 코로나19 팬데믹을 예견하는 듯 생생하다. 과학을 바탕으로 한 와이즈먼의 상상력은 실로 경이롭고 흥미진진하다.

2020년 우리는 가공할 전염병과 엄청난 물난리에 시달렸다. 누구는 이를 두고 '자연의 역습'이라 한다. 하지만 자연이 무슨 두뇌를 가진 존재도 아닌데 어떻게 역습을 기획할 수 있으랴? 이 모든 것은 다 우리가 저지른 일이다. '인간 없는 세상'이 다가오는 배경에도 인간 스스로 저지르는 오류와 만행이 널려 있다. 우리가 저지르고 있다면 멈출 수도 있다는 말이다. '인간 있는 세상'의 지속은 우리의 각오와 노력에 달려 있다.

2020년 9월
최재천

사람과 사람, 사람과 자연의 화해를 꿈꾸며

한국의 독자분들께 인사드립니다.

저는 이 책을 쓰기 위해 수많은 나라의 다양한 지역을 여행해야 했습니다. 그중 가장 기억에 남는 곳이 바로 여러분의 나라입니다. 한국에서 받은 도움과 환대를 어떤 표현으로 감사해야 할지 모르겠습니다. 특히 지구상의 다른 지역에서는 달리 찾아보기 힘든 비무장지대에 가볼 수 있었던 것은 저에게 너무도 특별한 경험이었고, 그토록 특별한 선물을 안겨준 한국과 한국의 친구들에게 더없이 고맙게 생각하고 있습니다.

한반도를 둘로 나눈 슬픔은 희한하게도 기적을 낳기도 했습니다.

남북한을 가르는 폭 4킬로미터의 무인지대는 반세기 만에 아시아에서 가장 귀한 멸종 위기의 야생종들에게 훌륭한 안식처가 되었습니다. 그토록 많은 사람이 목숨을 잃은 전쟁이 없었다면 비무장지대에 대피해 살고 있는 많은 동식물이 전부 멸종해 버렸을지도 모른다는 사실은 참으로 아이러니가 아닐 수 없습니다. 하지만 그런 아픈 진실 속에 엄청난 기회가, 진정한 희망이 있기도 합니다.

세계의 많은 과학자와 시민들이 힘을 모아 비무장지대를 국제적인 평화공원으로 선포하자는 제안을 했습니다. 그것은 우리 지구에 주는 생명의 선물이 될 것입니다. 더없이 귀한 이 초록의 띠를 보존한다는 것은 무엇보다 한국인들이 그토록 아끼는 두루미 같은 환상적인 생물에게 안식처를 마련해 주는 일이기도 합니다. 또한 20세기에 있었던 세계 거대 문명들 사이의 엄청난 대결을 기억하는 일이 되기도 할 것입니다.

지금도 그러한 대결은 한반도에서 계속되고 있으며, 어디에 살건 모든 인간이 직면하게 되는 새로운 양상으로 나타나기도 합니다. 그것은 우리의 욕심이 너무 지나쳐서 우리도 자연도 생존이 불가능해지기 전에 우리 아닌 자연과 균형을 이루며 사는 방법을 찾아내느냐의 문제입니다.

저는 이 책을 통해 인간 없는 세상을 상상해 봤습니다. 그러면 이 지구상에서 우리와 함께 살고 있는 모든 생물을 더 분명히 볼 수 있고, 자연과 대결하지 않고 조화를 이루며 공존할 수 있는 방법을 모색하는 데도 도움이 될 것 같았습니다. 남북한은 비무장지대라고 하

12

는 공유지를 보존함으로써 대체 불가능한 많은 생물종을 살릴 수 있을 뿐만 아니라, 온 세계가 아끼는 독특한 연구지이자 지극히 아름답고 역사적인 곳을 만들 수 있을 것입니다. 그리하여 국제사회의 지대한 호평과 호의를 받을 것이며, 아마도 서로가 더 가까워질 것입니다!

사람과 사람 그리고 사람과 자연이 화해하게 할 수 있다는 신념은 진정으로 아름다운 꿈입니다. 저에게 그런 꿈을 꾸게 해준 한국에 진심으로 감사합니다.

2007년 가을
앨런 와이즈먼

▌인간 없는 세상 연대기

우리가 사라진 후, 지구는 어떤 변화를 겪게 될 것인가? 이 세상에서 인류와 함께 사라져 갈 것은 무엇이며, 우리가 이 세상에 남기게 될 유산은 무엇인가?

2일 후	뉴욕의 지하철역과 통로에 물이 들어차 통행 자체가 불가능해진다.
7일 후	원자로 노심에 냉각수를 순환시키는 디젤 발전기의 비상연료 공급이 소모된다.
1년 후	무전 송수신탑의 경고등이 꺼지고 고압전선에 전류가 차단된다. 그 결과, 고압전선에 부딪혀 매년 5억 마리씩 희생되던 새들이 더 살기 좋은 세상을 만나게 된다.
3년 후	난방이 중단되면서 갖가지 배관들이 얼어 터진다. 수축과 팽창을 거듭하면서 건물이 손상된다. 예컨대 벽과 지붕 사이의 이음매에 균열이 생긴다. 도시의 따뜻한 환경에 살던 바퀴벌레들은 겨울을 한두 번 거치는 동안 멸종된다.
10년 후	지붕에 가로세로 약 46센티미터의 구멍이 나 있던 헛간이 허물어진다. 사람 없는 집은 대부분 50년, 목조가옥이라면 기껏해야 10년을 못 버틴다.
20년 후	고가도로를 지탱하던 강철기둥들이 물에 부식되면서 휘기 시작한다. 파나마 운하가 막혀버리면서 남북 아메리카가 다시 합쳐진다. 우리가 즐겨 먹던 일반적인 밭작물들의 맛이 지금 같지 않은 야생종으로, 그러니까 인간의 입맛에 맞게 개량되기 전 상태로 되돌아간다.
100년 후	상아 때문에 죽임을 당하는 일이 없어지면서 코끼리 개체 수가 20배로 늘어난다. 반면 너구리, 족제비, 여우 같은 작은 포식자들은 인간이 남긴 생존력이 엄청나게 강한 고양이 등에 밀려 개체 수가 오히려 줄어든다.
300년 후	흙이 차오르면서 넘쳐흐르던 세계 곳곳의 댐들이 무너지기 시작한다. 강 삼각주 유역에 세워진 미국의 휴스턴 같은 도시들은 물에 씻겨나가 버린다.

500년 후	온대 지역의 경우 교외가 숲이 되면서 개발업자나 농민 들이 그곳을 처음 보았을 때 모습을 닮아간다. 알루미늄으로 된 식기세척기 부속과 스테인리스스틸로 된 조리기구가 풀숲에 반쯤 덮인 채 있다. 플라스틱 손잡이는 본체에서 떨어져 나왔어도 여전히 멀쩡하다.
1,000년 후	뉴욕시에 남아 있던 돌담들이 결국 빙하에 무너진다. 인간이 남긴 인공구조물 가운데 이때까지 제대로 남아 있는 것은 영불해협의 해저터널뿐이다.
3만 5,000년 후	굴뚝산업 시대에 침전된 납이 마침내 토양에서 전부 씻겨나간다. 이에 비해 카드뮴은 완전히 씻겨나가기까지 7만 5천 년이 걸린다.
10만 년 후	대기 중 이산화탄소 수치가 인류 이전의 수준으로 떨어진다(좀더 걸릴 수도 있다).
25만 년 후	금속 케이스가 일찌감치 부식된 플루토늄 핵폭탄의 플루토늄 수준이 지구의 자연적인 배경복사 수준으로 떨어진다.
수십~수백만 년 후	플라스틱을 분해할 수 있는 미생물이 진화한다.
1억 20만 년 후	인류가 남긴 청동 조각품은 아직도 형태를 알아볼 수 있다.
30억 년 후	우리가 상상하지 못할 모습이겠지만 갖가지 생명체가 여전히 지구상에 번성할 것이다.
45억 년 후	미국에만 50만 톤 있는 열화우라늄-238이 반감기에 이른다. 태양이 팽창함에 따라 지구가 뜨거워지기 시작한다. 적어도 10억 년 동안은 지구 최초의 생물을 닮은 미생물이 다른 어느 생물체보다 오래 남을 것이다.
50억 년 이후	죽어가는 태양이 내행성들을 모두 감싸면서 지구가 불타버릴 것이다.
영원히	파편화된 것이긴 해도 우리가 남긴 라디오와 텔레비전 방송 전파는 계속해서 외계를 떠돌아다닐 것이다.

차 례

원숭이에 얽힌
화두 하나

2004년 6월의 어느 아침이었다. 아나 마리아 산티가 야자나무 잎으로 이은 커다란 천막의 기둥에 기대앉은 채, 모여 있는 부족 사람들을 못마땅한 얼굴로 바라보고 있었다. 이곳은 아마존강이 에콰도르를 지나며 만드는 지류인 코남부강 가의 작은 마을 마사라카다. 70년 세월에도 여전히 숱 많고 까만 머릿결만 빼면 그녀는 어느 모로 보나 말라비틀어진 콩깍지 같았다. 퀭한 눈은 짙은 얼굴 주름의 소용돌이에 갇혀버린 두 마리의 파리한 물고기 같았다. 그녀는 사투리 섞인 키추아 말로 그리고 거의 소멸된 언어인 사파라 말로 조카딸과 손녀들을 나무라고 있었다. 동튼 지 채 한 시간도 안 됐는데 조카딸과 손녀들을 비롯해 마을 주민 전부가 벌써 술에 취해 있었던 것이다.

무슨 일인가 했더니 '밍가'라고 하는 잔치였다. 마흔 명쯤 되는 사파라 원주민들이 통나무 벤치에 앉아 둥글게 모여 있었다. 그들 중 몇몇은 얼굴에 칠을 하고 있었다. 아나 마리아의 남동생이 카사바 (2~3미터 크기의 나무로, 녹말 성분이 많은 덩이뿌리를 얻기 위해 열대에서 흔히 재배되는 작물 - 옮긴이) 밭을 새로 만드느라 숲을 베고 불을 질러준 사람들에게 한턱내는 잔치였다. 그들은 '치차'라는 술을 몇 리터째나 마시고 있었다. 아이들까지도 탁 쏘는 이 젖빛 술을 사발에 가득 담아 벌컥벌컥 들이켰다. 이 술은 사파라 여인들이 카사바 과육을 종일 씹어 침으로 발효시켜 만든다. 머리에 풀 댕기를 드린 두 소녀가 모인 사람들 사이로 다니며 치차 사발을 채워주거나, 메기 죽을 담은 접시를 건네주었다. 노인과 손님들에게는 초콜릿처럼 까만 삶은 고기를 대접했다. 그러나 제일 연장자인 아나 마리아 산티는 그 어느 것도 입에 대지 않았다.

인류가 새천년으로 확 돌진해 진입한 지 이미 오래지만 사파라 사람들은 석기시대에도 완전히 접어들지 않은 상태였다. 거미원숭이를 조상이라 믿는 이들은 아직도 사실상 나무에 살고 있다. 야자나무 잎으로 짠 지붕을 받치기 위해 덩굴로 야자나무 기둥들을 묶어 살고 있으니 말이다. 카사바가 들어오기 전까지 채소로는 야자나무 속을 주로 먹었다. 단백질을 얻기 위해서는 그물로 물고기를 잡거나 대나무 화살이나 블로건(입으로 불어 쏘는 바람총 - 옮긴이)으로 맥貘, 페커리(멧돼지를 닮은 반추동물 - 옮긴이), 메추라기, 큐라소(칠면조를 닮은 새 - 옮긴이)를 사냥했다.

그런 사냥감들은 아직 있긴 하지만 얼마 남지 않았다. 아나 마리아는 자기 조부모가 어릴 때만 하더라도 숲이 부족을 넉넉히 먹여주었다고 했다. 당시 사파라족은 아마존 유역에서 가장 큰 부족의 하나로 인구가 20만 명에 달했는데도 그랬다고 한다. 그 많은 인구가 강옆에 마을들을 이루고 옹기종기 모여 살았다는 것이다. 그러다 멀리서 큰 사건이 벌어졌고, 그 뒤로 그들의 세계는 모든 것이 달라지기 시작했다. 물론 다른 곳들도 마찬가지겠지만 말이다.

바로 헨리 포드가 자동차를 대량생산하는 법을 알아냈던 것이다. 튜브와 타이어에 대한 수요가 급증하자 아마존 유역에서 배가 다닐 만한 곳이면 다 뒤지고 다닐 만큼 야심만만한 유럽인들도 늘어났다. 그것은 고무나무가 자라는 땅을 빼앗아 고무즙을 짜낼 노동력을 강탈하기 위해서였다. 에콰도르에서 그들은 고지대에 사는 키추아 원주민들의 도움을 받았다. 일찍이 스페인 선교사들의 전도를 받은 키추아족은 저지대 이방인인 사파라인들을 사슬에 묶어 쓰러져 죽을 때까지 노동시키는 데 기꺼이 동조했다. 사파라 부녀자와 소녀들은 씨받이나 성노예로 끌려가 강간을 당하고 죽어갔다.

1920년대가 되자 동남아시아의 대규모 고무농장들이 남미가 차지하던 야생 고무즙 시장을 잠식해 버렸다. 고무 수요로 인한 대량학살을 겨우 피할 수 있었던 불과 몇백 명의 사파라인들은 숨어 살았다. 일부는 자신들의 땅을 차지한 원수인 키추아족 사이에서 키추아인 행세를 하며 살았고, 페루로 피난을 가기도 했다. 에콰도르 사파라족은 공식적으로 절멸한 것으로 알려졌다. 그러던 1999년, 페루와 에콰도르의 오랜 국경분쟁이 종결되자 페루에 살던 한 사파라의 샤먼이 에콰도르 국경으로 걸어와 발견되었다. 그는 드디어 친족을 만나러 왔노라고 했다.

재발견된 에콰도르 사파라인들은 인류학계의 일대 사건이 되었다. 정부에서는 대대로 물려받은 땅에 대한 그들의 권리를 극히 일부이긴 했지만 인정해 주었다. 유네스코는 그들의 문화와 언어를 되살리도록 보조금을 주기도 했다. 당시 고유의 부족어를 할 줄 아는 사람은 단 네 명뿐이었고, 아나 마리아가 그중 하나였다. 그들이 알던 숲은 대부분 사라진 뒤였다. 그들은 지배자인 키추아족으로부터 쇠로 만든 벌채칼로 나무를 베고 등걸을 태워버린 다음 카사바 심는 법을 배웠다. 한번 수확한 땅은 몇 년을 묵혀야 했다. 울창하고 높디높던 숲은 온 사방이 새로 자라는 호리호리한 월계수, 목련, 코파야자수로 바뀌어 갔다. 이제 카사바는 그들의 주식이 되어 치차의 형태로 온종일 소비되었다. 사파라족은 21세기까지 살아남긴 했으나 얼근히 취한 채 돌아와서 늘 그 상태로 지냈다.

여전히 사냥을 하긴 했으나 며칠을 돌아다녀도 맥 한 마리, 심지어 메추라기 한 마리도 구경 못 하는 때가 많았다. 그러자 그들은 금기였던 거미원숭이 사냥을 시작했다. 아나 마리아는 손녀들이 권하는 그릇을 다시 밀쳐냈다. 엄지 없는 조그만 손이 바깥까지 튀어나온 초콜릿 빛깔의 고기가 담긴 그릇이었다. 자신이 마다한 삶은 원숭이 고기를 찌푸린 턱으로 가리키며 그녀는 말했다.

"조상을 잡아먹는 지경까지 왔으니, 이제 더 남은 게 무엇이냐?"

발생지인 숲과 초원으로부터 너무 멀리 벗어나 버린 상황에서 동물 단계의 선조와 이어져 있다고 느끼는 사람은 거의 없다. 아마존의 사파라인들이 그런 감각을 갖고 있다는 것은 놀라운 일이다. 인간이 다른 영장류들로부터 분화된 것은 다른 대륙에서 벌어진 일이기 때문이다. 그렇긴 해도 우리는 이제 아나 마리아의 말뜻을 막연하게나마 알 수 있다. 지금까지 해온 것처럼 설렁설렁 넘어가다 보면 딱히 동족을 잡아먹는 지경까지는 아니어도 아주 끔찍한 선택의 기로에 서게 되지 않을까?

한 세대 전 인간은 핵전쟁에 의한 절멸의 위기를 넘겼다. 운이 좋으면 계속해서 핵 위기나 그 밖의 어마어마한 공포를 피할 수 있을 것이다. 그런데 이제는 본의 아니게도 우리 자신이 속한 지구를 너무 오염시키고 뜨겁게 데워버린 것이 아닌가 하는 자문을 하기에 이르렀다. 또 우리는 물과 토양이 유실되도록 마구 써버렸다. 아마 다시는 돌아오지 못할, 수많은 생물종들을 짓밟아 없애버렸다. 우리가 사는 세상이 어느 날 우거진 잡초 사이로 까마귀와 쥐들만 몰려다니며 서로를 잡아먹는 폐허로 전락할 수 있다고 우려하는 목소리도 있다. 만일 그 지경이 된다면, 탁월하다는 지능에도 불구하고 우리가 어렵사리 살아남는 존재들 중 하나가 된다는 보장이 있을까?

앞으로 어떻게 될지는 아무도 모른다. 추측을 해본다 해도, 최악의 사태가 벌어질 수도 있다는 걸 완강히 거부하려는 태도 때문에 판단이 흐려지기 십상이다. 우리는 파국의 조짐이 주는 공포에 질리지 않도록 그것을 간단히 부인하거나 무시해 버리는 성향이 있는데, 그런 성향에 워낙 오래 길들여진 탓에 서서히 망해가고 있는지도 모른다.

그런 성향에 속아 다 망해버릴 때까지 기다린다는 것은 딱한 노릇이다. 그 때문에 불길한 조짐이 점점 악화되는 꼴을 더 잘 견딜 수 있게 된다면 그나마 다행이다. 터무니없는 희망이 창조적 능력을 불러일으켜 인류를 멸망의 구렁텅이에서 구해낸 경우도 있었으니 말이다. 그렇다면 창조적인 실험을 한번 해보자. 최악의 사태, 즉 인간의 멸종을 기정사실로 받아들인다고 가정해 보자. 그러나 핵 참사나 소행성과의 충돌 또는 그 밖의 가공할 힘에 의해 지상의 거의 모든 존재가 다 사라지고, 혹여 남게 된 극히 일부의 존재도 완전히 다르게 바뀐다는 것이 아니다. 대단히 우울한 생태학적 시나리오에 따라 우리가 아주 고통스럽게 많은 생물종을 함께 끌고 서서히 멸종해 간다는 것도 아니다.

우리 모두가 느닷없이 사라져 버린 뒤의 세상을 상상해 보자는 것이다. 그것도 내일 당장 말이다.

별로 그럴듯하지 않을지 모르지만 논의를 위해서는 불가능한 것도 아니다. 가령 자연 상태의 것이든 나노공학을 이용해 극악무도하게 만들어 낸 것이든 호모사피엔스한테만 있는 바이러스가 우리만 싹 멸망시키고 다른 생물들은 전부 그대로 내버려 둔다고 하자. 또는 인간을 혐오하는 마귀가 우리를 침팬지 아닌 사람으로 만들어 주는 3.9퍼센트의 고유한 DNA를 공략하여 초토화하거나 우리의 정자를 불모화해 버린다고 하자. 그도 아니면 예수님이나 외계인이 우리를 휴거携擧하여 은하계 어딘가에 있는 지극히 복된 세계로 데려가거나 동물원으로 끌고 간다고 하자.

지금 우리가 살고 있는 주변을 한번 둘러보자. 집과 도시, 주위의 지대, 그 아래의 포장된 땅, 그 땅 속에 숨겨진 흙 등을 다 그대로 두고 인간만 몽땅 추려내는 것이다. 우리를 다 쓸어버리고 나면 무엇이 남는지 보자. 우리가 다른 생물들에게 가하는 무지막지한 압력의 부담에서 갑자기 해방되면 자연은 과연 어떻게 반응할까? 우리가 가동하고 있는 뜨거운 엔진이 전부 꺼지고 나면 기후는 얼마나 빨리 이전 상태로 회복될 수 있을까? 가능하긴 할까?

잃어버린 땅을 되찾아 아담 또는 호모하빌리스 이전 시절의 푸른 빛깔과 향기를 되살리려면 얼마나 오래 걸릴까? 우리가 남긴 흔적을 자연이 전부 지워버릴 수나 있을까? 우리의 어처구니없는 도시와 토목공사의 결과물들을 다 어쩔 것인가? 무수한 플라스틱이며 비닐이며 독성 합성물질을 본래의 순한 원소로 되돌릴 수 있을까? 자연에서 너무 벗어난 것들은 영영 분해되지 않고 그대로 남지 않을까?

우리가 창조한 가장 훌륭한 것들, 예컨대 건축, 미술, 정신의 발현 등은 어떻게 될까? 태양이 팽창하여 지구를 잿더미가 되도록 태워버릴 때까지 남아 있을 만한 무궁한 것이 과연 있을까?

지구가 다 타버린 뒤에라도 우주에 우리의 자취가 희미하게나마 남기는 할까? 계속 퍼져나가는 빛이나 메아리가 남아 있을까? 우리가 한때 여기 있었다는 신화 등이 별들 사이에 남을까?

인간 없는 세상이 어떻게 될지 감을 좀 잡으려면 현재 이전의 세상을 살펴볼 필요가 있다. 우리는 시간여행자가 아니며, 화석상의 기록은 단편적인 흔적일 뿐이다. 그 기록이 완벽하다 할지라도 미래가 과거와 아주 똑같으리라는 보장은 없다. 수많은 생물종이 우리한테 철저히 파괴당했기 때문에 다시는 되돌아오지 못할 가능성이 다분하다. 회복 불능의 일을 워낙 많이 저질렀으므로 우리가 사라진 다음의 세상은 우리가 애초부터 없던 세상과 같지 않을 것이다.

반면 별 어려운 일이 아닐 수도 있다. 자연은 과거에 그보다 더한 상실을 겪으면서도 빈틈을 메운 적이 있었다. 그리고 지금도 우리의 모든 감각이 우리 이전의 에덴에 대한 살아 있는 기억을 들이마실 수 있는 곳들이 지구에 조금은 남아 있다. 그런 곳들은 기회만 주어지면 얼마든지 다시 무성한 자연으로 되살아날 수 있을지도 모른다는 기대를 갖게 한다.

상상하는 김에 자연이 우리의 멸종에 의존하지 않으면서 번성할 수 있는 방법도 꿈꿔볼 수 있지 않을까? 우리도 결국은 포유류의 일종이며, 모든 생명체는 자연이라는 화려한 축제에 초대된 손님이다. 우리가 가버리고 나면 우리가 못 다한 역할 때문에 지구가 조금은 더 빈약한 곳이 될 수도 있지 않을까?

우리 없는 세상이 거대한 안도의 한숨을 내쉬는 대신, 우리의 부재를 안타까워할 수도 있지 않을까?

chapter1

미지의
세상으로의 여행

THE WORLD
WITHOUT US

1
희미한 에덴의 향기

유럽의 시골이 어느 날 원래의 숲으로
되돌아간다는 생각을 하면 가슴이 두근거린다.
그러나 마지막 남은 인간들이 벨라루스의 철의 장막을 걷어내지 않는다면,
이곳의 들소도 인간들과 함께 사라져 버리고 말 것이다.

혹시 '비아워비에자 푸슈차'라는 말을 들어본 적이 있는가? 만일 북미나 일본, 한국, 러시아, 구소련의 몇 나라, 중국 일부, 터키, 동유럽, 서유럽의 상당 부분에 걸쳐 있는 온대 지역에서 자란 사람이라면 그것을 기억해 낼 수 있을 것이다. 그렇지 않고 툰드라나 사막, 아열대나 열대, 팜파스(아르헨티나를 중심으로 한 초원 지대 - 옮긴이)나 사바나 같은 곳에서 태어났다고 해도 이 '푸슈차'라는 말과 친연親緣이 있는 땅이 기억을 자극할 것이다.

폴란드의 옛말인 푸슈차puszcza는 원시림이란 뜻이다. 폴란드와 벨라루스 사이 국경에 걸쳐 있는 2,000제곱킬로미터 면적의 비아워비에자 숲에는 유럽에서 마지막 남은 저지대 처녀림이 있다. 어릴 적 그림 형제의 동화를 읽을 때 눈을 감으면 어른거리던 안개 자욱하고 음산한 숲을 생각해 보자. 이곳에는 물푸레나무와 보리수나무가 45미터 높이까지 치솟아 있다. 숲의 거대한 머리 부분이 드리우는 그늘 아래 습한 바닥에는 양치식물, 접시만한 버섯류, 관목들이 얽혀 있다. 500년은 된 이끼를 입은 참나무는 어찌나 큰지 딱따구리가 7센티미터도 넘는 나무껍질의 골 사이에다 가문비나무 솔방울을 저장해 둔다. 짙고 서늘한 공기는 깊은 정적에 감싸여 있다. 이따금 잣까마귀의 까악 소리, 난쟁이올빼미의 나직한 휘파람, 늑대의 울음이 잠시 정적을 깨지만 숲은 이내 고요를 되찾는다.

숲 바닥에 태곳적부터 쌓여온 낙엽이나 나무 등이 풍기는 향긋한 냄새는 비옥함이 원래 어떤 것인지를 말해주는 듯하다. 비아워비에자 숲의 풍부한 생명력은 전부 죽은 것들 덕분이다. 땅 위에 있는 유기물 덩어리 중 거의 4분의 1은 나름대로 썩어가는 중이다. 4,000제곱미터 규모의 면적마다 9만 5,000세제곱미터가 넘는 양의 분해 중인 나무줄기나 떨어진 나뭇가지가 온갖 무수한 버섯, 이끼, 나무좀, 굼벵이, 미생물 등을 먹여 살린다. 숲이라고 하지만 실은 사람의 관리를 받아 말끔하기만 한 인공림에는 대부분 없는 것들이다.

이런 생물들 말고도 족제비, 담비, 너구리, 오소리, 수달, 여우, 스라소니, 늑대, 노루, 사슴, 독수리의 먹이가 되는 종류도 헤아릴 수 없이 많다. 여기에는 유럽 대륙 내의 다른 어느 곳보다 많은 생물이 산다. 그렇다고 주변에 이곳에만 사는 생물종에게 알맞은 특별한 산이나 골짜기가 있는 것도 아니다. 비아워비에자 숲은 한때 동으로는 시베리아, 서로는 아일랜드까지 뻗어 있던 지역의 일부 유적일 뿐이다.

이렇게 끊어지지 않고 내려온 생물의 유산이 유럽에 존재할 수 있었던 것은 물론 특별한 행운 없이는 불가능했을 것이다. 14세기에 리투아니아의 대공大公 브와디스와프 야기에우워라는 사람이 있었다. 그는 자신의 방대한 공국을 폴란드 왕국과 성공적으로 통합한 다음 이 숲을 왕립 사냥보존림으로 선포했다. 이 폴란드-리투아니아 연합국이 결국 러시아에 복속되자 비아워비에자 숲은 차르의 사유지가 되었다. 그러다 제1차 세계대전 때 독일이 이곳을 점령하면서 목재를 가져다 쓰고 마구잡이로 사냥을 하기도 했으나 자연 그대로의 중심부는 원래대로 보존되었고, 1921년에 폴란드의 국립공원이 되었다. 그 뒤 소비에트 치하 때 잠시 목재 약탈이 재개되었으나, 나치가 차지하면서 자연광狂인 헤르만 괴링이 보존림 전체를 자기만 들어갈 수 있는 금지 구역으로 지정했다.

제2차 세계대전이 끝난 뒤에는 스탈린이 어느 저녁 바르샤바에서 술김에 이 숲의 5분의 3을 폴란드에게 주었다는 이야기가 있다. 공산 치하에서는 일부 엘리트들이 사냥용 별장을 지은 것 말고는 변화가 거의 없었는데, 그중 한 곳에서 1991년에 구소련을 해체하는 협정의 조인식이 있었다. 그런데 이 태고의 보존림은 군주와 독재자의 700년 치하 때보다 폴란드의 민주화와 벨라루스의 독립 이후에 더 위협받게 되었다. 양국의 산림당국이 숲을 건강하게 보존하려면 관리를 강화해야 한다는 선전을 대대적으로 시작했던 것이다. 그러나 관리라는 말은 결국 가만히 두면 언젠가는 쓰러져 숲의 거름이 되어 줄 거목들을 베어내기 위한 그리고 팔기 위한 입발림에 지나지 않는 경우가 대부분이다.

· · · · ·

유럽이 한때는 전부 이런 푸슈차 같았다는 생각을 하다 보면 깜짝 놀라게 된다. 이 숲에 들어가 보면 우리 대부분은 자연이 의도했던 바를 희미하게나마 닮게 되어 있다는 것을 깨닫는다. 북반구 전역에 펼쳐진 대체로 왜소한 2차림이나 구경하며 자란 사람이 이곳에 와서 줄기 폭이 2미터나 되는 말오줌나무를 보노라면, 또 므두셀라처럼 덥수룩한 노르웨이 가문비나무 등 엄청나게 큰 키의 거목들 사이를 걷노라면, 마땅히 아마존이나 남극에 온 만큼이나 이국적인 느낌이 들어야 할 것이다. 그러나 놀랍게도 얼마나 원초적인 친근감이 느껴지는지 모른다. 너무도 완벽하다는 느낌이 세포로 전해지는 듯하다.

안드셰이 보비에츠는 대번에 그런 느낌을 받은 사람이다. 그는 폴란드 크라쿠프에서 임학林學을 공부하면서 숲이 최대한의 생산력을 갖도록 관리하는 훈련을 받았다. 숲 바닥에 떨어져 있는 '필요 이상의' 유기물을 제거함으로써 나무좀 같은 해충이 번식하지 못하도록 하는 등의 훈련이었다. 그런데 비아워비에자 푸슈차에 처음 와본 그는 자신이 알고 있던 그 어느 숲보다 이곳의 생물 다양성이 열 배 이상은 높다는 사실을 발견하고 할 말을 잃었다.

유럽에서 발견되는 딱따구리 9종이 전부 있는 곳은 여기밖에 없었는데, 보비에츠는 그들 중 일부가 속이 빈 죽은 나무 안에만 둥지를 틀고 살기 때문이라는 사실을 알게 되었다. "그들은 관리된 숲에서는 살 수가 없습니다." 그는 자신의 임학 교수에게 주장했다. "비아워비에자 푸슈차는 수천 년 동안 완벽하게 스스로를 관리해 왔어요."

건장하고 수염 덥수룩한 이 젊은 폴란드 임학자는 진로를 바꿔 숲 생태학자가 되었고, 폴란드 국립공원관리공단에 취직했다. 그러나 푸슈차 중심부의 원시림을 향해 차차 나무를 베어 나간다는 관리 계획에 항의하다가 결국 해고되고 말았다. 그는 여러 국제 저널을 통해 "우리가 도와주지 않으면 숲은 죽고 만다."라고 주장하거나 "원시림의 본모습을 되찾기 위해" 비아워비에자 숲 주변 완충지대의 나무를 베어내야 한다는 정부 방침을 꼬집었다. 또한 그런 뒤틀린 사고방식이 숲으로 뒤덮인 대자연에 대한 기억을 거의 상실한 유럽인들 사이에 만연해 있다며 비난했다.

그는 자신에게 남은 기억을 잊지 않으려고 여러 해 동안 매일같이 등산화를 졸라매고 푸슈차를 걸어다녔다. 아직 인간의 손이 닿지 않은 숲의 일부를 지키기 위해 맹렬한 활동을 펼치는 그이지만, 인간 본성에 따른 유혹에는 어쩔 수 없다.

숲에 혼자만 있노라면 보비에츠는 여러 시대를 거쳐간 호모사피엔스들과의 교감에 젖어든다. 이토록 순전한 야생지는 인간의 발자

©photo by JANUSZ KORBEL

폴란드와 벨라루스 사이에 있는 비아워비에자 원시림의 500년
된 참나무들

Chapter1. 미지의 세상으로의 여행

취를 기록하기 위한 빈 서판과 같다. 그는 그런 기록을 읽을 줄 아는 사람이다. 흙 속의 목탄층을 보면, 사냥꾼들이 숲속을 다니기 쉽게 불을 놓은 부분들을 알 수 있다. 자작나무와 떠는 듯한 사시나무가 서 있는 모습을 보면, 야기에우워의 후예들이 전쟁 등의 사연으로 오랫동안 사냥을 못 하는 바람에 햇빛을 좋아하는 이 수종들이 사냥용 빈터를 다시 차지했음을 알 수 있다. 이들의 그늘 아래 자라는 묘목들을 보면, 그 전에 어떤 나무들이 살았는지 짐작할 수 있다. 이 묘목들은 자라면서 자작나무와 사시나무를 서서히 몰아낼 것이다. 사라진 적이 없었던 것처럼 웅장하게 자랄 것이다.

어쩌다 산사나무나 사과나무 같은 예외적인 나무들과 마주친 보비에츠는 거대한 나무를 흙으로 돌려보내는 미생물에 의해 오래전에 다 분해된 통나무집 앞에 와 있음을 알게 된다. 클로버로 뒤덮인 야트막한 무더기에서 혼자 자라난 거대한 참나무를 통해 그곳이 화장터였음을 안다. 900년 전 동쪽에서 온, 현재 벨라루스인들의 슬라브족 조상을 태운 재를 양분으로 자란 나무인 것이다. 숲의 북서쪽 가장자리에는 주변 다섯 개 유대인 마을 출신 사람들이 망자를 묻었다. 그들이 세운 1850년대의 묘석墓石은 쓰러진 채 이끼를 잔뜩 뒤집어쓰고 있으며, 워낙 반들반들 닳아서 망자의 친지들이 놓고 간 조약돌을 닮기 시작했다.

· · · · ·

보비에츠가 벨라루스 접경에서 1.6킬로미터도 채 안 떨어진 솔숲 속의 푸른 빈터를 지나간다. 저물어가는 10월의 오후는 너무도 고요해서 눈송이가 반짝이며 내리는 소리가 다 들릴 정도다. 느닷없이 덤불 속에서 우르르 소리가 나며 들소 여남은 마리가 뛰쳐나왔다. 새싹을 뜯어먹는 중이었나 보다. 김을 풀풀 내며 땅을 박차고 나가는 이들의 눈빛은 자기 조상들이 일찌감치 터득한 바를 실천해야 한다는 듯 결연히 먼 곳을 향하고 있었다. 바로 나약해 보이는 두발짐승을 만나면 그 자리에서 내빼야 한다는 교훈이었다.

야생 상태로 남아 있는 유럽들소는 600마리에 불과한데, 그중 거의 절반 또는 겨우 절반만이 여기에 산다. 그런데 이 천국은 철의 장막에 의해 양분되어 있다. 1980년에 소비에트가 폴란드 자유노조운동을 지원하러 망명하는 사람들을 차단하기 위해 국경에 장벽을 세운 것이다. 늑대는 이 장벽 밑으로 구멍을 파 드나들고 노루나 사슴도 어떻게든 넘나들고 있지만, 유럽에서 가장 큰 이 포유류 무리는 양분되어 있는 상태다. 그래서 동물학자들은 이들의 유전자군도 둘로 나뉘어 심각하게 줄어드는 것을 우려하고 있다. 제1차 세계대전 직후에는 굶주린 군인들이 잡아먹는 바람에 거의 절멸된 종을 보충하도록 동물원에 있던 들소들을 이곳으로 데려온 적이 있었다. 이제 이들은 냉전의 유산 때문에 다시 위기에 처했다.

공산권이 붕괴된 지도 꽤 지났건만 아직 레닌 동상이 철거되지 않은 벨라루스는 이 장벽을 해체할 조짐도 보이지 않는다. 폴란드가 유럽연합에 가입해서 더 그런지도 모른다. 두 나라의 공원본부를 나누는 장벽의 길이는 14킬로미터밖에 되지 않지만 방문객이 벨라루스의 벨로베시즈카야 푸슈차, 즉 비아워비에자 푸슈차를 구경하려면 남쪽으로 160킬로미터가량 차로 달려 기차를 타고 국경을 넘어 브레스트로 간 다음, 무의미한 검문에 응한 뒤 다시 차를 빌려 북쪽으로 몰고 가야 한다.

보비에츠의 벨라루스 쪽 동지이자 활동가인 헤오리 카줄카는 피부가 허연 무척추동물학자로, 이곳 원시림의 벨라루스 측 부원장을 지냈다. 그 역시 최근에 공원에서 제재소를 세운 것을 문제 삼다가 자국 공원관리공단 측으로부터 해임 통보를 받았다. 서방 사람과 함께 있다 발각되면 곤란해지는 처지의 그는 숲 가장자리에 있는 브레즈네프 시대의 공동주택에서 손님들에게 미안하다는 듯 차를 내놓으며, 들소와 엘크사슴이 마음껏 돌아다니며 번식할 수 있는 국제 평화공원의 꿈을 이야기한다.

푸슈차의 거대한 나무들은 폴란드 쪽 푸슈차에 있는 것과 똑같다. 미나리아재비도 이끼류도 엄청나게 크고 붉은 참나무 잎도 똑같다. 하늘을 빙빙 도는 흰꼬리수리도, 그 아래의 철책도 똑같다. 게다가 양쪽 숲 다 점점 커지고 있다. 농민들이 하나 둘 마을을 버리고 도시로 떠나버리고 있기 때문이다. 이곳의 습한 기후에서 자작나무와 미루나무는 순식간에 묵은 감자 밭을 차지해 가고 있다. 20년도 지나기 전에 농지는 전부 임야로 변할 것이다. 먼저 자리를 차지한 나무들 아래에서는 참나무, 단풍나무, 보리수나무, 느릅나무, 가문비나무가 다음 차례를 기다리며 자라고 있다. 사람 없이 500년만 지나면 진짜 숲이 되살아날 수 있다.

유럽의 시골이 어느 날 원래의 숲으로 되돌아간다는 생각을 하면 가슴이 두근거린다. 그러나 마지막 남은 인간들이 벨라루스의 철의 장막을 걷어내지 않는다면, 이곳의 들소는 인간들과 함께 사라져 버리고 말 것이다.

2
집은 허물어지고

어느 농부가 내게 말했다.
"헛간을 허물고 싶으면 지붕에 가로세로 45센티미터
구멍을 내고 가만히 물러서 계시오."
- 건축가 크리스 리들

인간이 사라진 바로 다음 날, 자연은 집 청소부터 하기 시작한다. 그리하여 우리가 살던 집들은 금세 지구 표면에서 사라져 버린다.

일반 주택 보유자라면 자연의 집 청소가 단지 시간문제일 뿐이라는 사실을 이미 알고 있을지도 모르겠다. 하지만 융자를 갚아나가기 시작할 때부터 집이 이미 허물어져 가고 있다는 것을 인정하고 싶지 않으리라. 은행보다 훨씬 앞서 자연에게 집을 회수당하지 않으려면 돈이 얼마나 더 드는지 말해준 사람은 없었으리라.

자연 본래의 모습을 다 잃어버린 초현대식 택지지구에 산다고 하자. 중장비가 본래의 경관을 다 밀어버리고, 다루기 까다로운 원래 식물군 대신 고분고분한 잔디와 하나같이 똑같은 묘목을 심고, 모기 퇴치라는 미명하에 습지를 다 메워버린 곳에 산다고 해도 자연이 굴하지 않는다는 사실을 알 것이다. 실내에 온도 조절 장치를 갖추고 바깥 날씨를 차단하기 위해 아무리 철저히 밀봉한다 해도 눈에 보이지 않는 홀씨가 스며들어 갑자기 곰팡이가 확 번지기 마련이다. 곰팡이는 페인트칠을 한 벽 뒤에 숨어 석고보드를 갉아먹거나 못 또는 마룻바닥 아래를 삭힌다. 게다가 흰개미나 왕개미, 바퀴벌레, 호박벌, 심지어 작은 포유류에게 서서히 점거당하기도 쉽다.

무엇보다 골치가 아픈 것은 대부분의 다른 경우에는 생명의 본질이라 할 존재 때문이다. 그것은 바로 물이다. 빗물은 언제나 안으로 타고 들어오려는 속성을 지닌다.

인간이 사라진 뒤, 기계를 믿고 더욱 오만해진 인간의 우월성에 대한 자연의 복수는 물을 타고 온다. 그것은 선진국에서 가장 널리 이용되는 목조 건축에서부터 시작된다. 빗물은 먼저 아스팔트나 슬레이트로 만든 지붕 외피를 타고 흐른다. 이런 외피가 20~30년은 간다고 선전하지만, 이 보증 기간이 처음으로 물이 새는 굴뚝 언저리를 고려한 것은 아니다. 지붕 이음새나 모서리 부분에 방수용 철판을 대준다고 하지만 하염없이 내리는 빗물은 어느새 외피 아래로 스며들기 시작한다. 물은 나뭇조각을 송진으로 섞어 압축한 두께 7~10센티미터의 우드칩이나 합판으로 만든 지붕널빤지(지붕널)를 타고 흐른다.

　새로운 것이 반드시 더 나은 것은 아니다. 미국의 우주개발 프로그램을 개발한 독일 출신의 과학자 베르너 폰 브라운은 지구궤도를 최초로 비행한 존 글렌 대령에 대한 이야기를 하곤 했다. "인류의 온갖 노력이 다 결집된 순간 우리가 만들어준 로켓에 앉은 글렌이 뭐라고 했는 줄 아세요? '맙소사! 이런 싸구려 더미 위에 앉게 되다니!'"

　새 주택에 살고 있다면 싸구려 더미 위에 앉아 있는 셈이다. 그러나 한편으로는 나쁠 게 없는 일이다. 건물을 싸고 가볍게 지을수록 자원을 적게 쓰는 셈이기 때문이다. 반면 중세의 유럽이나 일본, 초기 아메리카의 벽을 아직도 떠받치고 있는 거대한 목재 기둥이나 들보의 원목은 이제 하도 귀해서 우리는 그때보다 작은 판자나 조각을 이어 붙여 흉내를 내는 수밖에 없다.

　저렴한 우드칩 지붕에 들어간 송진, 포름알데히드와 페놀 화합물로 만든 방수제는 노출된 지붕널 끄트머리에도 발라두었지만 습기가 못 주변으로 스며들기 때문에 소용없다. 못은 금세 녹슬어 물고 있는 힘을 상실한다. 이로써 집 내부에 바로 물이 새는 것은 아니어도 구조상의 문제를 일으킨다. 지붕널은 지붕 외피 아래에서 지붕틀을 서로 붙들어 주는 역할을 하고, 지붕틀은 금속판으로 서로 연결된 버팀대들로서 지붕이 바깥으로 벌어지지 않도록 해준다. 그러니 지붕널이 떨어져 나간다면 구조상의 견고함도 함께 사라져 버린다.

　지붕틀에 가해지는 중력이 커지면, 썩기 시작한 금속판을 고정해주던 핀이 푸릇한 곰팡이를 소복하게 뒤집어쓴 젖은 나무에서 풀려

빠져나온다. 곰팡이 아래로는 실 같은 균사^{菌絲}가 목질을 곰팡이의 먹이로 분해시켜 주는 효소를 분비하고 있다. 실내 바닥에서도 같은 일이 벌어지고 있다. 추운 지방일 경우 난방이 없으면 배관이 터져버린다. 새가 와서 부딪히거나 벽이 기울면서 가해지는 압력 때문에 깨진 유리창 속으로 빗물이 들이친다. 유리가 깨지지 않더라도 비나 눈은 창턱 아래로 어떻게든 기어코 스며든다. 지붕에서는 나무가 계속 썩으면서 연결돼 있던 지붕틀이 서로 떨어져 나가기 시작하고, 결국 벽이 한쪽으로 기울면서 지붕이 무너져 내리고 만다. 지붕에 가로세로 45센티미터 구멍이 뚫린 헛간은 10년 안에 허물어졌다. 우리 집은 아마도 50년, 길어야 100년이면 주저앉을 것이다.

이렇게 난리가 나는 동안 다람쥐, 너구리, 도마뱀은 안쪽에서 벽에다 보금자리로 쓸 구멍을 냈다. 딱따구리는 반대쪽 방향에서 벽을 뚫었다. 애초부터 알루미늄이나 비닐 또는 복합재로 만들어 절대 부서지지 않는다는 벽널빠지(벽널) 때문에 침입할 수 없었다면, 벽널이 다 바닥에 떨어질 때까지 한 세기만 기다리면 된다. 그때쯤이면 공장에서 입힌 벽널의 색깔은 거의 다 사라진다. 판자에 난 못구멍을 따라 빗물이 침투하면, 세균은 그곳에 있는 식물질을 골라두었다가 광물질을 남긴다. 떨어진 벽널 가운데 색이 일찌감치 바랜 비닐 벽널은 플라스틱을 부드럽게 만들어 주는 가소제가 빠짐에 따라 갈라지고 깨지기 시작한다. 알루미늄은 그나마 상태가 좀 낫지만 표면에 맺히는 빗물의 염분이 조그맣고 하얀 자국을 내며 서서히 먹어 들어간다.

아연도금이 된 냉난방용 쇠 도관은 수십 년간 여러 원소에 노출되어도 버티지만, 물과 공기의 협공을 당하면 산화아연으로 변해버린다. 이렇게 아연도금이 벗겨져 무방비 상태가 된 얇은 철판은 몇 년이면 분해된다. 그보다 오래전에 석고보드의 물에 녹는 석고 성분은 물에 씻겨 땅으로 되돌아갔다. 그다음은 문제의 발단이 되었던 굴뚝이다. 한 세기가 지난 뒤에도 굴뚝은 여전히 서 있지만, 기온의 변동에 노출된 시멘트가 조금씩 부스러져 가루가 되면서 벽돌이 떨어지고 깨지기 시작한다.

수영장이 있는 집이라면 이때쯤 거대한 화분이 될 것이다. 택지 개발자가 들여온 장식용 묘목들의 후손이나 택지지구 가장자리로 쫓거나 땅을 되찾을 틈을 노리고 있던 낙엽들로 뒤덮인 화분이다. 지하실이 있다면 흙과 식물로 가득 차게 될 것이다. 쇠로 된 가스관은 가시덩굴에 칭칭 감긴 상태에서 또 한 세기가 가기 전에 다 녹슬어버릴 것이다. 하얗던 PVC(폴리염화비닐) 배관은 볕에 노출된 부분이 누레지고 얇아지며, 염화물은 스스로와 폴리비닐 성분을 분해하며 염산으로 변해가고 있을 것이다. 다만 불에 구운 세라믹의 화학적 성질이 화석과 별로 다르지 않은 욕실 타일은 낙엽 더미 속에 묻혀 있긴 해도 상대적으로 덜 변한다.

· · · · ·

500년이 지나서도 남는 것은 우리가 어디에 살았느냐에 달려 있다. 온대 지역의 교외 주택지구는 완연한 숲이 되어 있다. 사라진 언덕을 제외하면 개발업자들 또는 그들에게 토지를 수용당한 농민들이 처음 보았던 곳과 닮아 있다. 숲의 키 큰 나무들 아래 빠르게 번져가는 작은 식물들 속에는 식기세척기 속의 알루미늄 부품이나 스테인리스 조리기구가 놓여 있다. 조리기구들의 플라스틱 손잡이는 갈라져 있을 뿐 아직도 단단하다. 몇 세기가 흐른 뒤에는 알루미늄이 어느 정도 속도로 구멍이 나고 부식되는지를 결국 알게 될 것이다. 비록 그것을 판단할 만한 야금학자는 더 이상 없겠지만 말이다. 비교적 새로운 물질인 알루미늄은 원광석을 전기화학적으로 제련해야만 하기 때문에 인류에게 늦게 알려졌다.

하지만 스테인리스에 탄성을 부여해 주는 크롬합금은 아마 몇천 년은 갈 것이다. 냄비나 프라이팬이나 탄소 담금질을 한 식기류가 공기 중의 산소와 닿지 않는 곳에 묻혀 있을 때는 특히 더 그렇다. 그로부터 10만 년이 더 지나면, 어떤 존재든 이런 도구들을 발굴하는 동물의 지력이 상당한 수준으로 비약할 것이다. 하지만 그들은 어떻게 하면 똑같이 만들어 낼 수 있는지를 알 수가 없어 종교심에 불을 댕기는 경외로운 신비감을 갖게 될 것이다.

사막일 경우 현대 생활의 플라스틱 성분들은 더 빨리 조각나고 껍질이 벗겨질 것이다. 매일같이 집중적으로 쏟아지는 자외선 아래에서는 고분자사슬이 더 잘 쪼개지기 때문이다. 습기가 적어 목재는 더 오래가는 반면, 소금기 있는 사막 흙에 닿은 금속은 더 빨리 부식할 것이다. 로마 유적을 보면 알 수 있듯이 묵직한 무쇠는 충분히 미래의 고고학 유물로 발견될 것이다. 그러므로 언젠가는 선인장 사이로

비죽비죽 솟아 있는 소화전들이 인류가 거기에 살았다는 사실을 입증해 줄 몇 안 되는 증거가 될지도 모를 일이다. 벽돌에 회반죽을 발라 쌓은 벽은 다 삭아버렸겠지만, 거기 붙어 있던 연철鍊鐵로 만든 발코니는 그나마 알아볼 만할 것이다. 잘 삭지 않는 규산질 때문에 그물천처럼 구멍이 숭숭 뚫린 모습이긴 하겠지만 말이다.

• • • • •

한때 우리는 가장 내구성이 뛰어나다고 알려졌던 물질로만 구조물을 지었다. 화강암이 그런 경우다. 그 때문에 지금도 탄복할 만한 구조물들이 눈에 많이 띄지만, 되도록 옛날 흉내를 내지 않으려 한다. 이제 우리에게는 화강암을 채석해서 자르고 운반한 다음 맞추는 수고를 할 만한 인내심이 별로 없기 때문이다. 또 1882년에 시공하여 아직도 완성이 안 된 사그라다파밀리아대성당(성가족교회로도 알려져 있다. - 옮긴이)을 기획한 안토니오 가우디 이후로는 그 누구도 250년 뒤 자기 고손자의 손자 때에나 완성될 건축에 투자할 생각을 하지 않는다. 게다가 몇천 명이나 되는 노예가 없을 뿐더러 자재비도 싸지 않다. 특히 로마인들이 발명한 또 하나의 재료, 즉 콘크리트에 비하면 더욱 그렇다.

오늘날 흙과 모래 그리고 석회 반죽을 섞어 만든 이 인조 돌은 갈수록 '호모사피엔스 우르바누스(도시의 인간)'한테 가장 편리한 선택이 되고 있다. 그렇다면 지금 인류의 절반 이상이 살고 있는 시멘트

도시는 어떻게 될까?

이 문제에 대해 생각해 보기 전에 먼저 기후와 관련해 언급할 점이 있다. 우리가 내일 당장 없어져 버린다 해도 우리가 이미 일으킨 변화의 힘들 가운데 일부는 관성을 발휘하여 당분간 지속될 것이다. 그러다 여러 세기에 걸친 중력과 화학과 엔트로피의 작용에 의해 균형을 찾아갈 것이다. 물론 이때의 균형이란 우리 이전에 존재하던 균형을 부분적으로만 닮은 것이다. 우리 이전의 균형은 지구 표면 아래에 갇혀 있던 엄청난 양의 탄소 때문에 가능했지만, 우리는 그런 탄소의 상당량을 공기 중으로 배출시켜 버렸다. 그리고 해수면이 상승함으로써 주택의 목조 뼈대가 짠물에 절어 스페인 범선의 재목처럼 보존될 수도 있다.

사막의 경우 더 건조해질 수도 있으나 그중에서도 인간이 살았던 부분은 한때 인간을 몰려들게 만들었던 것이 다시 찾아올 수도 있다. 그것은 바로 흐르는 물이다. 카이로에서부터 피닉스에 이르기까지, 사막 도시는 강이 있어 메마른 땅이 살 만한 곳이 된 지역에서 발흥했다. 그리고 인구가 늘어나자 인간은 굵직한 물줄기를 통제하더니 본래의 흐름을 도시가 더욱 성장할 수 있는 방향으로 이리저리 돌려버렸다. 그러나 인간이 사라지고 나면 그렇게 틀어진 물줄기가 금세 바로잡힐 것이다. 사막은 더 건조해지고 뜨거워지더라도 산악 지대는 더 습해지고 폭풍이 늘어날 것이다. 때문에 하류까지 급류가 쏟아지고, 댐이 넘치고, 이전의 충적평야가 범람하고, 매년 쌓인 토사가 그곳의 구조물들을 묻어나갈 것이다. 그 가운데는 소화전, 트럭 타이어, 깨진 판유리, 콘도, 사무용 건물 등이 드문드문 남긴 하겠지만 탄소 과다 배출의 시대와는 판이해 보일 것이다.

그것들의 존재를 미루나무나 버드나무나 야자나무의 뿌리가 이따금 말해줄지는 몰라도 묻힌 사실을 기념해 주는 것은 아무것도 없으리라. 오래된 산이 다 문드러지고 새로운 산이 솟을 만큼 긴 세월이 흐른 뒤에야, 퇴적물을 파헤쳐 협곡을 만들어 내는 새로운 물줄기가 한때 이곳에서 잠시 벌어졌던 일을 드러내리라.

3
잃어버린 인간들의 도시

마나하타 프로젝트는 헨리 허드슨이
1609년에 처음 보았던 맨해튼섬을 가상으로 복원하는 시도다.
도시화 이전의 모습을 복원하려는 이 프로젝트는
인간 이후의 모습을 상상해 보는 데 도움이 된다.

지금의 도시처럼 어마어마하고 확고한 존재를 자연이 언젠가는 모
조리 삼켜버릴 수 있다는 상상을 하기란 쉽지 않다. 뉴욕시의 엄청난
위용은 그 자체가 없어져 버릴 수 있다는 상상을 부질없어 보이게 한
다. 2001년의 9·11 사건이 보여준 것은 폭발력 있는 무기들을 보유
한 인간이 무엇을 할 수 있느냐 하는 것이었지, 부식이나 부패 같은
자연 그대로의 과정이 가진 위력은 아니었다. 세계무역센터의 어처
구니없는 순간적 붕괴는 우리에게 공격자들에 대해서만 생각하도록

했지, 도시 기반 전체를 파멸로 이끌 수 있는 치명적인 취약성에 대해 돌아보도록 한 것은 아니었다. 또 그전까지 도저히 상상도 할 수 없었던 이 참사는 단지 몇몇 빌딩에만 닥친 일일 뿐이었다. 그러나 도시 문명이 이룩해 놓은 것을 자연이 제거하는 데 걸리는 시간은 생각보다 훨씬 짧을 수 있다.

· • • • •

　1939년에 뉴욕에서 세계박람회가 열렸다. 이때 폴란드 정부는 전시용으로 브와디스와프 야기에우워의 동상을 보냈다. 비아워비에자 푸슈차를 세운 그를 동상의 모습으로 기린 이유는 6세기 전에 원시림의 상당 부분을 보존한 공덕 때문이 아니었다. 폴란드 여왕과 결혼하여 자신의 리투아니아 공국과 폴란드를 연합함으로써 유럽의 강대국을 탄생시킨 공로 덕분이었다. 이 동상은 1410년 그룬발트 전투에서 승리한 야기에우워가 말에 탄 모습을 형상화한 것으로, 승리에 도취한 듯한 그는 폴란드의 적인 게르만 십자기사단으로부터 빼앗은 칼 두 자루를 치켜들고 있다.

　하지만 1939년에 이들 게르만 기사단의 일부 후손들과 맞선 폴란드인들은 별로 잘 싸우지 못했다. 뉴욕 세계박람회가 끝나기 전에 히틀러의 나치가 폴란드를 점령했고, 동상은 본국으로 되돌아갈 수 없었다. 그로부터 6년 뒤 폴란드 정부는 엄청난 타격을 입고도 살아남은 용감한 생존자들의 상징으로 동상을 뉴욕에 기증했다. 그리하여

야기에우워의 동상은 센트럴파크의 거북 연못이라 불리는 곳이 내다보이는 자리에 서 있게 된 것이다.

에릭 샌더슨 박사 연구팀은 이 공원을 답사할 때 야기에우워 동상을 그냥 지나치곤 하는데, 그들이 다른 시대인 17세기에 푹 빠져 있기 때문이다. 희끗한 수염이 말끔하고 안경을 쓴 샌더슨은 야생생물보존협회 소속의 경관생태학자다. 펠트 모자를 쓰고 배낭에 노트북 컴퓨터를 쑤셔넣고 다니는 그는 경관 연구가 전공이다. 브롱크스동물원에 본부를 둔 이 환경단체에서 그는 마나하타Mannahatta 프로젝트를 이끌고 있다. 이는 헨리 허드슨이 1609년에 처음 보았던 맨해튼섬을 가상으로 복원하는 시도다. 도시화 이전의 모습을 복원하려는 이 프로젝트는 인간 이후의 모습을 상상해 보는 데 도움이 된다.

그의 연구팀은 네덜란드 동인도회사의 옛 자료, 식민지 시대 영국군의 지도, 지형 조사, 맨해튼 전역의 각종 기록보존소를 샅샅이 뒤졌다. 아울러 침전물을 검사하고, 화석에 남은 꽃가루를 분석하며, 수천 가지나 되는 생물 데이터를 입력하여 이미지를 만들어 낼 수 있는 소프트웨어를 구축했다. 이렇게 해서 만들어진 3차원 파노라마는 울창한 야생지에 대도시가 병치된 모습이다. 이 도시에 있었던 것으로 확인된 풀이나 나무의 종을 입력할 때마다 이미지는 놀랍도록 더욱 자세하고 사실적으로 바뀐다. 연구팀의 목표는 지금은 유령이 된 옛 처녀림이 어떤 모습이었는지를 맨해튼 구획별로 복원해 보는 것이다. 샌더슨이 5번 대로에서 버스를 피해 다니면서도 그런 모습을 상상 속에 되살려 내는 것을 보면 초자연적인 느낌마저 든다.

©YANN ARTHUS-BERTRAND/CORBIS

1609년경의 맨해튼과 2006년경의 맨해튼을 병치한 모습

   샌더슨은 센트럴파크를 둘러보면서도 이 공원의 설계자들이 흙을 38만 세제곱미터나 퍼 왔다는 사실을 확인할 수 있었다. 흙을 퍼 온 이유는 원래 옻나무에 둘러싸인 습지였던 이곳을 메우기 위해서였다. 그는 또 지금의 플라자호텔 바로 뒤인 59번가 자리에 좁고 긴 호수가 있었으며, 이 호수의 하구가 습지를 구불구불 돌아 이스트강으로 이어져 있었다는 것을 알 수 있었다. 맨해튼의 중심 능선 서쪽으로는 두 냇물이 호수로 흘러들었는데, 사슴과 퓨마가 다니던 이 능선은 지금의 브로드웨이가 되었다.

   샌더슨은 이 섬 전역에 물줄기가 흘렀으며, 그중 상당수는 지하에서 보글보글 솟아올랐다는 것도 확인했다(그래서 스프링 스트리트Spring

Street라는 이름이 붙었다). 또 원래 언덕과 바위가 많던 이곳에 냇물이 40개나 흘렀다는 것도 알아냈다. 이곳에 최초로 거주했던 레니 레나페족이 지금은 사라져 버린 그 언덕을 '마나하타'라 불렀다. 19세기 뉴욕시의 도시계획을 담당했던 사람들은 그리니치빌리지 북쪽 전역을 지형은 아무 상관없다는 듯 바둑판처럼 그어버렸다(남쪽은 길이 워낙 얽혀 있어서 어쩔 수 없었다). 또 그들은 센트럴파크와 섬 북쪽 끝의 너무 거대해서 손댈 수 없는 암반만 빼놓고는 맨해튼 지형에서 솟아오른 부분을 전부 깎아 냇물에 쏟아 부어 다진 다음 팽창하는 도시인구를 수용했다. 전에 이 섬의 지형에 영향을 주던 물줄기가 억지로 지하의 파이프망을 따라 흐르게 되면서 이곳의 지형은 직선과 각이 두드러지는 모습으로 변해버렸다. 샌더슨의 마나하타 프로젝트는 지금의 하수처리 체계가 이전의 물길을 얼마나 따랐는지를 밝혀내고자 했다. 물론 인간이 만든 하수도가 땅 위로 흐르는 물을 자연처럼 효과적으로 빨아들일 수는 없다. 강을 다 묻어버린 도시에서 "비야 계속 오는 것이고, 어디로든 가야만 하는 법"이라고 그는 말한다.

자연이 맨해튼의 해체 작업을 시작할 때 딱딱한 표피를 깨는 열쇠는 바로 빗물이다. 이 작업은 도시의 가장 취약한 부분인 하복부를 공략함으로써 대단히 빨리 이루어질 것이다.

· · · · ·

뉴욕시 교통국의 유수流水 책임자인 폴 슈버와 유수 비상대응팀

정비 책임자인 피터 브리파는 자연의 그런 작업이 어떻게 이루어지는지를 너무나 잘 아는 사람들이다. 그들은 뉴욕시 지하철 터널이 수압에 짓이겨지는 일이 없도록 매일같이 5,000만 리터의 물을 퍼내고 있다.

"우리가 말하는 물은 땅속을 흐르는 물입니다." 슈버가 언급한다.

"비라도 오면 그 양은… 계산이 불가능합니다." 브리파가 고개를 저으며 말한다.

딱히 계산이 불가능한 정도는 아닐지라도 이제는 도시가 처음 건설되었을 때보다 비가 더 많이 오고 있다. 한때 맨해튼은 물을 술술 잘 빨아들이는 면적 70제곱킬로미터의 땅이었다. 이 땅에 얽혀서 사는 나무뿌리와 풀뿌리는 연평균 120센티미터의 빗물을 흡수하여 필요한 만큼 실컷 마시고 나머지는 수분으로 발산하여 공기 중에 내놓았다. 뿌리가 빨아들이지 못한 물은 지하수면으로 흘러들어 곳에 따라 호수나 습지를 이루기도 했고, 여기서 나온 물은 40개의 물줄기를 따라 바다로 흘러갔다. 그러던 물줄기가 지금은 콘크리트와 아스팔트 아래에 갇혀버린 것이다.

이제는 빗물을 흡수할 흙과 수분을 발산할 식물이 지나치게 부족한 데다 빌딩들이 햇빛에 의한 증발작용을 막기 때문에, 빗물은 그냥 웅덩이를 이루거나 중력을 따라 하수도로 흘러들어갈 뿐이다. 아니면 지하철 환풍구를 타고 들어가 이미 아래에 있던 물과 합쳐진다. 예를 들어 131번가와 레녹스 대로가 만나는 지점에는 점점 불어나는 지하수가 지하철 A, B, C, D호선의 바닥층을 침식하고 있다. 뉴욕시 지하는 언제나 지하수가 넘치기 직전이기 때문에 특수 작업복 차림의 슈버나 브리파 같은 사람들이 늘 땅 밑을 확인하러 다녀야만 한다.

비가 많이 오면 여기저기서 떠내려 온 쓰레기 때문에 하수도가 막혀버리는데, 전 세계의 도시를 떠도는 비닐봉지야말로 계산이 불가능할 정도로 많다. 어디론가 흘러가야 하는 물은 가장 가까운 지하철 계단을 타고 들어간다. 북동풍이라도 몰아치면 불어난 대서양 바닷물이 뉴욕의 지하수면으로 확 밀려오는 바람에 맨해튼 남부의 워터 스트리트나 브롱크스의 양키스타디움 같은 곳에서는 터널이 꽉 차버려 물이 가라앉을 때까지 폐쇄된다. 온난화로 해수면이 지금 추세보다 더 빨리 올라간다면 언젠가는 그렇게 차오른 물이 아예 줄어들지 않는 수가 있다. 그럴 경우 어떻게 해야 할지 슈버와 브리파는 알지 못한다.

게다가 1930년대에 설치한 수도관들은 곧잘 터지고, 뉴욕이 물에 잠기지 않도록 해주는 유일한 수단은 지하철 직원들과 753개의 펌프가 항상 불침번을 서는 것이다. 이 펌프는 어떤가? 1903년 당시 토목공사의 불가사의라 할 만했던 뉴욕 지하철은 급성장하는 시가지 밑에 건설되었다. 지하에는 이미 하수도가 있었기 때문에 지하철은 그 아래로 다녀야 했다. "그래서 우리는 물을 위로 펌프질해야 합니다"라고 슈버가 설명해 준다. 뉴욕만 그런 것이 아니다. 런던, 모스크바, 워싱턴 같은 도시는 방공호로서의 역할 때문이기도 하지만 지하철을 더 깊이 건설했다. 때문에 재난의 잠재성은 더욱 커진다.

브루클린의 반시클렌 대로 역에서 하얀 안전모를 쓴 슈버는 초당 2,500리터의 천연 지하수가 바닥에서부터 솟구치는 모습을 살펴보고 있다. 그는 폭포를 이룬 물 너머로 잠겨 있는 무쇠 펌프 네 개를 가리킨다. 이 펌프들은 교대로 돌아가며 중력을 거슬러 물을 퍼 올린다고 한다. 만약 전기로 돌아가는 이들 펌프에 전력이 중단된다면 심각한 사태가 초래될 수 있다. 세계무역센터 사건 얼마 후 엄청나게 큰 이동식 발전기가 달린 비상 펌프기차가 뉴욕 메츠의 홈구장인 시 스타디움의 27배에 해당하는 물을 퍼냈다. 이때 허드슨 강물이 뉴욕 지하철과 뉴저지를 이어주는 패스 기차 터널로 넘쳐흐를 뻔했는데, 실제로 그랬다면 이 펌프기차는 물론 도시의 상당 부분이 버텨내지 못했을 것이다.

슈버나 브리파는 비가 5센티미터 이상만 와도 물에 잠기는 역들을 쫓아다니는데, 최근 들어 그런 일이 더 잦아졌다. 그러나 버려진 도시에는 그들처럼 호스를 연결해 계단 밖 길거리로 물을 뽑아내거나 고무보트를 타고 터널 속을 다닐 사람이 없다. 사람이 없으면 전기도 물론 없다. 펌프질이 중단돼도 그냥 둔다면 어떻게 될까? "펌프시설이 마비되면 30분 안에 지하철이 다닐 수 없을 정도로 물이 찹니다"라고 슈버는 말한다.

브리파는 보안경을 젖히고 눈을 비비며 말한다. "한 곳에서 물이 넘치면 다른 곳으로 쏟아지지요. 36시간이면 전부 물바다가 되어버립니다."

비가 오지 않아도 지하철 펌프만 가동을 멈추면 며칠 안에 물바다가 될 것이라고 한다. 이 정도가 되면 포장된 도로 밑에 갇힌 흙이 씻겨나가고, 그로부터 머지않아 도로가 갈라지고 터지기 시작한다. 아무도 하수구를 치워주지 않아 막혀버리면 지면에 새로운 물길들이 생겨난다. 물에 잠긴 지하철 천장이 무너지면서 갑자기 물줄기들이 생겨나기도 한다. 이스트사이드의 4, 5, 6호선 위의 도로를 떠받치고 있던 쇠기둥이 20년 동안 물에 잠기면 부식하여 꺾여버린다. 이렇게 무너져 내린 렉싱턴 대로는 이내 강이 되어버린다.

· · · · ·

그보다 한참 전에 도시 전역의 도로 포장은 이미 엉망이 되어 있을 것이다. 뉴욕 쿠퍼유니언의 토목공학부 학과장인 자밀 아마드 박사에 따르면, 인간이 맨해튼에서 사라지면 첫 3월부터 모든 것이 결딴나기 시작할 것이라고 한다. 3월이면 기온이 약 40번에 걸쳐서 섭씨 0도 안팎으로 크게 요동친다(기후변화 때문에 이 시기가 2월로 당겨질 가능성이 크다). 땅이 얼었다 녹았다를 반복하다 보면 아스팔트와 시멘트가 갈라지기 시작한다. 눈이 녹으면 이렇게 갈라진 틈 사이로 물이 스며들고, 물은 얼면 팽창하기 때문에 틈은 더욱 벌어진다.

이는 도시경관 밑으로 묻혀버린 데 대한 물의 복수라고 할 만하다. 자연의 다른 모든 화합물은 얼면 수축하는 데 반해 물 분자는 멋진 6각형 결정체로 변하며 액체 상태로 흐를 때보다 9퍼센트나 많은 공간을 차지한다. 예쁘게 생긴 6면의 결정체는 워낙 섬세하기 때문에 도저히 인도의 석판을 쪼개고 틈을 벌릴 것처럼 보이지 않는다. 이 결정체가 얼면 제곱센티미터당 500킬로그램 이상의 압력을 견디도록 만들어진 탄소강 물파이프가 터져버린다는 상상을 하기는 더욱 어렵다. 하지만 그런 일이 실제로 벌어진다.

도로 포장에 틈이 벌어짐에 따라 겨자, 토끼풀, 갈퀴덩굴 같은 풀이 센트럴파크에서 날아와 틈을 더욱 벌리고 새로운 틈을 만들어 낸다. 지금은 이런 상태가 되기 전에 도시 유지 담당자들이 등장해 풀을 죽이고 틈을 메워버린다. 하지만 인간 이후의 세상에서는 뉴욕의 길바닥에 난 틈을 메워줄 사람이 없다. 풀들이 퍼지기 시작한 뒤로는 이 도시에서 가장 번식력이 좋은 외래종인 가죽나무가 세력을 뻗친다. 이미 인구 800만이나 살고 있는 도시에서도 무자비한 침략자인 가죽나무는 어울리지 않게도 천국나무라는 순결한 이름으로 불리기도 하는데, 지하철 터널의 조그만 틈새에도 뿌리를 내릴 수 있어 인도의 격자 사이로 잎가지를 뻗치고 눈에 띄지 않게 잘 자란다. 이런 어린 나무들을 누가 뽑아내지 않으면 5년이 못 돼 강력한 뿌리가 인도를 밀어올리고, 안 그래도 치우는 손길이 없어 온갖 비닐봉지와 떡이 된 신문지 때문에 압박을 받는 하수구에 손상을 가할 것이다.

이러한 초기의 개척자 식물들은 도로 포장이 깨질 때까지 기다릴 필요도 없을 것이다. 인도와 차도 사이의 도랑에 낙엽이 쌓이는 것을 시작으로 뉴욕의 척박한 겉껍질에는 흙이 덮이고, 거기에서 나무 씨가 싹을 틔울 것이다. 이는 그보다 유기물이 훨씬 적은 경우, 이를테면 바람에 날려온 흙먼지와 도시의 그을음만으로도 가능한데, 실제로 맨해튼 웨스트사이드에 있는 뉴욕 센트럴 철도회사의 버려진 고가철도에서 벌어진 현상이다. 1980년에 기차 운행이 중단된 뒤로 이곳에서는 어김없이 가죽나무들이 자라났고, 그 뒤로 어니언그래스나 램즈이어 같은 풀이 수북이 덮이면서 골든로드 같은 풀이 군데군데서 솟아올랐다. 창고들의 2층과 붙어 있는 고가선로에 크로커스나 붓꽃, 앵초, 쑥부쟁이 등이 뒤덮인 곳도 있다. 첼시의 예술지구에서 이 광경을 내다보던 뉴욕 시민들 가운데 보살핌 없이 꽃을 가득 피우는 이 초록의 띠에 크게 감명받은 사람이 많았는데, 그들은 예언적인 기지를 발휘하여 도시의 죽은 일부분에 대한 권리를 서둘러 주장했고, 이곳은 하이라인High Line이란 이름의 공원으로 공식 지정되었다.

인공 난방이 사라지고 몇 년 안에 도시 전역의 배관들이 터지고, 이렇게 배관이 얼고 녹기를 반복하면서 일어나는 현상이 실내에도 영향을 끼치면서 모든 것이 심각하게 악화되기 시작한다. 내부가 팽창과 수축을 반복하면 건물은 신음한다. 벽과 지붕선 사이의 연결부가 떨어져 나가기 때문이다. 그런 곳마다 비가 스며들고, 볼트가 녹슬고, 외장이 일어나면서 단열재가 노출된다. 도시가 아직 불타지 않았다면 이제부터 시작이다. 전체적으로 볼 때 뉴욕의 건축은 샌프란시스코에 줄지어 서 있는 빅토리아식 판자 건축물처럼 타기 좋은 것은 아니다. 하지만 화재 신고를 받고 출동할 소방관이 하나도 없을 경우, 떨어진 지 10년은 된 센트럴파크의 마른 나뭇가지나 낙엽에 벼락이라도 한번 내리치면 불길은 순식간에 길거리까지 번져간다. 20년이면 피뢰침이 삭아 꺾이고, 지붕에서 붙은 불은 불쏘시개인 종이가 꽉 찬 건물들을 이리저리 활보하며 태워버린다. 창을 깨트리며 번지는 불길에 가스관이 터져버리고, 건물 안에 비와 눈이 들이친다. 눈비가 고이고 쌓인 콘크리트 바닥은 얼고 녹기를 반복하다가 이내 휘기 시작한다. 불에 탄 단열재와 그을린 나무는 맨해튼의 늘어가는 표토에 양분을 보태준다. 공기 오염이 없으면 번성하는 이끼가 가득한 벽을 담쟁이덩굴과 덩굴옻나무가 타고 오른다. 갈수록 뼈대만 남아가는 고층 건축물에는 붉은꼬리매와 송골매가 둥지를 튼다.

브루클린식물원의 부원장 스티븐 클레맨츠는 두 세기 안에 나무들이 개척자 역할을 한 풀들을 대체할 것이라고 예상했다. 도랑에 엄청나게 쌓인 낙엽은 공원에서 이동해 온 토종 참나무와 단풍나무가 자라기 좋은 비옥한 토양이 되어준다. 새로 자라는 아카시아와 보리수나무는 해바라기나 블루스템이나 뱀풀 등이 사과나무와 함께 자리를 늘려갈 수 있도록 해줌으로써 질소를 고정하여 토양을 더욱 기름지게 해준다.

아마드는 건물이 도미노 쓰러지듯 서로 부딪치며 무너짐에 따라, 또 부서진 콘크리트의 석회질이 흙의 수소이온농도지수^{PH}를 높임에 따라 갈매나무와 자작나무처럼 산성이 덜한 환경을 필요로 하는 수종들이 많아지면서 생물 다양성도 늘어날 것이라고 예상한다. 이야기할 때 제스처가 크고 활기 있는 백발의 아마드는 그런 과정이 생각보다 빨리 시작될 것으로 믿는다. 무굴제국 유적지로 유명한 파키스탄의 라호르 출신인 그는 테러 공격에도 견딜 수 있는 건물을 설계 또는 개조하는 과목을 가르치면서 구조물의 취약성에 대해 많은 것을 알게 되었다.

"맨해튼의 단단한 암반에 토대를 둔 대부분의 초고층 건물은 철골 기초가 물에 잠기는 경우를 고려한 것이 아닙니다"라고 그는 말한다. 막힌 하수구, 물바다가 된 터널, 다시 강이 된 길거리 때문에 기반이 훼손되면서 거대한 윗부분이 위태로워질 것이라고 한다. 앞으로는 북미 대서양 연안을 강타하는 허리케인이 더 강해지고 잦아질 전망이고, 강풍이 불면 불안정한 고층 건물은 타격을 입을 것이다. 일부는 무너지면서 가까이 있는 건물들을 함께 쓰러뜨릴 것이다. 거대한 나무가 쓰러진 숲처럼 빈자리에는 새로운 것들이 당장 자리를 차지해 가고, 아스팔트 정글은 차츰 진짜 정글에게 자리를 내줄 것이다.

· · · · ·

브롱크스동물원 건너편 100만 제곱미터 부지에 자리 잡은 뉴욕 식물원은 유럽 이외의 지역에서 가장 큰 식물표본실을 갖추고 있다. 이곳에 있는 보물로는 토머스 쿡 선장이 1769년 태평양 일대를 돌아다닐 때 수집한 야생초 표본과, 찰스 다윈이 티에라델푸에고에서 가져온 이끼 떼가 있다. 그런데 그보다 더 대단한 것은 16만 제곱미터 면적에 달하는 뉴욕 본래의 처녀림이다.

한 번도 벌목된 적은 없지만 큰 변화가 있었다. 최근까지만 하더라도 이 숲은 솔송나무 숲으로 불렸지만, 실제로 이곳의 솔송나무는 대부분 고사한 상태다. 1980년대 중반 뉴욕에 상륙한, 문장 끝에 붙이는 마침표보다 작은 일본산 벌레에게 거의 전멸당한 것이다. 이 숲이 영국령이던 시절부터 가장 오래되고 크던 참나무들도 쓰러져 가고 있다. 산성비에 의해, 자동차와 공장에서 내뿜는 납 같은 중금속에 의해 활력을 잃어버렸기 때문이다. 숲의 머리를 이루는 키 큰 나무들이 오래전에 번식을 멈춰버렸으니, 이런 나무들이 다시 살아날 것 같지는 않다. 게다가 이제 토착종은 전부 병원균의 집이 되어 있는 상태다. 독성 화학물질의 맹공으로 약해진 나무들을 각종 곰팡이나 벌레나 질병이 마음껏 잡아먹고 있는 것이다. 그것만으로 충분치 않다는 듯 이곳은 브롱크스 지역에 사는 다람쥐들의 피난처가 되어버렸다. 이는 뉴욕식물원이 수백 제곱킬로미터의 회색빛 도시에 빙 둘러싸인 하나의 녹색 섬이기 때문이다. 자연의 포식자도 사라진 지 오래고 사냥도 금지되어 있으니 도토리나 호두가 싹을 틔우기 전에 모조리 먹어치우는 다람쥐를 막을 방도가 없다.

이 오래된 숲의 아랫부분에는 이제 80년 세월이라는 단절이 있다. 여기서 주로 자라는 것들은 원래 있던 참나무, 단풍나무, 물푸레나무, 자작나무, 플라타너스, 튤립나무의 자손이 아니라 주변에 심어진 관상용 나무들의 후세대다. 토양 표본조사에 따르면 약 2,000만 개의 가죽나무 씨앗이 이곳에서 싹을 틔우고 있다. 이 식물원 실용식물학연구소의 큐레이터인 척 피터스는 중국에서 들여온 가죽나무나 굴참나무 같은 외래종이 이곳 숲의 4분의 1 이상을 차지한다고 말한다.

"숲을 200년 전 상태로 돌려놓아야 한다는 사람들이 있습니다. 저는 그런 사람들에게 먼저 브롱크스를 200년 전 상태로 되돌려 놓아야 한다고 말합니다."

전 세계를 돌아다니게 된 인류는 생물을 함께 가져가고 가져오게 되었다. 아메리카의 식물은 유럽 여러 나라의 생태계뿐만 아니라 정체성까지 바꿔놓았다. 감자 이전의 아일랜드, 토마토를 들여오기 전의 이탈리아를 한번 상상해 보라. 반대로 구세계의 침략자들은 정복당한 비운의 신대륙 여인들을 겁탈했을 뿐만 아니라 밀, 보리, 호밀 등의 씨앗까지 강제로 퍼뜨렸다. 미국 지리학자 알프레드 크로스비의 표현을 따르자면, 이러한 생태학적 제국주의 덕분에 유럽의 정복자들은 식민지에 자신들의 이미지를 영구히 각인시켰다.

그 결과 한심하게도 식민지 인도에서는 히아신스나 수선화를 억지로 이식한 영국식 정원이 만들어졌다. 뉴욕에는 영국산 찌르레기가 들어왔는데, 셰익스피어 작품에 등장하는 새들이 전부 센트럴파크에 살게 되면 뉴욕이 좀더 고상한 곳이 되지 않겠느냐고 생각한 사람 때문이었다. 지금은 이 찌르레기가 알래스카부터 멕시코에 이르기까지 어디서나 발견되는 골치 아픈 조류가 되었다. 아울러 센트럴파크에는 셰익스피어의 연극에 등장하는 식물을 전부 옮겨다 심은 정원도 있다. 프림로즈니 웜우드니 락스힐이니 에글런타인이니 카우슬립이니 하는 서정적인 이름의 꽃들을 심어놓은 셰익스피어정원은 《맥베스》에 나오는 버넘우드Birnam Wood를 조잡하게 모방한 것이다.

마나하타 프로젝트가 가상으로 재구성한 모습이 인간 이후의 맨해튼 숲과 얼마나 비슷할 것인가 하는 문제는 인류가 사라진 뒤에도 남을 흙을 누가 차지하느냐에 달려 있다. 뉴욕식물원의 식물표본실에는 아메리카에서 가장 먼저 표본으로 만든 아주 예쁜 라벤더 줄기가 하나 있다. 영국에서 핀란드에 이르는 북해 연안의 강어귀가 본고장인 털부처꽃의 씨앗은 대서양을 건너다니는 상업 선박들이 안전한 운항을 위해 갯벌의 흙을 퍼 담아 밸러스트(배의 균형 유지를 위해 바닥에 싣는 돌이나 모래 따위 – 옮긴이)로 쓰면서 옮겨온 것으로 보인다.

식민지와의 무역이 늘어나면서 아메리카 연안에는 선박들이 상품을 싣고 밸러스트를 버리는 일이 잦아져 털부처꽃도 더욱 늘어났다. 일단 자리를 잡은 털부처꽃의 씨앗은 스치고 지나가는 모든 동물의 깃털이나 털에 들러붙어 개울과 강을 거슬러 올라갔다. 그리하여 원래는 물새나 사향쥐의 서식지와 먹이가 되어주던 부들, 버드나무, 카나리아풀이 군락을 이루던 허드슨강의 습지가 야생동물도 뚫고 들어갈 수 없는 자줏빛 장막으로 변했다. 털부처꽃은 21세기 들어 알래스카까지 세력을 뻗쳤는데, 이곳 생태학자들은 오리, 기러기, 제비갈매기, 백조 같은 물새가 다 쫓겨날 것을 몹시 우려하고 있다.

셰익스피어정원이 만들어지기 전부터 센트럴파크의 설계자들은 50만 톤의 나무를 그 뿌리를 감싼 50만 톤의 흙과 함께 들여왔다. 페르시아의 개암나무, 아시아의 계수나무, 레바논의 삼나무, 중국의 오동나무와 은행나무 같은 이국풍으로 섬에 이채를 더하고 싶었던 것이다. 하지만 인간이 사라지고 나면, 타고난 권리를 되찾기 위해 강력한 외래종과 경쟁해야만 하는 토착종이 홈그라운드의 이점을 안게 된다.

관상용 외래종 가운데 상당수, 예컨대 더블로즈 등은 자기네를 들여온 문명과 함께 사라질 것이다. 그것은 그들이 접붙이기를 통해서만 번식할 수 있는 불모의 혼성종이기 때문이다. 복제를 담당하던 정원사가 없어지면 그들도 사라질 수밖에 없다. 또 하나의 식민지 시대 응석받이는 영국 담쟁이덩굴이다. 이들은 스스로 방어해야 하는 처지가 될 경우 사촌뻘인 북미의 거친 담쟁이덩굴과 덩굴옻나무한테 지게 되어 있다.

그렇지 않은 것들이라 해도 종류나 분포가 감소될 것이다. 신대륙 사과 재배의 전설인 조니 애플시드 신화와는 달리 러시아나 카자흐스탄에서 수입한 종인 사과 같은 작물은 보살핌을 받지 않으면 모양이나 맛보다는 단단해지는 쪽을 택함으로써 형편없어질 것이다. 농약을 안 친 사과 과수원은 극소수만 살아남을 뿐 북미의 토종 병충해로 인해 토종 활엽수들에게 자리를 내줄 것이다. 수입된 밭작물들은 본래의 초라한 수준으로 되돌아갈 것이라고 한다. 뉴욕식물원 부원장 데니스 스티븐슨에 따르면, 원래 아시아산인 당근은 동물들이 마지막 하나까지 다 먹어치움으로써 맛없는 야생당근에게 자리를 빼앗길 것이다. 브로콜리, 양배추, 꽃양배추는 알아보기도 힘든 원래 조상의 모습으로 되돌아갈 것이다. 도미니카 사람들이 워싱턴하이츠의 공원 한가운데에 심은 종자옥수수의 후손은 옛 DNA를 되찾아 마침내 크기가 작은 본래의 멕시코산 '테오신테'로 돌아갈 것이다.

재래종을 위축시킨 또 다른 침략자인 납, 수은, 카드뮴 등의 금속은 토양에서 잘 씻겨나가지 않는다. 말 그대로 중금속이기 때문이다. 한 가지 확실한 것은 자동차와 공장이 영영 멈춰버리면 더 이상 그런

금속들이 쌓이지 않는다는 사실이다. 대신 처음 100년 동안은 용기의 부식 때문에 석유탱크, 화학공장, 발전소, 드라이클리닝 세탁소 같은 곳에 남은 시한폭탄이 수시로 터질 것이다. 남은 연료, 세탁 용제(솔벤트), 윤활유 같은 물질은 세균이 먹어치우면서 갈수록 순한 유기 탄화수소물로 분해될 것이다. 물론 각종 살충제, 가소제, 절연체 등 인간이 만들어낸 온갖 희한한 것들은 미생물이 처리할 수 있도록 진화할 때까지 몇천 년 동안 잔존할 것이다.

그래도 나무들은 산성 없는 비가 내릴 때마다 유해 화학물질이 점차 빠져나감에 따라 견뎌내야 할 독성이 줄어들 것이다. 여러 세기에 걸쳐 중금속 피해를 점점 덜 입게 되는 식물들은 남은 중금속도 갈수록 재순환하고 희석시킬 것이다. 식물이 죽고 썩어 표토층이 더 쌓이면 산업문명의 독소는 더욱 깊이 묻혀버리고, 새로 자라는 재래종 식물의 자손들은 그런 역할을 더 잘할 것이다.

뉴욕에 전해내려오는 나무들 가운데 이미 멸종해 버린 종은 얼마 안 되는데, 상당수는 딱히 죽어가는 것은 아니더라도 매우 위태로운 상태다. 북미 밤나무는 1900년경 아시아의 종묘식물이 실린 배를 타고 뉴욕으로 건너온 마름병 때문에 거의 전멸당해 사람들이 몹시 안타까워하고 있지만, 뉴욕식물원의 오래된 숲에 아직 남아 있긴 하다. 말 그대로 뿌리만 살았지만, 이들은 싹을 틔워 가느다란 줄기를 60센티미터 정도까지 키우다가 마름병의 공격을 받아 시들면 같은 시도를 반복한다. 그러나 인간이 가하는 스트레스 때문에 원기를 잃는 일이 사라지고 나면 어느 날 갑자기 저항력이 되살아날지도 모른다. 한때 북미 동부의 숲에서 가장 키 큰 활엽수였던 이 밤나무가 소생한다면 아마 그때까지 남아 있을 강력한 외래종, 이를테면 매자나무, 노박덩굴, 가죽나무 등과 공존해야 할 것이다. 이곳 생태계는 인간 없이도 지속되는 인공물일 것이다. 이는 우리가 없었다면 있을 수 없는, 세계주의적 혼성 현상이다.

그것은 별로 나쁜 일이 아닐 수도 있다고 뉴욕식물원의 척 피터스는 말한다. "뉴욕을 대단한 도시로 만드는 것은 문화적 다양성입니다. 누구나 내놓을 게 있지요. 하지만 식물에 대해서 우리는 인종차별적입니다. 토착종은 아주 아끼면서 공격적인 외래종은 집으로 돌아가기를 바라니까요."

그는 마지막 남은 북미 솔송나무 사이에서 자라는 희끄무레한 중국산 황벽나무를 가리키며 이렇게 말한다. "불경스럽게 들릴지 모르지만 원래의 생물 다양성을 지키는 것보다는 기능성 있는 생태계를 유지하는 것이 더 중요합니다. 문제는 토양을 보호하고, 물을 깨끗하게 하고, 나무가 공기를 정화하도록 하고, 양분이 브롱크스강으로 그냥 흘러 나가지 않게 큰 나무를 번식시키는 겁니다."

그는 브롱크스의 걸러진 공기를 한숨 크게 들이마신다. 50대이면서도 균형 잡힌 신체와 젊음을 간직한 피터스는 일생의 상당 부분을 숲에서 보냈다. 그는 현장 연구를 통해 아마존 오지에 팜넛나무가, 보르네오 처녀림에 두리언나무가, 미얀마 정글에 차나무가 자라는 것이 우연이 아님을 밝혀냈다. 언젠가 인간도 여기 살았던 것이다. 야생지는 여기 살았던 사람들과 그들의 기억까지 전부 삼켜버렸으나, 이런 표시는 그들의 메아리를 아직 간직하고 있다. 앞으로도 마찬가지일 것이다.

사실 이런 일은 호모사피엔스가 이곳에 등장한 직후부터 시작되었다. 샌더슨의 마나하타 프로젝트는 이곳 섬을 네덜란드인이 발견한 당시의 상태로 가상 복원하는 것일 뿐 인간이 전혀 발을 디딘 적 없는 원시 시대의 맨해튼 숲을 되살려 보려는 것이 아니다. 그런 상태란 아예 없었기 때문이다. "레니 레나페족이 처음 오기 전에 이곳은 두께가 1.6킬로미터쯤 되는 얼음장밖에 없었으니까요"라고 샌더슨은 설명한다.

약 1만 1,000년 전 마지막 빙하기가 맨해튼 북쪽으로 물러날 무렵에 현재 캐나다 툰드라 바로 아래에서 자라는 침엽수림도 함께 올라갔다. 그 자리에 오늘날 우리가 북미 동부 온대림이라 부르는 지역이 형성된 것이다. 참나무, 밤나무, 솔송나무, 느릅나무, 설탕단풍 등이 주종을 이루는 이 숲의 빈자리에는 산벚나무, 진달래류, 인동덩굴 같은 작은 나무와 각종 양치식물이나 꽃식물이 자라났다. 바닷물이 드나드는 습지에서는 접시꽃 같은 식물이 생겨났다. 이런 초목이 이 따뜻한 곳을 가득 메우자 인간을 비롯한 온혈동물들이 등장하기 시작했다.

부족하나마 고고학 유적에 따르면, 최초의 뉴요커는 정착생활이 아니라 딸기류나 밤나무나 야생포도를 계절별로 따먹으면서 야영생활을 한 것으로 보인다. 그들은 또 칠면조, 검은 멧닭, 오리, 흰꼬리사슴을 사냥하기도 했으나 주로 물고기를 낚아 먹었다. 주변 바닷가에는 바다빙어와 청어가 얼마든지 있었고, 냇물에는 송어가 가득했다. 굴, 대합, 게, 바닷가재가 워낙 풍부해서 힘들일 것 없이 잡아 올렸다. 해안에 줄줄이 있던 조개무지가 이곳에서 인간이 처음으로 만든 구조물이었다. 헨리 허드슨이 이 섬을 처음 발견했을 당시 할렘 윗부분과 그리니치빌리지는 풀이 무성한 초원이었고, 레니 레나페족은 이곳에서 돌아가며 불을 질러 작물을 심었다. 마나하타 프로젝트의 연구원들은 발굴된 불구덩이에 물을 부어 떠오른 물질을 살펴봄으로써 레니 레나페족이 옥수수, 콩, 호박, 해바라기를 경작했다는 사실을 밝혀냈다. 섬의 많은 부분은 비아워비에자 푸슈차처럼 푸르고 무성했다. 하지만 인디언의 땅이 60길더의 값에 식민지 부동산으로 변모하는 유명한 사건이 일어나기 한참 전부터 호모사피엔스의 흔적은 이미 맨해튼에 뚜렷했다.

· · · · ·

새천년인 2000년 어느 날, 과거를 되살릴지도 모를 미래의 전조가 코요테의 모습을 하고 센트럴파크까지 어렵사리 찾아왔다. 뒤이어 두 마리가 더 시내로 들어왔고, 야생 칠면조까지 찾아왔다. 뉴욕시가 야생으로 돌아가는 일은 사람들이 떠날 때까지 기다리지 않아도 될지 모른다.

제일 먼저 도착한 코요테 수색대는 조지워싱턴대교를 건너왔다. 뉴욕과 뉴저지의 항만관리공단의 의뢰를 받은 이 수색대의 대장은 제리 델 투포였다. 나중에 그는 스태튼아일랜드를 본토와 롱아일랜드로 이어주는 다리들을 맡았다. 40대 초반의 구조공학 엔지니어인 그는 인간이 만들어낸 구조물 가운데 다리야말로 가장 아름다운 것이라고 생각한다. 사람들을 가르는 간격을 근사하게 이어주기 때문이다.

델 투포 자신이 먼 바다를 건너온 사람으로, 황갈색 피부는 그가 시실리 출신임을 말해준다. 목소리는 완전히 뉴저지 도시지역 토박이 같다. 일거리가 된 철골 구조와 도로 포장에 익숙해지도록 교육받은 그도 조지워싱턴대교 꼭대기에서 부화하는 송골매 새끼들을 보면 경탄을 금치 못한다. 지상의 표토가 아니라 강과 바다 위로 높이 솟아 있는 철 구조물의 틈새에서 풀이나 가죽나무가 씩씩하게 자라는 모습을 봐도 그렇다. 그가 담당하고 있는 다리들은 언제나 자연의 게릴라 공격을 받고 있다. 자연의 무기와 군대는 철갑을 두른 다리에 비하면 가소로워 보일 정도다. 그러나 끊임없이 다리 위에 떨어져 공중에 싹을 틔우고 페인트까지 녹여버리는 새똥을 그대로 방치하면 치명적일 수 있다. 델 투포는 결국 상대보다 오래 살아남을 힘을 지닌, 원시적이지만 굴할 줄 모르는 적과 싸우는 입장이지만 자연이 결국 이기게 되어 있다는 사실을 받아들인다.

물론 그가 일하는 동안은 그렇지 않을 것이라고 한다. 그는 무엇보다 자신과 동료들이 물려받은 유산을 영광으로 생각한다. 그들이 지키는 다리들은 매일 30만 대 이상의 차들이 통행하리라고는 상상도 못 했을 엔지니어들이 만들었다. 그런데 80년이 지난 지금도 끄떡없다. "우리가 할 일은 이 보물들을 우리가 물려받은 때보다 나은 상태로 다음 세대에게 물려주는 것입니다."라고 그는 말한다.

눈보라 치는 2월의 어느 오후, 그는 무전기로 동료와 이야기를 주고받으며 베이온대교 쪽으로 향한다. 스태튼아일랜드 쪽의 다리 밑면에는 다리 하중의 절반을 떠받치는 철골이 빽빽이 얽혀 있다. 1센티미터 남짓 두께의 철판과 헤아릴 수 없이 많은 나사 등으로 맞물려 있는, 미로처럼 얽힌 쇠기둥과 지지대를 올려다보고 있노라면 바티칸 성베드로성당의 치솟은 돔 밑에 선 순례자들을 주눅 들게 하는 경외감이 느껴진다. 이렇게 어마어마한 구조물은 이 자리에 영원하리라는 느낌에 압도당한다. 하지만 델 투포는 돌봐줄 인간이 없으면 이런 대교들이 어떻게 무너질지 잘 안다.

당장 무너지지는 않을 텐데, 그것은 우리가 사라질 때 가장 임박한 위협도 함께 사라져 버릴 것이기 때문이다. 그것은 쉴 새 없이 충격을 가하는 차량 통행이 아니라고 한다.

"다리가 과할 정도로 튼튼하게 만들어져서 차량 통행은 코끼리 등 위의 개미나 마찬가지지요." 컴퓨터로 재료의 내구성을 정확히 계산할 수 없었던 1930년대의 엔지니어들이 어찌나 조심스러웠던지 구조물에 중복과 과잉이 비일비재하다고 한다. "조상들의 설비 과잉 덕을 보고 있지요. 조지워싱턴대교만 하더라도 두께 7센티미터가 넘는 지지 케이블에 들어간 철사가 지구를 네 번 감을 수 있는 양입니다. 다른 것이 다 무너질 때까지 남아 있을 다리죠."

가장 위협적인 적은 겨울마다 도로에 뿌려지는 소금이다. 이 게걸스러운 물질은 얼음을 해치우고 난 뒤 쇠까지 먹어치운다. 자동차에서 떨어지는 오일, 부동액, 눈 녹은 물에 쓸려 수채와 틈새로 흘러들어가는 소금은 사람이 수시로 세척해야 한다. 사람이 없어지면 소금을 쓸 일도 없어진다. 대신에 아무도 페인트칠을 안 하면 이래저래 다리에 녹이 슬 것이다.

먼저 산화작용에 따라 철판 두께의 두 배나 되는 녹 코팅이 형성되면서 화학적 분해는 더뎌질 것이다. 쇠가 완전히 녹슬어 무너져 내리기까지는 몇 세기가 걸리곤 하지만, 뉴욕의 다리들은 그만큼 오래 기다릴 필요가 없을 것이다. 금속 역시 얼고 녹기를 반복하기 때문이다. 쇠는 콘크리트처럼 갈라지는 것이 아니라, 더워지면 팽창하고 추워지면 수축한다. 그래서 쇠로 만든 다리는 여름에 더 늘어날 수 있도록 이음매expansion joint가 필요하다.

겨울이 되어 다리가 수축하면 이음매 속의 공간이 더 벌어지면서 이물질이 들어가고, 다시 날이 더워져 다리가 팽창하면 이음매 속의 공간이 줄어든다. 아무도 페인트칠을 해주지 않으면 이음매는 이물질뿐 아니라 녹까지 가득 차게 되는데, 녹은 계속 늘어나 원래 금속이 있던 부분보다 많은 공간을 차지해 버린다.

"여름이 될 때마다 다리가 점점 커질 겁니다. 이음매는 속이 막혀버리면 다리의 가장 약한 연결 부위, 예컨대 성질이 다른 재료가 이어진 부분 쪽으로 팽창하게 됩니다." 그는 철제 빔 네 개가 콘크리트 기초와 만나는 부분을 가리켰다. "여기가 그런 데죠. 빔을 부두에 고정시키는 콘크리트가 깨질 수 있습니다. 여름과 겨울을 몇 번 반복하다 보면 볼트가 풀려버릴 수도 있지요. 그러다 결국 빔이 쑥 빠져버리면 와르르 무너지고 맙니다."

모든 연결 부위가 취약하다. 볼트로 연결된 두 철판 사이에 녹이 슬면 워낙 큰 힘을 발휘하여 철판이 휘든지 못이 빠져버리든지 둘 중 하나라고 델 투포는 말한다. 베이온대교 같은 아치교들은 제일 과하게 설계되었다(이들은 이스트강 밑을 통과하는 14개의 지하철용 콘크리트 터널보다는 오래 버틸 텐데, 14개의 터널 중 브루클린으로 이어진 것은 마차가 다니던 시대에 만들어졌다. 터널 어디 한군데만 문제가 생겨도 대서양 바닷물이 들이칠 것이다). 이들 다리는 지진이 해안평야 아래의 약한 단층대를 파괴할 경우 기간이 짧아질 수도 있겠지만 앞으로 1,000년은 버틸 수 있도록 만들어졌다. 하지만 자동차가 다니는 현수교나 트러스교는 200~300년 못 가 무너질 것이라고 한다.

・ ・ ・ ・ ・

그때까지는 센트럴파크까지 올 정도로 대담했던 선구자들의 발길을 따라 더 많은 코요테가 다리를 건너온다. 사슴, 곰, 심지어 늑대도 캐나다에서 뉴잉글랜드까지 들어온 다음 차례로 도착한다. 대부분의 다리가 사라질 무렵에는 맨해튼에서 덜 오래된 건물들도 이미 파괴된 뒤다. 틈이 벌어진 곳마다 스며든 물이 철제 보강 기둥을 타고 흘러들면, 기둥은 녹슬고 팽창하여 마침내 붙들어 주던 콘크리트를 깨뜨려 버린다. 그랜드센트럴 역처럼 오래된 석조 건물은 특히 대리석에 곰보 자국을 내는 산성비가 없어지면서 어느 현대식 빌딩들보다 오래갈 것이다.

맨해튼의 다시 태어난 개천들에는 갈매기가 떨어뜨린 청어와 홍합이 가득하고, 여기서 번식하는 개구리들의 사랑노래는 고층 건물 잔해에 울려퍼진다. 허드슨강에도 다른 청어류가 되돌아온다. 비록 타임스퀘어 북쪽 56킬로미터 지점에 있는 인디언포인트핵발전소에서 졸졸 새어나오는 방사능에 적응하느라 몇 세대가 걸리긴 하겠지만 말이다. 하지만 인간에 적응해서 살았던 동물군들은 대부분 사라진다. 무적의 강자로 보이던 바퀴벌레는 열대 출신이라 난방 없는 아파트 건물에서 일찌감치 동사한다. 쓰레기가 없어지면 쥐들이 아사하거나 불타버린 고층 건물에 둥지를 튼 맹금류의 점심거리가 된다.

해수면 상승과 조수 그리고 소금에 의한 부식 때문에 뉴욕 5개 관구의 반듯하던 인공 해안선은 작은 강어귀와 해변으로 바뀌어 간다. 센트럴파크의 연못들과 저수지는 바닥 흙을 퍼내지 않아 습지로 다시 태어난다. 센트럴파크의 풀밭은 뜯어먹는 동물이 없는 한, 근사한 마차와 공원경찰이 이용하던 말들이 야생 상태로 돌아가 번식하지 않는 한 사라져 버린다. 대신 그 자리에 숲이 들어서며, 과거 도로였던 장소와 쓰러진 건물의 기초 자리도 숲으로 변한다. 코요테, 늑대, 붉은여우, 살쾡이가 늘어나면서 다람쥐 수는 납중독에도 살아남은 참나무와 다시 균형을 이루게 된다. 500년쯤 지나면 따뜻한 곳에서도 참나무, 너도밤나무, 습기를 좋아하는 물푸레나무 같은 종이 우세해진다.

반려견의 후손들은 야생 포식자들에게 일찌감치 다 잡아먹히지만, 야생에 적응한 일부 약삭빠른 집고양이는 찌르레기를 잡아먹으며 살아남는다. 다리들이 전부 무너지고 터널들에 바닷물이 차면서 맨해튼은 다시 진정한 섬이 된다. 그러면 말코손바닥사슴과 곰들이 예전에 레니 레나페족이 따 먹던 딸기류를 먹으려고 넓어진 할렘강으로 헤엄쳐 온다.

말 그대로 영영 붕괴해 버린 맨해튼 금융기관들의 잔해 가운데 은행 금고가 종종 눈에 띈다. 그 안의 쓸데없어진 돈은 곰팡이가 슬긴 했어도 아직 안전하다. 그러나 박물관 저장고는 외부의 충격보다는 기후변화에 견디도록 만들어졌으므로, 그 속에 보관된 소장품은 금고 속의 돈만큼 안전하지 않다. 전기가 없으면 방어력도 사라진다. 결국 박물관 지붕에 물이 새는데 대개는 지붕 채광창에서 시작되고, 지하실에 물이 그득해진다. 마구 오락가락하는 습도와 온도에 노출된 저장고의 소장품들은 곰팡이와 세균 그리고 식성 좋기로 유명한 애수시렁이 애벌레의 먹이가 된다. 이런 현상이 다른 층에도 번지면 메트로폴리탄박물관의 그림들은 알아볼 수 없을 정도로 색이 바래면서 분해된다. 도자기류는 화학적 성질이 화석과 비슷하기 때문에 잘 버틴다. 무너진 뭔가에 덮여버리지 않는 한 도자기류는 다음 시대의 발굴을 기다리며 서서히 묻혀갈 것이다. 청동상의 경우 겉이 부식하면서 녹청이 두꺼워지지만 모양에는 변함이 없다. "청동기 시대의 유물을 보면 알 수 있지요." 맨해튼의 예술품 보존가인 바바라 애플봄의 말이다.

자유의여신상은 결국 항구 밑으로 가라앉는다 해도 화학적 변화를 거치고 조개에 뒤덮일지언정 모양은 변치 않을 것이라고 애플봄은 말한다. 어찌 보면 바다 밑이 제일 안전한 장소인지도 모른다. 몇천 년이 지나면 어떤 돌담이든 결국 무너지기 마련이기 때문이다. 1766년 맨해튼의 편암으로 지은 세인트폴예배당도 예외가 아니다. 지난 10만 년 동안 세 번에 걸쳐 빙하가 뉴욕을 깨끗이 벗겨낸 적이 있다. 탄소 연료에 대한 인류의 파우스트적 도박 때문에 대기가 돌이킬 수 없는 선을 넘어가지 않는 한, 급격한 온난화로 지구가 금성처럼 변해버리지 않는 한, 언젠가는 빙하가 다시 뉴욕을 청소해 줄 것이다. 그러면 원숙해진 너도밤나무, 참나무, 물푸레나무, 가죽나무의 숲은 말끔히 사라져 갈 것이다. 스태튼아일랜드의 매립지에 쌓여 있는 거대한 쓰레기 산더미 네 개는 끄떡도 않을 것 같던 PVC 플라스틱과 인간이 만든 것 중에 제일 오래가는 유리가 가루가 되면서 납작해질 것이다.

빙하가 물러나고 나면 빙퇴석과 그 밑 여러 지층에 자연 상태에는 없던 붉은 금속이 광산처럼 묻혀 있을 것이다. 한때 배선이나 배관 등에 쓰였던 것들이 한데 쌓여 있다가 땅에 묻힌 것이다. 우리 다음에 올 도구 이용자들이 그것을 발굴하여 이용할지도 모른다. 하지만 그때쯤이면 그것을 우리가 묻었다는 사실을 알려줄 만한 증거는 전혀 남아 있지 않을 것이다.

4
인간 이전의 세상

인간이 진화하지 않았다면 지구는 어떻게 되었을까?
우리의 진화는 필연이었을까?
우리가 없어져 버리면 우리 또는 우리만큼
복잡한 존재가 다시 나타날까?

10억 년 이상 동안 거대한 얼음판들이 남극과 북극 사이를 떠다녔다. 때로는 적도까지 밀려오기도 했다. 이 현상은 대륙이동설, 지구의 다소 불규칙한 공전궤도, 조금씩 바뀌는 자전축, 대기 이산화탄소 양의 변동과 관련이 있다. 대륙들이 기본적으로 지금의 모습을 갖춘 지난 몇백만 년 동안 빙하기는 꽤 주기적으로 반복되었으며, 한 번에 10만 년 정도 지속되었다. 두 빙하기 사이의 따뜻한 해빙기(간빙기)는 보통 1만 2,000~2만 8,000년 정도 계속되었다.

마지막 빙하기가 뉴욕에서 물러간 것은 1만 1,000년 전이었다. 빙하기가 제때 찾아오지 않을 것이라는 회의적 의견이 점점 많아지긴 했어도, 정상 조건이라면 맨해튼을 납작하게 만들어 버릴 다음 빙하기는 언제든 올 수 있다. 다음 빙하기가 시작되기 전까지 지금의 휴지기가 훨씬 더 오래갈 것이라고 예상하는 과학자가 많은데, 그 이유는 우리가 대기라는 누비이불에다가 단열재를 더 채워넣음으로써 불가피한 것을 지연시켰기 때문이라고 한다. 남극의 빙하코어^{ice} ^{core}(빙하 깊은 곳에서 시추한 원통형 얼음 덩어리 - 옮긴이)에 든 아주 오래된 거품을 조사해 본 결과, 현재 지구에는 과거 65만 년 전 이래로 그 어느 때보다 많은 이산화탄소가 떠다닌다는 사실이 밝혀졌다. 인간이 내일 당장 사라진다면 탄소가 함유된 분자를 하늘로 올려 보내는 일도 없어지겠지만, 지금까지 배출된 양이 나름의 영향을 끼치긴 할 것이다.

우리 기준이 잘 바뀌긴 하지만, 어쨌든 그런 일은 우리 기준으로 볼 때 빨리 일어나지는 않을 것이다. 호모사피엔스는 화석이 되어 지질학적 시간대로 들어가기까지 굳이 기다리지 않았다. 자연에 실력을 행사하는 존재가 된 우리는 이미 그렇게 되어버렸다. 인간이 사라진다 해도 가장 오래 남을 인공물 가운데 하나가 다시 설계된 대기다. 그런 점에서 타일러 볼크 같은 사람은 자신이 뉴욕대학 생물학부에서 대기물리학과 해양화학을 함께 가르치는 건축가가 된 것이 별 이상한 일이 아니라고 생각한다. 그는 화산의 분출이나 대륙판의 충돌만으로 가능한 변화를 인간이 대기와 생물권과 바다에 일으킨 것을 설명하기 위해서는 그런 여러 학문 분과를 다 끌어들일 수밖에 없다고 말한다.

마르고 키가 큰 볼크는 웨이브가 있는 검은 머리와 생각에 빠지면 초승달 모양이 되는 눈을 가졌다. 연구실 의자에 기대앉은 그는 게시판을 가득 채운 포스터를 유심히 보고 있다. 대기와 바다를 하나의 액체로 표현하되 정도의 차이에 따라 층을 둔 그림이다. 200년 전까지만 해도 대기의 이산화탄소는 일정한 비율만큼 바다로 녹아들어가 지구의 평형 상태를 유지했다. 그러나 지금은 대기의 이산화탄소 비중이 너무 높아서 바다는 새롭게 적응해야 하는데, 워낙 거대하기 때문에 시간이 걸린다고 그는 말한다.

"연료를 태우는 사람들이 없어진다고 합시다. 먼저 바다 표면은 이산화탄소를 빨리 흡수할 겁니다. 포화 상태가 되면 속도가 느려지겠지요. 이산화탄소는 광합성을 하는 유기체에 의해서도 조금씩 흡수됩니다. 바닷물이 섞이면서 포화 상태의 이산화탄소는 조금씩 가라앉고 깊은 바닷물이 해수면으로 올라오게 됩니다."

바닷물이 한 번 완전히 순환하는 데는 1,000년이 걸린다. 그렇다고 지구가 산업사회 이전의 깨끗한 상태로 되돌아가는 것은 아니다. 바다와 대기는 서로 더 균형을 이루게 되지만 둘 다 이미 이산화탄소를 과하게 품고 있는 상태다. 땅도 마찬가지다. 과도한 탄소는 그것을 흡수하되 결국 다시 내보내는 흙과 생명체를 통해 순환한다. 그러면 그것이 다 어디로 갈까? "생물권은 대체로 엎어놓은 유리 항아리 같습니다. 위로는 가끔 유성이 들어오긴 하지만 기본적으로 외부 물질이 들어올 수 없도록 차단되어 있지요. 바닥은 화산 분출 같은 틈이 약간 있고요."

문제는 석탄계 지층을 파내어 탄소를 하늘로 내뿜으면서 우리가 1700년대부터 분출을 멈추지 않는 화산이 되어버렸다는 사실이다.

· · · ·

인간세계라는 화산이 탄소를 과배출하면 지구는 나름의 활동을 전개한다. "암석의 순환rock cycle이란 것이 효력을 발휘하지요. 아주 오래 걸리긴 하지만요"라고 볼크는 말한다. 지각의 대부분을 구성하는 장석이나 석영 같은 규산염이 비와 이산화탄소가 합쳐져 만들어내는 탄산에 의해 서서히 풍화되어 탄산염으로 되돌아간다. 탄산은 흙과 광물질을 녹이고, 이때 나오는 칼슘은 지하수로 간다. 이 지하수는 강을 따라 바다로 가서 조개껍데기처럼 침전된다. 이 과정은 아주 느리지만 탄소가 너무 많아진 대기의 풍화작용이 심해져서 좀더 빨라질 것이다.

"결국엔 지질의 순환이 이산화탄소를 인간 이전의 수준으로 되돌려 놓을 겁니다. 아마 10만 년은 걸릴 거예요." 볼크가 내린 결론이다.

더 오래 걸릴 수도 있다. 한 가지 우려스러운 점은 마침 조그만 해양동물들이 자기 겉껍질 속에 탄소를 가둘 때 해수면 가까이 늘어나 있는 이산화탄소가 그 껍질을 녹여버릴 수 있다는 것이다. 또 하나는 기온이 상승하면서 이산화탄소를 호흡하는 플랑크톤이 줄어드는 동시에 바닷물은 더 따뜻해지고 바닷물에 흡수되는 이산화탄소는 줄어들 수 있다는 점이다. 그렇긴 해도 우리가 사라지고 나면 바다가 처음으로 한 번 완전히 순환하는 1,000년 동안 과배출된 이산화탄소의 90퍼센트는 바다에 흡수될 수 있으며, 산업사회 이전의 대기 이산화탄소 농도 수준인 280피피엠보다 10~20피피엠 더 높은 정도만 대기에 남을 것이다.

10여 년 동안 남극의 빙하코어를 조사해 온 과학자들은 지금의 380피피엠 수준에 비해 그 정도로 농도가 줄어들면 앞으로 적어도 1만 5,000년 동안 빙하의 침식이 없을 것이라고 확신한다. 하지만 과배출된 탄소가 서서히 흡수되는 기간 동안 뉴욕시에는 참나무와 너도밤나무보다 종려나무와 목련이 늘어날 수도 있다. 말코손바닥사슴은 캐나다 래브라도에나 가서야 구스베리나 엘더베리를 먹을 수 있을지 모른다. 대신 맨해튼에는 남쪽에서 올라온 아르마딜로나 페커리가 무리 지어 살 수도 있다.

반면에 북극을 연구해 온 저명한 과학자들 몇몇은 그린란드 만년설에서 녹아내린 물이 멕시코만류를 식히다 마침내 차단될지 모른다고 주장한다. 전 세계에 난류를 순환시키는 이 거대한 흐름이 멈춰버리면 유럽과 북미 동부 해안은 빙하기를 맞게 될 것이라고 한다. 거대한 얼음판이 빙하를 이룰 정도로 심하지는 않을 수 있지만, 온대림 대신에 나무 없는 툰드라와 영구동토가 자리를 차지할지도 모른다. 땅딸막해진 딸기류 덤불은 이끼류 사이로 점점이 눈에 띄면서 순록을 남쪽으로 유인할 것이다.

세 번째 시나리오는 양 극단이 상쇄되어 기온이 중간 정도로 유지될 수 있다는 것이다. 덥든 춥든 그 중간이든 인간이 대기 중의 탄소를 500~600피피엠 수준으로 올려놓은 세상에서는 그린란드 얼음의 상당 부분이 녹아 대서양으로 쏟아져 들어갈 텐데, 지금 방식대로 산다면 서기 2100년경 900피피엠까지 치솟을 것으로 보인다. 어느 정도일지 정확히 예측할 수는 없으나, 그때쯤이면 맨해튼은 작은 돌섬 몇 개에 지나지 않는 꼴이 될 것이다. 이를테면 돌섬 하나는 센트럴파크의 그레이트힐이 있던 자리, 또 하나는 워싱턴하이츠의 편암이 노출된 부분일 것이다. 한동안은 남쪽으로 뻗어 있던 빌딩들이 잠망경 모양으로 물 위에 솟아 있겠지만, 파도의 시달림에 얼마 못 가 전부 무너져 버릴 것이다.

· · · · ·

인간이 진화하지 않았다면 지구는 어떻게 되었을까? 우리의 진화는 필연이었을까? 우리가 없어져 버리면 우리 또는 우리만큼 복잡한 존재가 다시 나타날까?

북극하고도 남극하고도 똑같이 먼 동아프리카의 탕가니카 호수는 1,500만 년 전에 아프리카를 둘로 쪼개기 시작하던 틈에 자리 잡고 있다. 동아프리카대지구대는 이전에 지금의 레바논 베카 계곡에서 시작되어 남쪽의 요단강과 사해로 이어지는 여러 경로 중 하나다. 이 골짜기는 점점 넓어져 홍해로 이어지고, 여기서 다시 갈라져 두 개의 나란한 골짜기를 만들어 낸다. 탕가니카 호수는 대지구대의 서쪽 670킬로미터를 차지하는 세계에서 두 번째로 긴 호수다.

수심이 1.6킬로미터나 되며 1,000만 년 정도 된 이 호수는 시베리아의 바이칼 호수 다음으로 깊고 오래되었다. 때문에 이 호수는 바닥 퇴적물의 코어^{core} 샘플을 뽑아 연구하는 과학자들에게 대단히 흥미로운 곳이다. 빙하코어를 통해 매년 내린 눈의 정도를 조사해 봄으로써 당시 기후를 짐작할 수 있듯이, 호수 바닥에 침전된 꽃가루 입자를 살펴보면 주변에 있던 식물에 대해 알 수 있다. 우기에 형성된 층과 건기에 형성된 층이 뚜렷이 구분된 탕가니카 호수의 퇴적물 코어는 정글이 어떻게 '미옴보'라는 활엽수림으로 서서히 변해갔는지를 말해준다. 불에 강한 이 활엽수림은 오늘날 아프리카의 넓은 지대를 뒤덮고 있다. 미옴보는 인간이 만들어 낸 또 하나의 인공물이다. 구석기인들은 정글의 나무를 태움으로써 영양을 기르기 적합한 초지와 임야를 만드는 법을 알아냈던 것이다.

숯으로 이루어진 두꺼운 층과 섞인 꽃가루 입자를 살펴보면, 철기시대가 시작될 무렵 더욱 심한 산림 개간이 있었다는 것을 알 수 있다. 이때 인간은 광석을 녹여 만든 괭이로 밭을 일굴 줄 알았으며, 기장 같은 작물을 심었다는 것도 알 수 있다. 그 뒤에 재배된 콩이나 옥수수 같은 작물은 꽃가루의 양이 너무 적거나 알곡이 너무 커서 멀리까지 떠내려가지 않았으나, 개간으로 거칠어진 땅을 차지한 양치식물의 꽃가루가 늘어난 것을 보면 농업이 확산되었음을 알 수 있다.

이러한 사실들은 10미터 길이의 쇠파이프로 뽑아낸 진흙을 조사함으로써 알아냈다. 진동 모터가 달린 쇠파이프를 케이블에 달아 호수 바닥까지 내린 뒤 10만 년 된 꽃가루층 속으로 밀어넣고, 그다음에는 쇠파이프 속으로 드릴을 넣어 500만~1,000만 년 된 코어 속까지 파 들어간다. 이것은 탕가니카 호수의 동쪽 연안에 있는 탄자니아의 키고마에서 한 연구 프로젝트를 이끌고 있는 애리조나대학의 고육수학자^{古陸水學者} 앤디 코헨의 설명이다.

작은 석유시추선에서 조종을 해야 하는 이 장비는 아주 비쌀 것이다. 호수가 워낙 깊어 드릴을 고정시킬 수 없으므로, 드릴을 밀어넣는 장치를 GPS에 연결하여 위치를 계속 조절해야 한다. 하지만 그만한 가치가 있는 일이라고 코헨은 말한다. 이곳이야말로 지구에서 가장 오래되고 귀중한 기후 정보가 묻혀 있는 보고이기 때문이다.

"기후변화가 극지방 얼음판들의 전진과 후퇴에 따라 결정되었다는 견해가 오랫동안 유지되어 왔습니다. 이제는 열대지방의 순환도 상관이 있다는 의견이 신빙성이 높아졌어요. 극지방의 기후변화에 대해서는 많이 알지만, 우리가 사는 지구 열기관의 기후변화에 대해서는 잘 모르고 있습니다." 코헨은 열대지방의 코어 분석이 "빙하에서 발견되는 것보다 열 배는 많은 기후 역사 정보를 제공해 주며 훨씬 더 정확하다"라고 말한다. "우리가 분석할 수 있는 것이 100가지는 됩니다."

그중에는 인류 진화의 역사도 있다. 코어의 기록이 영장류가 최초로 두 발로 걷는 단계를 거쳐 오스트랄로피테쿠스에서부터 호모하빌리스, 호모에렉투스, 마침내 호모사피엔스로 이어지는 기간을 다

포괄하고 있기 때문이다. 코어의 꽃가루는 우리 조상들이 들이마신 것과 같고, 심지어 그들이 만지고 먹은 식물들에서 나온 것일 것이다. 그것 역시 이곳 지구대의 것이니 말이다.

탕가니카 호수 동쪽에는 그보다 얕으면서 염분이 있는 또 하나의 호수가 있었다. 이 호수는 지난 200만 년 동안 증발했다가 다시 생기기를 여러 번 거듭했다. 지금은 초지가 되어 마사이족 목자들의 소와 염소들이 풀을 뜯고 있다. 화산 현무암 바닥에 사암, 진흙, 응회암, 재가 덮여 있고 그 위에 초지가 형성된 것이다. 탄자니아의 화산 고지대에서 시작된 물줄기 하나가 동쪽으로 흐르다가 깊이 100미터의 협곡을 만들어 낸다. 여기서 루이스 리키와 메리 리키 부부는 175만 년 전의 원인獩人 두개골 화석을 발견했다. 지금은 사이잘 풀이 빽빽이 자라고 있는 올두바이 협곡의 돌무더기 속에서는 현무암으로 만든 석기가 다량 발굴되었다. 이들 중 일부는 200만 년 전의 유물이었다.

1978년 올두바이 협곡 남서 40킬로미터 지점에서 메리 리키 팀은 젖은 재에 찍혀 있는 발자국들을 발견했다. 오스트랄로피테쿠스 부모와 아이의 것으로 보이는 이 발자국은 가까운 사디만 화산이 폭발한 직후 이들이 낙진을 피해다니다 남긴 것으로 추정된다. 이 발견으로 직립원인의 연대는 350만 년 전까지 거슬러 올라가게 되었다. 이곳과 더불어 케냐와 에티오피아의 유적으로 보건대 인류의 출발에는 하나의 패턴이 두드러진다. 이제는 우리가 돌끼리 부딪쳐서 날카로운 도구를 만들어 낼 생각을 하기 전에 수십만 년을 두 발로 걸어다녔다는 것이 알려져 있다. 원인의 이빨과 주변에 있는 다른 화석을 보면 견과류를 깨서 먹을 수 있는 어금니를 가진 잡식성이었음을 알 수 있다. 아울러 도끼처럼 생긴 돌을 발견하는 데서 나아가 그런 도구들을 만듦으로써 짐승들을 효과적으로 잡아먹는 수단을 보유하게 되었다는 것을 알 수 있다.

올두바이 협곡과 다른 원인 화석의 유적지는 우리 모두가 아프리카인이라는 점을 거의 확실히 보여주었다. 우리가 여기서 마시는 먼지에는 가루가 된 우리 자신의 DNA도 섞여 있는 것이다. 인간은 이곳에서부터 각 대륙으로, 지구 반대편으로 뻗어나갔다. 결국 우리는 우리의 기원으로부터 얼마나 떨어져 있었던지 지구 한 바퀴를 빙 돌아 우리의 태생을 증명해 주는 혈육을 노예로 만들어 버렸다.

우리 조상은 이 지역에서 발견되는 동물 뼈, 예컨대 우리가 많아지면서 멸종한 일부 하마, 코뿔소, 말, 코끼리 종의 뼈 중 흔한 것을 갈아 날카로운 도구나 무기로 만들었다. 이것들을 보면 우리가 다른 포유류들로부터 두각을 나타내기 직전의 세상이 어떠했는지를 아는 데 도움이 된다. 하지만 무엇 때문에 우리가 그래야만 했는지를 알 수는 없다. 그런데 탕가니카 호수에는 약간의 단서가 있다. 그것을 따라가자면 다시 얼음 이야기로 돌아가야 한다.

· · · · ·

탕가니카 호수는 대지구대의 1.6킬로미터쯤 되는 절벽에서 떨어지는 여러 물줄기에 의해 형성되었다. 이들 물줄기는 한때 절벽 꼭대기에 있는 우림 사이로 흘러내렸고, 그러다 미옴보 숲이 들어섰다. 지금은 절벽 어디에도 나무는 거의 없다. 카사바를 심기 위해 개간한 이곳 비탈은 워낙 가파르기 때문에 농민들이 작물을 밑으로 굴린다고 한다.

그중 예외가 곰베강 주변이다. 탕가니카 호수의 동쪽 탄자니아 연안의 이곳은 올두바이 협곡에서 리키의 연구를 도운 영장류학자 제인 구달이 1960년부터 침팬지를 연구한 곳이다. 한 동물종의 야생 생활에 대한 연구 가운데 가장 오랫동안 지속된 그녀의 현장 연구는 배로만 갈 수 있는 캠프에 본부를 두었다. 이곳 주변의 국립공원은 탄자니아에서는 가장 작은 규모로 135제곱킬로미터에 불과하다. 구달이 처음 왔을 때 주변의 언덕들은 정글이었다. 정글이 임야나 초원과 만나는 지점에는 사자와 물소가 살았다. 지금 이 공원은 주변의 3면이 카사바 밭, 기름야자 농장, 비탈 정착지로 둘러싸여 있으며, 호수 연안 아래위로 여러 마을에 5,000명이 넘는 거주민이 살고 있다. 그 유명한 침팬지의 개체 수는 이제 90마리도 채 안 된다.

곰베강 유역은 침팬지 연구가 가장 왕성한 곳으로 유명하지만, 이곳의 우림은 비비원숭이 등 여러 원숭이 종의 고향이기도 하다. 2005년에 뉴욕대학 인간기원연구센터 소속의 케이트 디트와일러 박사는 이곳의 붉은꼬리원숭이와 푸른원숭이와 관련된 특이한 현상에 대해 몇 달 동안 현장 조사를 했다.

붉은꼬리원숭이는 얼굴이 작고 검으며 코에 하얀 점이 있고, 볼은 희고 꼬리는 밤처럼 붉은빛이 선명하다. 푸른원숭이는 털빛이 푸르스름하고 세모꼴 얼굴이 비썩 말랐으며 튀어나온 눈썹이 인상적이다. 색깔이나 덩치나 목소리가 제각각이라 해도 현장에서 푸른원숭이와 붉은꼬리원숭이를 혼동할 사람은 없다. 그런데 곰베에서는 잘못 알아보는 일이 자주 발생한다. 두 종이 교배를 시작했기 때문이다. 지금까지 디트와일러가 확인한 바에 따르면, 두 종은 염색체 수가 서로 다르지만 이종교배로 태어난 일부 자손은 번식력을 갖추고 있다. 그녀는 숲 바닥에서 그들의 변을 채집하여 장 내벽의 일부를 조사함으로써 새로운 혼성종을 낳은 DNA 결합이 이루어졌음을 알 수 있었다.

그녀의 생각이 여기서 멈출 리가 없다. 유전학의 가르침에 따라 이 두 원숭이 종이 300만~500만 년 전에 같은 조상으로부터 갈라져 나왔다는 것을 알 수 있기 때문이다. 각자의 환경에 적응하느라 두 종은 서로 멀어졌다. 갈라파고스의 여러 군도에 고립된 핀치 개체수와 관련된 비슷한 상황에서, 찰스 다윈은 진화가 어떻게 이루어지는지를 최초로 알아냈다. 이 경우 핀치 13종은 각각 구할 수 있는 먹이에 적응하는 과정에서 분화되었다. 씨앗을 쪼개 먹느냐, 곤충을 잡아먹느냐, 선인장 속을 파먹느냐, 바닷새의 피를 빨아먹느냐에 따라 부리가 달라졌다.

곰베에서는 반대의 현상이 일어난 것으로 보인다. 한때 두 종을 나누었던 장애물을 새로운 숲이 메워버림으로써 어느 순간부터 두 종이 같은 환경에 살게 된 것이다. 그런데 이 무렵 곰베국립공원을 둘러싼 숲이 카사바 경작지로 바뀌면서 두 종은 함께 격리되었다. "자기 종 안에서 구할 수 있는 짝이 자꾸 줄어들자 절박해진 이들은 필사적인 혹은 창의적인 생존법을 찾은 것이지요"라고 디트와일러는 판단한다.

그녀의 논문 주제는 두 종 사이의 혼성화가 진화의 원동력이 될 수 있다는 것이다. "처음에는 섞여 나온 자손이 부모 어느 쪽에 비해서도 적응력이 떨어질 수 있습니다. 그러나 이유가 무엇이든, 서식 환경이 열악해지든 숫자가 줄든 실험은 계속 반복되어 결국 부모 못지않게 생존력 있는 혼성종이 등장하게 됩니다. 아니면 서식지가 바뀌었기 때문에 부모에 비해 더 유리한 종이 태어날 수 있습니다."

그렇다면 이들 원숭이의 미래 자손은 인공물일 수 있다. 농사를 짓는 호모사피엔스가 동아프리카를 워낙 조각내는 바람에 부모 세대가 내몰린 원숭이나 때까치나 딱새 같은 종들이 이종교배를 하거나 멸종해야 하니 말이다. 아니면 대단히 창의적인 진화의 방법을 택해야 한다.

그 비슷한 일이 탕가니카 호수에서 일어났을 수도 있다. 대지구대가 막 생겨날 무렵, 아프리카 대륙의 인도양에서 대서양으로 이어지는 중간 부분은 열대림으로 뒤덮여 있었다. 이때 유인원은 이미 모습을 드러낸 상태였는데, 그중 하나는 여러 면에서 침팬지를 닮아 있었다. 그 유인원의 흔적은 아직 발견되지 않았다. 현재 침팬지 유골이 아주 드문 것도 같은 이유에서다. 즉 열대림에서는 폭우가 쏟아지기 때문에 화석이 만들어지기 전에 광물이 씻겨 내려가며 뼈가 빠르게 분해되는 것이다. 하지만 과학자들은 그 유인원이 존재했다는 사실을 안다. 유전학 연구에 의해 우리와 침팬지가 같은 조상으로부터 갈라져 나왔다는 것을 알기 때문이다. 미국의 체질인류학자 리처드 랭엄은 이 발견되지 않은 유인원에게 판프리오르^{Pan prior}라는 이름을 붙였다.

지금의 침팬지^{Pan troglodytes} 이전^{prior}의 이 유인원은 약 700만 년 전 아프리카에 엄청난 가뭄이 닥치기 이전에 살았다. 대가뭄이 닥치자 습지가 점점 사라지고 땅은 말라갔다. 호수가 없어지고 숲은 줄어들어 초원 지대에 의해 구분되는 작은 고립 지대로 변해갔다. 이러한 현상은 극지방에서 밀려오는 빙하 때문이었다. 세상의 습기가 그린란드와 스칸디나비아, 러시아와 북미의 상당 부분을 덮어버린 빙하에 갇히면서 아프리카는 바짝 말라갔다. 킬리만자로와 케냐산 같은 화산의 정상이 빙하처럼 변하긴 했어도, 빙하가 실제로 이 대륙까지 다가오지는 않았다. 하지만 지금 아마존의 두 배에 해당하던 아프리카 숲을 산산조각 낸 기후변화는 지나가는 길에 침엽수를 모조리 작살낸, 멀리서 다가온 그 하얀 파괴자 때문이었다.

멀리 떨어져 있었지만 이 거대한 얼음판은 이후 몇백만 년에 걸쳐 아프리카의 포유류와 새들을 숲 군데군데에 고립시킴으로써 각자 진화해 가도록 만들었다. 우리는 그들 중 하나가 대담한 행동을 하게 되었다는 사실을 안다. 즉 초원 지대를 걸어다니기 시작한 것이다.

····

인간이 사라진다면, 무언가가 결국 우리를 대신해 버린다면, 우리가 그랬던 것처럼 새롭게 시작할 수 있을까? 우간다 남서부에는 우리의 역사가 축소되어 재현된 모습을 볼 수 있는 곳이 있다. 참부라 협곡은 대지구대 바닥의 흑갈색 화산재 퇴적물에 팬 16킬로미터 길이의 골짜기다. 놀랍게도 이 협곡에는 참부라강을 따라 열대 초목의 푸른 띠가 가득하여 주변의 누런 평원과는 극적인 대조를 이룬다. 침팬지에게 이 오아시스는 피난처인 동시에 시련의 공간이기도 하다. 초목이 우거져 있긴 하지만 폭이 450미터밖에 되지 않아 침팬지의 영양을 충족시켜 줄 만큼 과일이 풍부하지 않다. 그래서 용감한 침팬지들은 때때로 나무 꼭대기로 올라가 골짜기 밖의 위험한 평원으로 나가본다.

이들은 귀리나 시트로넬라 같은 풀 너머를 볼 수 있는 나뭇가지 사다리가 없으니 두 발로 서 있어야 한다. 이들은 한동안 거의 두발 짐승이 된 상태로 엉거주춤 서서 초원 여기저기에 있는 무화과나무에 사자나 하이에나가 있는지 살펴본다. 그리고 잡아먹히지 않으면서 도달할 수 있는 나무 하나를 점찍어 둔다. 그다음, 한때의 우리처럼 그 나무를 향해 마구 달려간다.

멀리서 빙하가 움직임으로써 더 이상 우리를 부양해 줄 여력이 없는 규모의 숲에서 배를 곯던 일부 용감한 판프리오르를 뛰쳐나오게 만든 지(일부는 창의력이 뛰어나서 살아남았다) 300만 년 뒤, 세상은 다

Illustration by CARL BUELL

시 따뜻해졌다. 얼음이 물러갔다. 나무들은 이전의 땅을 되찾았고, 일부는 아이슬란드에서도 자라기 시작했다. 아프리카의 조각난 숲들은 다시 이어져 대서양에서 인도양까지 푸른 띠가 형성됐다. 그런데 이 무렵 판프리오르는 단절 없이 새로운 존재로 이어졌다. 즉 숲 가장자리에 있는 초원 같은 임야를 선호하는 최초의 유인원이 된 것이다. 두 발로 걸어다닌 지 100만 년이 더 되자 다리는 길어지고 마주보는 두 엄지발가락은 짧아졌다. 나무에서 사는 능력을 잃어가는 대신 땅에서의 생존 기술이 발달하면서 더욱 그런 식으로 변해갔다.

이제 우리는 호미니드 hominid(사람과 科 영장류를 말하며, 유일하게 남은 종이 호모사피엔스다 – 옮긴이)가 되었다. 오스트랄로피테쿠스에서 사람과로 넘어오는 도중에 우리는 숲을 초원으로 만들어 주는 불을 따라다닐 뿐만 아니라 불을 우리 것으로 만들 줄 알게 되었다. 약 300만 년 동안 우리는 풀밭과 숲을 조각조각 낼 만한 숫자가 되지 않았다. 그러나 그 무렵 판프리오르의 가장 최근 후손인 사피엔스라는 존재가 나타나기 오래전에도, 우리는 다시 개척자가 될 정도의 수는 되었던 것이 분명하다.

오스트랄로피테쿠스 아프리카누스

대초원 경계 너머의 무언가를 상상하며 아프리카를 다시 벗어나 돌아다녔던 호미니드들은 무서움을 모르는 대담한 모험가들이었을까? 아니면 우리보다 강한 혈육의 사촌들로 인해 발상지에서 살 권리를 박탈당한 패배자였을까?

아니면 아시아로 뻗어 있는 풍요로운 목초지에 이끌려 나아가면서 개체 수를 늘린 하나의 동물일 뿐이었을까? 다윈이 잘 알고 있었듯 그것이 문제가 아니었다. 같은 종으로부터 고립된 그룹은 나름의 길을 가기 마련이며, 그 가운데 가장 성공하는 존재는 새로운 환경에서 번성하는 법을 배우기 때문이다. 망명객이든 모험가든 살아남은 존재들은 소아시아와 인도로 퍼져나갔다. 유럽과 아시아에서는, 다람쥐 같은 온대의 동물에게는 잘 알려져 있었지만 영장류는 몰랐던 기술 하나를 발전시켰다. 그것은 바로 '계획'이다. 풍요로울 때 추운 시절을 날 수 있도록 식량을 저장하려면 기억과 선견이 필요했다. 인도네시아의 상당 부분은 땅으로 이어져 건너갈 수 있었고, 5만 년 전에 뉴기니와 오스트레일리아에 가기 위해서는 배를 이용할 줄 알아야 했다. 그러다 1만 1,000년 전 중동에 있던 관찰력을 지닌 호모사피엔스들이 당시까지만 해도 소수의 곤충 종들만 알고 있던 비밀 하나를 알아냈다. 즉 식물을 먹어치우기만 하는 것이 아니라 식물을 길러 식량을 조달하는 법이었다.

우리는 그들이 중동에서 처음으로 밀과 보리를 재배했다는 사실을 알고 있으므로, 풍성한 선물을 갖고 돌아와 형 에서의 권력을 빼앗으려는 약삭빠른 야곱처럼 누군가가 그 씨앗과 농사 지식을 갖고 고향땅 아프리카로 돌아갔으리라는 추정을 할 수 있다. 때가 좋았다. 또 한 번의 빙하기, 즉 마지막 빙하기가 덮쳐 빙하가 닿지 않는 땅의 습기를 앗아가 버린 탓에 식량 공급이 매우 부족한 시기였기 때문이다. 워낙 많은 물기가 얼어붙어 빙하가 되는 바람에 해수면이 지금보다 90미터나 낮았다.

동시에 아시아 먼 곳까지 뻗어간 다른 인간들은 멀리 시베리아까지 이동했고, 베링해가 잠시 육지화되자 1,600킬로미터 너머 알래스카로 건너갔다. 이 연결로는 1만 년 동안 800미터 이상 두께의 얼음에 덮여 있었다. 그러나 이 무렵 얼음이 물러나자 기다란 통로가 되었으며, 어떤 곳은 폭이 48킬로미터가 넘기도 했다. 인간은 녹은 물로 된 호수 가장자리를 따라 이 통로를 건너갔다.

· · · · ·

참부라 협곡과 곰베강은 우리를 낳아준 숲의 미미한 일부일 뿐이다. 아프리카 생태계가 산산조각 나버린 또 하나의 원인은 빙하가 아니라 우리 자신이다. 최근 진화상의 비약으로 우리는 자연력의 지위에 올라 화산이나 얼음판 같은 힘을 행사하게 되었다. 우리는 농경과 정착지의 바다에 둘러싸인 작은 섬 같은 이 숲을 떠난 뒤 임야와 초원을 거쳐 결국 도시에 거주하는 유인원이 되었지만, 판프리오르의 다른 자손은 이 숲에서 아직도 우리가 떠날 때의 삶을 고수하고 있다. 콩고강 북쪽으로는 우리의 형제인 고릴라와 침팬지가, 남쪽으로는 보노보가 살고 있다. 우리와 유전적으로 가장 많이 닮은 존재가 침팬지와 보노보다. 루이스 리키가 제인 구달을 곰베로 보낸 이유는 자신과 아내가 발굴한 뼈와 두개골을 통해 우리 공통의 조상이 침팬지와 비슷하게 생기고 행동했음을 알았기 때문이다.

우리 조상들이 무엇에 이끌려 그곳을 떠났든 그들의 결단은 이전의 그 무엇과도 비교할 수 없는 진화상의 비약을 촉발했다. 이를 두고 혹자는 이 세상에서 가장 성공적인 진화였다고 하고, 혹자는 가장 파괴적인 것이었다고 한다. 그런데 만일 우리가 그 자리에 그대로 남아 있었다면, 아니면 초원에 노출되었을 때 사자나 하이에나의 조상들이 우리를 다 해쳤다면 과연 어떻게 되었을까? 우리 대신에 다른 존재가 우리처럼 진화했을까?

야생 침팬지의 눈을 들여다보면 우리가 숲에 살 때의 세상을 설핏 볼 수 있다. 그들이 생각은 흐릿할지 모르지만 지능만은 분명하다. 음불라 과일나무에 앉아 우리를 냉정하게 쳐다보고 제 능력을 발휘하는 침팬지의 경우, 우월하다는 유인원 앞에서도 전혀 열등하다는 느낌을 내비치지 않는다. 그런 면에서 할리우드 영화는 우리를 호도한다. 영화에서 조련된 침팬지는 전부 어린아이들처럼 귀엽게 보이기 때문이다. 그러나 침팬지는 계속 자라며, 무게가 55킬로그램 이상 나가기도 한다. 비슷한 무게의 인간의 경우 그중 13킬로그램은 지방인 반면, 언제나 체조를 하며 사는 야생 침팬지의 지방질은 1~2킬로그램밖에 안 되고 나머지는 전부 근육이다.

곰베강에서 현장 연구를 이끄는 젊은 학자 마이클 윌슨은 야생 침팬지들의 힘에 혀를 내두른다. 윌슨은 그들이 콜로부스원숭이를 잡아죽이고 탐식하는 모습을 보았다. 대단한 사냥꾼인 그들의 사냥 성공률은 80퍼센트에 육박했다. "사자의 사냥 성공률은 10~20퍼센트밖에 안 됩니다. 아주 영리한 동물이지요."

그는 또 그들이 이웃 침팬지 그룹의 영토로 몰래 들어가 혼자 방심하고 있는 수컷들을 공격하여 죽이는 장면도 목격했다. 이웃 씨족 수컷의 영역과 그의 암컷들을 차지하기 위해 몇 달 동안 약점을 노리는 모습도 보았다. 두 그룹 사이의 대규모 전쟁이나, 한 그룹 내에서 최강자인 수컷을 가리기 위한 혈전도 본 적이 있다. 결국 어쩔 수 없이 인간의 공격성 및 권력투쟁과 비교를 하는 것이 연구의 주요 분야가 되었다.

"그 부분에 대해 생각을 하자니 진저리가 납니다. 우울한 이야기가 많죠."

이해하기 힘든 것은 왜 침팬지보다 작고 날씬하지만 똑같이 인간과 깊이 관련된 보노보는 별로 공격적이지 않느냐 하는 점이다. 그들역시 영역을 방어하긴 하지만 자기들끼리 죽이는 장면은 아직 목격되지 않았다. 그들의 평화로운 천성, 여러 파트너와 장난스러운 섹스를 즐기는 성향, 모두가 양육에 동참하는 모계 중심의 사회질서는 온순한 존재가 이 세상을 물려받기를 열망하는 사람들 사이에 거의 신화가 되어버렸다.

하지만 인간 없는 세상에서 그들이 침팬지와 싸워야 한다면 우선숫자에서 밀릴 것이다. 남아 있는 침팬지 수가 15만인 데 비해 보노보는 1만도 되지 않기 때문이다. 한 세기 전만 해도 둘을 합친 숫자가 20배가 넘었는데, 해가 갈수록 둘 중 어느 하나가 세상을 물려받을 가능성이 낮아지고 있다.

윌슨은 이곳 우림 지대에서 가끔 들려오는 북소리가 침팬지들이 튀어나온 나무뿌리를 두드리는 소리임을 안다. 서로에게 신호를 보내는 것이다. 그러면 그는 그들을 찾아 곰베강 주변 열세 개의 골짜기를 오르내린다. 나팔꽃 덩굴과 칡넝쿨을 헤쳐가며 두 시간을 달려간 끝에 대지구대 정상에서 그들을 발견한다. 침팬지 다섯 마리가 임야 가장자리에 있는 나무에서 좋아하는 망고를 먹고 있다. 망고는 밀과 함께 아라비아에서 건너온 것이다.

여기서 1.6킬로미터쯤 내려가면 탕가니카 호수다. 오후 햇살을 받아 반짝이는 이 호수의 저수량은 전 세계 민물의 20퍼센트에 해당하는 양이며, 고유 어종이 워낙 많아서 수생생물학자들 사이에서는 갈라파고스 같은 호수로 알려져 있다. 그 너머 서쪽에는 콩고강의 안개 낀 둑이 보인다. 아직도 침팬지가 식용으로 잡아먹히는 곳이다. 그 반대쪽의 곰베 지역 너머 역시 총을 가진 농민들이 살고 있다. 그들은 기름야자를 훔쳐가는 침팬지들 때문에 골치를 앓고 있는 사람들이다.

이곳의 침팬지들은 인간과 자기 내부의 적들 말고는 딱히 두려워할 만한 포식자가 없다. 이렇게 풀로 둘러싸인 나무에 다섯 마리가 있다는 사실만으로도 그들이 적응력이 뛰어난 유전자를 물려받았으며, 숲에 나는 아주 특별한 것들만 먹고사는 고릴라에 비해 다양한 먹이를 먹고 다양한 환경에서 살 수 있는 능력이 훨씬 더 뛰어나다는 점이 증명된다. 하지만 인간이 사라지면 그럴 필요도 없을 것이라고 윌슨은 말한다. 숲이 금세 빠르게 회복될 것이기 때문이다.

"미옴보가 빠르게 퍼지면서 현재 카사바 밭으로 변한 곳들을 복구할 겁니다. 먼저 비비원숭이가 때를 잘 이용하여 뻗어나가면서 배설물로 미옴보 씨앗을 퍼뜨릴 거예요. 살 만한 곳이면 어디든 미옴보나무가 자랄 것이고, 결국 침팬지도 따라서 이동하겠지요."

사냥감이 다시 많아지면 사자들도 예전처럼 늘어날 것이다. 탄자니아와 우간다의 보호구역에서 나온 물소나 코끼리 같은 대형동물들도 많아질 것이다. "그렇게 되면 침팬지 수가 줄곧 늘어나겠네요. 아래로는 말라위, 위로는 부룬디 그리고 저기 콩고까지요."

침팬지가 좋아하는 과일들과 그들의 사냥감인 콜로부스원숭이가 가득한 숲이 전부 되살아날 것이다. 인간 이후의 미래를 상상해 볼 수 있고 아프리카의 과거가 보존된 한 조각인 이 조그만 곰베 지역에서 또 하나의 유인원이 푸른 숲을 떠나 우리의 부질없는 발자취를 따르게 할 만한 유혹은 아직 없어 보인다.

물론 그때까지 빙하는 다시 찾아오겠지만 말이다.

5

사라진 동물들

우리가 나타나지 않았다면
지금은 사라진 포유류들이 아직 여기 남아 있을까?
우리가 없어지면 그들은 살아서 다시 돌아올까?

꿈에서 익숙한 풍경 속에 환상적인 동물들이 가득 모여 있는 모습을
본다. 사는 곳에 따라 다르겠지만 나뭇가지처럼 굵은 뿔이 달린 사슴
이나 장갑차처럼 생긴 동물이 나올 수도 있다. 커다란 코가 달린 것
만 빼면 낙타를 닮은 무리도 있다. 모피를 걸친 코뿔소, 더 크고 털이
많은 코끼리, 엄청나게 큰 나무늘보도 보인다. 온갖 크기와 줄무늬의
야생마도 있다. 송곳니가 18센티미터나 되는 표범과 키가 아주 큰 치
타도 있다. 늑대, 곰, 사자가 하나같이 다 거대하다. 악몽이 분명하다.

이것은 꿈인가, 아니면 타고난 기억인가? 다름 아닌 우리가 아프리카를 벗어나 멀리 아메리카까지 뻗어갈 때의 세상 모습이다. 우리가 나타나지 않았다면 지금은 사라진 이 포유류들이 아직 여기 남아 있을까? 우리가 없어지면 그들은 살아서 다시 돌아올까?

· · · · ·

미국 역사를 통틀어 현직 대통령에게 쏟아진 비방 가운데, 1808년 토머스 제퍼슨의 정적들이 모멸적으로 붙인 칭호는 특이하다. 그들은 그를 '미스터 매머드'라 불렀다. 제퍼슨 대통령은 해로를 독점하는 영국과 프랑스를 응징하기 위해 모든 해외 무역선에 대한 입출항 금지령을 내렸다가 역풍을 맞았다. 정적들은 미국 경제가 붕괴하고 있는데 대통령은 백악관 이스트룸에서 화석 수집품이나 갖고 논다며 비웃었다.

틀린 말은 아니었다. 열렬한 자연학자였던 제퍼슨은 켄터키 야생지의 한 소금터^{salt lick}(짐승들이 소금을 핥으러 오는 소금 노출 지역 – 옮긴이)에 거대한 짐승뼈가 흩어져 있다는 소식에 여러 해 동안 들떠 있었다. 보고에 따르면 시베리아에서 발견된 거대한 코끼리 종의 뼈와 비슷한 것으로, 유럽 학자들은 멸종됐다고 알고 있던 것이었다. 아프리카 노예들은 이 짐승의 어금니가 일종의 코끼리의 것이라고 확인한 바 있었고, 제퍼슨도 그렇게 믿었다. 1796년에 그는 매머드 뼈로 알고 보내온 물건을 받았는데, 거대한 발톱을 보자마자 다른 무엇 같다는 느낌이 들었다. 엄청나게 큰 사자의 일종일지도 모른다는 생각이 든 것이다. 그는 해부학자와의 상의를 통해 결국 그 뼈의 주인이 북미 자이언트나무늘보라는 사실을 밝혀냈고, 후세의 학자들은 여기에 제퍼슨의 이름을 따 '메갈로닉스 제퍼스니^{Megalonyx jeffersonii}(멸종한 땅늘보)'라는 학명을 붙였다.

그런데 제퍼슨이 가장 흥미를 느꼈던 점은 엄니 달린 이 거대한 짐승이 아직 북쪽 어딘가에 살고 있다고 한 주변 인디언들의 증언이었다. 대통령이 된 후 제퍼슨은 역사적인 탐험 임무를 수행하기 위해 윌리엄 클라크를 만나러 가는 메리웨더 루이스에게 켄터키의 소금터 현장에 가보도록 했다. 그는 루이스와 클라크 탐험대에게 루이지애나 매입을 검토하고 태평양으로 통하는 서부 수로를 찾아보라고 했을 뿐만 아니라, 살아 있는 매머드나 마스토돈 또는 그와 비슷하게 크고 특이한 무언가를 발견해 보라고 했다.

두 사람의 탐험에서 발굴과 관련된 부분은 실패로 끝났다. 그들이 발견한 가장 인상적인 대형 포유류는 로키 산맥의 큰뿔산양 정도였다. 제퍼슨은 나중에 클라크를 다시 켄터키로 보내 그 매머드 뼈를 가져오도록 하는 것으로 만족했다. 또한 이 뼈를 백악관에 전시했는데, 지금은 그 일부가 미국과 프랑스의 박물관에 소장되어 있다. 그는 흔히 고생물학의 창시자로 추앙받곤 하지만, 사실 그가 의도한 바는 아니었다. 한 저명한 프랑스 과학자의 지지를 받은 그가 바란 것은 야생동물까지 포함해 신대륙의 모든 것이 구대륙보다 열등하다는 견해가 잘못이라는 사실을 밝히는 일이었다.

또한 제퍼슨은 화석 뼈의 의미에 대해 근본적으로 잘못 알고 있었다. 멸종한 동물이 있다는 사실을 믿지 않았던 그는 살아 있는 생물종의 것이라고 확신했던 것이다. 흔히 미국 계몽 시대 지식인의 전형으로 평가받는 제퍼슨의 사고방식은 당대 이신론자나 기독교인들과 일치했다. 즉 완벽한 창조의 세계에서 일단 한번 창조된 것은 멸종하는 법이 없다고 믿었던 것이다.

그래서 그는 자연학자로서 다음과 같은 신조를 표명한 바 있다. "자연세계는 그 어느 동물종 하나라도 멸종하도록 만들어지지 않았다." 이는 그의 글에 자주 등장하는 일종의 희망사항이었다. 그는 뼈로만 발굴되는 동물들이 살아 있기를, 그들에 대해 더 알기를 바랐던 것이다. 그런 탐구 정신의 발로로 그는 버지니아대학을 설립했고, 이후 두 세기에 걸쳐 이 대학과 그 밖의 고생물학자들은 많은 종이 사실상 멸종했음을 밝혀냈다. 찰스 다윈은 멸종이 자연의 일부라고 했다. 변화하는 조건에 적응하여 다른 것으로 바뀌는 종이 있는가 하면, 더 강한 경쟁자에게 자리를 내주고 사라지는 종도 있기 마련이다.

제퍼슨과 그의 지지자들을 늘 괴롭히는 문제가 하나 있었는데, 발굴되는 대형 포유류의 뼈가 별로 오래돼 보이지 않는다는 점이었다. 그것은 단단한 암반층 사이에 묻힌, 광물질처럼 굳어버린 화석이 아니었다. 켄터키의 소금터 같은 곳에서 발견된 엄니, 어금니, 턱뼈 등은 아직도 땅에 흩어져 있거나, 얕은 개울의 진흙 밖으로 튀어나와 있거나, 동굴 바닥에 널브러져 있었다. 그들 뼈의 주인인 대형 포유류가 사라진 지 그리 오래된 듯하지 않았다. 도대체 어찌된 일일까?

한 세기 전 애리조나주 남부의 우뚝 솟은 산 투마목힐에 '사막연구소'가 생겼다. 원래는 '카네기사막식물연구소'였다. 투손 시내와 가까운 이곳은 설립 당시만 해도 북미에서 가장 아름다운 선인장 숲이 내다보이는 곳이었다. 연구소 역사의 거의 절반 동안 이곳에는 키 크고 떡 벌어진 어깨의 사근사근한 고생태학자 폴 마틴이 있었다. 선인장으로 덮여 있던 투마목의 비탈은 주거와 상가가 몰려들면서 사라져 버렸다. 근사한 구식 석조 건물에 자리한 연구소는 오늘날 주변 개발업자들이 최고의 경관을 자랑하는 입지로 꼽는 곳을 여전히 차지하고 있다. 이 부동산을 탐내는 업자들은 현 소유주인 애리조나대학을 줄기차게 설득하고 있다. 하지만 지팡이에 기대 연구소 문간에서 주변을 내다보는 마틴이 인간이 끼친 영향을 이야기하며 쓰는 준거 기준은 지난 한 세기가 아니다. 지난 1만 3,000년, 그러니까 인류가 이 주변에 와서 살기 시작한 이래의 기간 전체다.

이곳에 오기 전해인 1956년, 몬트리올대학에서 박사후 연구원이던 마틴은 그해 겨울을 퀘벡의 농장에서 지냈다. 동물학 전공이던 학부 때 멕시코에서 새 표본을 채집하다 소아마비에 걸린 그는 현장 대신 연구실 연구자로서의 길을 선택했다. 그리고 캐나다의 연구실에 틀어박혀 망원경만 처다보며 살던 그는 뉴잉글랜드 지역에 있는 호수들에서 파 온 지난 빙하기 말기의 퇴적층 코어를 연구하게 되었다. 샘플들을 살펴보니 기후가 따뜻해지면서 주변의 식생이 나무가 드물던 툰드라에서 침엽수림으로, 그리고 온대 활엽수림으로 변해갔음을 알 수 있었다. 이는 일부 학자가 마스토돈 멸종의 원인으로 지적했던 변화였다.

눈 때문에 실내에 갇혀 있던 어느 주말, 미세한 꽃가루 수나 세는 일에 싫증이 난 마틴은 분류학책을 펼쳐놓고 지난 6,500만 년 동안 북미에서 사라진 포유류의 수를 조사하기 시작했다. 그리고 180만 년 전부터 1만 년 전까지의 기간인 홍적세洪積世(신생대 제4기의 전반 세로서, 인류가 발생해 진화한 시기 - 옮긴이) 중에서 마지막 3,000년을 조사하다가 이상한 부분을 발견했다.

자신이 관찰하던 퇴적물 샘플의 시기와 일치하는 약 1만 3,000년 전부터 멸종이 폭발적으로 일어났던 것이다. 다음 시대인 충적세沖積世, 즉 지금으로 이어지는 최후의 지질시대인 현세現世 초기에는 거의 40종이 사라졌는데, 모두 덩치가 큰 육생 포유류였다. 생쥐나 뾰족뒤쥐 같은 작은 모피동물은 아무 탈이 없었다. 수생 포유류도 마찬가지였다. 하지만 대형의 육생동물들은 엄청난 타격을 입었다.

이렇게 사라진 것들 가운데는 일군의 동물세계 골리앗들이 있었다. 자이언트아르마딜로가 그랬고, 그보다 더 크고 장갑판을 댄 폭스바겐처럼 생긴 글립토돈이 그랬다. 지금의 회색곰보다 두 배는 크고 팔다리가 아주 길어 훨씬 더 빨랐던 자이언트곰giant short-faced bear이 그랬다(일설에 따르면 시베리아인들이 베링해를 더 일찍 건너지 못한 것이 바로 알래스카에 살고 있던 이 곰 때문이었다고 한다). 또 지금의 흑곰만큼 큰 자이언트비버가 그랬고, 자이언트페커리가 그랬다. 자이언트페커리를 잡아먹은, 지금의 아프리카사자보다 훨씬 더 크고 빠른 종으로 알려진 아메리카사자가 그랬다. 갯과 동물 중에서 제일 크고 송곳니가 대단한 다이어울프가 그랬다.

멸종된 거대동물 중에 가장 유명한 것은 북미의 털 많은 매머드다. 매머드는 여러 종류의 장비목長鼻目 동물 중 하나에 불과하다. 매머드는 무게가 10톤이나 나가는 임페리얼매머드, 더 따뜻한 지역에 살았던 털이 없는 컬럼비아매머드, 캘리포니아에 살았던 인간보다 크지 않은 난쟁이매머드 등 다양하다. 매머드는 원래 초원에서 풀을 뜯어먹고 살다가 툰드라에도 적응하도록 진화했다.

이에 비해 더 오래된 사촌인 마스토돈은 숲에서 풀을 뜯고 살았다. 마스토돈은 약 3,000만 년 동안 멕시코에서부터 알래스카, 플로리다에 이르기까지 분포하다가 갑자기 사라졌다. 세 가지 속屬의 아메리카 말도 사라졌다. 북미 고유의 낙타와 맥, 가냘픈 가지뿔영양에서부터 스태그무스에 이르기까지 가지뿔 달린 각종 짐승도 전부 사라졌다. 이들과 함께 검치호랑이와 아메리카치타도 사라졌다(유일하게 남은 가지뿔영양 한 종의 동작이 그토록 빠른 이유는 이런 포식동물들이 있었기 때문이라고 한다). 전부 사라졌다. 그것도 거의 같은 때에 그랬다. 마틴은 어쩌다 그렇게 되었는지가 궁금했다.

그 이듬해 마틴은 투마목힐로 와서 우람한 체구를 웅크려 다시 현미경 앞에 앉았다. 이번에는 호수 바닥에서 퍼 온 진흙의 꽃가루가 아니라 그랜드캐니언 어느 동굴에서 발견된 뼛조각을 자세히 들여다보았다. 그가 투손에 오자마자 사막연구소의 상사는 소프트볼만

한 회색빛 흙덩이 같은 것을 맡겼다. 족히 1만 년은 됨직한 그것은 틀림없는 똥이었다. 바짝 말라 있었지만 광물질처럼 굳어버리지는 않아 풀의 섬유질을 알아볼 수 있었다. 여기서 노간주나무 꽃가루를 많이 발견한 그는 연구 대상이 대단히 오래된 것임을 확인할 수 있었다. 지난 8,000년 동안 그랜드캐니언 바닥 주변은 노간주나무가 자랄 수 있을 만큼 기온이 서늘하지 않았던 것이다.

이 똥을 배설한 동물은 샤스타 자이언트나무늘보였다. 오늘날 생존한 나무늘보라고는 중남미 열대지방에서 발견되는, 정말 나무에 사는 두 종뿐이다. 열대우림 지역의 이들은 위험을 피해 땅보다 한참 위에 위치한 나무 꼭대기에 살 수 있을 정도로 작고 가볍다. 하지만 자이언트나무늘보는 크기가 황소만 했고, 지금 살아 있는 사촌인 남미의 자이언트개미핥기와 마찬가지로 먹이를 구하거나 방어를 하기 위해 발가락 관절을 이용해 걸었다. 하지만 무게가 0.5톤은 나가는 이 종은 북미 일대, 즉 유콘에서부터 플로리다까지 느릿느릿 돌아다닌 다섯 종의 나무늘보 가운데 제일 작았다. 플로리다에 살던 종은 지금의 코끼리만 했고 무게가 3톤이나 나갔는데, 아르헨티나와 우루과이에 살던 종에 비하면 크기가 반밖에 되지 않았다. 제일 큰 매머드보다 키가 더 큰 그 종은 무게가 6톤이 넘었다.

그로부터 10년 뒤 마틴은 콜로라도강 너머에 있는 그랜드캐니언의 붉은 사암 장벽으로 둘러싸인 빈터에 가보았다. 그가 연구하던 나무늘보의 똥을 발견했던 장소였다. 그 무렵 마틴에게는 멸종된 아메리카의 자이언트나무늘보가 신비스럽게 사라져 버린 커다란 포유동물 이상의 의미가 있었다. 그가 보기에 이 나무늘보의 운명은 그가 구상 중인 이론에 데이터가 퇴적층처럼 쌓여감에 따라 결정적 증거가 되어줄 것 같았다. 램파트 동굴 안에는 똥이 한 무더기 묻혀 있었는데, 그와 동료들은 동굴 안에서 새끼를 낳은 나무늘보 암컷들의 것이라는 결론을 내렸다. 똥 무더기는 높이가 1.5미터, 너비가 3미터, 길이가 30미터가 넘었다. 마틴은 신성한 곳에라도 들어온 느낌이었다.

10년 뒤 몰지각한 사람들이 불을 놓자 이 거대한 똥 더미 화석은 몇 달이나 타올랐다. 마틴은 비통했지만, 그 무렵 그는 자신의 이론으로 고생물학계에 불을 지르고 있었다. 수많은 자이언트나무늘보와 멧돼지, 낙타, 코가 긴 장비목 동물, 20종의 말을 전부 쓸어버린 원인을 다룬 것인데, 신대륙에서 전부 70개 속의 대형 포유류가 지질연대상으로는 눈 깜짝할 사이인 1,000년 만에 사라져 버렸다.

"이유는 간단해요. 인간이 아프리카와 아시아를 벗어나 세계 곳곳에 도착하면서 지옥이 되어버린 거죠."

· · · · ·

지지자와 비방자 양쪽으로부터 '전격전'이라는 별명이 붙은 마틴의 이론에 따르면, 약 4만 8,000년 전의 오스트레일리아를 시작으로 인류가 신대륙에 도착할 때마다 마주친 동물들이 특별히 위험하다고 의심할 이유가 없었던 이들 왜소한 두 발 동물에게 전멸당했다. 전멸한 동물들은 인간이 위험하다는 사실을 너무 늦게 깨달았다. 호미니드는 아직 호모에렉투스 단계일 때도 이미 석기시대의 공장에서 도끼나 칼을 대량생산했다. 메리 리키가 케냐의 올로르게사일리에에서 발견한 100만 년 전 유적이 그런 경우다. 일부가 1만 3,000년 전 아메리카에 도착할 당시, 그들은 호모사피엔스가 된 지 이미 5만 년은 된 상태였다. 인류는 더 커진 뇌를 이용하여 돌로 만든 창끝을 나무자루에 연결하는 기술뿐만 아니라, 지렛대 원리로 먼 거리에서도 위험한 대형동물을 쓰러뜨릴 수 있을 만큼 빠르고 정확하게 창을 던지는 데 쓰는 나무 도구인 창 발사기까지 보유하고 있었다.

마틴이 보기에 최초의 아메리카인들은 북미 전역에서 발견되는, 부싯돌로 만든 이파리 모양의 창끝을 능숙히 만들어 낸 사람들이다. 이 사람들과 창끝은 '클로비스^{Clovis}'로 알려져 있는데, 이는 그들의 흔적이 최초로 발견된 뉴멕시코 지역의 이름을 딴 것이다. 클로비스 현장에서 발견된 유기물에 대한 방사성탄소연대측정 덕분에 과거에 대한 추정은 더 분명해졌다. 고고학자들은 클로비스인들이 아메리카에 살았던 시점이 1만 3,325년 전이라는 데 동의한다. 하지만 그들이 그 당시에 살았다는 사실이 무엇을 뜻하는가에 대해서는 아직도 의견이 분분하다. 마틴의 경우 인간이 홍적세 말기에 지금의 아프리카 동물들보다 훨씬 풍부했던 아메리카 대형동물군의 4분의 3을 멸종시키는 과오를 범했다고 주장한다.

마틴의 전격전 이론의 열쇠는 그런 현장 중 적어도 열네 곳에서 클로비스 창끝이 매머드나 마스토돈의 뼈와 함께 발견되었으며, 일부는 그들의 갈비뼈에 박혀 있었다는 사실이다. "호모사피엔스가 진화하지 않았다면 북미는 오늘날 아프리카에 비해 450킬로그램 이상의 대형동물이 세 배는 더 많았을 거예요." 그러면서 그는 아프리카의 5대 대형동물을 열거한다. "하마, 코끼리, 기린, 코뿔소 두 종류죠. 북미는 열다섯 가지는 되었을 거예요. 남미까지 합하면 더 많아지지요. 거기엔 희한한 포유류들이 있었어요. 낙타를 닮은 리톱턴은 콧구멍이 코끝이라기보다는 위에 달렸지요. 1톤이 넘는 톡소돈은 코뿔소와 하마의 중간쯤 되는 동물이지만, 해부학적으로는 어느 쪽하고도 달랐어요."

화석의 기록은 이 모든 것들이 존재했음을 말해준다. 하지만 그들에게 어떤 일이 일어났느냐 하는 점에 대해 모두가 동의하는 것은 아

Illustration by CARL BUELL

다른 대형동물들과 함께 사라져 버린 포유류 중 하나인 리톱턴

니다. 마틴의 이론에 도전이 되는 한 가지는 클로비스인들이 신세계에 들어온 최초의 인류였느냐 하는 점이다. 반대자들 가운데는 자신들을 이주민으로 보는 의견을 경계하는 아메리카 선주민들이 있다. 그것을 인정할 경우 그들은 원주민으로서의 지위가 훼손된다고 생각하기 때문이다. 따라서 그들은 자신들의 기원이 베링해의 지협地峽으로 거슬러 올라간다고 보는 견해를 부정한다. 일부 고고학자들도 베링해의 얼음 걷힌 육로가 존재했다는 주장을 의문시한다. 그들은 최초의 아메리카인이 해로로, 즉 배를 타고 얼음판 가장자리를 지나 태평양 연안을 따라 내려왔다고 주장한다. 이미 4만 년 전에 아시아에서 오스트레일리아로 배를 타고 간 사실이 있다면 아시아와 아메리카 사이는 왜 안 되느냐는 것이다.

클로비스보다 더 오래된 것으로 추정되는 고고학 발굴지들을 거론하는 사람들도 있다. 그런 곳들 가운데 가장 유명한 칠레 남부 몬테베르데의 유적지를 발굴한 고고학자들은 인간이 그곳에 두 번 거주했다고 추정한다. 한 번은 클로비스보다 1,000년 앞선 것으로, 또 한 번은 3만 년 전으로 본다. 만일 그렇다면 당시 베링해의 육로는 바닷물에 잠겨 있었을 가능성이 크므로 바다 어느 쪽에선가 배를 타고 왔어야 한다. 대서양으로 왔을 것이라고 주장하는 고고학자들이 있는데, 클로비스인들이 처트라는 퇴적암을 벗겨내는 기술을 사용한 것이 그보다 1만 년 앞서 프랑스와 스페인에서 발전했던 구석기인들의 경우와 비슷하기 때문이었다.

몬테베르데에 대한 방사성탄소연대측정의 타당성을 의심하는 학자들은 아메리카 대륙에서 초기의 인류가 존재했음이 증명되었다는 주장에 대해서도 회의적이다. 이 문제는 고고학자들이 몬테베르데의 발굴지를 제대로 조사하기도 전에 말뚝이나 창끝이나 풀매듭 등이 묻혀 있던 토탄 늪peat bog이 대부분 개발로 파헤쳐지는 바람에 더 알 수 없게 되었다.

마틴은 초기의 인류가 클로비스보다 앞서 칠레에 왔다 하더라도 끼친 영향이 아주 짧고 국지적이며 생태적으로 무시할 만한 정도였다고 주장한다. 그것은 콜럼버스 이전에 뉴펀들랜드에 왔던 바이킹들의 경우와 마찬가지라는 것이다. "그들과 동시대의 인류가 유럽 전역에 도구나 공예품이나 벽화를 많이 남겨둔 경우가 있습니까? 클로비스인 이전의 아메리카인들은 바이킹과 마찬가지로 일정 수준의 인류 문화를 발전시키지 못했을 겁니다. 아직 동물 수준이었던 거예요. 아니면 왜 널리 퍼지지 않았겠어요?"

신세계 대형동물의 멸종에 관한 설명 가운데 여러 해 동안 가장 설득력 있게 받아들여졌던 마틴의 전격전 이론에 제기된 또 하나의 의문은 유랑하는 수렵채집인 몇 무리가 어떻게 무수한 대형동물을 모두 없애버릴 수 있느냐 하는 점이다. 전체 대륙에서 사냥의 흔적이 있는 열네 곳만으로는 대형동물이 대량으로 학살되었다고 확신할 수 없다는 것이다.

마틴이 불붙인 논쟁은 약 반세기가 지났어도 과학계의 지대한 논제로 남아 있다. 그가 내린 결론을 입증하기 위한, 아니면 반대하기 위한 연구만 하는 사람들이 늘어났다. 그러면서 고고학자, 지질학자,

고생물학자, 수령 또는 방사성탄소연대측정학자, 고생태학자, 생물학자 등 각 분야 전문가들 사이에 지루하고도 때로 점잖지 못한 논쟁이 계속되었다. 그럼에도 불구하고 그들 대부분은 마틴의 친구이며, 상당수는 그의 제자이기도 하다.

그의 과다학살overkill 이론을 보완하는 대안 이론 가운데 주류는 기후변화나 질병과 관련되어 어쩔 수 없이 '과다냉기over-chill'와 '과다질병over-ill'으로 알려졌다. 지지자가 많은 과다냉기 이론은 말이 좀 안 되지만, 과열과 과냉 모두 비난을 받기 때문에 순화를 시킨 것이다. 이는 홍적세 말기에 빙하가 녹는 동안 기온이 급반전되며 전 세계가 잠시 빙하기로 되돌아간 시기가 있었고, 이때 수많은 동물이 무방비 상태에 노출되었다는 설명이다. 정반대의 주장도 있다. 즉 충적세에 들어서며 기온이 올라가면서 이전 수천 년 동안 맹추위에 적응되어 있던 털 많은 동물들이 멸종되었다는 것이다.

과다질병 이론은 신세계로 건너온 인류 또는 함께 따라온 짐승들이 가져온 병원균을 처음 대하는 아메리카 생명체들이 속수무책으로 당했다는 주장이다. 이는 빙하가 계속 녹음에 따라 발견될 수 있는 매머드 조직을 조사해 보면 입증이 가능한 설명이다. 이 주장의 전제는 비슷한 실제 사례인데, 최초의 아메리카인들의 후손 대부분이 유럽인과 접촉한 지 한 세기도 지나기 전에 끔찍하게 죽어버린 암울한 사실을 말한다. 스페인인들의 칼끝에 목숨을 잃은 사람들은 얼마 되지 않는다. 나머지 대부분은 아무 항체가 없었기 때문에 천연두, 홍역, 장티푸스, 백일해 등의 구세계 병균에 쓰러지고 말았다. 스페인인들이 처음 나타났을 때 약 2,500만 명이 살고 있었다는 멕시코의 경우만 해도 100년 뒤에 살아남은 사람은 100만 명에 불과하다.

인간의 병이 변이를 일으켜 매머드나 그 밖의 홍적세 거대동물들에게 옮아갔든 인간의 개나 가축으로부터 직접 옮아갔든, 책임은 호모사피엔스에게 있다. 과다냉기 이론에 대해 마틴은 이렇게 이야기한다. "고기후 전문가들의 말을 인용하자면 '기후변화는 도가 지나치다'고 할 수 있지요. 기후가 변하지 않는다는 말이 아니라 너무 자주 바뀐다는 말입니다."

유럽의 선사시대 발굴지를 보면 얼음판이 다가오고 물러감에 따라 호모사피엔스와 네안데르탈인 모두 남북으로 이동하며 살았음을 알 수 있다. 마틴은 거대동물들도 마찬가지였을 것이라고 생각한다. "거대동물들은 덩치 때문에 기후에 덜 민감하지요. 장거리를 이동해 살 수 있고요. 물론 새만큼은 아니어도 생쥐에 비해 아주 멀리 갈 수 있지요. 생쥐나 숲쥐 같은 작은 온혈동물이 홍적세의 대멸종에서 살아남은 걸 보면 갑작스러운 기후변동 때문에 대형 포유류가 멸종되었다고 믿기는 어려워요."

동물보다 이동성이 떨어지며 일반적으로 기후변화에 더 민감한 식물도 살아남은 것으로 보인다. 마틴과 동료들은 램파트 동굴과 그랜드캐니언의 다른 동굴들 속에 있는, 나무늘보 똥과 함께 수천 년 동안의 식물군 흔적이 층을 이루고 있는 숲쥐의 똥을 발견했다. 가문비나무 한 종을 제외하면, 이들 숲쥐나 나무늘보가 먹은 식물들 가운데 멸종에 처할 만큼 극심한 기후변화를 겪은 것은 하나도 없었다.

마틴의 이론에서 가장 설득력 있는 대상은 나무늘보다. 느릿느릿 다니는 자이언트나무늘보는 손쉬운 표적이 되었고 클로비스인이 등 장한 지 1,000년 이내에 남북 아메리카 대륙 전체에서 모두 사라져 버렸다. 그런데 방사성탄소연대측정의 결과 쿠바, 아이티, 푸에르토 리코에서 발견된 뼈는 그로부터 5,000년 뒤까지 살아남은 자이언트 나무늘보의 것임이 밝혀졌다. 하지만 이들이 결국 멸종된 시기도 8,000년 전 서인도제도의 그레이터Greater앤틸리스제도에 인간이 도 착한 시기와 일치한다. 그보다 인간이 더 늦게 온 그레나다 같은 레

Illustration by CARL BUELL

자이언트나무늘보는 크기가 황소만 했고, 지금 살아 있는 사촌인 남미의 자이언트개미핥기와 마찬가 지로 먹이를 구하거나 방어를 하기 위해 발가락 관절을 이용해 걸었다.

서^{Lesser}앤틸리스제도의 경우, 나무늘보의 유적이 더 최근의 것이다.

"알래스카에서부터 파타고니아에 이르기까지 자이언트나무늘보를 전부 멸종시킬 정도로 기후변화가 강력했다면 서인도제도에서도 그랬어야 하죠. 하지만 그런 일은 벌어지지 않았어요." 이 증거에 따르면 최초의 아메리카인들은 배를 이용하지 않고 걸어서 왔음을 알 수 있다. 그들이 카리브해까지 오는 데 5,000년이 걸렸기 때문이다.

인류가 진화하지 않았더라면 홍적세의 거대동물들이 지금까지 남아 있을지도 모른다는 암시를 더욱 강하게 주는 현장이 아주 멀리 떨어져 있는 다른 섬에 있다. 빙하기 동안 북극해의 랭겔섬은 시베리아에 연결되어 있었는데, 알래스카로 건너간 사람들은 너무 북쪽에 위치한 이 섬을 잊어버렸다. 충적세 들어 해수면이 상승하자 랭겔섬은 다시 본토로부터 고립되었고, 이곳의 털 많은 매머드들은 오도 가도 못 하게 되어 섬의 제한된 자원에 적응해 살아야 했다. 인류가 동굴을 떠나 수메르나 페루 등지에서 거대한 문명을 이루는 사이 랭겔섬의 매머드는 꾸준히 살아남았고, 난쟁이 종 하나는 그 어느 대륙의 매머드보다 7,000년을 더 버텼다. 그들은 지금으로부터 4,000년 전에 파라오가 이집트를 다스리던 때까지 살아 있었던 것이다.

그보다 더 최근의 일은 홍적세 거대동물 가운데 가장 놀라운 종의 멸종이다. 인간이 잊고 지낸 또 하나의 섬 뉴질랜드에는 모아라는 세계에서 가장 큰 새가 살았는데, 타조를 닮은 모아는 날지 못했고 타조보다 두 배나 무거웠으며 키는 1미터쯤 더 컸다. 뉴질랜드에 처음 사람이 살기 시작한 것은 콜럼버스가 아메리카에 도착하기 두 세기 전의 일이었다. 콜럼버스의 신대륙 발견 시점에 뉴질랜드의 모아는 남아 있던 열한 종이 거의 멸종한 상태였다.

마틴에게는 자명한 사실이었다. "대형동물은 따라가서 잡기가 아주 쉬웠지요. 그런 동물을 죽이면 먹을 것도 아주 많이 생기고 우쭐한 기분도 대단했을 거예요." 투마목힐 연구소에서 160킬로미터도 채 안 되는 거리에 클로비스인들의 사냥 유적 열네 곳 가운데 세 곳이 모여 있다. 유물이 제일 많은 머레이스프링스에는 클로비스인의 창끝과 죽은 매머드가 여기저기 널려 있다. 이곳은 마틴의 제자인 밴스 헤인스와 피터 메린저가 발견했다. 헤인스는 이곳의 침식된 지층들이 "지구 역사 5만 년의 기록을 담은 책의 페이지들 같다"라고 썼다. 그 페이지들에는 북미에서 멸종한 여러 종, 예컨대 매머드, 말, 낙타, 사자, 자이언트들소, 늑대 등에 대한 부고도 담겨 있었다. 부근의 유적에는 맥 그리고 지금까지 살아남은 소수의 대형동물 가운데 곰과 들소 두 종의 뼈가 남아 있다.

한 가지 의문이 생긴다. 인간이 전부 잡아먹었는데 남은 종은 무엇인가? 왜 북미의 회색곰, 버팔로, 엘크, 사향소, 무스, 순록, 퓨마 같은 동물들은 살아남았고 다른 대형 포유류들은 멸종해 버렸는가?

북극곰, 순록, 사향소는 인간이 상대적으로 적게 살았던 지역에 서식한다(더군다나 그 지역 사람들에게는 물고기와 물개가 훨씬 더 쉬운 사냥감이었다). 툰드라 이남 지역 나무가 많은 곳에는 곰과 퓨마가 사는데, 이들은 숲이나 커다란 바위 사이에 몸을 숨길 줄 알았다. 나머지는 호모사피엔스와 마찬가지로 홍적세의 대형동물들이 멸종될 무렵에 북미로 들어왔다. 오늘날의 버팔로는 멸종된 머레이스프링스의 자이언트들소보다는 폴란드의 유럽들소와 유전적으로 더 비슷하다. 자이언트들소가 멸종되자 버팔로 수는 급증했다. 마찬가지로 오늘날의 무스는 아메리카에 원래 있던 스태그무스가 사라진 뒤 유라시아에서 들어왔다.

검치호랑이 같은 육식동물은 먹이가 없어지면서 함께 사라져 버렸다. 맥, 페커리, 재규어, 라마 등 홍적세의 원래 거주자들은 멕시코 이남의 숲으로 피난을 갔다. 이렇게 다른 곳으로 떠나거나 남아 있다 죽는 동물이 많아지면서 생태계에 큰 공백이 생기자 버팔로와 엘크 등이 빈자리를 채웠다.

헤인스는 머레이스프링스를 발굴하다가 홍적세 포유류들이 가뭄 때문에 물을 찾았던 흔적을 발견했다. 너절한 구멍 주변에 잔뜩 몰려 있는 발자국은 틀림없이 매머드들이 우물을 파내려 애쓴 흔적이었다. 여기서 그들은 인간의 손쉬운 표적이 되었을 것이다. 이 발자국들 바로 위층에는 갑자기 닥쳐온 한파에 죽은 해조류의 화석이 있다. 이는 과다냉기 이론의 옹호자들이 자주 인용하는 것인데, 여기서 매머드 뼈는 해조류 화석층 속에 있지 않고 밑에 있다는 점이 중요하다.

인간이 존재하지 않았더라면 말살당한 매머드들의 후손이 지금까지 살아남았을 것이라는 주장의 근거는 또 있다. 즉 대형 사냥감이 사라지자 클로비스인과 그들의 유명한 석기 창끝도 함께 사라졌다는 점이다. 그들은 사냥감이 없어지고 날씨가 추워지자 아마 남쪽으로 이주했을 것이다. 하지만 금세 충적세가 되며 따뜻해지자 클로비스인을 대신할 사람들이 등장했고, 그들은 전보다 작은 들소에 맞는 더 작은 창끝을 만들었다. 그리고 남은 동물들과 새로 온 '폴섬'인들 사이에 종류상의 균형이 이루어졌다.

아메리카의 새 주인이 된 이들 폴섬인들은 홍적세의 초식동물을 무한하다는 듯 죽인 조상의 탐욕으로부터 배운 바가 있었을까? 그랬는지도 모른다. 대평원이라는 것이 그들의 후손인 아메리카인디언이 불을 놓음으로써 만들어졌기 때문이다. 그들은 숲에서 풀을 뜯는 사슴을 몰아 잡기 위해 그리고 버팔로 같은 초식동물을 위한 초지를 만들기 위해 숲에 불을 질렀던 것이다.

나중에 유럽인의 질병이 대륙 전역에 퍼지면서 인디언들이 거의 멸절되자 버팔로가 급격히 늘어났다. 버팔로는 멀리 플로리다까지 퍼졌고, 그곳에서 서쪽으로 이동 중이던 백인 정착자들과 마주치게 되었다. 호기심을 채우기 위해 남겨둔 극소수를 제외하고 버팔로가 거의 다 사라지자 백인 정착자들은 인디언의 조상들이 태워놓았던 대평원을 잘 이용했다. 소떼로 메워버린 것이다.

· · · · ·

마틴은 산꼭대기의 연구소에서 산타크루스강을 따라 일어난 사막 도시를 내다본다. 낙타, 맥, 아메리카말, 컬럼비아매머드가 한때 풀을 뜯던 범람원이다. 그들을 멸절시킨 인간들의 후손은 필요가 없어지면 금세 흙과 강으로 되돌아가는 재료인 진흙과 강둑의 버드나무 가지로 집을 지었다.

사냥감이 줄어들자 인간은 식물을 재배하기 시작했다. 그러면서 발달한 마을을 그들은 '축손'이라 불렀다. '흐르는 물'이란 뜻이었다. 그들은 수확한 작물의 왕겨와 강가의 진흙을 섞어 벽돌을 만들었는데, 이 방식은 제2차 세계대전 후 콘크리트로 대체될 때까지 계속되었다. 그로부터 얼마 뒤 에어컨의 보급으로 이곳에 인구가 몰려들면서 강은 말라붙었다. 사람들은 우물을 팠다. 우물도 마르자 그들은 더 깊이 파 들어갔다.

말라버린 지금의 산타크루스강 바닥 옆으로는 투손 도심이 펼쳐져 있다. 여기에는 콘크리트 철골 기반이 어마어마한 종합전시장도 들어서 있다. 적어도 로마의 콜로세움만큼은 오래가야 한다는 듯 대단하게 지어놓았다. 하지만 먼 미래의 관광객들은 그 흔적을 발견하기 어려울 것이다. 지금의 목마른 사람들이 투손에서 그리고 남쪽으로 96킬로미터 떨어져 있는 멕시코의 국경도시 노갈레스에서 사라져 버리고 나면, 산타크루스강에는 다시 물이 차오를 것이다. 날씨는 알아서 하던 일을 계속하고, 투손과 노갈레스의 말라붙은 강바닥은 이따금 충적평야를 만드는 일을 다시 시작할 것이다. 그때쯤이면 지붕이 주저앉았을 투손 종합전시장의 지하에는 물에 쓸려온 진흙이 가득할 것이다.

여기에 어떤 동물이 살게 될지는 확실치 않다. 들소는 없어진 지 오래다. 그 대신 들여온 소 떼가 있긴 하지만, 인간 없는 세상에는 코요테와 퓨마를 쫓아줄 카우보이가 없기 때문에 얼마 버티지 못할 것이다. 가지뿔영양은 여기서 멀지 않은 보호구역에 거의 멸종 상태로 남아 있다. 코요테한테 다 잡아먹히기 전에 종을 유지할 만큼 충분히 남을 수 있을지 의문이지만 불가능한 것은 아니다.

마틴은 차를 몰고 투마목힐을 내려와 선인장이 점점이 박혀 있는 길을 따라 서쪽으로 이동하여 사막에 있는 어느 분지로 간다. 그의 앞으로 북미에서 가장 야생성이 강한 동물들의 마지막 후손들, 이를테면 재규어, 큰뿔산양, 흰목페커리 등이 은신하고 있는 산이 펼쳐져 있다. 유명 관광지인 애리조나–소노라 사막박물관 입구에는 이들의 살아 있는 표본이 전시되어 있다. 이 박물관에는 교묘하고 자연스럽게 울타리를 쳐놓은 동물원도 딸려 있다.

여기서 몇 킬로미터 안 떨어진 그의 목적지는 전혀 교묘하지 않은 곳이다. 아프리카에 있는 프랑스 외인부대의 요새를 본떠 만든 것이다. 국제야생동물박물관에는 대형동물 사냥꾼이자 백만장자였던 C. J. 매켈로이의 수집물이 소장되어 있다. 고인이 된 그는 아직도 세계 기록을 많이 보유하고 있다. 그중에는 세계에서 제일 큰 산양인 몽고의 아르갈리와 멕시코 시날로아에서 잡은 세계 최대의 재규어가 있다. 이곳에서 특별히 관심을 끄는 것은 하얀코뿔소인데, 시어도어 루스벨트 대통령이 1909년 아프리카 사파리에서 잡은 600마리 가운데 하나다.

박물관의 중앙부에는 투손에 있던 매켈로이 저택의 230제곱미터 크기의 사냥기념물 방을 충실히 복원해 놓았다. 여기에는 평생 대형 포유류를 죽이는 데 집착했던 사냥꾼의 전리품들이 박제되어 있다.

종종 이곳 사람들로부터 '동물시체박물관'이라는 조롱을 받는 이 공간은 이날 밤 마틴에게는 완벽한 곳이다.

마틴이 2005년에 출간한 《매머드의 황혼》의 출판기념회가 여기서 열린 것이다. 청중 뒤로는 공격 도중에 영영 얼어붙어 버린 회색곰과 북극곰들이 진을 치고 있고, 연단 위에는 큰 삼각돛 같은 귀를 펼치고 있는 아프리카코끼리의 머리 박제가 매달려 있다. 또 양쪽으로는 5대륙에서 가져온 온갖 종의 나선형 뿔이 전시되어 있다. 휠체어에서 일어난 마틴은 박제가 된 수백 개의 머리들을 천천히 둘러본다. 봉고영양, 부시벅영양, 쿠두영양, 일런드영양, 아이벡스염소, 바바리양, 임팔라영양, 가젤영양, 사향소, 아프리카물소, 검은담비, 오릭스영양, 워터벅영양, 누 등등 박제가 된 이들의 수백 개 유리 눈은 그의 촉촉해진 눈에 아무 대답을 하지 못한다.

"대량학살에 버금가는 일에 대해 이야기하기에 여기보다 더 좋은 배경이 없을 것 같군요." 그가 운을 뗐다. "유럽의 홀로코스트에서부터 수단의 다르푸르에 이르기까지, 제가 살아오는 동안 수백만 명의 사람이 죽음의 수용소에서 학살되었습니다. 이를 통해 우리 인간이란 종이 무슨 짓을 할 수 있는지 알 수 있지요. 저는 50년 연구 생활을 이곳 벽에는 전시되어 있지 않은 거대동물들이 특이하게 사라져 버린 사실에 바쳤습니다. 그들이 전부 멸종된 것은 단지 그럴 수 있다는 사실 때문이었습니다. 여기 이 소장품을 모은 사람은 홍적세에서 여기로 바로 건너온 사람인지도 모르겠습니다."

연설에서나 책에서나 그가 마지막으로 강조하는 바는 홍적세 대량학살에 대한 그의 이야기를 들어보고 훨씬 더 파괴적인 과오를 더 이상 범해서는 안 되겠다는 경계심을 제발 가져달라는 것이다. 문제는 다른 종이 멸종될 때까지 결코 굽힐 줄 모르는 우리의 킬러 본능만이 아니다. 멈출 줄 모르는 탐욕의 본능도 문제인 것이다. 이러한 본능 때문에 우리는 딱히 피해를 주려 한 것은 아니지만 다른 존재에게 필요한 무언가를 치명적으로 박탈해 버리는 수가 있다. 하늘을 날아다니는 새들을 없애버리기 위해 새를 전부 총으로 쏘아죽일 필요는 없다. 둥지나 먹이를 일정 부분 빼앗아 버리면 절로 떨어져 죽기 마련이다.

6
아프리카의 역설

사람이 사라지면 다른 어느 곳보다 인간이 오래
점거하고 살았던 아프리카는 역설적이게도 지상에서
가장 원시적인 상태로 되돌아갈 것이다.

인류 이후의 세계에 다행인 것은 대형 포유류가 전부 사라져 버리지
는 않았다는 점이다. 대륙 전체가 박물관과도 같은 아프리카는 놀랍
도록 많은 소장품을 여전히 갖추고 있다. 그 동물들은 우리가 사라져
버린 뒤 지구 전체로 뻗어갈까? 그들은 우리가 다른 곳에서 멸종시
킨 존재들을 대신할까? 아니면 사라진 동물들과 비슷해지도록 진화
하게 될까?

　그보다 먼저 알고 싶은 점이 있다. 인간이 원래 아프리카 출신이

라면 어째서 코끼리, 기린, 코뿔소, 하마는 아직 아프리카에 남아 있을 수 있을까? 왜 그들 대부분은 유대류였던 오스트레일리아 대형동물의 94퍼센트처럼, 아니면 고생물학자들이 그토록 아까워하는 아메리카의 대형동물들처럼 살해당하지 않았을까?

· · · ·

리키 부부가 1944년에 발굴한 구석기시대 도구 공장이 있던 올로르게사일리에는 나이로비에서 남서쪽으로 70여 킬로미터 떨어져 있으며, 동아프리카대지구대 내에 있는 건조한 분지다. 많은 부분이 오래 전에 화석화된 민물 플랑크톤의 껍질이 침전된 허연 석회질로 덮여 있는 곳이다.

리키 부부는 이 움푹한 지대가 선사시대에는 여러 번 호수로 되었다가 말라붙기를 반복했다는 것을 알아냈다. 동물들은 이곳에 물을 마시러 왔고, 그들을 쫓아다닌 도구 제작자들도 마찬가지였다. 현재 진행 중인 발굴에 따르면 99만 2,000년 전부터 49만 3,000년 사이 호숫가에 초기의 인류가 살았던 것으로 확인된다. 호미니드가 살았다는 흔적은 발견하지 못하고 있었는데, 2003년에 스미소니언박물관과 케냐국립박물관의 고고학자들이 작은 두개골 하나를 발굴했다. 우리 종의 조상인 호모에렉투스의 뼈로 추정되는 것이었다.

그 뒤로 수많은 석기 손도끼와 칼이 발견되었다. 가장 최근의 것으로는 던지는 창이 있는데, 한쪽 끝은 둥글고 반대쪽 끝은 뾰족한 날이 서 있는 모양이다. 올두바이 협곡의 원시인류는 오스트랄로피테쿠스와 마찬가지로 돌 두 개를 서로 부딪쳐서 떨어져 나간 한쪽으로 석기를 만들어 쓴 데 반해, 여기서 발견된 석기들은 준비된 몸돌(석핵石核)로 일정한 모양의 격지(박편剝片)를 반복적으로 떼어내는 기법을 이용했다. 그런 석기가 이곳에 살았던 인간 거주지의 층마다 발견되는 것을 통해 올로르게사일리에서는 적어도 50만 년 동안 인간이 사냥감을 잡아먹고 살았음을 알 수 있다.

비옥한 초승달 지대(인류가 최초로 식물을 경작한 곳으로, 나일강과 티그리스강과 페르시아만을 연결하는 농업 지대 - 옮긴이)의 시초로부터 지금 시대에 이르기까지의 인류 역사는 이곳 한 장소에서 우리 조상이 식물을 캐먹고 동물에게 날카로운 창을 던지며 살았던 기간의 100분의 1도 되지 않는다. 사냥감이 많아서 기술이 발전함에 따라 포식자의 수도 점점 늘어났다. 여기저기 흩어져 있는 대퇴골 중에는 으스러진 것이 많은데, 이는 골수를 먹기 위해서였다. 코끼리나 하마 한 마리, 비비원숭이 한 무리 전체의 인상적인 유적 주변에 흩어진 석기의 양을 보면 호미니드 공동체 전체가 힘을 합쳐 사냥감을 죽이고 분해하고 포식했음을 알 수 있다.

그렇다면 인류가 1,000년도 안 되는 기간 동안 더 풍부했던 것으로 보이는 아메리카의 거대동물들을 다 죽여 버렸는데, 아프리카는 왜 달랐단 말인가? 왜 아프리카에는 유명한 대형 사냥감들이 여전히 남아 있단 말인가? 올로르게사일리에의 현무암이나 규암으로 만든 격지석기(박편석기)를 보면 호미니드가 100만 년 동안이나 코끼리나

코뿔소의 두꺼운 가죽을 뚫을 수 있었음을 알 수 있다. 그런데도 아프리카의 대형 포유류는 왜 아직 멸종하지 않았을까?

그 이유는 아프리카에서는 인간과 거대동물이 함께 진화했기 때문이다. 우연히 도착한 우리가 얼마나 위험한 존재인지를 전혀 의심할 줄 몰랐던 아메리카, 오스트레일리아, 폴리네시아, 카리브의 초식동물들과는 달리 아프리카의 동물들은 우리의 수가 늘어나는 과정에서 적응할 기회가 있었다. 포식자와 함께 살아온 동물들은 포식자를 경계할 줄 알게 되면서 피하는 방법을 발전시킨다. 배고픈 이웃이 워낙 많았던 아프리카의 동물들은 크게 무리를 지어 다니면 포식자가 동물 하나를 고립시켜 잡아먹기가 더 어렵다는 사실을 알아냈다. 그래서 그들은 무리의 나머지가 풀을 뜯는 동안 일부로 하여금 경계를 서도록 했다. 얼룩말은 줄무늬로 사자를 복잡한 착시 현상에 빠뜨려 어리둥절하게 함으로써 위험을 피한다. 얼룩말, 누, 타조는 탁 트인 초원에서 삼각동맹을 형성함으로써 위험을 줄인다. 얼룩말은 귀가 아주 밝고, 누는 코가 매우 예민하며, 타조는 눈이 아주 밝기 때문이다.

방어력이 항상 이렇게 뛰어나기만 하다면 오히려 포식자들이 다 멸종해 버릴 것이다. 그래서 여기에도 균형이 작용한다. 치타는 단거리에서 가젤영양을 앞서지만, 장거리에서는 가젤이 치타보다 낫다. 또 포식자의 수가 너무 늘어나지 않도록 오랫동안 먹이가 되어주지 않거나, 번식을 자주 해서 후손이 종족을 유지하도록 한다. 그 결과 사자 같은 육식동물은 흔히 제일 병들고 늙고 약한 상대를 잡아먹게 된다. 이는 초기의 인류도 마찬가지였다. 우리 역시 처음에는 하이에나처럼 훨씬 쉬운 방법을 택했다. 즉 우리보다 뛰어난 사냥꾼이 남긴 시체를 먹었던 것이다.

하지만 경우에 따라 균형이 깨지는 수가 있다. 사람 속屬의 뇌가 점점 커지면서 초식동물들의 방어 전략을 깨는 방법이 거듭해서 만들어졌다. 예컨대 밀집해서 다니는 무리를 향해 손도끼를 던지면 명중률이 높아졌던 것이다. 올로르게사일리에의 퇴적층에서 발견된 많은 종은 이미 멸종되었다. 뿔 달린 기린, 자이언트비비원숭이, 상아가 아래로 굽은 코끼리, 지금보다 훨씬 큰 하마가 그런 경우인데, 이들이 인간 때문에 멸종되었는지는 확실치 않다.

이 무렵은 홍적세 중기였다. 빙하기와 간빙기가 지구의 기온을 확 내렸다가 올리기를 열일곱 번이나 반복하면서, 얼지 않은 땅을 흠뻑 적셨다가 바짝 말리기를 되풀이하던 때였다. 지각은 거대한 얼음판의 이동에 따라 짓눌리기도 하고 벗어나기도 했다. 동아프리카대지구대가 벌어졌고 화산이 폭발했다. 주기적으로 올로르게사일리에를 재로 뒤덮는 화산 폭발도 있었다. 이곳 지층을 20년 동안 연구한 스미소니언 소속의 고고학자 릭 포츠는 기후나 지질의 대격변이 있을 때마다 계속해서 살아남은 식물과 동물이 있음을 알아냈다.

우리도 그중 하나다. 포츠는 케냐와 에티오피아 경계이자 대지구대 내부에 있는 투르카나 호수에서 우리 조상의 많은 유적을 조사해보았다. 여기서 그는 기후나 그 밖의 환경 조건이 열악해지면 새로운 호미니드가 수를 늘리다가 결국 이전의 호미니드를 대체했음을 알 수 있었다. 한 종의 멸종이 다른 종에게는 진화가 되는 적자생존의 열쇠는 적응력이다. 다행히도 아프리카의 거대동물들은 우리와 함께 살아남는 적응력을 갖춘 형태를 나름대로 발전시켰던 것이다.

그것은 우리에게도 다행스러운 일이다. 덕분에 우리는 우리 이전의 세상을 그려봄으로써 우리 다음의 세상이 어떻게 진화할지 어느 정도 예상해 볼 수 있다. 아프리카는 다른 곳에서는 전부 멸종해 버린 온갖 종류의 동물들이 가득한, 살아 있는 유전자의 보물창고다. 이들 가운데는 다른 곳에서 온 것들도 있다. 가령 북미 사람들은 세렝게티 평원의 어마어마한 얼룩말 떼를 보며 압도당하곤 하는데, 이들은 아시아와 그린란드와 유럽이 육교로 이어져 있을 때 건너온 아메리카 종의 후손이다(콜럼버스가 1만 2,500년 만에 아메리카에 말을 다시 들여왔는데, 사실 그 이전에 아메리카에 아주 많았던 말 종류 가운데 일부도 줄무늬가 있는 얼룩말이었다).

아프리카의 동물이 인간이라는 포식자를 피하도록 진화해 왔다면, 인간이 사라질 경우 지금까지의 균형은 어떻게 될까? 우리한테 너무 적응한 탓에 어느 정도의 의존성이나 공생 관계가 타격을 받게 되지는 않을까?

· · · · ·

케냐 중부 애버데어 산맥 고지대의 시원한 습지는 수많은 인간 정착자들의 접근을 거부한 곳이다. 이곳을 원천으로 강 네 개가 발원하여 아프리카 사방으로 흐른다. 물줄기들은 산의 현무암 돌출부를 따라 흐르다가 깊은 협곡으로 떨어진다. 이런 폭포 중 하나인 구라폭포는 산속 허공을 300미터나 가르다가 안개와 나무만 한 양치식물 속으로 빨려든다.

거대동물이 사는 아프리카 땅에서 이곳은 거대식물이 사는 고산습지다. 로즈우드가 일부 몰려 있는 곳을 제외하면 수목한계선보다 높이 위치한 이 습지는 대지구대 동쪽 벽의 일부를 이루고 있는 4,000미터 높이의 두 봉우리 사이에 길게 걸쳐 있다. 위도상으로는 적도 바로 아래다. 변변한 나무는 없으나 자이언트헤더가 18미터 높이로 자라 이끼가 번식하도록 커튼을 드리워 준다. 땅을 뒤덮은 로벨리아는 여기서 2미터 이상 높이의 기둥이 되어 있다. 대개 풀에 불과한 개쑥갓은 양배추 같은 머리가 달린 9미터 높이의 거대한 줄기가 되어 무성한 풀숲 사이로 자란다.

대지구대에서 위로 올라왔다가 결국 케냐의 고산 부족 키쿠유족이 된 초기 인류의 후손들이 이곳을 보고 응가이(하느님)가 사는 곳이라고 생각할 만하다. 이따금 바람에 사초가 흔들리고 할미새가 지저귈 뿐 신성한 정적이 흐른다. 가장자리로 노란 애스터가 피어 있는 냇물은 풀이 우거진 언덕을 소리 없이 흐른다. 이 추운 고산지대는 일런드영양의 은거지다(아프리카에서 가장 큰 이 영양은 키가 2미터에 무게 680킬로그램, 나선형 뿔의 길이가 90센티미터나 된다. 현재 개체 수가 계속해서 줄어들고 있다). 워터벅영양과 웅덩이 옆 양치식물 숲에 숨어 기다리는 사자가 있긴 하지만 이 습지는 대부분의 큰 동물에게는 너무 높은 곳이다.

때로는 코끼리들이 나타나기도 한다. 새끼들도 어미의 커다란 상아를 따라 자줏빛 클로버와 거대한 풀덤불을 헤치며 이곳을 지나간다. 매일같이 180킬로그램의 식물을 뜯어먹어야 하다 보니 여기까지 온 것이다. 코끼리는 애버데어 산맥에서 동쪽으로 80킬로미터 떨어진 케냐산의 5킬로미터 높이 봉우리의 설선雪線 부근에서도 이따금 발견된다. 멸종한 사촌인 털 많은 매머드보다 훨씬 적응력이 뛰어난 아프리카 코끼리들은 한때 케냐산에서부터 추운 애버데어 산맥을 지나 케냐의 삼부로 사막에 이르기까지 서로 해발이 무려 3킬로미터나 차이 나는 곳에 걸쳐 살았던 흔적을 남겼다. 지금은 시끄러운 인간들이 그 세 곳의 서식지를 연결하는 통로를 차단해 버렸다. 그래서 세 곳에 사는 코끼리들은 몇십 년 동안 서로를 구경도 하지 못 하고 있는 형편이다.

습지 아래로는 폭 300미터의 대나무 숲이 애버데어 산맥을 띠처럼 휘감고 있다. 여기는 아프리카에서 줄무늬로 위장하는 또 하나의 동물이자 거의 멸종된 봉고영양이 숨어사는 곳이다. 빽빽한 대나무 숲에서 봉고는 하이에나를 곧잘 따돌린다. 나선형 뿔이 달린 봉고는 유일한 포식자, 즉 애버데어에만 사는 독특한 동물로 색깔이 까만 표범도 잘 따돌린다. 어두컴컴한 애버데어 우림은 검은 살쾡이와 검은 종의 아프리카황금고양이의 고향이기도 하다.

또한 이곳은 케냐에 남은 야생 지대 가운데 가장 야생적인 곳 가운데 하나다. 칡과 난초, 녹나무와 삼나무가 매우 무성한 이곳 숲에서는 5톤이 넘는 코끼리들도 어디에나 쉽게 숨을 수 있다. 아프리카 동물 가운데 가장 심각한 멸종 위기에 처한 동물인 검은코뿔소도 마찬가지다. 1970년에는 케냐 전체에 2만 마리나 퍼져 있던 검은코뿔소가 이제는 400마리밖에 남지 않았다. 나머지는 동양에서 약으로 쓴다며 뿔 하나에 2만 5,000달러에 거래되고, 예멘에서 기념용 칼의 손잡이에 소용되면서 모조리 밀렵당했다. 이제 본래의 야생 서식지인 애버데어에 남아 있는 검은코뿔소는 고작 70마리에 불과하다고 한다.

한때는 인간도 여기에 있었다. 식민지 시절 물 대기가 좋은 화산 토질인 이곳 애버데어의 비탈은 차와 커피를 재배하는 영국인들 소유가 되었다가, 그들에 의해 나중에는 양과 소를 치는 목장으로 변했다. 원래 농사를 짓고 살던 키쿠유족은 정복당한 땅에서 '샴바'라는 소작지의 일꾼으로 전락했다. 1953년 그들은 애버데어 숲에 들어가 게릴라 조직을 결성했다. 이들은 야생무화과와 영국인들이 풀어놓은 송어로 연명하며 백인 지주들에게 테러 공격을 가했고, 마우마우 반군으로 세상에 알려졌다. 영국은 본국에서 몇 개 사단을 파견하여 애버데어와 케냐산을 폭격했다. 수천 명의 케냐인들이 살해당하거나 교수형에 처해졌다. 목숨을 잃은 영국인은 100명 정도였다. 1963년에 휴전협상이 이루어졌고, 압도적인 다수 의견에 따라 '우루(독립)'를 성취했다.

· · · · ·

오늘날 애버데어 산맥은 인간이 국립공원이란 이름으로 자연과 맺은 어정쩡한 계약의 한 예다. 이곳은 희귀한 자이언트멧돼지, 산토끼만큼 작은 수니영양, 금빛 날개의 태양새, 볼이 은빛을 띠는 코뿔새, 진홍빛과 짙은 파랑이 어울린 왕관투라코 등의 안식처다. 흑백의 대비가 선명한 콜로부스원숭이의 수염 텁수룩한 용모는 분명 불가의 승려와 비슷한 유전자를 갖고 있는 것 같다.

이들은 이 원시림을 거처로 하여 애버데어 온 사방 비탈 아래로 다니다가 전기 울타리를 만나 더 나아가지 못한다. 6,000볼트의 고압전류를 내보내는 200킬로미터의 철조망이 케냐 최대의 수원지를 둘러싸고 있다. 이 전기 철조망은 높이가 2미터이고 땅속으로도 90센티미터가 묻혀 있으며 기둥에는 뜨거운 전선이 감겨 있어 비비원숭이, 긴꼬리원숭이, 알락꼬리 사향고양이 등이 넘어다닐 수 없다. 도로와 만나는 지점에는 철조망이 아치 모양으로 되어 있어 그 밑으로 차량은 통과할 수 있지만, 전기 철선이 늘어져 있어 차만큼 큰 코끼리는 지나다닐 수 없다.

이 철조망은 동물과 사람을 서로 보호하기 위한 것이다. 양쪽 모두 아프리카에서 가장 질 좋은 흙이 우림 아래에서 옥수수, 콩, 리크, 양배추, 담배, 차를 길러준다. 이 일대에서는 여러 해에 걸쳐 양쪽으로 침입이 있었다. 코끼리, 코뿔소, 원숭이들은 밤에 반대쪽으로 넘어가 밭을 뒤집어엎었고, 수가 점점 불어난 키쿠유족은 산 위로 조금씩 올라가며 300년 된 삼나무와 '포도'라는 침엽수를 넘어뜨렸다. 2000년도에 이르러 애버데어 지역의 3분의 1은 빈터가 되었다. 나무가 더 이상 베이지 않도록, 충분한 물이 잎에서 증발된 뒤 비가 되어 강으로 다시 흘러가도록, 그런 물이 나이로비 같은 목마른 도시로 흘러가도록, 수력발전 터빈이 계속 돌아가도록, 대지구대의 호수가 사라지지 않도록 무슨 조치가 있어야 했다.

그래서 만들어진 것이 세계에서 제일 긴 전기 철책이었다. 그런데 이 무렵 애버데어에는 또 하나의 물 문제가 있었다. 1990년 이곳 산자락에는 깊은 배수로가 하나 설치되었고, 그 주변에 장미와 카네이션이 엄청나게 심어졌다. 케냐가 이스라엘을 제치고 유럽 최대의 꽃 공급국이 되었던 것이다. 이어서 꽃은 커피를 누르고 케냐 최대의 수출품이 되었다. 이렇게 재배작물이 바뀜에 따라 나중에 꽃 수요가 떨어지면 농가 부채는 더욱 늘어날 위험이 커졌다.

꽃은 사람하고 마찬가지로 3분의 2가 물이다. 그러므로 전형적인 꽃 수출업자가 매년 유럽으로 실어 보내는 물의 양이 인구 2만 명 거주지에 필요한 양과 같다. 가뭄 때면 꽃 수출 할당량을 채워야 하는 공장들이 나이바샤 호수에 수도관을 연결한다. 애버데어 고산지대 바로 아래에 위치하고 가장자리에 파피루스가 자라는 이 호수는 민물에 사는 많은 새와 하마의 안식처이기도 하다. 수출업자들은 수도관을 통해 물뿐만 아니라 온갖 어류의 알도 함께 빨아들인다. 한편 수도관에서 빠져나오는 것에는 프랑스 파리까지 장미 꽃봉오리의 말끔한 모양을 유지시켜 주는 화학물질도 있다.

예쁜 꽃들에 비해 나이바샤 호수는 별로 매력적인 모습이 아니다. 화훼 온실에서 흘러내리는 인산비료와 질산비료 때문에 호수 표면은 산소를 빼앗아 가는 부레옥잠으로 뒤덮였다. 호수면이 낮아지면서 화분에 담겨 아프리카로 들어온 남미의 다년생 식물 부레옥잠은 호숫가로 올라가 파피루스를 물리친다. 하마 사체의 썩어가는 세포를 조사해 보면 완벽한 꽃다발의 비결이 무엇인지 금세 알 수 있다. DDT와 그보다 40배나 더 독한 디엘드린이 다량으로 검출된 것이다. 디엘드린은 케냐를 세계 최대 장미 수출국으로 이끈 나라들에서는 금지된 살충제로서, 인간뿐만 아니라 동물이나 장미가 다 사라져 버리고 한참 뒤에도 남아 있을 만큼 화학적으로 안정적이고 잔류성이 강하다.

6,000볼트의 고압전류가 흐르는 철조망이라도 애버데어의 동물들을 언제까지고 가둬둘 수는 없다. 동물의 수가 증가하여 철책을 찢고 나갈 수도 있고, 한 종 전체의 유전자 총량이 줄어들면서 쇠퇴하다가 바이러스 하나에 종 전체가 멸종할 수도 있다. 하지만 인간이 먼저 멸종된다면 철책의 고압전류도 멈춰버리고, 비비원숭이와 코끼리는 주변 키쿠유족의 샴바에 자라는 곡식과 채소를 실컷 먹을 것이다. 인간 없이 살아남는 것은 커피밖에 없을 텐데, 야생동물들은 카페인을 별로 좋아하지 않기 때문이다. 오래전에 에티오피아에서 들여온 아라비카종은 케냐 중부의 화산 토질을 매우 좋아해서 아예 토착종이 되었다.

온실을 덮고 있던 폴리에틸렌 덮개는 바람에 조각날 것이다. 이

비닐은 적도의 강력한 자외선에 의해 부스러질 텐데, 그 탓에 화훼산업에서 이용되는 훈증제 중에서도 제일 독한 메틸브로마이드와 더불어 독성이 더욱 강해질 것이다. 부레옥잠은 살아남을지 몰라도 화학물질에 중독된 장미와 카네이션은 견디지 못할 것이다. 애버데어의 숲은 무력화된 철조망을 뚫고 나가 경작지인 샴바를 다시 정복할 것이다. 식민지 시대의 잔재인 애버데어컨트리클럽, 지금은 혹멧돼지들이 잔디를 다듬고 있는 이 골프장도 다시 숲으로 돌아갈 것이다. 여기서 위로는 케냐산까지, 아래로는 삼부로 사막까지 야생동물이 가득한 숲이 이어지는 것을 방해하는 존재가 하나 있는데, 바로 대형 제국의 유령처럼 서 있는 유칼립투스 숲이다.

통제할 수 없이 급증한 인간들에 의해 이 세상에 마구 퍼뜨려진 수많은 종들 가운데 유칼립투스는 우리가 사라지고 한참 뒤까지도 땅을 망쳐놓을 가죽나무나 칡 못지않은 존재다. 영국인들은 증기기관차의 연료를 확보하기 위해 천천히 자라는 열대 활엽수림을 베어내고 빨리 자라는 유칼립투스를 식민지 오스트레일리아에서 옮겨다 심었다. 기침약이나 가정용 세제를 만드는 데 쓰는 유칼립투스의 향기로운 기름은 세균을 죽이는 독성이 강해서 주변에 다른 식물이 잘 자라지 못한다. 유칼립투스 주변에는 곤충도 별로 없으며, 먹이가 거의 없어서 새가 둥지를 트는 경우도 드물다.

물을 엄청나게 흡수하는 유칼립투스는 경작지의 관개수로처럼 물이 있는 곳이면 어디나 세력을 뻗칠 것이다. 사람이 없어지고 나면 그들은 사막화된 들판을 차지하려 할 테고, 산 밑으로 날려갈 토착종의 씨앗보다 유리한 출발을 할 것이다. 결국 케냐산으로 이어지는 숲을 다시 만들고, 영국인의 망령을 이 땅에서 영영 쫓아내려면 아프리카의 가장 뛰어난 벌목꾼인 코끼리의 도움이 필요할 것이다.

• • • •

인간이 사라진 아프리카에서 코끼리들은 삼부로 사막을 지나 사헬 초원 지대를 넘어 적도 위까지 밀고 올라가다가 사하라 사막 부근까지 갈 수도 있는데, 이때 사하라는 지금보다 더 북쪽으로 올라가 있는 상태일지도 모른다. 사막화의 전위부대인 염소들은 전부 사자밥이 되어 버렸을 것이다. 아니면 인간의 잔재인 대기 탄소 농도의 증가로 기온이 올라가는 속도가 더 빨라지면서 이동 중인 사막과 마주치게 될지도 모른다. 사하라는 매년 3~5킬로미터씩 이동하는 곳도 있을 만큼 최근 들어 더 빨리 사막화되고 있는데, 그 이유는 때가 좋지 않은 탓이 크다.

불과 6,000년 전, 극지방을 제외하고 오늘날 세계에서 가장 큰 사막인 사하라는 푸른 초원이었다. 넉넉한 물줄기에는 악어와 하마가 뒹굴었다. 그러다 지구의 자전궤도가 정기적인 재조정을 거쳤는데, 살짝 기울어진 자전축은 0.5도 정도도 펴지지 않았지만 비구름대를 밀어내기에 충분했다. 물론 그것만으로 초원이 사막으로 변할 수는 없었다. 때마침 세력을 뻗치던 인간은 기후대의 가장자리에서 작은 나무만 자라는 건조한 지대로 변해가고 있던 곳까지 넘어갔다. 그 이

전 2,000년 동안 북아프리카 호모사피엔스의 생활은 창으로 하던 사냥으로부터 중동에서 곡식을 재배하고 가축을 기르는 것으로 바뀌어 갔다. 그들은 고향 땅의 사촌이 대학살을 당해 멸종하기 전에 운 좋게 빠져나온 아메리카 동물의 후손인 낙타를 길들였고, 낙타에다 짐과 자기 몸을 싣고 다닐 줄 알게 된 것이다.

낙타는 풀을 먹는다. 풀은 물이 필요하다. 낙타 주인이 기르는 작물도 마찬가지다. 농경 덕분에 인류의 수는 폭발적으로 증가했다. 사람들에게는 점점 더 많은 가축과 목초지, 초원과 물이 필요해졌다. 그러나 때가 좋지 않았다. 아무도 비구름대가 이동했다는 사실을 알지 못했을 것이다. 그래서 사람들과 가축 떼는 점점 더 먼 곳까지 가서 점점 더 많은 풀을 뜯었다. 예전 날씨가 돌아올 것이라고, 모든 것이 예전처럼 잘 자랄 것이라고 생각하며 말이다.

하지만 그렇지 않았다. 풀을 더 많이 뜯어먹을수록 하늘로 증발되는 수분이 줄어들면서 비가 적게 내렸다. 그리하여 오늘의 뜨거운 사하라 사막이 만들어진 것이다. 전에는 지금보다 크기가 작았을 뿐이다. 지난 세기 동안에는 아프리카인의 수와 동물의 수가 늘어났고, 이제는 기온도 올라가고 있다. 그 때문에 불확실한 상태에 있는 사하라 이남의 사헬 지역은 급격히 사막화되기 직전이다.

그보다 더 남쪽에서 적도의 아프리카인들은 수천 년 동안 목축을 했으며, 그보다 더 오랫동안 사냥을 했다. 그런데 야생동물과 인류는 서로 이익을 주고받기도 했다. 케냐의 마사이족 같은 목축민들은 목초지와 샘 사이에 가축을 방목했는데, 그들이 창으로 사자를 쫓아내주는 바람에 누 무리가 그들을 따라다녔다. 그러자 얼룩말이 누를 따라다니게 되었다. 고기를 아껴 먹어야 했던 유목민들은 가축의 젖과 피를 먹고 사는 법을 터득했는데, 그들은 가축의 목 경정맥을 살짝 따서 피를 뽑은 뒤 지혈을 할 줄 알았다. 그들은 가뭄으로 가축에게 먹일 풀이 부족해질 때만 사냥에 의존하거나, 여전히 사냥만 해서 사는 부족과 거래를 했다.

이러한 인간과 동물과 식물 사이의 균형이 처음으로 깨지기 시작한 것은 인간이 포획물 또는 상품이 되면서부터였다. 우리 친척인 침팬지와 마찬가지로 우리는 언제나 영토나 짝을 차지하기 위해 서로를 죽이며 살아왔다. 그러나 노예제도의 발흥으로 우리는 새로운 무엇, 즉 수출품으로 격하되었다.

· · · · ·

노예 매매가 아프리카에 남긴 흔적은 오늘날 케냐 남동부의 차보라는 수풀 우거진 지역에서 볼 수 있다. 용암과 머리 납작한 아카시아나무와 바오밥나무가 널려 있는 차보의 풍경은 어쩐지 으스스하다. 차보는 소를 죽이는 체체파리 때문에 목축이 불가능하여 와아타족의 사냥터로 남아 있었다. 그들의 사냥감은 코끼리, 기린, 물소, 각종 가젤영양, 바위타기영양 그리고 또 하나의 줄무늬영양으로 뿔이 코르크 마개를 뽑는 나사처럼 빙빙 감긴 쿠두가 있었다.

동아프리카에서 흑인 노예들이 실려 간 목적지는 아메리카가 아니라 아라비아였다. 그 이후 케냐 해안의 몸바사는 19세기 중반까지 인간의 육체를 실어나른 선적항이 되었다. 총부리를 들이대고 물건을 포획하기 위해 중앙아프리카로 몰려온 아라비아 노예 상인들의 마지막 행선지이기도 했다. 노예로 잡힌 사람들은 당나귀를 탄 무장 포획자들이 시키는 대로 줄을 지어 대지구대를 맨발로 걸어 내려왔다. 그들이 차보까지 내려오면 날은 뜨거웠고 체체파리가 들끓었다. 노예 상인, 총잡이 그리고 거기까지 오는 동안 살아남은 포로들은 무화과나무 그늘이 있는 오아시스인 음지마스프링스까지 갔다. 거북과 하마가 가득한 이곳 샘물 웅덩이들은 50킬로미터 떨어진 화산 언덕에서 솟아나온 2억 리터 가까운 물에 의해 매일같이 깨끗하게 유지되었다. 노예를 끌고 온 길은 상아의 이동로이기도 하여, 도중에 눈에 띄는 코끼리는 모조리 죽임을 당했다. 상아 수요가 늘어나자 상아 가격은 노예 가격을 웃돌았고, 노예는 상아 운반자로 값싸게 취급받았다.

음지마스프링스 근처에서도 솟아나는 물은 차보강을 이루어 바다로 흘러간다. 열병나무와 야자수가 시원한 그늘을 드리우는 이 물가의 길을 거부하기는 힘들었는데, 그 대가로 종종 말라리아에 걸리기도 했다. 자칼과 하이에나가 이들 노예 대상 행렬을 따라다녔고, 차보의 사자는 버려진 채 죽어가는 노예들을 잡아먹는 식인사자로 유명해졌다.

영국인이 노예 매매를 그만둔 19세기 말까지, 중앙 평원에서 몸바사의 경매장에 이르는 상아와 노예의 운반로에서 죽어간 코끼리와 인간의 수는 헤아릴 수 없이 많다. 노예를 끌고 간 길이 막히자 몸바사와 나일강의 발원지인 빅토리아 호수 사이에 철도 건설이 시작되었다. 영국의 식민지 통치에 꼭 필요한 건설 사업이기 때문이었다. 차보의 배고픈 사자들은 철도 노동자들을 잡아먹으면서 국제적으로 유명해졌는데, 그들은 때때로 열차 위에까지 뛰어올라 사람들을 공포에 떨게 했다. 그들의 식성은 전설과 영화의 소재가 되었는데, 그런 이야기들은 그들이 배고픈 식인사자가 된 이유를 밝히지는 못했다. 그들은 원래의 먹이, 다름 아닌 1,000년 동안이나 짐짝처럼 실려가다 죽으면 내팽개쳐진 인육이 부족해졌기 때문에 열차 위로 뛰어올랐던 것이다.

노예 매매와 철도 건설이 종결되자 차보는 버려졌다. 사람이 없어지자 야생동물들이 다시 돌아오기 시작했다. 잠시지만 무장한 인간들도 다시 돌아왔다. 제1차 세계대전 기간이던 1914~1918년, 아프리카의 많은 부분을 사이좋게 나눠먹기로 했던 영국과 독일은 유럽에서보다 더 수상적은 이유로 아프리카에서 전쟁을 벌였다. 지금의 탄자니아인 탕가니카에 있던 독일의 식민지 주둔군 1개 대대는 영국의 몸바사-빅토리아 철도를 여러 번에 걸쳐 폭파했다. 양측은 차보강 가의 야자나무와 열병나무 사이로 숨어다니며 서로를 공격했다. 이들은 숲에서 사냥한 것으로 연명하며 총탄 못지않게 말라리아로 인해 죽어갔다. 숲에 난무한 총탄은 이곳에 다시 돌아온 야생동물들에게 재앙이었다.

그리고 다시 차보는 버려졌다. 사람이 사라지자 또다시 동물들이 돌아왔다. 소서베리가 주렁주렁 열리는 사포나무가 제1차 세계대전의 전장을 뒤덮자 비비원숭이 가족들이 와서 살았다. 1948년 영국은 인류 역사상 가장 붐비는 무역로였던 차보가 더 이상 사람에게 아무 쓸모가 없어졌다며 야생동물보호구역으로 선포했다. 그로부터 20년 뒤 이곳에 사는 코끼리 수는 아프리카 최대인 4만 5,000마리가 되었지만, 계속 유지되지는 않았다.

단발 엔진의 하얀 세스나 경비행기가 이륙하자 날개 아래로 지상에서 가장 부조리한 풍경이 펼쳐진다. 바로 아래의 대초원은 나이로비국립공원이다. 일런드, 가젤, 물소, 타조, 능에, 기린, 사자가 바글바글 갇혀 살고 있는 공원 바로 옆에는 투박한 고층 건물들이 벽을 이루고 있다. 이 회색 얼굴의 벽 너머로는 세계에서 가장 크고 빈곤한 슬럼이 펼쳐진다. 나이로비는 몸바사와 빅토리아 사이에 창고가 필요해지면서 생긴 도시다. 세계에서 가장 젊은 도시의 하나인 이곳은 제일 먼저 사라질지도 모르겠다. 새로 지은 건물도 금세 부서지곤 하니 말이다.

나이로비국립공원의 반대쪽 끝에는 울타리가 없다. 세스나 비행기가 그 표시 없는 경계를 넘어가자 나팔꽃나무가 점점이 눈에 띄는 회색빛 평원이 나타난다. 이곳에는 장마를 따라다니며 사는 누, 얼룩말, 코뿔소 무리가 이동하는 길이 있다. 이 길이 최근에는 옥수수 밭, 화훼농장, 유칼립투스 재배지 그리고 개별 우물과 큼지막한 건물이 있는 대저택들이 들어서면서 흠집이 나고 있다. 때문에 케냐에서 가장 오래된 이 국립공원도 머지않아 또 하나의 야생동물 섬으로 변할지 모른다. 야생동물의 이동로에 대한 보호 조치는 없다. 붐비는 나이로비 대신 외곽에 부동산을 소유하는 것이 점점 더 인기를 끌고 있다. 세스나 조종사인 데이비드 웨스턴이 보기에 제일 좋은 방법은 사유지에 동물들이 지나다닐 수 있게 해주는 사람들에게 정부가 보조금을 주는 것이다. 그는 정부와의 협상에 나름의 도움을 받고 있긴 하지만 별로 기대하지 않는다. 모두들 코끼리가 자기 집 정원 또는 그보다 더한 것을 짓밟을까 봐 두려워하기 때문이다.

요즘 웨스턴이 가장 관심을 두고 있는 일은 코끼리 수를 세는 것이다. 그는 이 일을 지난 30년 동안 계속해 왔다. 영국인 사냥꾼의 아들로 태어나 탄자니아에서 자란 그는 소년 시절 아버지를 따라 총을 차고 며칠이고 사람 구경을 할 수 없는 길을 걷곤 했다. 그러다 그가 처음 쏜 동물은 그가 마지막으로 사냥한 동물이 되었다. 죽어가는 혹멧돼지의 눈빛을 본 순간 사냥을 하고 싶다는 생각이 싹 사라졌다. 아버지가 코끼리 엄니에 받혀 치명상을 입자 어머니는 아이들을 데리고 비교적 더 안전한 런던으로 이주했고, 대학에서 동물학 공부를 마친 그는 다시 아프리카로 돌아왔다.

나이로비에서 남동쪽으로 한 시간을 날아가니 킬리만자로가 눈에 들어온다. 산꼭대기의 하얀 눈이 떠오르는 태양빛에 버터처럼 녹아내리고 있다. 그 바로 앞에는 갈색의 분지에 푸른 습지가 선명한 대조를 이룬다. 비가 자주 내리는 화산의 비탈에서 흘러내린 물이 고여 만들어진 습지다. 이곳은 암보셀리로, 아프리카에서 가장 작으면서 가장 풍요로운 공원이다. 킬리만자로 산을 배경으로 코끼리의 실루엣을 찍고자 하는 관광객이라면 반드시 찾아야 하는 명소다. 그것은 야생동물들이 부들이나 사초를 먹기 위해 암보셀리의 습지대로 몰려오던 건기 때나 가능한 일이었다. 그런데 지금은 언제나 볼 수 있는 구경거리가 되었다. "코끼리는 원래 한곳에 머무르는 동물이 아니에요." 웨스턴이 한가로워 보이는 하마 무리 가까이서 거닐고 있는 코끼리 암컷과 새끼 몇십 마리 위로 날아가며 중얼거렸다.

높은 데서 내려다보니 공원을 둘러싸고 있는 평원은 거대한 식물 종자 때문에 병든 것처럼 보인다. 마사이 목축민들이 흙과 똥으로 만든 오두막들이 둥글게 모여 있는 '보마'라는 곳이다. 살고 있는 집도 있고, 빈집도 있고, 무너져서 흙으로 되돌아가는 집도 있다. 집집마다 둘레에는 날카로운 아카시아 가지를 쌓아 만든 울타리가 있다. 이렇게 원을 그리고 있는 집들의 초록빛 안뜰은 유목을 하는 마사이족이 다음 목초지로 이동할 때까지 밤이면 소를 포식자로부터 지키기 위해 두는 장소다.

마사이족이 떠나면 코끼리들이 입주한다. 사하라 일대가 건조해지면서 사람들이 북아프리카에서 소를 데려온 뒤부터 코끼리와 가축 사이에는 묘한 공생 관계가 이루어졌다. 소들이 초원의 풀을 다 뜯어먹고 나면 작은 나무들이 우거진다. 나무가 꽤 자라면 코끼리는 상아로 나무껍질을 벗겨 먹기도 하고, 나뭇잎이 있는 부드러운 윗부분을 먹기 위해 나무를 쓰러뜨리기도 한다. 이렇게 나무가 다 쓰러지고 난 자리에 다시 풀이 자란다.

웨스턴은 대학원생 시절 암보셀리의 높은 곳에 앉아 마사이족 목축인들이 풀어놓은 소들의 수를 세었다. 코끼리들은 반대쪽에서 풀을 뜯고 있었다. 그가 소, 코끼리, 사람의 개체 수를 조사하는 일은 나중에 암보셀리공원 원장, 케냐 야생동물보호국 국장 그리고 야생동물의 서식지를 보존하되 원래 함께 살았던 인간을 함께 수용하려고 노력하는 비영리기관 아프리카보존센터의 창립자가 될 때까지 계속되었다.

그는 비행 고도를 90여 미터로 낮추어 시계 방향으로 30도 정도 꺾으며 날기 시작한다. 똥을 발라 만든 오두막 한 무리가 나타나자 계산에 들어간다. 한 집에 아내가 한 명, 부유한 가장의 경우 아내를 열 명까지 거느리기도 한다. 그는 이 주거지에 사는 사람의 수를 어림잡아 계산한 다음 식물 분포도에는 소가 77마리라고 표시한다. 높은 데서는 푸른 들판에 떨어진 핏방울처럼 보이던 것이 실제로는 마사이 목축인들이었다. 키가 크고 몸이 유연하고 피부가 검은 이 남자들은 전통 의상인 빨간 망토를 걸치고 있다. 전통 의상이라고는 하지만 실은 19세기에 스코틀랜드 선교사들이 나눠준 특유의 격자무늬 담요가 시초였다. 마사이 목축인들에게 그 천은 따뜻하면서도 가벼워 몇 주 동안 가축을 몰고 나가 있을 때 유용했다.

"여기 목축인들은 거의 이주성 동물이 되어버렸지요. 누 비슷하게 살고 있으니까요." 엔진 소리가 시끄러운 가운데 웨스턴이 외쳤다. 마사이족은 누와 비슷하게 우기 때는 풀이 자라는 초원으로 소를 끌고 가서 먹이다가 건기가 되면 물가로 다시 데려온다. 암보셀리 지역의 마사이족은 한 해 평균 여덟 곳의 거주지를 돌아다니며 생활한다.

웨스턴은 인간이 이렇게 옮겨다니며 산 덕분에 케냐와 탄자니아의 풍경이 야생동물에게 유리해졌다고 확신한다.

"이 사람들은 소들에게 풀을 먹인 다음 그 자리에 자라는 나무들을 코끼리에게 남겨줍니다. 좀 지나면 코끼리는 그 자리를 다시 풀밭으로 만들어 주지요. 풀밭과 숲과 작은 나무들이 모자이크를 이룹니다. 그래서 대초원의 생물이 다양한 겁니다. 풀밭이나 숲만 있다면 풀밭에 사는 종 아니면 숲에 사는 종만 보존할 수 있겠죠."

1999년에 웨스턴은 이런 점을 홍적세 과다학살 이론의 아버지인 고생태학자 폴 마틴에게 이야기했다. 1만 3,000년 전에 클로비스인들이 일대의 매머드를 멸종시킨 현장을 보러 가기 위해 애리조나 남부를 지나가다가 그를 만난 자리에서였다. 아메리카 남서부는 매머드 이후 대형 초식동물 없이 진화했다. 마틴은 목축업자들이 임대한 공유지에서 자라고 있는, 업자들이 태우게 해달라고 항상 요청하는 메스키트 콩넝쿨을 가리키며 이렇게 말했다. "이런 데서 코끼리가 살 수 있다고 생각해요?"

그때 웨스턴은 그냥 웃고 말았다. 하지만 마틴은 계속했다. 아프리카코끼리라면 이런 사막에서 어떻게 할까? 울퉁불퉁한 바위산을 타고 넘어 물을 찾아갈까? 아시아코끼리는 매머드와 더 가까우니까 좀더 나을까?

"메스키트를 없애겠다고 불도저와 제초제를 쓰는 것보다는 확실히 낫지요." 웨스턴은 맞장구쳤다. "코끼리는 훨씬 더 싸고 간단하게 해결해 줄 겁니다. 게다가 여기저기 눈 똥에서 풀이 다시 자랄 수 있어요."

"맞아요." 마틴이 대답했다. "그게 바로 매머드와 마스토돈이 했던 일이지요."

"맞습니다. 원래 터줏대감이 없으면 대신할 만한 종을 쓰면 좋을 텐데요." 그 뒤로 마틴은 북미에 코끼리를 돌려보내는 캠페인을 벌이고 있다.

하지만 마사이족과 달리 북미의 목축업자들은 코끼리들에게 자리를 정기적으로 비워주는 유목민이 아니다. 더군다나 마사이족과 그들의 소 떼도 갈수록 자리를 지키려는 경향이 강해지고 있다. 그 결과 암보셀리국립공원 주변에는 지나친 방목으로 황무지로 변한 땅들이 늘어나고 있다.

머리숱이 적고 피부가 허옇고 키가 크지 않은 웨스턴이 까만 피부에 키가 2미터나 되는 마사이족 목축인들과 스와힐리어로 대화를 나누는 모습이 무척 인상적이었다. 그런데도 양측은 공통의 관심사로 하나가 되었다. 땅을 분할하는 것은 오랫동안 그들 공동의 적이었다. 하지만 경쟁하는 부족들 출신의 개발업자와 이주민들이 울타리를 치고 소유권을 주장하는 일이 잦아지면서, 마사이족도 자기 권리를 주장하며 살던 땅에 붙어 있을 수밖에 없게 되었다. 인간이 새롭게 아프리카 땅을 이용함에 따라 일어날 변화는 인간이 사라진다 해도 쉽게 지워지지 않을 것이라고 웨스턴은 말한다.

"양극단의 상황이 벌어질 겁니다. 코끼리는 공원 안에 몰아넣고 소 떼는 그 밖에서 풀을 뜯게 하면 양쪽이 아주 다른 서식지가 되어

버립니다. 안은 나무가 다 사라지면서 풀밭이 되고, 밖은 정글이 되겠지요."

1970년대와 1980년대 동안 코끼리는 안전한 곳에 계속 머무르는 법을 배웠다. 그들은 케냐가 세계 최고의 출생률이라는 부담과 함께 뜻하지 않게 심화되는 아프리카의 빈곤과, 아시아 경제성장의 틈바구니 속으로 끼어들게 되었다. 특히 극동에서 사치품에 대한 애호가 뜨거워졌는데, 그들이 원한 사치품에는 상아도 포함되어 있었다. 상아에 대한 욕심은 여러 세기 동안 노예 매매에 대한 투자를 자극했던 욕망을 능가하지 않았던가.

킬로그램당 20달러 나가던 상아 값이 열 배로 오르자 밀렵꾼들은 차보 등지를 상아 없는 코끼리 사체 더미로 가득 차게 만들어 버렸다. 1980년대에 아프리카의 코끼리 130만 마리 중 절반이 살해됐다. 케냐에 남은 1만 9,000마리 코끼리들은 암보셀리 같은 보호구역으로 몰려들었다. 국제적인 상아 거래 금지령과 밀렵꾼에 대한 사살 명령이 대학살을 늦추기는 했으나 근절하지는 못했다. 특히 공원 밖에서 작물이나 사람을 보호한다는 명목으로 코끼리를 죽이는 행위까지 다 막을 수는 없었다.

한때 암보셀리의 습지 주변에 자라던 아카시아의 일종인 열병나무는 몰려든 코끼리 때문에 전부 사라졌다. 공원이 점점 나무 없는 평원으로 변해가자 가젤이나 오릭스 같은 사막동물이 기린이나 쿠두나 부시벅처럼 풀을 많이 필요로 하는 동물들을 대체해 버렸다. 이는 아프리카가 빙하기 때 경험한 극심한 가뭄을 인간이 복제하듯 초래한 경우라 할 수 있다. 그때처럼 서식지가 줄어들자 동물들이 오아시스로 몰려드는 것이다. 아프리카의 대형동물들은 그런 병목현상을 거쳐 살아남았다.

하지만 웨스턴은 인간의 정착지, 분할된 땅들, 피폐해진 목초지, 공장식 농장들의 바다에서 섬 같은 피난처에 오도 가도 못하게 된 그들이 이번에도 그럴 수 있을지 걱정이다. 아프리카에서 이주형 인간은 수천 년 동안 그들을 호위해 주었다. 유목민과 가축들은 필요한 것만 챙겨 계속 이동했고, 지나가는 자리마다 자연을 전보다 더 풍성하게 만들었다. 하지만 인간의 그러한 이주가 이제는 마감을 예고하고 있다. 정주형 인간이 구식 시나리오를 내팽개쳐 버린 것이다. 이제는 사람 대신 먹이가 우리에게 이주를 해온다. 인류 역사 대부분의 기간 동안 있어본 적이 없는 온갖 사치품 및 소모품과 함께 말이다.

· · · · ·

사람이 정착한 적 없는 남극을 제외한 지구상의 다른 어느 곳과도 달리 아프리카는 야생동물의 중대한 멸종 사태를 겪어본 적이 없다. "하지만 농업이 심화되고 인구가 더 늘어나면 그런 사태가 벌어질지도 모릅니다" 하고 웨스턴은 걱정한다. 아프리카에서 사람과 야생동물 사이에 발전했던 균형은 통제 수준을 벗어났다. 너무 많은 사람, 너무 많은 소, 너무 많은 코끼리가 너무 많은 밀렵꾼 때문에 너무 좁은 공간에 갇혀버렸다. 웨스턴이 여전히 희망을 갖는 이유는 아프리카의 일부는 아직 예전 그대로, 즉 우리가 코끼리까지 밀어낼 정도로 무시무시한 종으로 진화하기 전의 상태로 남아 있다는 것을 알기 때문이다.

그가 보기에 사람이 사라지면 다른 어느 곳보다 인간이 오래 점거하고 살았던 아프리카는 역설적이게도 지상에서 가장 원시적인 상태로 되돌아갈 것이다. 야생동물이 워낙 많은 풀을 뜯어먹는 아프리카는 외래 식물이 교외 지역의 정원을 뛰쳐나와 시골까지 차지해 버리는 일이 일어나지 않은 유일한 대륙이다. 하지만 사람 없는 아프리카에 중대한 변화도 일어날 것이다.

한때 북아프리카의 소는 야생이었다. "하지만 사람하고 몇천 년을 함께 살다 보니 지나치게 큰 발효통 같은 위만 발달하도록 진화해 버렸지요. 밤에는 풀을 뜯을 수 없어 낮에 엄청난 양을 다 먹어야 하니까요. 그래서 지금은 몸이 둔해졌어요. 사람이 돌봐주지 않으면 제일 먹기 좋은 고기가 될 가능성이 크죠."

그것도 많은 양이 그럴 것이다. 소는 현재 아프리카 대초원에 사는 동물의 총 무게에서 절반 이상을 차지한다. 보호해 주는 마사이족의 창이 없으면 그들은 대식가인 사자와 하이에나의 잔치음식이 되고, 소가 다 사라지고 나면 다른 동물들의 먹이가 두 배로 늘어날 것이다. 웨스턴은 지프차에 기대 밖을 내다보며 그렇게 늘어나는 수치가 어떤 결과를 가져올지 헤아려 본다. "누 150만 마리가 소 못지않게 풀을 잘 뜯어먹을 겁니다. 누와 코끼리 사이에는 보다 긴밀한 관계가 있지요. 마사이족이 '소는 나무를 기르고 코끼리는 풀을 기른다'고 할 때의 역할을 누군가 대신할 겁니다."

사람이 전부 없어지면 코끼리는 어떻게 될까? "다윈은 아프리카에 1,000만 마리의 코끼리가 있을 것으로 추정했습니다. 상아 거래가 횡행하기 전까지 그 수치는 거의 사실에 가까웠습니다." 그는 암보셀리 습지의 물을 첨벙이며 다니는 암컷 코끼리 무리를 보면서 말한다. "지금은 50만밖에 안 되지요."

사람이 사라진 다음 개체 수가 20배로 늘어난 코끼리는 아프리카의 생태계 모자이크에서 명실 공히 가장 두드러진 종으로서의 지위를 되찾을 것이다. 그에 반해 북미와 남미에서는 1만 3,000년 동안 곤충 말고는 나무껍질과 덤불을 먹은 동물이 없었다. 매머드가 다 죽은 뒤 농장주들이 숲을 개간하지 않았다면, 목장주들이 태워버리지 않았다면, 농민들이 땔감용으로 베어내지 않았다면, 개발업자들이 불도저로 밀어버리지 않았다면, 아메리카의 숲은 어마어마해졌을 것이다. 인간이 사라진 아메리카의 숲은 목질의 영양분을 소화해 낼 만큼 커다란 초식동물이 살 수 있는 방대한 여유를 제공할 것이다.

● ● ● ●

파토이스 올레 산티안은 자랄 때 아버지와 암보셀리 서부를 다니면서 그 이야기를 자주 들었다. 그는 카시 쿠니가 다시 들려주는 그 이야기를 공손하게 듣고 있다. 쿠니는 마사이마라에 있는 '보마'에서 세 아내와 살고 있는 반백의 노인이다.

"이 세상에 숲밖에 없던 태초에 응가이는 우리를 위해 사냥을 하라고 부시맨을 보내주셨지. 그런데 그는 동물들이 너무 멀리 가버려서 사냥을 할 수가 없었어. 마사이족은 응가이에게 멀리 가버리지 않는 동물을 내려달라고 기도를 했지. 응가이는 7일을 기다리라고 하셨어."

가죽 끈을 잡은 쿠니는 한쪽 끝을 하늘을 향해 들더니 무언가가 한바탕 쏟아지는 시늉을 했다. "소가 하늘에서 내려왔어. 모두 이렇게 말했지. '저거 좀 봐라! 고마우신 하늘이 우리한테 정말 아름다운 짐승을 내려주셨다. 젖도 있고 멋진 뿔도 있고 색깔도 가지각색이야. 색깔이 하나뿐인 누나 들소하고는 달라.'"

이 즈음에 이르러 이야기가 좀 어려워진다. 마사이족은 모든 소가 자신들을 위한 것이라고 주장하며, 부시맨을 보마 밖으로 쫓아내 버린다. 이에 부시맨도 응가이에게 소를 달라고 부탁했는데, 응가이는 거절하면서 활과 화살을 주었다고 한다. "그래서 그들은 우리 마사이족처럼 목축을 하지 않고 아직도 숲에서 사냥을 하는 거지."

쿠니가 빙긋 웃으며 이야기한다. 오후 햇살에 기다란 눈이 반짝이고, 귓불을 늘어뜨리는 옥수수 모양의 귀고리가 빛난다. 그는 마사이족이 가축을 기르기 위해 어떻게 나무에 불을 질러서 초원을 만들었는지 설명한다. 불타면서 나는 연기는 말라리아의 원인이 되는 모기도 쫓아냈다고 한다. 산티안은 이해가 되는 모양인지, 그냥 수렵채집인일 때 우리는 다른 동물과 별로 다를 바 없었으나 하늘의 선택을 받아 목축인이 되었고 최고의 동물에 대한 신성한 지배권을 얻으면서 더 많은 복을 받게 되었다고 말한다.

문제는 마사이족이 거기서 멈추지 않는 데 있다는 것을 산티안도 안다.

백인 식민 지배자들이 목초지를 그렇게 많이 차지했어도 유목민 생활은 여전히 가능했다. 하지만 마사이족 남자는 적어도 세 명의 아내를 거느렸고, 아내 한 사람이 대여섯 명의 자녀를 낳았다. 산티안은 어린 시절 보마가 열쇠구멍 모양으로 바뀌는 것을 보았는데, 마사이족이 임시 거주지 옆에 밀 밭과 옥수수 밭을 덧붙인 다음 거기를 돌보느라 한곳에 머무르기 시작했기 때문이다. 그들이 농경인이 되면서부터 모든 것이 바뀌기 시작했다.

· · · ·

산티안은 마사이족 중에 공부를 선택할 경우 현대식 교육을 받을 수 있는 세대로 자랐다. 그는 과학에 재능이 있었으며, 영어와 불어를 배웠고, 자연학자가 되었다. 나이 스물여섯에 그는 가장 권위 있는 케냐 전문사파리가이드협회의 정식 자격증을 받은 소수의 아프리카인 가운데 한 명이 되었다. 그는 탄자니아 세렝게티 평원과 이어져 있는 케냐의 생태관광센터에서 일하게 되었다. 마사이마라에 있는 이 공원은 동물들만 사는 보존구역과 마사이족, 가축, 야생동물이 이전처럼 공존하는 혼합보존구역이 섞여 있는 곳이다. 사막대추와 머리가 납작한 아카시아가 드문드문 있고 풀이 무성한 마사이마라

평원은 아직도 아프리카의 어느 초원 못지않게 훌륭하다. 이곳에서 풀을 가장 많이 뜯는 동물이 지금은 소라는 점만 빼놓으면 말이다.

산티안은 종종 긴 다리에 가죽 부츠를 신고 마라에서 가장 높은 지점인 킬렐레오니 산으로 올라간다. 이곳은 아직도 표범이 잡아다 보관해 둔 임팔라영양의 사체가 나뭇가지 위에 매달린 광경을 볼 수 있을 정도로 야생적이다. 산 위에서 산티안은 96킬로미터 남쪽에 있는 탄자니아와 바다처럼 펼쳐진 세렝게티의 푸른 초원을 내다볼 수 있다. 그곳에는 6월이라 누들이 여기저기 무리를 지어 울음을 토해 내고 있다. 곧 홍수처럼 거대한 무리를 이루어 경계를 넘어갈 것이다. 그들이 건너가야 할 강에는 해마다 그들의 북상을 기다리고 있는 악어들이 우글우글하다. 토틸리스나무 위에서 졸고 있다가 훌쩍 뛰어내리기만 하면 그들을 잡을 수 있는 사자와 표범도 아주 많다.

세렝게티는 오랫동안 마사이족에게 시련을 안겨준 대상이다. 50만 제곱킬로미터나 되는 이 초원에서 그들은 1951년에 쫓겨났다. 할리우드 영화를 보고 자란 관광객들이 갖고 있는 태고의 야생지로서의 아프리카라는 망상을 만족시켜 주기 위해 결정적 위치의 호모 사피엔스라는 종을 없앤 테마파크를 만들어야 했던 것이다.

하지만 마사이족 출신의 산티안 같은 자연학자는 그것을 다행으로 여긴다. 풀이 자라기에 아주 좋은 화산 토질의 세렝게티 평원은 지구상에서 가장 다양한 포유류가 몰려 있는 유전자은행이다. 기회가 주어진다면 지구 전역으로 뻗어가서 다시 수를 늘릴 수 있는 종들이 풍부한 원천인 것이다. 그런데 자연학자들은 이곳이 광활하긴 하지만 주변이 전부 농장과 울타리로 변해버리면 코끼리는 말할 것도 없고 무수한 가젤영양이 지금처럼 살 수 있을지 염려한다.

대초원을 전부 경작이 가능한 농지로 바꿀 수 있을 만큼 비가 충분하지는 않지만, 그 때문에 마사이족의 인구 증가가 멈추지는 않았다. 지금까지 한 아내와 살아온 산티안은 아내를 더 얻지 않기로 마음먹었다. 하지만 아내가 반대했다. 그가 전사로서의 전통 훈련을 마치자마자 결혼한 어릴 적부터의 여자친구 눈코크와는 도와줄 여성 동료 없이 혼자서만 결혼 생활을 해야 한다는 말을 듣고 질겁했다.

"나는 자연학자요. 야생동물 서식지가 전부 사라져 버리면 농사를 짓고 살아야 돼요." 그는 아내에게 설명했다. 토지 분할이 시작되기 전까지 마사이족은 하느님의 선택을 받아 소를 치는 사람으로서 농사는 체면이 깎이는 일로 여겼다. 심지어 시체를 매장하기 위해 땅을 파는 일도 꺼릴 정도였다.

눈코크와는 남편의 뜻을 이해했다. 그래도 그녀는 마사이 여성이었다. 두 사람은 아내를 한 사람만 더 얻는 데 합의했다. 하지만 그녀는 여섯 명의 아이를 갖기 원했다. 그는 넷까지만 낳자고 했다. 두 번째 아내도 아이를 몇 명쯤 원할 것이기 때문이었다.

생각하면 너무 끔찍한 일이지만, 동물들이 전부 멸종해 버리기 전에 인구 팽창을 완화시킬 수도 있는 것이 하나 있다. 노인인 쿠니가 한 말이다. "세상의 끝이지. 언젠가 에이즈가 인간을 다 쓸어버릴 거야. 동물들이 우리 자리를 다시 차지하겠지."

마사이족은 에이즈로 인해 아직 정착 부족들만큼 끔찍한 피해를 입지는 않았다. 하지만 산티안은 머지않아 그럴 수 있다고 생각한다. 한때 마사이족은 창을 들고 소 떼와 함께 초원을 다니기만 했는데, 이제는 시내에도 가고 매춘부와 관계를 갖기도 하면서 돌아와 에이즈를 퍼뜨린다. 그보다 더한 것은 매주 두 번씩 나타나는 화물차 운전사들이다. 그들은 픽업트럭이나 스쿠터나 마사이 농부가 산 트랙터에 기름을 날라주러 왔다가 아직 할례를 받지 않은 어린 소녀들까지도 감염시킨다.

세렝게티의 동물들이 매년 이주해 가는 빅토리아 호수 주변처럼 마사이족 비거주지역에서는 에이즈에 감염된 커피 재배자들이 너무 많아 커피를 돌볼 수가 없으므로, 돌보기 쉬운 작물인 바나나를 기르거나 나무로 숯을 만들어 생계를 이어간다. 이에 야생이 되어버린 커피 덤불은 키가 4.5미터 높이로 자라 회복이 불가능해졌다. 산티안은 자포자기한 사람들이 아이들도 그냥 낳고 있다는 말을 들었다. 그래서 지금 어른들이 거의 다 죽어버린 마을에서는 고아들이 부모 대신 바이러스와 함께 살고 있다는 것이다.

사람이 살지 않는 집은 무너지고 있다. 흙과 나뭇가지로 벽을 세우고 똥으로 지붕을 바른 오두막은 녹아버리듯 주저앉았고, 벽돌과 시멘트로 짓다 그만둔 집만 남아 있다. 화물차를 몰아 돈을 번 업자들이 짓던 집이다. 그들은 에이즈에 걸리자 병 고치는 약초의사와 여자친구에게 돈을 다 줘버렸다. 아무도 낫지 않았고, 아무도 집을 다시 짓지 못했다. 그 돈을 다 가진 약초의사도 병에 걸렸다. 결국 화물차 업자가 다 죽고, 여자친구도 죽고, 치료를 한다던 사람도 죽고, 돈도 전부 사라져 버렸다. 남은 것이라곤 한가운데 아카시아가 자라는 지붕 없는 집과, 이른 죽음을 맞이할 때까지 살기 위해 몸을 팔아야 하는 병든 아이들뿐이다.

"미래의 주역들이 다 죽어가고 있어요." 그날 오후 산티안이 쿠니에게 한 말이다. 하지만 이 마사이 노인은 동물들이 다시 주인이 되는 마당에 미래의 주역은 별 문제도 아니라고 했다.

세렝게티 평원 서쪽으로 해가 기울면서 하늘은 무지갯빛이 가득하다. 해가 넘어가자 대초원에 푸른 황혼빛이 내린다. 남아 있던 낮의 온기가 킬렐레오니 산자락을 맴돌다 이내 땅거미 속으로 사라져 버린다. 서늘한 상승기류에 비비원숭이의 날카로운 울음이 실려온다. 산티안은 걸치고 있던 빨갛고 노란 '슈카'를 더욱 여민다.

에이즈는 동물의 마지막 복수일까? 만일 그렇다면 중앙아프리카 한가운데에 있는 우리의 사촌 침팬지는 우리의 파멸을 도와주는 존재인가? 침팬지는 대부분의 사람을 감염시킬 수 있는 인체면역결핍 바이러스를 감염되지 않으면서 보유할 수 있다. 이는 유인원의 유전적 소인과 관련이 있다(그보다 덜 흔한 HIV-II는 탄자니아에서 발견되는 희귀한 망가베이원숭이가 보유한 것과 비슷하다). 인간이 에이즈 바이러스에 감염된 원인은 야생동물을 잡아먹었기 때문일 가능성이 크다. 우리와 촌수가 가장 가까운 영장류, 즉 우리 유전자와 4퍼센트만 다른 유전자를 만난 바이러스가 치명적인 돌연변이를 일으켰을 수도 있다.

우리는 숲을 떠나 초원으로 나가 살면서 생화학적으로 약한 존재가 되어버렸을까? 산티안은 이곳 생태계에 있는 온갖 포유류, 조류,

파충류, 나무, 거미 그리고 대부분의 꽃, 눈에 띄는 곤충, 약초를 구분한다. 하지만 미묘한 유전적 차이를 구분할 수는 없다. 에이즈 백신을 찾아다니는 모든 사람도 마찬가지다. 답은 우리의 뇌에 있는지도 모른다. 뇌의 크기는 인간이 침팬지나 보노보와 가장 크게 차이 나는 부분이다.

비비원숭이 무리의 시끄러운 소리가 또 한바탕 위로 올라온다. 임팔라 고기를 나무 위에 올려놓은 표범을 괴롭히고 있는지도 모른다. 우두머리 자리를 다투는 비비원숭이 수컷들이 표범을 물리치기 위해 협력하느라 오랫동안 휴전하는 법을 배운 것을 보면 참 재미있다. 비비원숭이는 호모사피엔스 다음으로 뇌가 큰 영장류이며, 숲이 줄어들자 초원에 나와 사는 데 적응한 유일한 영장류이기도 하다.

인간 덕분에 대초원을 지배하는 유제有蹄동물인 소가 사라지면 누군가 그 자리를 대신 차지할 것이다. 인간이 사라지면 비비원숭이가 우리 자리를 차지할까? 우리가 제일 먼저 나무에서 내려오면서 선수를 치는 바람에 홍적세 동안 그들의 뇌 능력이 억압되어 있었을까? 우리의 방해가 없어진다면, 잠시 중단되었던 그들 두뇌의 잠재력은 비약적으로 발달하여 우리의 빈자리를 메워버릴까?

산티안이 자리에서 일어나더니 기지개를 켠다. 초승달이 둥실 떠있다. 사발처럼 생긴 달이 은처럼 반짝이는 금성을 담을 듯하다. 남십자성, 은하수, 마젤란성운이 제자리를 잡는다. 제비꽃 냄새가 나는 밤공기다. 산 위에서 산티안은 숲 올빼미 소리를 듣는다. 어릴 적 보마 주변이 밀 밭으로 변하기 전에 듣던 소리다.

인간의 경작지가 다시 숲과 풀밭의 모자이크로 되돌아간다면, 비비원숭이가 생태계에서 제일 중요한 위치를 차지한다면, 그들은 순수한 자연의 아름다움 속에서만 사는 데 만족할까? 아니면 호기심과 자기 힘에 대한 자아도취 때문에 스스로와 지구를 다시 벼랑 끝으로 몰고 갈까?

chapter2

그들이 내게
알려준 것들

THE WORLD
WITHOUT US

7
키프로스섬의 비극

돌 건물은 우리가 사라진 뒤에도
마지막까지 남을 것들 중 하나일 것이다.
그리 오래가지 못할 지금 건축물의 재료가 분해되면서,
세상은 우리가 걸어온 길을 되짚어 석기시대로 거슬러 올라갈 것이다.

1976년 여름, 앨런 캐빈더는 뜻밖의 전화를 받았다. 거의 2년 동안 비어 있던 바로샤의 콘스탄티아호텔이 새 이름으로 개장할 예정인데, 전기공사가 필요하니 와줄 수 있겠느냐는 전화였다.

　깜짝 놀랄 일이었다. 지중해 동부의 섬 키프로스 동해안의 휴양지인 바로샤는 그로부터 2년 전 전쟁이 나면서 금지구역이 된 곳이다. 실제로 전투가 계속된 것은 한 달에 불과했다. 유엔이 개입하여 터키계와 그리스계 키프로스인 사이에 문제투성이의 휴전협정을 맺어버렸기 때문이다. 정전협정이 발효되는 순간 서로 싸우는 부대들이 있던 자리에 바로 그린라인이라고 하는 무인지대의 경계선이 그어졌다. 수도인 니코시아의 그린라인은 총상을 입은 거리와 집들 사이에서 비틀거리는 술주정뱅이 같았다. 마주보는 발코니에서 총검을 들이대며 백병전을 벌이던 좁은 길에 생긴 무인지대는 폭이 3미터도 안 되었다. 시골로 가면 그 폭이 8킬로미터로 넓어지기도 했다. 유엔군이 순찰을 돌며, 풀이 무성해 산토끼와 자고새의 피난처가 된 이구역을 기준으로 터키계는 북쪽에, 그리스계는 남쪽에 살게 되었다.

전쟁이 터진 1974년에 바로샤의 상당 부분은 2년도 채 되지 않은 상태였다. 기원전 2000년까지 거슬러 올라가는 성곽도시 파마구스타의 수심 깊은 항구 남쪽에 있는 초승달 모양의 백사장에 줄지어 형성된 바로샤는 그리스계에 의해 리비에라와 같은 휴양지로 개발되었다. 1972년 바로샤의 금빛 모래사장 옆에는 높다란 호텔들이 5킬로미터나 줄지어 있었다. 그 뒤로는 상점, 레스토랑, 극장, 바캉스 방갈로, 주택가가 블록을 형성했다. 이곳이 개발구역으로 선택된 것은 키프로스섬 중에서 바람이 덜 불고 파도가 덜 치고 수온이 따뜻한 동해안에 자리 잡고 있었기 때문이다. 유일한 결점이 있다면 대부분의 해안 고층 건물을 최대한 바다 가까이 지었다는 것이다. 그들은 해가 중천에 뜨면 호텔 건물들이 이루는 절벽에 가려 해변에 그늘이 진다는 사실을 너무 늦게 깨달았다.

하지만 그런 걱정을 할 시간도 많지 않았다. 1974년 여름에 전쟁이 터지고 한 달 뒤 정전이 되자, 바로샤의 그리스계 키프로스인들

입장에서는 자신들이 엄청나게 투자한 구역이 터키 쪽 그린라인 안에 속하는 꼴을 속수무책으로 지켜볼 수밖에 없었다. 그들과 바로샤의 다른 모든 거주자는 남쪽으로, 그러니까 섬 중에서 그리스계에 속하는 남쪽으로 피신을 가야 했다.

코네티컷주 크기 정도에 산지가 많은 키프로스는 잔잔한 옥빛 바다에 떠 있는 섬으로 여러 나라에 둘러싸여 있고, 다양한 인종이 섞여 살면서 서로 반목하는 곳이다. 그리스계가 4,000년 전에 키프로스에 처음 들어온 뒤로 아시리아, 페니키아, 페르시아, 로마, 아라비아, 비잔틴, 영국 십자군, 프랑스, 베네치아의 지배를 차례로 받았다. 그러다 1570년 또 하나의 침략자가 왔으니, 바로 오스만투르크제국이었다. 이때 터키계 정착민들이 들어온 뒤로 20세기에는 섬 전체 인구의 5분의 1을 차지하게 되었다.

제1차 세계대전으로 오스만투르크가 망하자 키프로스는 영국 식민지가 되었다. 오스만투르크에 수시로 저항했던 그리스정교도들은 영국의 지배를 달가워하지 않았고, 그리스와의 통합을 거세게 요구했다. 그러자 소수인 투르크계 회교도들이 저항했다. 수십 년 동안 긴장이 들끓었고, 1950년대에는 몇 차례나 잔인하게 분출되었다. 1960년에 합의가 이루어져 키프로스는 독립공화국이 되었고, 권력은 그리스계와 투르크계가 나누어 가졌다.

하지만 인종적 반목은 이미 고질이 되어 있었다. 그리스계가 투르크계 일족들을 몰살하면, 투르크계는 잔인한 복수를 감행했다. 그리스 군사정권을 등에 업고 섬에 쿠데타가 일어났는데, 그리스의 반공

노선을 지지하는 미국 CIA가 산파 역할을 한 결과였다. 이에 터키는 1974년 7월에 터키계 키프로스인들이 그리스에 병합되는 것을 막고자 군대를 파견했다. 뒤이은 짧은 전쟁 동안 양측은 민간인에게 잔학 행위를 했다는 비난을 받았다. 그리스계가 바로샤 해안 휴양지의 고층 건물에 지대공 기관총을 설치하자 터키계는 미제 팬텀기로 폭격했고, 바로샤의 그리스인들은 전부 달아나 버렸다.

• • • • •

영국인 전기기술자인 앨런 캐빈더는 그보다 2년 전인 1972년에 섬에 왔다. 런던의 한 회사 소속으로 중동의 여러 지역에서 일하던 그는 키프로스에 와보고서 계속 있기로 했다. 뜨거운 7월과 8월만 빼고 이 섬의 날씨는 대부분 온화하고 흠 잡을 데가 없었다. 그는 북부 해안에 자리를 잡았다. 사람들이 누런 석회암 집을 짓고 올리브와 캐러브를 수확해 살아가는 산 아래였는데, 캐러브는 그가 사는 내항^{內港} 키레니아의 수출품이었다.

전쟁이 나자 그는 일단 기다려 보기로 했다. 끝나고 나면 그의 기술이 필요한 일들이 있으리라고 정확히 계산한 것이다. 하지만 호텔에서 전화가 올 줄은 미처 몰랐다. 그리스계가 바로샤를 버리고 가자 터키계는 무단 입주자들이 그곳을 차지하도록 내버려 두기보다는, 장기적인 조정이 이루어질 때 협상카드로 가치가 있을 리조트로 꾸미는 편이 낫겠다고 판단한 것이다. 그래서 그들은 주변 일대와 해변에 철조망을 치고 터키 군인들에게 경계를 서도록 하면서 아무도 못 들어오게 하는 경고 표지판을 세웠다.

그런데 2년 뒤 바로샤 가장 북쪽에 있는 호텔이 포함된 땅을 소유하고 있던 한 오래된 오스만 재단이 호텔을 개장해 다시 열도록 허가해 달라고 요청했다. 캐빈더가 보기에 그것은 괜찮은 아이디어였다. 팜비치라는 새 이름으로 불릴 이 4층 호텔은 해변에서 꽤 물러나 있었기 때문에 오후에도 테라스와 백사장에 그늘이 지지 않았다. 그리스계가 잠시 기관총을 설치했던 본관 바로 옆의 타워는 터키계의 폭격으로 무너졌는데, 그것만 아니면 모든 것이 멀쩡해 보였다.

무서울 정도였다. 그는 사람들이 황급히 떠나버린 흔적을 보고 몹시 놀랐다. 호텔 기록부는 영업이 갑자기 중단된 1974년 8월자 그대로 펼쳐져 있었다. 방 열쇠는 프론트데스크에 흩어져 있고, 열린 채 그대로 방치된 바다 쪽 창에서 불어온 모래로 로비에는 작은 언덕이 생겼다. 화병의 꽃은 그 자리에 고스란히 시들어 있었다. 쥐가 말끔히 핥아먹은 터키식 작은 커피 잔과 아침식사용 접시도 테이블보에 그대로 놓여 있었다.

그가 맡은 일은 냉방장치를 되살리는 것이었다. 하지만 이 평범해 보이던 일이 쉽지 않았다. 그리스계가 있는 섬의 남부는 유엔으로부터 합법적인 키프로스 정부로 인정받았지만, 북부의 투르크계 지역은 터키에서만 나라로 인정해 주었다. 작업에 필요한 부품을 구할 수가 없자 바로샤를 지키는 터키 군부대는 캐빈더에게 비어 있는 다른 호텔에 조용히 가서 필요한 것을 마음껏 갖다 쓰도록 해주었다.

Photo by PETER YATES

키프로스 바로샤의 버려진 호텔

　그래서 그는 버려진 타운을 돌아다니게 되었다. 바로샤는 원래 2만 명이나 되는 사람들이 거주하거나 일하던 곳으로, 이제는 빈 거리 곳곳에 아스팔트와 도로 포장이 갈라져 있었다. 그는 버려진 길거리에서 자라는 풀을 대수롭지 않게 여겼지만, 나무가 자라는 것을 보고는 놀라지 않을 수 없었다. 호텔들이 조경용으로 쓰던 아주 빨리 자라는 아카시아의 일종은 길거리 한가운데를 뚫고 솟아 있었다. 키가 벌써 1미터나 된 것도 있었다. 장식용으로 심은 덩굴은 호텔 정원을 벗어나 길 건너 나무줄기를 타고 오르고 있었다.

　상점에는 아직도 기념품과 선탠로션이 진열되어 있었고, 도요타 전시장에는 1974년형 코롤라와 셀리카가 전시되어 있었다. 캐빈더는 터키 공군의 폭격에 의한 진동으로 박살 난 상점 판유리들을 보았다. 의상실의 마네킹은 옷이 반쯤 벗겨진 채 너덜너덜해진 천을 늘어뜨리고, 옷가지로 가득 찬 옷걸이는 뒤쪽에서 먼지를 잔뜩 뒤집어쓰고 있었다. 심지어 덮개 천이 찢어진 유모차와 자전거까지 보였다.

빈 호텔들의 바다 쪽 발코니는 유리문이 다 깨져 비둘기의 널찍한 보금자리가 되어 있었다. 어디나 비둘기 똥이 가득했다. 호텔 방을 차지한 쥐는 감귤류 숲에서 난 야파오렌지와 레몬을 먹고 살았다. 그리스정교회의 종탑은 핏자국과 매달린 박쥐 똥으로 얼룩져 있었다.

바람에 날려온 모래는 도로와 실내 바닥에 층을 이루고 있었다. 처음에 그는 전반적으로 별 냄새가 나지 않는다는 점에 놀랐다. 단 호텔 수영장은 어떻게 된 일인지 물이 다 빠지면서 시체로 가득 차 있는 듯한 이상한 악취가 풍겼다. 그 주변으로 비치파라솔이 찢어져 있고 테이블과 의자가 뒤집힌 채 나뒹구는 가운데 유리잔들이 사방에 널려 있는 모습에서 한때 흥청거리던 곳이 아수라장으로 변했음을 짐작할 수 있었다. 이 모든 것을 다 치우려면 엄청난 비용이 들겠다는 생각이 들었다.

그는 여섯 달 동안 냉방장치, 업소용 세탁기와 건조기, 오븐과 그릴과 냉장고와 냉동고로 가득한 주방 전체를 거의 들어내다시피 해서 고쳐놓았다. 그러는 내내 그는 지독한 고요에 시달렸고, 극심한 정적靜寂에 실제로 귀가 먹는 것 같았다는 말을 아내에게 자주 했다. 전쟁이 나기 전에 타운 남쪽에 위치한 영국 해군기지에서 일하던 그는 낮 시간에 즐기라며 아내를 호텔에 내려주곤 했는데, 나중에 그녀를 태우러 올 때면 댄스 반주악단이 독일인이나 영국인 관광객들을 위해 연주하는 음악 소리가 들려왔다. 그러나 이제 밴드는 사라지고 그칠 줄 모르는 파도 소리만 반복될 뿐이다. 열린 창들 사이로 부는 바람 소리는 흐느낌 같았고, 비둘기의 울음은 귀를 먹게 하는 듯했다. 사람 소리가 아예 들리지 않으니 무기력감이 들었다. 그는 터키 군인들의 소리가 나는지 귀를 유심히 기울였다. 군인들은 도둑이 있으면 사살해도 좋다는 명령을 받았다. 그가 합법적으로 들어온 사람이라는 것을 알고 순찰하는, 아니면 그런 사실을 증명할 기회를 그에게 줄 병사가 얼마나 있는지 알 수 없었다.

알고 보니 그것은 큰 문제가 아니었다. 정찰하는 군인을 거의 보지 못했던 것이다. 그들이 그런 무덤 같은 곳에 들어오기를 꺼리는 이유를 그는 이해할 수 있었다.

캐빈더의 복구 작업이 끝난 지 4년 뒤, 메틴 뮈니르가 바로샤에 갔을 때는 지붕이 무너져 내리고 나무가 집을 뚫고 자라고 있었다. 터키의 가장 유명한 신문 칼럼니스트 중 한 사람인 뮈니르는 터키계 키프로스인 출신으로 이스탄불에 유학 갔다가 분쟁 소식을 듣고 고향으로 돌아와 싸움에 동참했으며, 분쟁의 끝이 요원해 보이자 터키로 다시 돌아갔다. 그리고 1980년, 언론인으로서는 처음으로 바로샤를 몇 시간 둘러볼 기회를 가졌다.

그의 눈에 제일 먼저 들어온 모습은 아직도 빨랫줄에 널려 있는 찢어진 옷가지들이었다. 그런가 하면 그에게 가장 충격을 준 것은 예상치 못했던 생명이 왕성히 살아 있는 모습이었다. 바로샤를 건설한 인간들이 사라져 버리자, 자연이 열심히 제 영역을 되찾고 있었던 것이다. 시리아와 레바논에서 겨우 96킬로미터 떨어진 바로샤는 결빙과 해빙의 순환을 겪기에는 너무 따뜻한 곳이다. 그런데도 이곳의 도로 포장은 곳곳이 깨져 있었는데, 놀랍게도 파괴 요인은 나무뿐만 아니라 꽃들이기도 했다. 키프로스 시클라멘이라고 하는 꽃의 씨앗이 도로 틈새로 비집고 들어가 싹을 틔운 다음 아스팔트를 널빤지 자르듯 끊어서 밀어낸 것이다. 이제 길거리는 하얀 시클라멘 꽃봉오리와 예쁘고 다채로운 잎들로 가득했다.

"부드러운 것이 강한 것을 이긴다는 도가의 가르침이 확실히 이해된다"고 뮈니르는 터키로 돌아가서 썼다.

그로부터 20년이 지났다. 새천년이 시작되고, 또 몇 년이 더 흘렀다. 한때 터키계 키프로스인들은 잃기에는 너무 귀한 바로샤가 그리스인들을 협상 테이블로 끌어낼 것이라고 믿었다. 어느 쪽도 30여 년의 세월이 지나기까지 터키 북키프로스 공화국이 지속되리라고는 꿈도 꾸지 못했다. 게다가 그리스 키프로스 공화국은 물론 전 세계로부터 분리된, 터키 말고는 온 세계에서 버림받은 나라로서 말이다. 유엔 평화유지군도 1974년 이후로 줄곧 한자리만을 지키고 있다. 그린라인을 맥없이 순찰하면서 그리고 이따금 꼼짝도 할 수 없는 아직도 새 차인 1974년형 도요타 차의 광을 내면서.

한창 문드러져 가는 단계에 접어든 것 말고 바로샤에서 변한 것은 없다. 이곳을 둘러쌌던 철책과 철조망은 이제 남김없이 녹슬어 버려 유령 말고는 방어할 수 있는 것이 없다. 가끔 문간에서 눈에 띄는 코카콜라 광고판과 나이트클럽 입장료를 선전하는 인쇄물은 30년 이상 고객을 구경한 적이 없으며, 앞으로도 마찬가지일 것이다. 여닫이 창은 한쪽으로 젖혀진 채 열려 있으며, 얽은 창틀만 있을 뿐 유리는 없다. 부서져 내린 석회 벽은 조각째 뒹굴고 있다. 벽이 큰 덩어리째 무너진 건물은 속이 훤히 들여다보이고, 그 안의 가구는 빛이 바랜 지 오래다. 페인트도 빛이 바랬으며, 그 밑에 남아 있는 회반죽은 누렇다 못해 고색창연한 푸른빛까지 돈다. 아니면 벽돌 모양의 빈자리가 있고, 회반죽은 벌써 떨어져 나간 뒤다.

오가는 비둘기 말고 움직이는 것이라곤 아직도 돌아가는 풍차의 삐걱거리는 날개뿐이다. 호텔들은 한때 프랑스의 칸이나 멕시코의 아카풀코를 꿈꾸던 해안 명승지에 아직도 줄지어 서 있다. 다만 창 없이, 말없이 서 있으며, 발코니가 떨어져 아래층 발코니들까지 연쇄적으로 무너진 호텔도 있었다. 이쯤 되면 누구라도 건질 것이 하나도 없다는 데 동의한다. 정말 아무것도 살릴 것이 없다. 다시 관광객을 끌어들이려면 완전히 불도저로 밀고 새로 건설해야 할 것이다.

그러는 사이 자연은 계속해서 복구 프로젝트를 수행하고 있다. 지붕이 주저앉은 곳에서는 야생 제라늄과 필로덴드론이 솟아나 바깥 벽을 타고 내려간다. 안팎의 구분이 무의미해진 건물 구석에서는 불꽃나무, 멀구슬나무, 히비스커스 덤불 등이 자라난다. 부겐빌레아의 자줏빛 더미가 집을 묻어버리기도 한다. 야생 아스파라거스, 선인장, 어른 키보다 큰 풀들 사이로는 도마뱀과 채찍뱀이 미끄러지듯 지나다닌다. 레몬그래스 뒤덮인 땅이 늘어나면서 공기가 향긋해진다. 밤에는 달빛 아래 해수욕 즐기는 사람이 없는 어둑한 해변에 붉고 푸른 바다거북들이 알을 낳으러 잔뜩 몰려든다.

• • • •

키프로스섬은 손잡이가 달린 냄비처럼 생겼다. 기다란 손잡이는 시리아 해안을 향해 뻗어 있는 것 같다. 냄비 모양에는 동서로 뻗은 두 개의 산맥이 있으며, 두 산맥은 가운데 있는 넓은 분지에 의해 그리고 각각 산맥이 있는 그린라인에 의해 나뉘어 있다. 산악 지대는 한때 알레포 및 코르시카가 원산지인 소나무, 참나무, 삼나무로 덮여 있었다. 두 산맥 사이의 중앙 평원 전역에는 사이프러스와 노간주나무가 숲을 이루고 있었다. 바다 쪽으로 난 메마른 경사 지대에는 올리브, 아몬드, 캐러브가 열리는 나무들이 자랐다.

홍적세 말기에는 소만 한 난쟁이코끼리와 돼지만 한 피그미하마가 그런 나무들 사이를 돌아다녔다. 키프로스가 주변의 세 대륙 어디와도 연결되지 않은 채 바다 위로 솟아난 뒤로, 이들 동물은 헤엄을 쳐서 이곳에 도착한 것으로 보인다. 그들 다음으로 약 1만 년 전에 인간들이 도착했다. 적어도 한 곳의 고고학 유적지에 따르면, 마지막 피그미하마가 호모사피엔스인 사냥꾼들에게 잡혀 요리되었다.

키프로스에서 나는 나무들은 아시리아, 페니키아, 로마의 조선공들이 최고로 치는 재목이었다. 때문에 십자군전쟁 때 대부분이 영국의 사자왕 리처드 1세의 전함에 실려 갔다. 그 무렵에는 염소가 워낙 많기도 하여 평지에는 나무가 남아나지 않았다. 20세기에는 이미 말라버린 샘물을 되살리기 위해 우산소나무를 대대적으로 들여왔다. 그런데 1995년 오랜 가뭄 끝에 내리친 번개로 인해 불이 나면서 우산소나무 조림지와 북부 산악 지대에 남아 있던 기존의 숲이 대부분 타버렸다.

이스탄불에 살다가 키프로스를 방문한 언론인 뮈니르는 고향이 잿더미가 된 모습에 큰 충격을 받았다. 그러다 터키계 키프로스인인 원예가 히크메트 울루찬을 만났고, 그에게 어떤 일이 벌어지고 있는지 잘 보라는 말을 듣고서 위안을 받았다. 뮈니르는 꽃들이 만발하면서 키프로스의 풍경이 다시 새로워지는 모습을 발견했다. 불탄 산자락을 붉은 양귀비들이 뒤덮어 가고 있었던 것이다. 울루찬에 의하면 어떤 양귀비 씨앗은 나무들이 불에 타 없어질 때까지 1,000년 이상을 기다렸다가 꽃을 피운다고 했다.

울루찬은 북부 해안 높은 지대에 있는 라프타라는 마을에서 무화과, 시클라멘, 선인장, 포도를 재배하며, 특히 키프로스 전역에서 가장 오래된 능수뽕나무를 기르는 것으로 유명하다. 반다이크 같은 뾰족 수염과 얼마 남지 않은 그의 머리숱은 젊을 때까지 살던 남부를 강제로 떠난 뒤로 허옇게 변해버렸다. 고향인 남부는 그의 아버지가 포도농장을 갖고 목양하며 아몬드, 올리브, 레몬을 재배하던 곳이었다. 어처구니없는 반목이 땅을 갈가리 찢어놓기 전까지, 그곳에서는 스무 세대 동안 그리스계와 터키계가 어울려 살았다. 그러다 이웃끼리 때려죽이는 만행이 시작됐다. 염소에게 풀을 뜯기러 나왔다가 맞아 죽은 터키계 할머니의 주검이 발견되었는데, 염소가 그녀의 손목에 묶인 채 울고 있었다. 야만스러운 짓이었지만 터키계 역시 그리스계를 도살했다. 종족 간의 살육과 반목은 침팬지의 동족 살해 충동처럼 불가해하고 복잡한 것이었다. 인간은 헛되고도 불성실하게 문명 생활의 우월성을 자랑하지만, 그런 본성은 떨칠 수 없는 것일까?

울루찬의 밭에서는 키레니아의 항구가 내려다보인다. 로마의 요새 위에 세운 7세기 비잔틴 성이 항구를 방어하는 역할을 하고 있었다. 그것을 십자군과 베네치아가 차례로 함락했고, 그다음에는 오스만투르크와 영국이, 지금은 다시 투르크계가 장악했다. 오늘날 박물관으로 쓰이는 이 성에는 세계에서 가장 진귀한 유물이 하나 있다. 그것은 완전 복원된 한 그리스 상선으로, 키레니아 항구에서 1.6킬로미터 떨어진 바다 속에서 1965년 발견되었다. 침몰 당시 이 배의 화물칸에는 와인, 올리브, 아몬드가 든 수많은 도자기와 맷돌이 가득 차 있었다. 짐이 워낙 무거웠기 때문에 배가 바다 밑바닥에 단단히 묻혀 있을 수 있었다. 침몰하기 며칠 전에 키프로스에서 수확했을 아몬드에 대해 탄소연대측정을 해본 결과 2,300년 전의 것으로 판명되었다.

산소에 노출되지 않았기 때문에 알레포의 소나무로 만든 배의 선체와 그 밖의 재목은 멀쩡했다(일단 공기 중에 노출된 뒤로는 부패 방지를 위해 폴리에틸렌 수지를 주입해야 했다). 배를 만든 사람들은 역시 키프로스에 많았던 구리를 못으로 썼기 때문에 녹이 슬지 않았다. 마찬가지로 보존이 잘 된 유물로는 납으로 만든 낚시추 그리고 에게해의 여러 항구에서 만든 다양한 스타일의 도자기가 있다.

배가 전시되어 있는 성의 3미터 두께의 벽과 둥근 탑은 석회암으로 만든 것이다. 주변의 절벽에서 채석한 이 석회암 속에서는 키프로스가 지중해 밑에 가라앉아 있을 당시에 퇴적된 조그만 화석들이 발견된다. 하지만 섬이 분단된 뒤로 키레니아 해안을 장식하는 이 성과 오래되고 근사한 석조의 캐러브 창고들은 마구 들어서는 삭막한 카지노 호텔들 뒤로 거의 사라져 버린 듯하다. 버림받은 나라에게 가능한 경제적 선택이 제한되어 있는 탓에 도박과 느슨한 통화법이 허용되는 것이다.

• • • •

울루찬은 키프로스 북해안을 따라 동쪽으로 차를 몬다. 도중에 석회암으로 만든 성이 세 개 더 나타난다. 석회암은 우리가 가는 좁다란 길가에 울쑥불쑥 솟아 있는 산에서 채석한 것이다. 황옥빛 지중해가 내려다보이는 벼랑 가장자리에는 6,000년쯤 됐다는 돌 절벽 주거지의 흔적이 남아 있다. 최근까지만 해도 테라스와 반쯤 묻힌 벽과 방파제까지 보였는데, 2003년부터는 또 한 번 외세가 침략하여 섬의 외관을 훼손하고 있다고 한다. "그나마 다행인 것은 이번에는 지속되지 않는다는 점이지요" 하고 울루찬은 한탄한다.

이번 침략자는 십자군이 아니고, 자신의 중산층 연금으로 구할 수 있는 가장 따뜻한 은퇴지를 찾아온 노년의 영국인들이었다. 그들은 리비아 북쪽에 남아 있는 바닷가 땅 중에 가장 싸고 손 간 데 없으며 개발 제한도 적은 곳을 유사 국가인 키프로스 북부에서 발견한 개발업자들의 선전에 홀려 온 사람들이었다. 갑자기 불도저들이 나타나 비탈에 길을 내느라 500년 된 올리브나무를 마구 베어내기 시작했다. 그리고 일률적인 설계에 철근 콘크리트를 부어 만든, 지붕에 빨간 타일을 붙인 집들이 물결을 이루며 풍경을 지배했다. 돈이 몰려들자 부동산 중개인들이 해안에 상륙해 고대 지중해의 지명에다 영어로 '부동산'이니, '힐사이드 빌라'니, '시사이드 빌라'니, '럭셔리 빌라'니 하며 덧붙여 쓴 광고판을 마구 세웠다.

7만 5,000~18만 5,000달러에 달하는 집값은 그리스계 키프로스인들이 아직도 주장하고 있는 소유권 분쟁을 간단히 해결할 수 있는 액수였다. 북키프로스의 환경보호위원회는 여러 가지 이유를 갖다 대며 새로 들어설 골프장 건설에 대해 거의 저항하지 않았다. 그들이 제시한 이유는 당장 터키로부터 커다란 비닐 백에 담긴 물을 수입해야 하고, 지역의 쓰레기장이 포화 상태이며, 하수처리장이 너무 부족해서 다섯 배나 더 많은 폐수가 깨끗한 바닷물로 흘러들게 된다는 것이었다.

갈수록 늘어가는 굴삭기들은 굶주린 브론토사우루스처럼 해안선을 먹어치운다. 동시에 키레니아 동쪽 48킬로미터 지점인 이곳의 아스팔트 도로 확장 공사 현장 주변의 올리브나무와 캐러브나무가 픽픽 쓰러져 간다. 영어의 행진은 볼썽사나운 건축물을 이끌고 해안선까지 내려왔다. 신뢰를 불러일으키는 영국식 이름을 단 분양 광고판이 차례로 이어졌다. 바닷가의 빌라들은 갈수록 흉물이 되어가는데도 말이다. 품위 있는 회벽을 대신한 콘크리트 칠갑, 볼품없는 화학 물질로 만든 가짜 세라믹 지붕 타일, 모조로 스텐실 작업을 한 석물로 틀을 댄 처마돌림과 창이 있는 그런 집들이었다. 벽 공사에 들어갈 참인 뼈대만 서 있는 집 앞에서 재래식의 누런 타일이 쌓여 있는 모습을 본 울루찬은 누군가가 동네 다리의 돌 외벽을 떼어다가 업자에게 팔아먹었다는 것을 바로 눈치챘다.

뼈대만 있는 건물 바닥에 쌓여 있는 이 석회암 타일이 왠지 낯익어 보였다. 잠시 뒤 그는 알겠다고 했다. "바로샤 같네요." 건설 자재에 둘러싸여 있는 반쯤 짓다 만 건물들은 정확히 반 폐허가 된 바로샤의 모습을 연상시켰다.

한편 질적인 면에서는 바로샤보다 더 심했다. 북키프로스의 양지바른 꿈의 새 집을 과대 선전하는 광고판 끄트머리에는 건축 보증기간이 10년이라고 표기되어 있다. 개발업자들이 해변에서 건축용 모래를 채취하면서 소금기를 씻어낼 생각조차 안 했다는 소문이 사실이라면, 10년이라는 것이 이해 간다.

새 골프장을 지나면서부터 다시 길이 좁아지기 시작했다. 석회암 장식이 떨어져 나간 한 차선뿐인 다리를 지나고 머틀과 분홍빛 난초 가득한 협곡을 지나면서부터 카르파즈 반도가 시작되었다. 이 기다란 반도의 동쪽 끝은 레반트 지역을 향해 있다. 이곳에는 그리스계의 빈 성당들이 줄지어 서서 돌로 만든 건축물이 얼마나 오래 버티는지를 증명해 주고 있었다. 석조 건축물은 떠돌이 생활을 하는 수렵채집인과 한곳에 머무르는 정착민을 구분하는 최초의 증거들 중 하나였다. 수렵채집인들이 흙과 풀로 지은 오두막은 한 철을 사는 풀보다 오래가는 거처가 아니었다. 반면 돌 건물은 우리가 사라진 뒤에도 마지막까지 남을 것들 중 하나일 것이다. 그리 오래가지 못할 지금 건축물의 재료가 분해되면서, 세상은 우리가 걸어온 길을 되짚어 석기시대로 거슬러 올라갈 것이다.

길을 따라 반도의 동쪽으로 더 가다 보니 풍경은 과히 성경에 나오는 장면을 닮아간다. 오래된 돌 건물의 벽들이 무너져 내리면서 흙더미가 되어가고 있었던 것이다. 이 섬의 끝자락은 소금 더미와 피스타치오나무로 뒤덮인 모래언덕이었다. 해변에는 어미 바다거북들이 배를 끌고 지나간 자국이 정겹게 나 있었다.

작은 석회암 언덕배기에는 우산소나무 한 그루가 외로이 가지를 뻗고 서 있었다. 바위 표면의 어둑한 부분들은 알고 보니 동굴이었다. 더 가까이 가보니 나지막한 입구의 부드러운 포물선은 사람이 깎아 만든 것이었다. 물 건너 터키까지의 거리는 60킬로미터 남짓이고, 시리아까지는 그보다 30킬로미터쯤 더 떨어져 있는 바람 센 이 땅끝에서 키프로스의 석기시대가 시작되었다. 인간은 지구상에서 가장 오래된 건물로 알려진 한 돌탑이 지금까지 사람이 거주하는 가장 오래된 도시 예리코(여리고)에 세워질 무렵 이곳에 도착했다. 키프로스의 이 주거지가 아무리 원시적이라고 해도, 그보다 4만 년 전에 해안이 보이지 않는 수평선 너머까지 항해하는 모험 도중에 다른 해안을 발견한 동남아시아 출신의 인간들이 오스트레일리아에 도착할 때 만든 것에 비하면 엄청난 비약이었다.

동굴은 깊이가 6미터에 불과했지만 대단히 따뜻했다. 퇴적층의 벽을 깎아내어 숯 자국이 시커먼 난로, 벤치 두 개, 잠자는 공간을 만든 점이 인상적이었다. 두 번째 방은 처음 것보다 작았는데, 거의 정사각형이었고 입구도 둥그런 정사각형이었다.

남아프리카의 오스트랄로피테쿠스 유적에 따르면, 우리는 적어도 100만 년 전까지 동굴에 거주했다. 프랑스 쇼베 퐁다르크에 있는 강가 절벽의 동굴에 살았던 크로마뇽인들은 3만 2,000년 전까지 동굴 생활을 했을 뿐만 아니라 동굴을 최초의 미술전시관으로 꾸미기까지 했다. 동굴 벽에다 자신들이 쫓던 또는 그 힘을 숭배하던 유럽의 대형 포유류를 묘사해 놓았던 것이다.

키프로스의 이 동굴에 그런 예술품은 없었다. 키프로스에 가장 먼저 거주했던 이 사람들은 예술을 추구할 만한 여유가 아직 없었던, 살아남기 위해 고투하는 개척자들이었다. 하지만 그들의 뼈는 바다에 묻혀 있다. 우리가 지은 건물들과 예리코에 남은 탑이 결국 모래와 흙으로 되돌아간 훨씬 뒤에도, 우리가 살았고 처음으로 벽의 개념을 터득했던 동굴은 계속 남아 있을 것이다. 그리고 우리 없는 세상에서 동굴은 다음 거주자를 기다릴 것이다.

8

카파도키아의 지하도시

지하 구조물들은 인간이 만든 구성물 가운데
인간 이후에 남을 가능성이 가장 크다.
군데군데 물이 새고 허물어지는 곳이 있긴 하겠지만,
애초부터 땅속에 묻힌 채 조성된 구조물들은 자연에 그대로
노출된 지상의 건물들에 비해 훨씬 더 오래갈 것이다.

한때 그리스정교회 성당이었던 이스탄불 성소피아사원의 거대한 돔
과 대리석, 모자이크를 입힌 본당을 떠받치고 있는 것이 무엇인지 정
확히 파악하기는 쉽지 않다. 30미터쯤 떨어져서 보면, 로마 판테온의
돔에 비해 좀 작지만 훨씬 더 높게 느껴진다. 아랫부분에 아치 모양
의 창들을 기둥처럼 배치함으로써 사원의 무게를 분산한 독특한 설
계 때문에 윗부분은 둥실 떠 있는 느낌이다. 밑에서 위를 똑바로 쳐
다보면, 56미터 높이에 금빛 하늘이 떠 있는 것 같다. 아무리 쳐다봐

도 둥근 천장이 어쩌면 그렇게 높이 떠 있을 수 있는지 믿기지 않아 어지러워진다.

이 돔의 무게는 1,000년이 넘도록 분산되어 지탱되어 왔다. 겹으로 싼 내벽, 옆에 이어 붙인 반쪽짜리 돔 두 개, 본당을 받쳐주는 부벽扶壁, 삼각 궁륭, 육중한 구석 기둥이 거대한 돔을 단단히 받쳐주기 때문에 큰 지진이 나도 쉽게 무너지지 않을 것이라고 토목공학자 메테 쇠젠은 말한다. 실제로 처음 만든 돔은 서기 537년에 완성된 후 불과 20년 만에 지진으로 무너졌다. 때문에 그다음부터는 모든 부분에 보강을 했다. 그럼에도 불구하고 성당은(1453년에는 이슬람 사원이 되었다) 두 차례의 지진 피해를 심하게 입었고, 16세기 들어 오스만 제국의 위대한 건축가 미마르 시난이 복원했다. 쇠젠은 오스만 사람들이 사원 외벽에 붙인 정교한 미니어처들은 언젠가 떨어져 나가겠지만, 인간 없는 세상이라도 그러한 외부 돌 장식을 비롯해 그 밖의 다른 이스탄불의 위대한 석조 건물 중 상당 부분은 미래의 지질시대까지 충분히 유지될 것으로 본다.

하지만 안타깝게도 도시의 나머지 부분에 대해서는 그렇게 말하기 어렵다. 도시가 달라서가 아니다. 오랜 역사를 거쳐오면서 한때 비잔티움, 그다음 콘스탄티노플이었던 이 도시는 지금의 이스탄불이란 이름을 얻기까지 주인이 워낙 여러 번 바뀌었기 때문에, 파괴는 물론이고 무엇이 이곳을 근본적으로 바꿔놓을지 상상하기 어렵다. 하지만 쇠젠은 인간이 있건 말건 변화는 이미 일어나고 있으며, 파괴도 임박했다고 확신한다. 인간 없는 세상에서 달라지는 것이 있다면 이스탄불의 유물을 집어들려는 존재가 아무도 없다는 점뿐이다.

쇠젠 박사는 인디애나주 퍼듀대학에서 구조공학을 가르치고 있는데, 그가 미국으로 유학 가기 위해 터키를 떠났던 1952년의 이스탄불 인구는 100만이었다고 한다. 50여 년이 지난 지금 이스탄불의 인구는 1,500만이다. 그는 이러한 인구 변화가 그 이전에 있었던 그리스, 로마, 비잔틴정교, 십자군 가톨릭 그리고 마침내 무슬림(여기서도 오스만에서부터 터키공화국으로 이어지기까지)으로의 주도권 변화보다도 훨씬 더 큰 패러다임 변동이라고 생각한다.

쇠젠은 이러한 차이를 공학자의 눈으로 본다. 이전의 정복 문명들은 하나같이 스스로를 위해 성소피아사원이나 인근의 블루모스크 같은 기념비적인 건축물을 세웠지만, 지금 유행하는 건축상의 표현은 이스탄불의 좁은 길거리를 가득 메운 여러 층의 빌딩이 100만 개가 넘는다는 데서 분명히 드러난다. 그가 보기에 이들 건물은 수명이 단축되게 되어 있다. 2005년에 쇠젠과 그 자신이 국제적인 건축 및 지진 전문가들로 구성한 팀은 터키 정부에게 30년 이내에 이스탄불시 바로 동쪽을 지나가는 세계적인 화산지대인 북아나톨리아 단층이 다시 주저앉을 수 있다고 경고했다. 그럴 경우 적어도 5만 채의 아파트 건물이 무너질 것으로 예상된다.

전문가 입장의 그는 불가피한 것을 어디서부터 설득시켜 저지할 수 있을지 회의가 들긴 하지만, 아직도 반응을 기다리고 있다. 1985년 9월에는 미국 정부가 쇠젠을 멕시코시티로 급파해서 건물 1,000채를 무너뜨린 진도 8.1 규모의 지진을 미 대사관 건물은 어떻게 견뎌냈는지를 분석해 보도록 했다. 그가 그 1년 전에 검토한 바와 같이 대대적으로 보강한 대사관은 지진에도 끄떡없었다. 하지만 대사관 인근 도로에 즐비한 고층 빌딩과 아파트, 호텔 등은 상당수가 붕괴되었다.

그것은 라틴아메리카 역사상 최악의 지진 중 하나였다. "그런데 이 지진은 주로 도심 지역에만 집중되었지요. 멕시코시티에서 일어난 일은 이스탄불에서 일어날 일에 비하면 일개 파편에 불과합니다."

과거와 미래의 두 재앙이 갖는 공통점은 무너지거나 무너질 건물들이 대부분 제2차 세계대전 이후에 지어졌다는 점이다. 터키는 전쟁을 피하긴 했지만 다른 모든 나라와 마찬가지로 경제적 타격을 입었다. 전후 유럽 경제의 붐으로 산업이 회복되면서 수많은 농민이 일자리를 찾아 도시로 몰려왔다. 이스탄불이 양다리를 걸치고 있는 보스포루스 해협 양쪽의 유럽도 아시아도 콘크리트로 지은 6~7층의 주택들이 가득 들어서게 되었다.

"하지만 그 콘크리트의 질은 가령 시카고에 비하면 10분의 1밖에 안 되는 수준입니다"라고 쇠젠은 터키 정부를 상대로 말했다. "콘크리트의 강도와 질은 시멘트를 얼마나 쓰느냐에 달려 있습니다."

당시의 문제는 경제와 시멘트 공급량이었다. 하지만 이스탄불의 인구가 증가해 가자 문제도 함께 늘어났다. 특히 증가한 인구를 수용하기 위해 층수를 늘린 것이 문제였다. "콘크리트나 돌로 만든 건물의 성공 여부는 1층 이상을 얼마나 많이 지탱하느냐에 달려 있습니다"라고 쇠젠은 설명했다. "층수가 늘어날수록 건물이 무거워지니까요." 1층을 상점이나 레스토랑으로 쓰는 건물 위에 주거용 층을 쌓는 주상복합일 경우 위험은 더 커진다. 대부분 원래 단층으로 지어져 내부 기둥이나 하중을 견디는 내벽이 부족하며, 상업적 목적을 고려한 탁 트인 공간이기 때문이다.

문제를 더욱 복잡하게 만드는 것은 여러 개의 단층 건물을 이어 하나의 복층 건물로 만들면서 공통의 벽마다 하중이 고르게 실리지 못해 균형이 잡히지 않는다는 점이다. 그보다 더 심각한 것은 환기를 위해서나 건자재를 아끼기 위해 벽의 맨 윗부분을 비워둔다는 점이다. 지진으로 건물이 흔들릴 경우 부실한 벽의 드러난 기둥은 뚝 끊어져 버릴 것이다. 터키에는 수많은 학교 건물이 그런 식으로 설계되어 있다. 카리브해든 라틴아메리카든, 인도든 인도네시아든, 에어컨을 설치할 처지가 안 되는 열대지방에서는 이렇게 열을 뽑아내고 선선한 바람이 유입되도록 벽의 일부를 트는 경우가 아주 흔하다. 선진국에서 그 비슷하게 건물을 허약하게 짓는 경우는 냉방장치가 없는 주차장 같은 곳뿐이다.

인류의 절반 이상이 도시에 살며 도시인구 대부분이 가난한 21세기에는 철근 콘크리트를 주제로 하는 값싼 변주곡이 일상적으로 다양하게 반복되고 있다. 인간 없는 세상에서 금세 무너져 버릴 저가 입찰 건물들이 전 지구적으로 쌓여가고 있는 것이다. 도시가 지진 단층대에 인접한 경우 붕괴의 속도는 더 빠를 것이다. 쇠젠은 이스탄불에 지진이 일어나면 무너진 수많은 건물의 잔해 때문에 좁고 구불구불한 길거리가 완전히 막혀버리고, 그 전부를 치우려면 30년 동안

도시를 폐쇄해야 할 것이라고 경고한다.

　잔해를 치울 사람이 남아 있을 경우에 그렇다는 것이다. 만일 아무도 남지 않는다면 어떻게 될까? 이스탄불이 여전히 겨울이라서 눈이 내리는 도시로 남을 경우, 얼고 녹는 순환 때문에 지진으로 인한 건물 잔해 가운데 상당 부분은 자갈과 아스팔트 위의 모래와 흙으로 분해되어 갈 것이다. 그리고 지진이 나면 으레 화재가 따르기 마련이다. 소방관이 없는 세상에서 보스포루스 해협을 따라 줄지어 있는 웅장하고 오래된 오스만제국 시절의 목조 저택들이 불타버리고, 오래전에 씨가 말라버린 삼나무 재목의 재는 새로운 흙이 되어줄 것이다.

　성소피아사원 같은 오래된 모스크의 돔도 처음에는 웬만큼 버티겠지만 진동이 심해지면 맞물려 있는 돌 벽돌들이 헐거워지고, 결빙과 해빙의 순환이 반복되면서 회반죽이 부스러지며, 그로 인해 벽돌과 석조물이 떨어지기 시작할 것이다. 결국 터키의 에게해 연안에서부터 280킬로미터 거리에 있는 4,000년 전의 트로이처럼, 이스탄불에는 지붕 없는 사원만이 남을 것이다. 여전히 서 있긴 하지만 묻힌 채로 말이다.

· · · · ·

　이스탄불이 보스포루스 해협 밑을 지나 유럽과 아시아를 이어줄 노선을 포함해 계획대로 지하철 노선망을 완성할 때까지 오래 버틸 수 있다면, 아마 지상 도시가 다 무너져 버린 한참 뒤에도 지하는 계속 남을 것이다(하지만 이와 달리 샌프란시스코의 BART나 뉴욕의 MTA처럼 터널이 단층대를 지나가는 지하철망은 다른 운명을 맞을 수 있다). 터키의 수도 앙카라에서는 지하철망의 중심부가 광범위한 지하 상업지구와 이어져 있다. 모자이크 벽과 방음 처리된 천장, 전자 게시판 스크린을 갖추고 온갖 종류의 상점이 들어선 이곳은 지상의 무질서에 비하면 매우 질서정연한 지하세계다.

앙카라의 지하상가를 비롯해, 깊숙한 지하철 터널과 샹들리에 불빛이 마치 우아한 박물관 같아서 시내에서 가장 멋진 곳의 하나로 꼽히는 역들을 갖춘 모스크바의 지하철망, 도시를 축소해서 보여주며 지상의 오래된 건축물들과 연결되어 있는 상점·쇼핑몰·사무용 건물·아파트·미로 같은 통로로 이루어진 몬트리올의 지하세계 등의 지하 구조물들은 인간이 만든 구성물 가운데 인간 이후에 남을 가능성이 가장 크다. 군데군데 물이 새고 허물어지는 곳이 있긴 하겠지만, 애초부터 땅속에 묻힌 채 조성된 구조물들은 자연에 그대로 노출된 지상의 건물들에 비해 훨씬 더 오래갈 것이다.

그렇다고 이런 지하 구조물들이 가장 오래된 것은 아닐 것이다. 앙카라 남부로 세 시간 정도 거리에는 카파도키아라는 곳이 있다. '좋은 말들의 땅'이라는 뜻인데, 좀더 적확한 뜻의 고대 언어를 잘못 발음한 결과이겠지만, 아무튼 이름을 좀 잘못 지은 것 같다. 여기서는 날개 달린 말이라 해도 전혀 주목을 끌 수가 없기 때문이다.

1963년 런던대학의 고고학자 제임스 멜라트는 세상에서 가장 오래된 풍경화로 알려진 벽화를 터키에서 발견했다. 8,000~9,000년 이전의 것으로 추정되는 이 벽화는 인간이 만든 구조물의 표면(여기서는 흙벽돌과 회반죽으로 만든 벽) 가운데 가장 오래된 것에 남겨진 작품으로 알려져 있다. 확실히 2차원적으로 그린 폭 2.4미터의 이 벽화는 분출하는 화산 두 개를 납작하게 묘사하고 있다. 모르고 보면 제대로 알아보기가 힘들다. 회반죽에 황토 안료를 섞어 만든 것으로, 화산 그림은 방광으로 착각하기 쉽다. 또는 몸에서 떨어져 나온 두 개의 젖가슴 같기도 하다. 굳이 누구의 젖가슴이냐고 한다면, 알 수 없게 찍어놓은 까만 반점들로 보아 표범 어미의 것 같다고 할 수 있겠다. 화산은 자그마한 상자들의 더미 위에 웅크리고 있는 모습 같기도 하다.

그런데 벽화가 발견된 지점을 감안한다면 무엇을 묘사한 것인지 분명하게 알 수 있다. 두 화산의 모양이 동쪽 64킬로미터 지점에 있는 3,260미터 높이의 하산 다(산)의 실루엣과 정확히 일치하기 때문이다. 이 산은 터키 중부의 코냐 고원을 가로지르는 산맥의 봉우리다. 이와 함께 상자들의 모양은 세계 최초의 도시라고들 하는 차탈회위크의 선사취락과 같다. 차탈회위크는 이집트의 피라미드보다 두 배나 더 오래된 유적으로, 인구가 1만 명 정도여서 당대의 예리코보다 훨씬 컸다.

멜라트가 발굴할 당시에 남아 있던 것이라곤 밀밭과 보리밭 위에 솟아 있는 야트막한 둔덕뿐이었다. 그가 제일 먼저 발견한 것은 흑요석으로 만든 창끝 수백 개였다. 하산 다는 흑요석이 많이 나는 곳이었기 때문에 그것으로 벽화의 까만 반점이 설명되었다. 그런데 알 수 없는 이유로 차탈회위크는 버림받았다. 흙벽돌로 만든 상자 같은 집이 무너져 더미를 이루었으며, 오랫동안 풍화되는 바람에 각진 윤곽이 부드러운 포물선으로 변했다. 앞으로 9,000년이 더 지나면 포물선은 더 납작해질 것이다.

그런데 하산 다의 반대편 비탈에서는 아주 다른 일이 벌어졌다. 지금은 카파도키아로 불리는 그곳은 원래 호수였다. 수백만 년 동안 화산이 자주 폭발하자 이 호수에는 화산재가 수십 미터 깊이까지 계속 쌓여갔다. 가마솥처럼 부글부글 끓던 이곳은 마침내 식으면서 성질이 아주 특이한 응회암으로 굳어졌다.

200만 년 전에 마지막으로 엄청난 화산 폭발이 일어나면서 용암이 한바탕 분출되었고, 이 용암은 푸석푸석한 잿빛 응회암 위에 2만 6,000제곱킬로미터의 얇은 현무암 딱지(지각)를 형성했다. 비와 바람과 눈이 작업에 들어가고, 결빙과 해빙의 순환이 현무암 껍질을 쪼개면서 습기가 스며들어 밑에 있는 응회암을 녹이기 시작했다. 침식이 진행되면서 곳곳의 지각이 붕괴되었다. 그렇게 해서 결국 남은 것은 저마다 짙은 현무암 두건을 쓴 버섯처럼 생긴 수백 개의 가냘픈 뾰족탑이었다.

여행사 직원은 그 뾰족탑들을 요정의 탑이라 불렀다. 그럴듯한 표현이긴 하지만 딱 들어맞는 느낌은 아니었다. 하지만 마술적인 분위기가 물씬 풍기는 것은 사실이었다. 주변의 응회암 둔덕이 조각을 완성하기 위해 바람과 물뿐만 아니라 인간의 손까지도 빌렸기 때문이다. 카파도키아의 취락은 땅속에 비해 땅 위에서는 별로 지은 것이 없다.

응회암은 워낙 무르기 때문에 지하감옥에 갇힌 죄수가 마음만 먹으면 숟가락 하나로 땅굴을 팔 수도 있다. 그런데 공기 중에 노출된 응회암은 굳어져서 부드러운 치장용 벽토 같은 껍질을 형성한다. 기원전 700년쯤 철기를 사용하는 인간들이 응회암 절벽에 굴을 파고 들어가 심지어 요정의 탑 위로 뚫고 나오기까지 했다. 암벽 표면은 금세 곳곳에 구멍이 났다. 구멍 크기가 어떤 것은 비둘기, 어떤 것은 사람, 어떤 것은 3층짜리 호텔이 들어갈 정도다.

비둘기장 구멍, 즉 암벽과 뾰족탑에 헤아릴 수 없이 많아 나 있는 아치 모양의 틈은 현대 도시의 인간들이 이웃사촌인 비둘기를 쫓아내려고 하는 바로 그 이유 때문에 비둘기를 끌어들이기 위해 인간이 낸 것이다. 이유란 바로 영양분이 풍부한 비둘기 똥이다. 이 지역에서 포도, 감자, 유난히 단 살구의 비료로 쓰인 비둘기의 군은 똥은 워낙 인기가 좋아서 깎아 만든 비둘기장의 외부 장식은 카파도키아 동굴 성당에 있는 것만큼이나 화려한 장식이 되어 있다. 깃털 달린 동물에게 이렇게 건축적으로 경의를 표하는 일은 1950년대 들어 인조 비료를 구할 수 있게 될 때까지 계속되었다. 그 이후로 카파도키아 사람들은 더 이상 암벽에다 비둘기장을 만들지 않는다(성당을 만들지도 않는다. 오스만제국이 터키를 이슬람국가로 만들기 전까지 카파도키아 고원과 산자락에는 암벽을 파서 만든 성당이 700개가 넘었다).

오늘날 이곳에서 가장 값비싼 부동산은 응회암을 파서 만든 고급 주택이다. 이런 집의 돋을새김을 한 외부 장식은 그 어느 저택의 외양 이상으로 자부심이 느껴지고, 그 못지않은 경관도 갖추고 있다. 성당이던 곳은 모스크로 고쳐졌다. 저녁 기도 시간을 알리는 소리가 카파도키아의 매끈한 암벽과 뾰족탑에 부딪혀 메아리치자 온 산이 기도하러 모이는 것 같다.

이렇게 사람이 만든 동굴들 그리고 화산 응회암보다 훨씬 단단한 돌에 뚫린 천연 동굴도 언젠가는 닳아 없어질 것이다. 하지만 카파도키아에는 인간의 흔적 가운데 다른 무엇보다 오래 남을 것이 있다. 여기서는 인간이 고원의 암벽뿐만 아니라 평지 밑에서도 몸을 숨겼기 때문이다. 그것도 아주 깊이. 지구의 극이 이동하여 빙하가 터키 중부지방을 지나게 된다면, 인간이 만든 구조물들은 있는 대로 다 긁고 지나가겠지만 표면만 건드릴 뿐일 것이다.

• • • •

카파도키아 밑에 얼마나 많은 지하도시가 있는지는 아직 아무도 모른다. 지금까지 여덟 개의 도시와 그보다 작은 지하마을이 여러 개 발견되었는데, 그보다 더 있다는 것만은 확실하다. 제일 큰 도시인 데린쿠유는 1965년에야 발견되었다. 자기 동굴집의 뒷방을 청소하던 한 거주민이 벽을 깨뜨리는 바람에 처음 보는 방을 발견하게 되었다. 그 방 뒤에는 다른 방이 그리고 또 다른 방이 있었다. 결국 동굴 전문 고고학자들은 적어도 지하 18층에 지면에서 85미터까지 내려가는 방들이 미로처럼 이어져 있다는 것을 확인했다. 인구 3만 명을

Photo by MURAT ERTUĞRUL GÜYAZ

터키 카파도키아의 지하도시 데린쿠유

수용할 수 있는 이 공간은 아직도 다 발굴되지 않았다. 사람 셋이 나란히 지나갈 수 있는 터널 하나는 다른 지하도시로 이어지는데, 그 거리가 9킬로미터 이상이다. 다른 통로들을 보면, 한때 카파도키아 전체가 지상과 지하를 통틀어 하나의 비밀 네트워크로 이어져 있었다는 것을 알 수 있다. 사람들은 이 고대의 지하통로를 지하 저장고로 사용하고 있다.

계곡물이 흐르듯 이어져 제일 오래된 부분은 지표면 가까이에 있다. 일부에서는 이곳을 제일 먼저 만든 사람들은 프리기아인의 약탈을 피해 땅굴을 판 히타이트인이었다고 본다. 카파도키아의 네브쉐히르박물관 소속의 고고학자 무라트 에르투룰 귈랴즈는 히타이트인

이 여기 살았다는 주장에 동의하지만, 그들이 처음이었다고는 생각지 않는다.

고급 터키 양탄자처럼 숱이 많은 콧수염을 기른, 자부심 강한 원주민인 퀼랴즈는 아쉬클리회위크의 발굴 작업에 참여한 바 있다. 그곳은 카파도키아에서 차탈회위크보다 훨씬 더 오래된 취락 유적이 있는 작은 언덕이다. 이곳의 유물로는 응회암을 자를 수 있는 1만 년 된 돌도끼와 흑요석기가 있다. "여기 지하도시들은 선사시대부터 있던 것들입니다"라고 그는 단언한다. 그래야 위층의 방들은 조잡하지만 아래층은 각이 정확한 데 대한 설명이 된다고 말한다. "나중에는 누가 이곳을 차지했건 더 깊이 파고 들어간 것이지요."

한 정복 문명 다음에 나타난 다른 정복 문명은 지하 깊숙한 세계의 이점을 깨달았다는 듯, 그래서 멈출 수 없다는 듯 더 깊이 파 내려갔다. 지하도시는 대개 횃불을 썼으며, 퀼랴즈가 발견한 바와 같이 아마씨 기름 램프를 쓰기도 했다. 덕분에 땅굴 안은 쾌적한 온도를 유지할 수 있었다. 아마 인간이 맨 처음 이곳으로 파고 들어온 이유는 겨울 추위를 피하기 위해서였을 것이다. 그러다 히타이트, 아시리아, 로마, 페르시아, 비잔틴, 셀주크투르크 그리고 기독교계의 물결이 차례로 이어지면서 이곳 동굴 거주지를 발견한 사람들은 가장 중요한 한 가지 이유, 즉 방어를 목적으로 더 깊이 더 넓게 파고 들어갔을 것이다. 투르크인과 기독교인들은 원래 있던 위층의 방들을 넓혀 지하에 마구간을 만들기도 했다.

카파도키아 전역에 배어 있는 흙내와 톡 쏘는 멘톨 향이 나는 시원한 응회암 냄새는 아래로 내려갈수록 진해진다. 응회암은 용도가 다양해서 램프가 필요한 곳에는 벽에 구멍(벽감)을 낼 수 있었다. 또한 튼튼하기도 해서 터키 정부는 1990년 당시 걸프전쟁이 더 확산될 경우 이 지하도시를 방공호로 사용할 생각까지 했었다.

지하도시 데린쿠유의 마구간 아래층에는 가축에게 먹일 꼴 저장소가 있었다. 그 아래에는 2.7미터 높이의 천장에 구멍이 나 있고, 그 밑에 흙으로 만든 오븐이 놓인 공동 부엌이 있었다. 연기는 이 천장 구멍을 통해 2킬로미터 떨어진 굴뚝으로 빠져나갔기 때문에 적들은 그들의 위치를 알 수 없었다. 통풍구도 같은 식으로 설계되어 공기가 통하도록 했다.

넉넉한 저장 공간과 무수한 그릇이나 단지가 있었던 것으로 보아 수천 명은 되는 사람들이 이 아래에서 빛을 보지 못한 채 몇 달을 지냈음을 알 수 있다. 수직으로 뚫린 통신용 통로를 통해 어느 층의 누구에게든 말을 전달하는 것이 가능했다. 지하에 샘이 있어서 물을 구할 수 있었으며, 배수구를 이용해 물이 넘치지 않도록 했다. 물줄기가 응회암 도관을 따라 지하 양조장으로 흘러가는 경우도 있었다. 포도주나 곡주를 만든 이 양조장에는 응회암으로 만든 발효통과 연삭숫돌grinding wheel이 갖춰져 있었다.

여기서 만든 술은 아마 층간을 오갈 때의 폐소공포증을 누그러뜨리는 데 꼭 필요했을 것이다. 계단을 일부러 낮고 좁고 구불구불하게 만들었기 때문에 침략자들은 몸을 숙이고 한 줄로 천천히 이동해야 했을 것이다. 물론 적들이 그 깊이까지 내려갈 수 있었다면 말이다.

또한 그렇게 한 명씩 나타난 적을 쉽게 처치할 수 있었을 것이다. 계단과 비탈길에는 10미터마다 층계참 같은 평지를 만들어 석기시대 방식의 문을 설치해 두었다. 무게가 500킬로그램은 되고 바닥에서 천장까지 닿는 이 바퀴 같은 돌문을 굴려 통로를 막을 수 있었다. 침입자들은 이런 돌문 두 개 사이에 갇히고 나서야 머리 위에 있는 구멍이 통풍구가 아니라 뜨거운 기름이 쏟아지는 도관이라는 사실을 알 수 있었으리라.

이 지하요새의 밑부분에 있는 세 개의 층에는 천장이 아치 모양이고, 돌로 만든 강단을 바라보는 벤치가 놓인 방이 있었다. 학교였다. 그보다 더 내려가면 여러 층에 거주 공간이 있었다. 몇 제곱킬로미터는 되는 면적에 통로가 이리저리 얽혀 있는 가운데 여기저기 거처가 있었다. 그중에는 아이 있는 사람들을 위한 별실이 딸린 방이나, 같은 자리로 되돌아오는 시커먼 터널이 있는 놀이방도 있었다.

거기서 더 내려가 데린쿠유의 지하 8층에 이르면 넓고 천장이 높은 두 개의 공간이 십자가 모양으로 만난다. 언제나 습해서 벽화나 그림이 남아 있지는 않지만, 안티오크나 팔레스타인에서 온 7세기의 기독교인들은 아랍인들의 공격을 피해 이 성당에서 기도를 했을 것이다.

그 아래에는 작은 정육면체의 방이 있는데, 임시 무덤이었다. 위험이 지나갈 때까지 죽은 사람을 두는 곳이었다. 데린쿠유와 그 밖의 지하도시들에 숨어 있던 사람들은 세상의 주인이 바뀌거나 문명이 바뀔 때마다 지상으로 되돌아왔고, 태양 아래 비를 맞으며 작물이 자라는 땅에 묻힐 수 있었다.

지상은 그들이 살다 죽음을 맞게 되는 곳이었다. 그런데 언젠가 우리가 전부 사라지고 나면, 인류의 기억을 간직할 것은, 우리가 한때 여기 있었다는 사실을 마지막으로 증언해 줄 것은, 다름 아닌 그들이 방어용으로 만든 이런 지하도시일 것이다.

9
떠도는 플라스틱

플라스틱들이 출현한 지는 이제 겨우 50년이 될까 말까다.
그것들의 화학 성분이나 첨가물은 먹이사슬을 따라
올라오면서 농축되어 진화에 영향을 끼칠까?
화석으로 남을 만큼 오래갈까?

영국 남서부의 플리머스항은 제2차 세계대전 이전과는 달리 더 이상 영국제도諸島에서 경치 좋은 고장으로 손꼽히지 않는다. 1941년 3월과 4월, 엿새 밤에 걸친 나치의 공습으로 이곳의 건물 7만 5,000여 채가 파괴되었다. 초토화된 도심이 재건되면서 플리머스의 구불구불한 자갈길은 현대식 콘크리트 건물들이 즐비한 바둑판으로 변했고, 중세 때부터의 기억도 함께 묻혀버렸다.

하지만 플리머스 역사의 본류는 해안, 즉 플림강과 타마강이 합류하여 영국 해협과 대서양으로 흘러드는 곳에 자리 잡은 이 천연항에 아직 남아 있다. 이곳은 미국으로 떠난 청교도들이 메이플라워호를 타고 출발했던 그 플리머스항이며, 그래서 그들은 바다 건너 상륙한 곳을 같은 이름으로 불렀다. 쿡 선장의 태평양 원정대도 세 번 다 여기서 출발했고, 프랜시스 드레이크 경의 세계일주 항해도 여기서 시작되었다. 그리고 1831년 12월 27일, 스물한 살의 찰스 다윈을 태운 비글호가 돛을 올린 곳도 플리머스항이었다.

플리머스대학의 해양생물학자 리처드 톰슨은 역사적인 플리머스 해안을 돌아다니며 시간을 보내곤 한다. 특히 그는 항구 어귀의 해변이 비어 있는 겨울에 자주 이곳을 찾는다. 청바지에 부츠를 신고 파란 방풍 점퍼에 지퍼 달린 털스웨터 차림의 그는 키가 크고 머리숱이 얼마 남지 않았다. 손가락이 긴 그는 웅크리고 앉아 모래를 살펴본다. 톰슨의 박사논문은 삿갓조개나 경단고둥 같은 연체동물이 잘 먹는 끈적끈적한 것들, 그러니까 규조, 시아노박테리아, 해조류 그리고 해초에 잘 달라붙는 조그만 식물들에 대한 연구였다. 그런데 그가 지금 알아낸 것은 해양생물보다는 바다에서 점점 늘어가는 무생물과 더 관련되어 있다.

그의 평생 과업은 학부 시절이던 1980년대 당시에는 몰랐지만, 가을마다 영국 전역의 해안 청소를 위한 리버풀 대표단을 조직하는 일을 하면서 시작되었다. 마지막 해에는 170명의 팀원들을 조직하여 136킬로미터의 해안에서 쓰레기를 톤 단위로 모았다. 그리스의 소금통이나 이탈리아의 기름병 등과 같이 배에서 버린 쓰레기도 있었지만, 대부분은 아일랜드에서 동쪽으로 밀려온 것들이었다. 영국에서 쓸려간 쓰레기는 스웨덴 해안에 모였다. 물에 뜰 만한 쓰레기는 죄다 해류를 따라 이동하는 듯했고, 그가 활동한 지역에서는 해류의 방향이 동쪽이었다.

그런가 하면 그보다 작고 눈에 덜 띄는 조각들은 물속에 가라앉는 것 같았다. 톰슨은 팀의 연말 보고서를 작성할 때마다 흔히 볼 수 있는 병이나 자동차 타이어 말고도 작은 쓰레기들을 더 많이 발견하게 되었다. 그는 다른 한 학생과 함께 해안선의 모래 샘플을 수집하기 시작했다. 그들은 자연의 것이 아닌 듯한 작은 입자는 전부 체에 거른 다음 현미경으로 분석하고자 했다. 간단한 일이 아니었다. 그들이 살펴본 입자들은 대개 너무 작아서 원래 병이었는지, 장난감이었는지, 가전제품이었는지를 정확히 파악할 수 없었다.

그는 뉴캐슬에서 대학원 공부를 하는 동안에도 매년 청소 작업을 계속했다. 박사학위를 따고 나서 플리머스에서 강의를 시작할 무렵, 그가 속한 과에서는 '푸리에 변환 적외선 분광기'라는 장치를 구입했다. 이는 어떤 물질에 아주 가는 광선을 쏘아서 그 적외선 스펙트럼을 분석하여 알려진 다른 물질의 데이터베이스와 비교할 수 있도록 하는 기기다. 덕분에 그는 자신이 살펴보던 물질의 정체를 알 수 있었는데, 그 때문에 그의 염려는 더 깊어졌다.

"이게 뭔지 아시겠습니까?" 톰슨은 플림강이 바다와 만나는 어귀에서 한 방문객을 안내하고 있다. 몇 시간 뒤 달이 뜨면 썰물이 되어 조수가 200미터 정도 빠지면서 해초와 조개껍데기가 흩어져 있는 모래펄이 드러날 참이다. 아직 덜 빠진 물에 미풍이 불자 물에 비친 주변 언덕의 주택 공사 현장이 파르르 떨린다. 톰슨은 해안선 가장자리에 엎드려 물결이 밀고 온 이런저런 찌꺼기들을 살펴본다. 나일론 줄 뭉치, 주사기, 뚜껑 없는 플라스틱 식품 용기, 폴리스티렌 포장 조각, 온갖 병뚜껑 등이다. 제일 많은 것은 면봉 플라스틱이다. 그런가 하면 모양이 일정한 작고 이상한 것이 또 발견되었다. 그가 한 움큼 뜬 모래에는 잔가지나 해초의 조각과 함께 2밀리미터 정도 되는 파랑과 초록의 플라스틱 원통이 눈에 띈다.

"플라스틱 제품의 원료로 쓰이는 너들nurdle이라는 것입니다. 이걸 녹여서 온갖 것들을 다 만들지요." 그는 좀더 멀리 걸어가더니 또 한 움큼을 뜬다. 비슷한 플라스틱 알갱이가 더 많이 눈에 띈다. 허연 것도 있고, 초록, 빨강, 노랑 등 갖가지 색이 다 있다. 한 줌의 모래 중에 20퍼센트는 플라스틱이며, 적어도 서른 알은 될 것이라고 한다.

"요즘에는 어느 해변에 가든 이런 것을 볼 수 있어요. 내보내는 공장이 분명히 있다는 이야기입니다."

하지만 주변에는 플라스틱 제조 공장이 없다. 이 알갱이들은 해류를 따라 엄청난 거리를 이동하고 바람과 조수에 의해 크기별로 분류되면서 여기에 가라앉은 것이다.

· · · · ·

플리머스대학에 있는 톰슨의 연구실에서는 대학원생인 마크 브라운이 호일에 싼 바닷가 모래 샘플을 펴보고 있다. 세계 곳곳의 동료들이 보내준 것들이다. 그는 샘플들을 각각 깔때기에 담는다. 깔때기에는 플라스틱 입자들을 띄우기 위한 짠 바닷물 농축액이 담겨 있다. 면봉 플라스틱처럼 알 만한 것들은 골라내어 현미경으로 확인하지만, 정말 모르겠다 싶은 것은 분광기를 써야 한다.

하나를 확인하는 데 한 시간이 더 걸린다. 3분의 1은 해초 같은 천연섬유질이고, 또 3분의 1은 플라스틱, 나머지 3분의 1은 미지의 것임이 밝혀진다. 미지의 것이란 폴리머(중합체) 데이터베이스로 아직 확인되지 않았거나, 입자가 물속에 너무 오래 있어서 색이 과하게 변했거나, 사람 머리카락보다 더 가는 정도인 20미크론 크기까지만 분석이 가능한 기기로 확인하기에는 너무 작다는 뜻이다.

"그것은 우리가 발견하는 플라스틱의 양을 과소평가하고 있다는 뜻입니다. 정확히 말해 모래 속에 플라스틱이 얼마나 섞여 있는지를 모른다는 것이죠."

그들이 확실히 알고 있는 것은 플라스틱이 전에 비해 훨씬 더 많아졌다는 사실이다. 20세기 초에 플리머스의 해양생물학자 앨리스테어 하디는 남극 원정 선박 후미에 매달 수 있는 장치를 개발했다. 수심 10미터에서 크기는 개미만 하지만 새우 같은 무척추동물로 지구 전체 먹이사슬의 큰 부분을 담당하고 있는 크릴 샘플을 채집할 수 있는 기기였다. 1930년대에 그는 이 장치를 개조하여 훨씬 더 작은 플랑크톤을 측정할 수 있는 장치를 만들었다. 그것은 회전날개 같은 것을 이용해 천으로 만든 띠를 돌렸는데, 공중화장실의 천 타월을 돌리는 원리와 비슷했다. 천이 트인 부분을 통과할 때 물속을 지나가는 플랑크톤을 걸러내도록 만든 장치였다. 천으로 만든 띠 하나만 있으면 500해리를 가는 동안 샘플을 채취할 수 있었다. 하디는 북대서양 항로를 다니는 영국 상선들로 하여금 자신이 만든 플랑크톤 기록장치를 달고 다니도록 수십 년 동안 설득했다. 그렇게 해서 대단히 귀한 데이터베이스를 수집한 덕분에 그는 해양과학에 대한 공로를 인정받아 기사 작위까지 받게 되었다.

하디는 영국제도 일대의 샘플을 워낙 많이 모아서 온갖 것들을 다 분석할 수 있었다. 덕분에 수십 년 뒤에 톰슨은 온도를 조절하는 플리머스의 한 창고에 보관되어 있는 그 샘플들을 보면서 그것들이 마치 해양오염이 점점 심해져 가는 기록을 담고 있는 타임캡슐과 같다는 생각을 할 수 있었다. 그는 스코틀랜드 북부의 두 항로에서 얻은 샘플을 골랐다. 하나는 아이슬란드, 또 하나는 셰틀랜드제도로 가는 항로였다. 그의 연구팀은 방부 처리를 한 천 띠에 플라스틱 성분이 있는지를 샅샅이 뒤져보았다. 제2차 세계대전 이전의 것들은 알아볼 이유가 없었다. 그때까지만 해도 플라스틱은 거의 없었고, 있다 해도 전화나 라디오를 만드는 데 쓰는 베이클라이트 합성수지뿐이었다. 그리고 베이클라이트는 워낙 단단해서 당시로서는 아직 분해 단계에 접어들 때가 아니었던 것이다. 게다가 쓰고 버리는 플라스틱 포장은 아직 개발되기도 전이었다.

하지만 1960년대의 샘플에서는 플라스틱 입자의 종류가 점점 늘어났다. 1990년대의 샘플들은 30년 이전에 비해 아크릴이나 폴리에

스테르 등 합성 폴리머의 양이 세 배나 많이 검출되었다. 더 심각한 문제는 하디의 플랑크톤 기록장치가 수심 10미터에서 그런 플라스틱을 걸러냈다는 것이다. 플라스틱은 대개 물에 뜨기 때문에 실제로는 플라스틱이 훨씬 더 많다는 이야기였다. 바다 속의 플라스틱 양은 점점 늘어날 뿐만 아니라 갈수록 작아지는 경향을 보였다. 작다는 것은 그만큼 해류를 타고 세계 전역으로 이동할 수 있다는 뜻이기도 하다.

톰슨의 연구팀은 서서히 진행되는 물리적 운동, 즉 해안에 부딪히는 파도와 조수가 바위를 모래로 만드는 작용이 플라스틱에도 적용된다는 것을 알게 되었다. 파도에 떠다니는 크고 눈에 잘 띄는 플라스틱들이 갈수록 작아지는 동시에 생물분해가 전혀 이루어지지 않고 있었다. 아주 작은 조각으로 쪼개진다 해도 마찬가지였다.

"그것들이 점점 작아져서 가루처럼 된다는 생각을 해봤습니다. 그리고 작아질수록 문제는 더 커진다는 것을 알 수 있었지요."

그는 맥주 여섯 개들이 팩을 묶는 폴리에틸렌 고리 때문에 해달이 목이 막혀 죽는다는 끔찍한 이야기를 알고 있었다. 나일론 그물과 낚싯줄 때문에 백조와 갈매기가 질식해 죽는다는 것을, 오스트레일리아에서는 초록바다거북 한 마리가 휴대용 빗과 나일론 줄과 장난감 트럭 바퀴를 삼킨 채 죽어 있었다는 것을 알았다. 그가 실제로 목격한 최악의 경우는 북해 연안에 쓸려온 풀마갈매기 사체들이었다. 그들 가운데 95퍼센트는 뱃속에 플라스틱이 잔뜩 들어 있었는데, 마리당 평균 44조각이나 발견되었다. 사람의 경우로 환산하면 2킬로그램이 넘는 양이었다.

이들의 죽음이 플라스틱 때문인지는 분명치 않다. 하지만 소화가 안 되는 플라스틱이 내장을 막아버리는 바람에 죽은 경우가 많았으리라는 짐작은 거의 확실할 것이다. 톰슨은 큰 플라스틱 조각들이 작은 입자로 분해됨에 따라 작은 생물들이 삼키는 일이 더 늘어날 것이라고 보았다. 그는 수족관에서 실험을 해보았다. 유기 침전물을 먹고 사는 갯지렁이, 물속에 떠다니는 유기물을 걸러내는 삿갓조개, 해변의 유기 분해물을 먹는 모래벼룩을 대상으로 한 실험이었다. 각각 한 입에 들어가기 알맞은 크기로 플라스틱 입자를 줘보았는데, 모두가 그것들을 당장 삼켜버렸다.

내장에 들어간 플라스틱 입자는 소화와 배설을 막아 치명적인 결과를 낳았다. 입자가 아주 작은 경우는 이들 무척추동물의 소화관을 통과해 겉보기에 멀쩡하게 반대쪽 끝으로 배설되었다. 그렇다고 해서 플라스틱이 아주 안정적이기 때문에 독성이 없다고 말할 수 있을까? 플라스틱은 어느 단계에서부터 자연분해가 시작될까? 그리고 자연분해가 된다고 할 경우, 먼 미래에 생물들에게 해를 끼치는 무시무시한 화학물질을 배출하지 않을까?

톰슨은 확실히 알지 못한다. 누구나 마찬가지다. 플라스틱이 얼마나 오래갈지, 어떻게 변할지 알 수 있을 만큼 플라스틱의 역사가 오래되지 않았기 때문이다. 그의 연구팀은 바다에서 지금까지 아홉 종의 플라스틱을 확인한 바 있다. 그것은 아크릴, 나일론, 폴리에스테르, 폴리에틸렌, 폴리프로필렌, 폴리염화비닐로 만든 다양한 화합물이었다. 그가 확실히 알 수 있는 것은 조만간 모든 해양생물이 그것들을 먹게 된다는 사실이었다.

"가루처럼 작아지면 동물성 플랑크톤도 먹게 될 겁니다."

톰슨은 아주 작은 플라스틱 입자의 두 원천에 대해 전에는 알지 못했다. 비닐봉지는 하수구뿐만 아니라 모든 것을 막아버린다. 이를 테면 비닐봉지를 해파리로 잘못 알고 삼키는 바다거북의 식도까지 막는다. 요즘에는 생물분해가 가능하다는 비닐봉지가 점점 많이 나오고 있지만, 톰슨 연구팀의 분석에 따르면 대부분이 셀룰로오스(섬유소)와 폴리머를 섞어 만든 것에 불과했다. 셀룰로오스 성분이 분해되고 나자 보이지 않을 만큼 작고 투명한 수없이 많은 플라스틱 입자만 남았다.

어떤 봉지들은 유기물이 썩을 때 나오는 열이 섭씨 37도가량을 넘어가면 음식물쓰레기 더미 속에서 분해된다고 선전하고 있었다. "그럴 수 있습니다. 하지만 해변이나 짠 바닷물 속에서는 그런 일이 일어나지 않지요." 그는 또한 비닐봉지를 플리머스항의 정박지에 묶어둔 다음 한참이 지나서 조사해 보았다. "1년이 지나도 그 봉지에 식료품을 담아 다닐 수 있을 정도였습니다."

그의 박사 과정 학생인 브라운은 약국에서 물건을 사다가 더 황당한 사실을 발견했다. 브라운은 연구실 캐비닛 서랍을 열었다. 그 안에는 샤워 마사지 크림, 피부 각질 제거제, 세수용 물비누 등의 온갖 여성용 미용제품이 들어 있었다. 작은 상점에서 만든 것도 있고, 세계적인 브랜드 제품도 있었다. 미국에서 만든 것도 있고, 영국에서만 구할 수 있는 것도 있었다. 하지만 모두가 한 가지 공통점을 가지고 있었다.

"각질 제거제, 즉 목욕할 때 피부 각질을 제거하기 위해 문지르는 작은 알갱이지요." 그는 '세인트 아이브스 애프리콧 스크럽'이라는 살구색 튜브를 골랐다. '100퍼센트 천연 각질 제거제'라는 설명이 붙어 있었다. "이건 괜찮습니다. 이 각질 제거용 알갱이는 호호바나무 씨앗이나 호두 껍질을 갈아서 만든 것이니까요." 다른 천연 브랜드들은 포도나 살구 씨, 거친 설탕이나 소금을 쓴다. "그 나머지는 전부 플라스틱입니다"라며 그는 팔을 휘저었다.

그중 제일 흔한 성분은 폴리에틸렌으로 만든 미세한 알갱이나 구슬이었다.

"믿어집니까?" 톰슨은 딱히 누구를 가리키는 것은 아닌 큰 소리로 말하며 현미경을 들여다보았다. "바로 화장실 배수구를 빠져나가 하수구로, 강으로, 바다로 흘러가도록 만든 것을 아무렇지 않게 팔고 있는 겁니다. 작은 바다생물들이 한입에 삼키기 딱 좋은 플라스틱 알갱이를 말입니다."

플라스틱 조각은 배와 비행기의 페인트를 벗겨내는 데도 점점 많이 쓰이고 있다. 톰슨은 진저리를 친다. "페인트 칠갑이 된 플라스틱 알갱이들이 다 어디로 갈까요? 바람이 불면 날리지 않게 하기가 힘들 겁니다. 날리지 않게 한다 해도 그만큼 작은 알갱이들을 거를 수 있는 하수처리장은 없습니다. 어쩔 수 없이 전부 자연 환경에 배출되고 말죠."

그는 브라운의 현미경으로 핀란드에서 온 샘플을 들여다보았다.

그러다 탁자에 걸터앉아 의자에 발을 걸치며 이렇게 말했다. "이렇게 한번 생각해 보세요. 인류가 내일 전부 활동을 멈추어서 더 이상 아무도 플라스틱을 만들어 내지 않는다고 말이죠. 그래도 우리가 살펴본 바로는 생물들이 지금 있는 것들을 분해하는 데 무한한 시간이 걸릴 겁니다. 몇천 년, 몇만 년이 걸려도 다 해결되지 않을지 모릅니다."

• • • •

어떤 의미에서 플라스틱은 수백만 년 전부터 존재해 왔다고도 할 수 있다. 플라스틱은 폴리머. 폴리머^{polymer}란 탄소 및 수소의 원자들이 반복적으로 결합되어 사슬들을 형성하는, 단순한 분자이지만 대개 고분자 배열을 갖는 화합물을 말한다. 거미는 석탄기 이전부터 실크라고 하는 폴리머 섬유를 만들어 왔다. 그 뒤로 나무가 등장해 마찬가지로 천연 폴리머인 셀룰로오스와 리그닌(목질 성분)을 만들기 시작했다. 목화와 고무도 폴리머이며, 우리 인간도 손톱처럼 콜라겐이라는 폴리머를 만들어 낸다.

우리가 생각하는 플라스틱과 비슷한 또 하나의 천연 폴리머는 인도 등지에 사는 깍지벌레가 분비하는 셸락^{shellac}이라는 물질이다. 셸락의 인공 대체물을 찾으려고 애쓰던 화학자 레오 베이클랜드는 어느 날 뉴욕 용커스의 자기 집 차고에서 타르 성분이 많은 석탄산(페놀)과 포름알데히드를 섞어보았다. 그때까지만 해도 전선 피복으로 쓸 수 있는 유일한 물질은 셀락뿐이었다. 베이클랜드는 실험 끝에 베이클라이트를 만들어 내면서 큰 부자가 되었고, 세상은 아주 다른 곳으로 변해가기 시작했다.

민첩한 화학자들은 베이클랜드가 최초로 만든 인조 플라스틱을 이용해 어떤 다른 것들을 만들어 낼 수 있는지 알아내려고 원유의 긴 탄화수소 분자 사슬을 작은 단위로 쪼개어 다른 것들과 섞어보느라 바빴다. 염소를 섞어보았더니 자연에는 없던 튼튼하고 단단한 폴리머가 만들어졌다. 바로 PVC였다. PVC가 만들어질 때 폴리머 혼합물에다 가스를 주입하자 상표명인 스티로폼으로 더 유명한 폴리스티렌이라고 하는 거친 기포 덩어리가 만들어졌다. 인공 실크를 만들고자 하는 집요한 시도는 결국 나일론을 만들어 냈다. 얇은 나일론 스타킹은 의류산업에 혁명을 불러일으켰으며, 플라스틱을 현대 생활의 결정적인 업적으로 인정하게 만들었다. 도중에 제2차 세계대전이 발발하자 나일론과 플라스틱 기술은 대부분 전쟁에 활용되었고, 때문에 사람들은 플라스틱을 더 원하게 되었다.

1945년 이후에는 세상이 구경하지 못했던 온갖 제품이 대대적으로 소비되기 시작했다. 아크릴 직물, 플렉시 유리, 폴리에틸렌 병, 폴리프로필렌 용기, '스펀지 고무'라고도 하는 폴리우레탄 장난감 등이 쏟아져 나온 것이다. 그중에 가장 세상을 많이 바꾼 장본인은 투명한 포장이었다. 폴리염화비닐과 폴리에틸렌으로 만든 착착 들러붙는 랩이 한 예인데, 랩 덕분에 우리는 음식을 잘 보이게 포장하는 동시에 훨씬 더 오래 보관할 수 있게 되었다.

이 놀라운 물질의 부정적 측면은 10년 안에 뚜렷이 드러났다. 〈라이프〉는 '쓰고 버리는 사회'라는 용어를 만들어 낸 바 있다. 쓰레기를 버린다는 것이 특별히 새로운 현상은 아니었다. 인류는 애초부터 사냥한 동물의 남은 뼈나 수확한 작물의 껍질을 버리며 살았고, 다른 생물들이 그것을 처리했다. 공장에서 제조한 물건들이 쓰레기의 대열에 합류했을 때, 처음에는 냄새나는 유기물 쓰레기에 비해 덜 고약한 것으로 인식되었다. 깨진 벽돌이나 도자기는 다음 세대의 건축 자재가 되었고, 버린 옷은 넝마주이들이 벌이는 중고품 시장에 다시 내보내거나 새로운 직물로 재활용되었다. 못 쓰게 된 기계는 폐품 처리장에 쌓여 있다가 부품만 활용되거나 전체를 녹여서 다른 기계로 다시 태어났다. 금속붙이는 녹이기만 하면 완전히 다른 것으로 만들어질 수 있었다. 제2차 세계대전은, 적어도 일본의 해군과 공군은 말 그대로 미국의 고철 더미가 있었기에 가능했다.

스탠퍼드대학의 고고학자 윌리엄 랏제는 미국의 쓰레기 연구 분야를 개척한 인물로, 하나의 신화에 도전함으로써 쓰레기 담당 관리들과 일반 대중을 계속 불편하게 만들고 있다. 그가 생각하는 신화란 미국 전역의 쓰레기매립장을 넘쳐나게 만드는 주범이 플라스틱이라는 인식이다. 랏제가 수십 년에 걸쳐 진행해 온 '쓰레기 프로젝트'를 통해 학생들은 가정에서 버리는 쓰레기 1주일분을 분석해 오고 있다. 그렇게 해서 1980년대에 내놓은 보고서에 따르면, 일반의 믿음과는 반대로 플라스틱은 매립 쓰레기의 20퍼센트가 되지 않았다. 그것은 다른 쓰레기에 비해 더 납작하게 압착할 수 있기 때문이기도 했다. 그 이후로 플라스틱 생산이 갈수록 늘어나고 있지만, 랏제는 그 비율이 바뀌지 않을 것이라고 말한다. 기술의 향상으로 음료수 병이나 포장에 들어가는 플라스틱의 양이 줄어들고 있기 때문이다.

그는 매립장을 가장 많이 차지하는 쓰레기가 건설 폐기물과 종이류라고 말한다. 일반의 상식을 또 한 번 뒤집는 사실은 신문이 공기와 물로부터 차단되어 묻혀 있으면 자연분해가 되지 않는다는 점이다. "그래서 이집트에서 3,000년 된 파피루스 두루마리가 발견될 수 있었던 겁니다. 1930년대 매립지에 묻었던 신문을 파보면 글자가 멀쩡하게 다 보입니다. 1만 년을 묻혀 있어도 마찬가지일 겁니다."

그렇긴 하지만 그는 자연을 더럽히는 데 대한 우리의 집단적 죄책감을 플라스틱이 반영해 주고 있다는 점을 인정한다. 플라스틱에는 뭔가 영원히 지울 수 없는 불편한 느낌이 있다. 그 차이는 매립장 밖에서 일어나는 일과 관련이 있을 수 있다. 신문은 묻혀 있지 않으면 바람에 찢기거나, 햇볕에 말라 바스러지거나, 빗물에 분해되기 때문이다.

하지만 플라스틱의 경우 어떤 일이 벌어지는지는 쓰레기 수거가 이루어지지 않는 곳에서 가장 생생하게 드러난다. 인간이 애리조나 북부의 호피 인디언 보호구역에서 살아온 것은 서기 1,000년 이후로, 그곳은 오늘날 미국의 다른 어느 지역보다 오래된 거주지다. 호피족 마을 중에 큰 지역은 주변 사막이 360도로 내려다보이는 메사(탁자 같은 모양의 지형) 세 곳 위에 위치해 있다. 여러 세기 동안 호피 사람들은 음식물찌꺼기나 깨진 도자기 등이 나오면 메사 가장자리비탈에 던져버리기만 했다. 음식물찌꺼기는 코요테나 독수리가 처리해 주었고, 그릇 조각은 원래 자리인 땅에 묻혀 분해되었다.

20세기 중반까지는 별 문제가 없었다. 그런데 어느 순간부터 벼랑에 던져놓은 쓰레기가 쌓이기 시작했다. 호피족은 자연이 해결할 수 없는 새로운 쓰레기 더미에 점점 둘러싸이게 되었다. 쓰레기가 사라지는 유일한 경우는 바람에 날려 사막으로 흩어져 버리는 것뿐이었다. 사막으로 갔다 해도 세이지풀이나 메스키트나무 같은 데 들러붙어 있거나, 선인장 가시에 찔려 고정될 뿐이었다.

호피족이 사는 메사 남쪽에는 해발 3,800미터의 샌프란시스코산이 있다. 이 산은 미루나무와 더글러스소나무 숲에 사는 호피족과 나바호족의 신이 있는 곳이다. 신성한 산봉우리는 겨울이면 마음을 씻어주는 새하얀 옷을 입었는데, 요즘은 갈수록 눈 내리는 일이 드물다. 이렇게 가뭄이 심해지고 기온이 올라가는 시대에 스키 리프트를 운영하는 업자들은 인디언들로부터 시끄러운 기계와 돈으로 신성한 땅을 더럽힌다는 비난을 받았다. 최근에는 더러운 물로 인공 눈을 만들어 스키장을 운영하는 바람에 신의 얼굴에 똥칠을 하는 신성모독을 범했다.

샌프란시스코산의 동쪽에는 그보다 더 높은 로키 산맥이 있다. 서쪽으로는 시에라마드레스라는 화산이 있는데, 역시 더 높다. 우리 입장에서 감히 상상하기 어려운 것은, 이 거대한 산들도 언젠가는 전부 침식되어 바다로 흘러간다는 사실이다. 모든 바위, 뾰족 봉우리, 능선, 협곡의 낭떠러지도 닳고 닳아 없어지게 되어 있다. 거대한 바위가 전부 가루가 되어 바다로 흘러들면서 그 속의 광물질이 녹아 바닷물을 계속 짜게 만들고, 흙 속의 영양분은 새로운 침전층을 이루면서 새로운 해양생물의 시대를 열 것이다.

하지만 그보다 한참 전에 이런 바위나 흙의 알갱이로 이루어진 침전물들보다 앞서 훨씬 더 가볍고 쉽게 운반되는 물질이 있을 것이다.

· · · · ·

캘리포니아 롱비치의 찰스 무어 선장은 1997년 어느 날 호놀룰루에서 알루미늄 배로 항해하다가 태평양 서부에서 자신이 가장 꺼리는 지역으로 진입하고 말았다는 사실을 깨달았다. 흔히 무풍대라고도 하는 이 지역은 하와이와 캘리포니아 사이의 텍사스만 한 영역으로, 1년 내내 적도의 더운 공기가 고기압을 이루어 서서히 소용돌이 치면서 바람을 빨아들이기만 하고 내보내지 않기 때문에 항해사들이 좀처럼 지나가지 않는 곳이다. 이 고기압 아래에는 해수면이 시계 방향으로 느릿하게 돌아가는 소용돌이를 그리고 있다.

이곳의 정확한 명칭은 '북태평양 아열대 환류'다. 그런데 무어는 그곳이 해양학자들에 의해 다른 이름, 즉 '태평양 대쓰레기장'이라고 불린다는 사실을 곧 알게 되었다. 무어 선장은 헤매다가 환태평양 일대 바닷물의 절반가량이 결국 흘러오는 수역에 들어서게 되었다. 끔찍하게도 산업이 만들어 낸 온갖 쓰레기도 해류를 따라 그곳에 모여 서서히 소용돌이치고 있었다. 무어와 승무원들은 둥둥 떠다니는 쓰레기가 가득한 작은 대륙 크기의 바다를 1주일 동안 건너갔다. 빙하의 조각들이 가득 떠다니는 북극 바다를 헤치고 지나가는 느낌과 비슷했다. 단 그곳에 떠다니는 것은 경악할 정도로 많은 컵, 병뚜껑, 엉킨 고기잡이 그물과 낚싯줄, 폴리스티렌 포장 조각, 여섯 개들이 맥주 팩 고리, 터진 풍선, 샌드위치 랩 조각, 비닐봉지 등이었다.

그보다 2년 전에 무어는 목재가구 관련 사업을 하다가 은퇴했다. 평생 서핑을 즐긴 그는 아직 흰머리도 별로 나지 않은 나이에 일찌감치 은퇴하여 배를 한 척 만들었다. 배를 타던 아버지 밑에서 자란 그는 미국 해안경비대의 함장 자격을 얻은 바 있으며, 해양환경 감시그룹 일을 자원해서 하기 시작했다. 태평양 한가운데에서 태평양 대쓰레기장을 구경하는 끔찍한 경험을 한 뒤, 그의 그룹은 지금의 '알지타 해양연구재단'으로 발전했다. 이 단체는 50년 전부터 바다에 떠다니기 시작한 잡동사니 문제를 고민해 오고 있다. 그가 본 해양 쓰레기의 90퍼센트가 플라스틱이었다.

무어는 그 쓰레기들이 어디서 오는지를 알게 되었을 때 가장 경악했다. 1975년 미국 과학원은 바다를 건너다니는 선박 전체가 매년 버리는 플라스틱이 800만 톤에 이른다고 추정했다. 더 최근에 나온 연구에 따르면, 세계의 상선들이 무책임하게 바다에 버리는 플라스틱 용기가 매일 63만 9,000개나 된다고 한다. 그런데 무어는 상선과 해군이 버리는 쓰레기는 해안에서 마구 떠내려오는 것에 비하면 폴리머 부스러기에 불과하다는 사실을 알게 되었다.

이 세상의 쓰레기매립장들이 플라스틱으로 넘쳐나지 않는 진정한 이유가 대부분 플라스틱이 바다라는 매립장으로 떠내려오기 때문임을 그는 알 수 있었다. 몇 년간 북태평양 환류에 대한 샘플링 작업을 진행해 온 무어는 대양 한가운데에 떠다니는 쓰레기의 80퍼센트가 원래 육지에서 버려졌다는 결론을 내렸다. 쓰레기차나 매립장에서 날리거나, 철도 화물칸에서 엎질러지거나, 빗물 배수관에 떠내려온 것들이 강물이나 바람을 타고 와서 마침내 태평양의 소용돌이까지 오게 된 경우였다.

"강물을 따라 바다로 흘러온 것들이 결국 도착하는 곳이 여깁니다." 무어 선장은 자기 배에 탄 승객들에게 이렇게 말한다. 그 말은 과학이 시작된 이래로 지질학자들이 학생들에게 엄연한 침식의 과정을 설명할 때 늘 해온 말과 같다. 산이 깎이고 깎여 결국 소금이나 그 밖의 미세한 알갱이가 되어 바다로 떠내려가고, 해저에 쌓이고 쌓여 결국 바위가 되는 과정을 대개 그런 식으로 설명한다. 그런데 여기서 무어가 이야기하는 내용은 지구가 지난 50억 년이라는 지질시대 동안 알지 못했던 물질과 퇴적에 관한 것이다.

무어는 1,600킬로미터에 걸쳐서 이 환류를 처음 지나가는 동안 해수면 100제곱미터당 쓰레기가 220그램 정도 있다고 계산했고, 이 일대의 플라스틱 쓰레기가 총 300만 톤 정도 된다는 결론을 내렸다. 그러한 추정은 미 해군의 계산과도 비슷한 수치였다. 그러나 이것은 그 뒤로 그가 맞닥뜨릴 엄청난 수치의 시작에 불과했다. 게다가 그 수치는 눈에 보이는 플라스틱만을 대상으로 하면서, 해조류나 조개가 달라붙어 더 지저분해 보이는 큰 플라스틱 조각을 대략적으로 측

Chapter2. 그들이 내게 알려준 것들

정한 것이다. 1998년 무어는 하디 경이 크릴 샘플을 모으기 위해 매단 장치 같은 것을 달고 이곳을 다시 찾아왔고, 놀랍게도 대양 표면에 있는 플라스틱의 무게가 플랑크톤 무게를 능가한다는 사실을 알게 되었다.

비슷한 정도도 아니고 자그마치 여섯 배나 많은 양이었다.

그는 또 로스앤젤레스 연안에서 태평양으로 흘러가는 바닷물의 샘플을 조사해 보았는데, 수치는 100배가 넘는 데다 해마다 높아지고 있었다. 그 무렵 그는 플리머스대학의 해양생물학자 톰슨과 데이터를 비교해 보았다. 톰슨과 마찬가지로 그는 비닐봉지와 함께 어딜 가나 발견되는 조그만 원재료 플라스틱 알갱이에 특히 큰 충격을 받았다. 인도의 경우 비닐봉지를 생산하는 공장이 5,000곳에 이르렀고, 케냐에서는 재생 가능성이 전혀 없는 비닐봉지를 매달 4,000톤씩 찍어내고 있었다.

너들이라고 하는 작은 플라스틱 알갱이는 매년 5,500조 개, 즉 약 1억 톤이 생산되었다. 무어는 그것들을 어디에서나 발견할 수 있었을 뿐만 아니라, 해파리 또는 바다에서 가장 흔하며 미생물을 걸러 먹고 사는 살프salp 등의 투명한 바다생물의 몸속에 그런 플라스틱수지 조각이 있는 것을 확실히 보았다. 바닷새들과 마찬가지로 그들은 색깔이 화사한 플라스틱 알갱이들은 물고기 알로, 황갈색의 알갱이들은 크릴의 알로 착각한 것이다. 과연 지금은 각질 제거용 화학물질로 코팅이 되고 작은 바다생물들이 한입에 삼키기 딱 좋은 작은 알갱이들이 얼마나 더 많이 바다로 떠내려오고 있을까?

그렇다면 바다는, 생태계는, 미래는 과연 어떻게 될까? 이런 플라스틱들이 출현한 지는 이제 겨우 50년이 될까 말까다. 그것들의 화학 성분이나 첨가물은 먹이사슬을 따라 올라오면서 농축되어 진화에 영향을 끼칠까? 화석으로 남을 만큼 오래갈까? 몇백만 년 후의 지질학자들은 해저의 퇴적암에 묻혀 있는 바비 인형의 일부를 발견하게 될까? 그 인형들은 공룡 뼈처럼 끼워맞출 수 있을 정도로 멀쩡할까? 아니면 일단 분해되긴 하되 몇십억 년이 지나도록 광활한 플라스틱의 바다에서 탄화수소가 새어나오도록 할까?

· · · · ·

무어와 톰슨은 물질 분석 전문가들에게 자문을 구하기 시작했다. 도쿄대학의 지구화학자인 다카다 히데시게 교수는 내분비계 교란 화학물질EDC 전문가로, 동남아시아 일대의 쓰레기 더미에서 걸러져 나오는 독성물질이 과연 어떤 것인지를 알아보기 위해 홀로 지대한 노력을 기울여 온 인물이다. 그는 한국의 동해와 도쿄 만에서 나오는 플라스틱을 조사하기도 했다. 그리고 그곳 바다에 있는 너들과 그 밖의 플라스틱 조각들이 DDT나 폴리염화비페닐PCB 같은 강력한 독성물질을 끌어당기고 빨아들이는 자석이나 스펀지 역할을 한다는 조사 결과를 발표했다.

플라스틱을 잘 휘게 만드는 맹독성의 PCB는 1970년부터 사용이 금지되었다. 다른 여러 위험성 가운데서도 PCB는 특히 어류나 북극

곰을 양성(암수한몸)으로 만들어 버리는 호르몬 교란을 촉발하는 것으로 알려져 있다. 사용이 금지됐다고는 하지만, 앞으로 몇 세기 동안은 1970년 이전의 플라스틱 부유물에서부터 PCB가 꾸준히 흘러나올 것이다. 그런데 다카다도 발견한 바와 같이 온갖 원천, 즉 복사용지, 자동차 오일, 냉각액, 형광등, GE나 몬산토의 공장들이 강에 바로 쏟아버린 악성 배출물 등에서 비롯된 부유 독성물질들은 둥둥 떠다니는 플라스틱의 표면에 쉽게 들러붙는다.

한번은 바다오리가 삼킨 플라스틱과 지방 조직에 축적된 PCB가 어떤 상관관계를 갖는지 연구했는데, 놀라운 것은 양이었다. 다카다 연구팀은 바다오리들이 먹은 플라스틱 알갱이들에 농축된 독성이 보통 바닷물보다 자그마치 100만 배나 높다는 사실을 발견했다.

2005년 무어는 태평양에서 쓰레기장이 되어버린 북태평양 환류의 면적이 무려 2,600만 제곱킬로미터로 거의 아프리카 대륙의 크기와 맞먹는다고 했다. 쓰레기가 소용돌이치는 환류는 거기 한 곳뿐만이 아니었다. 지구상에는 그렇게 지저분해진 커다란 열대환류가 여섯 개가 더 있다. 마치 제2차 세계대전 이후 조그만 씨앗에서 시작된 플라스틱이 빅뱅처럼 폭발하여 계속 확대되고 있는 것 같았다. 지금 당장 생산을 전면 중단한다 해도, 이미 어마어마하게 많은 양이 버려져 아주 오랫동안 떠다니게 되어 있다. 무어는 이제 플라스틱 쓰레기가 세계 전역의 해수면에서 가장 흔한 특징이 되었다고 생각했다. 그것들이 얼마나 오래갈까? 이 세상이 영영 플라스틱으로 뒤덮이지 않도록, 그보다 순하고 덜 오래가는 대체물을 구할 수는 없을까?

그해 가을, 무어와 톰슨과 다카다는 로스앤젤레스에서 열린 해양 플라스틱 회담에서 앤서니 안드라디 박사를 만났다. 남아시아의 고무 생산 강국인 스리랑카 출신의 안드라디는 대학원에서 폴리머를 공부하다가 플라스틱산업의 획기적인 발전을 보고 고무 전문가로서의 길을 포기한 연구자다. 그는 800페이지의 방대한 책《플라스틱과 환경》을 저술함으로써 업계와 환경론자 양측으로부터 이 분야 최고의 권위자로 인정받게 되었다.

안드라디는 그 자리에 모인 해양생물학자들에게 플라스틱의 장기적인 예후豫後는 말 그대로 장기적이라고 말했다. 그러면서 플라스틱이 바다에서 오래오래 남는 물질이 된 것은 당연한 일이라고 설명했다. 플라스틱은 신축성이 뛰어나고, 성질이 다양하며(예컨대 가라앉게도 뜨게도 할 수 있다), 물속에 있으면 거의 보이지 않고, 내구성이 뛰어난 데다 아주 질기기 때문에 그물이나 낚싯줄 제조자들이 천연섬유를 버리고 나일론이나 폴리에틸렌 같은 합성화학물질을 선택한 것이다. 나일론의 경우 시간이 지나면 분해되는 데 반해, 폴리에틸렌은 찢어지고 유실되어도 바다 속을 떠다니며 '유령 고기잡이'를 계속한다. 그래서 이제는 고래를 포함한 거의 모든 바다생물이 바다 속을 떠다니는 플라스틱 그물이나 엉킨 낚싯줄에 걸려들 위험이 있다.

안드라디는 플라스틱도 여느 탄화수소처럼 "결국에는 생물분해가 이루어지기 마련이지만, 워낙 느리게 진행되기 때문에 거의 도움이 되지 않는다. 하지만 광분해는 꽤 의미 있는 시간 안에 이루어진다"라고 했다.

그는 또 다음과 같이 설명했다. 탄화수소는 생물분해가 이루어질 때 그 폴리머 분자가 원래의 두 성분인 이산화탄소와 물로 분해된다. 광분해가 될 때는 자외선이 플라스틱의 길고 사슬 같은 폴리머 분자들을 작은 부분으로 쪼갬으로써 서로 끌어당기는 힘을 약화시킨다. 플라스틱의 강도는 서로 얽혀 있는 폴리머 사슬의 길이에 달려 있기 때문에, 자외선이 그 사슬을 끊어버리면 플라스틱은 분해되기 시작한다.

폴리에틸렌 등의 플라스틱이 햇볕에 노출되면 색이 누레지고, 잘 부서지고, 표면이 일어나는 것을 쉽게 볼 수 있다. 그래서 플라스틱이 자외선에 더 잘 견디도록 첨가제 처리를 하는 경우가 많은데, 반대로 자외선에 더 민감하게 반응하도록 하는 첨가제도 있다. 안드라디는 캔맥주 팩에 쓰는 플라스틱 고리 등에 후자의 첨가제를 쓰면 많은 바다생물의 목숨을 구할 수 있을 것이라고 했다.

하지만 두 가지 문제가 있다. 하나는 물속에 있는 플라스틱이 광분해되는 데 훨씬 더 오래 걸린다는 점이다. 육지에서는 볕에 두면 플라스틱이 적외선을 흡수하여 금세 주변 공기보다 온도가 훨씬 더 높아진다. 그런데 바다에서는 물속이라 온도가 낮게 유지될 뿐만 아니라 해조류가 엉겨붙어 볕을 차단하기도 한다.

또 하나의 문제점은 유령그물이 돌고래들을 익사시키기 전에 분해된다 하더라도 그 화학적 성질이 몇백 년, 몇천 년이 지나도 변하지 않는다는 점이다.

"플라스틱은 여전히 플라스틱입니다. 변함없이 폴리머인 것입니다. 폴리에틸렌은 의미 있는 시간 안에 생물분해가 이루어지지 않습니다. 그렇게 긴 분자를 생물분해할 수 있는 메커니즘이 바다 환경에는 없습니다." 광분해가 되는 그물을 쓰는 덕분에 바다 포유류들이 덜 죽는다 해도, 그것이 분해되어 남는 가루를 해파리처럼 미생물을 걸러 먹고 사는 바다생물이 먹게 된다는 것이다.

"소각된 소량을 제외하고 지난 50년 동안 전 세계에서 생산된 플라스틱은 계속 남아 있을 겁니다. 자연환경 어딘가에는 남아 있을 수밖에 없죠." 플라스틱 권위자 안드라디의 말이다.

반세기 동안 생산된 플라스틱의 총량은 이제 10억 톤이 넘는다. 종류도 헤아릴 수 없이 많다. 익히 다 알려지지 않은 온갖 배율로 가소제, 불투명 처리제, 충전제, 강화제, 빛 안정제를 첨가했기 때문이다. 그래서 각각의 수명도 크게 다르다. 그리고 아직까지 사라진 것은 하나도 없다. 연구자들은 폴리에틸렌이 생물분해되기까지 얼마나 오래 걸리는지 알아보기 위해 세균이 살아 있는 배양기에 샘플을 넣어두는 실험을 실시했는데, 1년이 지나도록 1퍼센트도 분해되지 않았다.

"그것도 가장 잘 통제된 실험실 조건에서 그랬다는 겁니다. 실제 환경에서는 그렇게 되기 어렵습니다"라고 안드라디는 말한다. "플라스틱은 생긴 지 얼마 되지 않았기 때문에 미생물들이 그것을 처리할 효소를 아직 개발하지 못했습니다. 그래서 플라스틱 가운데서 분자량이 아주 작은 것만 생물분해를 할 수 있죠." 즉 폴리머 사슬 가운데 가장 작고 이미 깨진 부분만 그렇다는 것이다. 세균으로 만든 생물분해 가능한 폴리에스테르뿐만 아니라 설탕으로 만든 생물분해 가능한 플라스틱이 나오긴 했지만, 석유를 기반으로 하는 원래의 플라스틱을 대체할 가능성은 별로 없다.

"식품 포장은 세균으로부터 식품을 보호하는 것이 목적입니다. 그러니 미생물이 먹어치울 수 있도록 해주는 플라스틱으로 음식물을 싼다는 것은 별로 현명한 방법이 못 되겠지요." 안드라디의 말이다.

하지만 만일 그럴 수 있다 해도, 혹은 인간이 사라져 버리고 아무도 너들을 더 만들어 내지 않는다 해도, 이미 생산된 플라스틱은 그대로 남아 있을 것이다. 그것들은 과연 얼마나 오래갈까?

"이집트의 피라미드에 옥수수, 씨앗들, 심지어 인간의 머리카락 같은 신체 일부가 보존될 수 있었던 것은 산소나 습기가 거의 없는 상태에서 햇빛이 차단되어 있었기 때문입니다"라고 안드라디는 말한다. 부드러우면서도 짤막짤막한 그의 음성은 설득력이 있다. "우리의 쓰레기 더미가 그와 비슷합니다. 물기, 햇빛, 산소가 거의 없는 곳에 묻힌 플라스틱은 아주 오래도록 멀쩡히 남아 있을 겁니다. 바다 속에 침전되어 묻혀 있어도 마찬가지입니다. 깊은 바다 밑바닥은 산소도 없고 대단히 차가우니까요."

여기서 그는 짤막한 웃음소리를 내며 덧붙인다. "물론 우리는 그 정도 깊이의 미생물에 대해서는 잘 모릅니다. 거기서도 공기를 싫어하는 혐기성 미생물들이 생물분해를 일으킬 수 있을지 모르지요. 아주 불가능한 일은 아닙니다. 하지만 아직까지 잠수정을 내려보내 확인한 예는 없지요. 우리가 연구한 바로는 그러기 힘들 것 같습니다.

그래서 해저에서는 분해가 훨씬 더딜 것으로 보고 있어요. 몇 배는 더, 아니면 자릿수가 다를 정도로 큰 차이가 날 겁니다."

자릿수가 다를 정도라면 열 배가 넘는다는 말일 텐데, 무엇에 비해 그렇다는 뜻일까? 1,000년 아니면 1만 년의 열 배가 넘는다는 말일까?

아무도 모른다. 플라스틱이 자연분해가 된 경우가 아직까지는 없기 때문이다. 탄화수소를 분해하여 자기들의 건축재로 쓸 줄 아는 지금의 미생물들이 식물의 리그닌과 셀룰로오스를 분해하는 법을 터득하기까지는 식물이 탄생한 뒤로도 한참의 세월이 걸렸다. 더 최근에 와서는 오일을 먹는 법까지도 배웠지만, 아직 플라스틱을 소화하는 미생물은 없다. 50년 세월은 진화가 필요한 생화학 능력을 발전시키기에 너무 짧은 시간이기 때문이다.

"하지만 10만 년의 시간을 줘봅시다"라고 안드라디는 낙관적으로 말한다. 그는 2004년 크리스마스에 쓰나미가 덮칠 때 모국인 스리랑카에 머물고 있었는데, 그런 묵시록적 재앙이 닥친 뒤에도 희망의 근거를 발견하는 사람들을 보고 감명을 받았다. "저는 많은 종의 미생물이 이 어마어마한 작업을 해낼 유전자를 갖추게 될 것을, 그리하여 그 숫자가 더 늘어나고 번성할 것을 확신합니다. 지금 있는 플라스틱이 다 분해되려면 수십만 년이 걸리겠지만, 어쨌든 결국 생물분해가 가능할 겁니다. 훨씬 더 복잡한 구조의 리그닌도 생물분해가 되고 있습니다. 우리가 만들어 내는 물질을 진화가 따라잡는 것은 좀 오래 걸린다 해도 시간문제일 뿐입니다."

그리고 생물학적 시간을 초과해서도 일부 플라스틱이 남는다면 지질학적 시간이 해결해 줄 것이라고 한다.

"융기와 압박이 남은 플라스틱을 다른 것으로 바꾸어 버릴 겁니다. 오래전에 습지에 묻힌 나무처럼 말이지요. 그 나무들을 석유와 석탄으로 변화시킨 것은 생물분해가 아니라 지질적인 과정이었거든요. 플라스틱이 집중적으로 모인 곳에서는 그런 일이 일어날 수 있습니다. 결국 플라스틱도 변하기 마련입니다. 변화는 자연의 큰 특징이지요. 그 무엇도 그대로 남아 있지 않습니다."

10
텍사스 석유화학 지대

땅은 지난 한 세기 동안 석유화학의 발전이
초래한 충격으로부터 회복될 수 있을까?
쉴 새 없이 연료를 태우고 흘려보내는 인간이
이 지극히 부자연스러운 지상의 풍경을 방치하게 된다면,
자연은 과연 텍사스의 거대한 석유화학 지대를 정화는커녕 해체할 수 있을까?

인간이 없어지고 나면 가장 먼저 혜택을 볼 것들 중 하나가 모기일
것이다. 인간중심주의적 세계관은 우리로 하여금 인간의 피가 모기
의 생존에 필수적이라는 생각을 하게 하지만, 사실 모기는 다양한 맛
을 즐길 줄 아는 미식가다. 대부분의 온혈 포유류뿐만 아니라 냉혈
인 파충류, 심지어 새의 정맥에서도 피를 빨아먹을 줄 안다. 우리가
없어지면 수많은 야생동물이 우리의 공백을 메우기 위해 당장 달려
들어 우리가 차지하던 공간에 자기 집을 만들 것이다. 더 이상 인간

이 만든 치명적인 교통수단에 깔려 죽지도 않을 것이다. 또한 우리 모두의 육신, 저명한 생물학자 E. O. 윌슨은 그 양이 그랜드캐니언을 다 채우지 못할 것이라고 추정한 그 육신을 거름으로 해서 번성할 것이다.

동시에 우리가 없어지는 바람에 상실을 느낄 모기라 하더라도 우리가 남긴 두 가지 선물로 인해 위안을 받을 것이다. 하나는 우리가 더 이상 그들을 박멸하지 않는다는 점이다. 인간은 살충제를 발명하기 훨씬 전부터 모기를 표적으로 삼아 모기가 번식하는 연못이나 강어귀나 웅덩이에 기름을 붓곤 했다. 새끼 모기에게 필요한 산소를 빼앗는 이러한 방법은 모기 퇴치를 위한 온갖 종류의 화학전과 함께 여전히 널리 애용되고 있다. 화학전은 유충의 성장을 가로막는 호르몬제에서부터 DDT 공중 살포에 이르기까지 다양하다. 특히 말라리아가 흔한 열대에서 행해지는 DDT 공중 살포는 아직도 세계의 일부 지역에서만 금지되어 있다. 인간이 없어진 세상에서는 지금 같으면 일찌감치 죽어버릴 무수한 어린 모기들이 살아남을 테고, 덕분에 모기 알과 유충을 잘 먹는 많은 민물고기가 번성할 것이다. 또한 꽃도 많이 필 것이다. 모기는 피만 빨아먹고 사는 게 아니라 꽃의 꿀도 먹는다. 피를 좋아하는 암컷도 먹긴 하지만 수컷의 주식이 바로 화밀花蜜이다. 우리가 사라지면 가루받이 담당자로서 모기의 역할이 더 활발해져 꽃이 만발할 것이다.

모기가 받을 또 하나의 선물은 원래 살던 고향이 복구된다는 점이다. 모기의 고향이란 습지를 말한다. 1776년에 건국된 미국의 경우,

모기는 주된 번식지인 습지를 캘리포니아 면적만큼이나 잃어버렸다. 그 정도로 넓은 땅이 다시 습지로 변하면 어떻게 될지 상상해 보라 (모기의 개체 수 증가율은 모기를 먹고 사는 물고기, 두꺼비, 개구리의 증가를 함께 고려하여 계산해야 할 것이다. 비록 두꺼비와 개구리에 대해서는 인간이 모기에게 좀더 숨 돌릴 기회를 주긴 했다. 바로 키트리드chytrid라는 치명적인 진균류를 통해서 말이다. 앞으로 얼마나 많은 양서류가 키트리드를 견뎌낼지는 확실치 않다. 실험용 개구리를 국제적으로 거래하다가 퍼지기 시작한 이 곰팡이균은 기온이 올라가면서 급증하여 세계적으로 수백 종의 양서류를 멸종시켰다).

코네티컷 교외든 나이로비 슬럼이든 습지이던 곳을 간척한 곳에 사는 사람이라면 잘 아는 사실처럼, 모기는 서식지건 아니건 어떻게든 살길을 찾아낸다. 플라스틱 병뚜껑에 이슬 한 방울만 있어도 알 몇 개는 부화시킬 수 있는 것이 모기다. 아스팔트와 보도가 영영 분해되고 습지가 이전의 지상권을 주장하며 자리를 잡을 때까지, 모기들은 웅덩이나 막힌 하수구에서 그럭저럭 버텨나갈 것이다. 또 인간이 만들어 준 또 하나의 훌륭한 보금자리가 적어도 한 세기는 멀쩡할 테고, 그보다 여러 세기가 지나도 종종 모습을 드러낼 것이기에 안심할 수 있을 것이다. 그것은 바로 고무로 만든 자동차 폐타이어다.

· · · · ·

고무는 탄성중합체라고 하는 폴리머의 일종이다. 아마존의 파라

고무나무에서 추출되는 젖빛 라텍스 같은 천연 원료로 만든 고무는 이론상으로 생물분해가 가능하다. 그러나 천연 라텍스는 고온에서 끈적끈적해지고 추울 때는 굳어지거나 부스러지기까지 하므로 실용화되지 못했다. 그런데 1839년 매사추세츠의 찰스 굿이어라는 한 철물 외판원이 천연 라텍스와 황을 섞는 실험을 하다가 우연히 뜨거운 난로에 조금 흘렸는데, 그 가황^{加黄} 고무가 녹지 않는 것을 보고 자연에 없던 새로운 물질을 만들어 냈다는 사실을 알게 되었다.

그런데 이 가황 고무를 먹는 미생물 역시 아직 나타나지 않았다. 황을 첨가하는 굿이어의 방법은 고무의 긴 폴리머 사슬을 황 원자의 짧은 가닥과 결합시켜 하나의 큰 분자를 만드는 과정이다. 이렇게 고무에 황을 첨가함으로써 만들어지는 아주 큰 분자는 모양을 그대로 유지하는 성질을 갖는다. 다시 말해 열을 가하여 황을 섞은 다음 틀에 부어 트럭 타이어 같은 모양을 만든다는 뜻이다.

분자가 하나인 타이어는 녹아서 다른 무엇으로 변하지 않는다. 주행거리가 10만 킬로미터쯤 되어 마찰에 의해 찢어지거나 닳지 않는 한 둥근 모양을 유지한다. 폐타이어매립장 운영자들을 아주 괴롭히는 문제 중 하나는, 타이어를 땅에 묻으면 속에 도넛 같은 공기 띠가 차 있어서 지면 위로 솟아오르려 한다는 점이다. 대부분의 쓰레기매립장에서는 더 이상 타이어를 받아주지 않으려 한다. 하지만 앞으로 몇백 년 동안은 잊고 지내던 매립장에 묻혀 있던 폐타이어가 기어코 지면 위로 올라오는 탓에 그 속에 빗물이 차고 모기가 다시 번식하기 시작할 것이다.

미국의 경우, 매년 인구 1인당 한 개의 타이어를 버린다고 한다. 1년이면 3억 개가 넘는다는 뜻이다. 세계적으로 버려지는 폐타이어의 양은 과연 얼마나 되겠는가? 현재 세계의 자동차 보유 대수가 7억 대이며 그보다 훨씬 더 많은 수가 폐차되었으니, 우리가 남길 폐타이어의 수는 1조 개까지는 아니어도 수십억 개는 족히 될 것이다. 그것들이 얼마나 많이 남을지는 직사광선을 얼마나 많이 받느냐에 달려 있다. 타이어의 황이 첨가된 탄화수소를 좋아하는 미생물이 진화하기 전까지는, 오직 코를 찌르는 오염물질인 지표면 오존의 부식성 산화물이나 구멍 뚫린 성층권 오존층을 통과해 들어오는 자외선만이 그 단단한 분자결합을 파괴할 수 있다. 그래서 자동차 타이어에는 강도와 색깔을 결정하는 카본블랙 같은 첨가제와 더불어 자외선억제제 및 '항오존제'가 들어간다.

타이어에는 탄소가 많이 들어 있지만 타이어를 태우면 상당한 에너지가 발생하며 불이 잘 꺼지지도 않는다. 동시에 제2차 세계대전 중에 급히 개발한 독성물질이 함유된 기름기 있는 그을음도 나온다. 한때 일본은 동남아 일대를 침탈한 뒤 전 세계의 고무 공급을 장악했다. 독일과 미국은 전쟁 장비의 개스킷gasket(금속이나 그 밖의 재료가 접촉하면서 가스나 물이 새지 않도록 하기 위해 끼워넣는 패킹 - 옮긴이)이나 바퀴를 고무 대신 가죽이나 나무로 쓸 수는 없음을 잘 알았기에 첨단 기술을 총동원하여 대체 물질을 찾았다.

현재 세계에서 합성고무를 가장 많이 생산하는 공장은 텍사스에 있다. 바로 '굿이어타이어앤드러버 컴퍼니'의 공장으로, 1942년에 과학자들이 합성고무를 개발하자마자 세워졌다. 그들은 살아 있는 열대의 고무나무 대신 죽은 해양식물을 이용했다. 다시 말해 300만 년 전에 죽어 해저에 가라앉은 식물성플랑크톤이었다. 정확하지는 않지만 이론상으로만 알려진 이유로 이들 식물성플랑크톤은 많은 침전물에 덮이고 강하게 압착되어 찐득찐득한 액체로 변하게 되었다. 과학자들은 이 원유를 이용하여 몇 가지 유용한 탄화수소를 정제하는 방법을 이미 알고 있었다. 그중 두 가지, 즉 스티로폼의 원료인 스티렌과 폭발성 및 발암성이 강한 액화 탄화수소인 부타디엔이 고무를 합성하는 데 응용되었다.

그로부터 60년 뒤, 굿이어 고무회사는 아직도 같은 장소에서 같은 장비를 이용하여 경주용 자동차 타이어에서부터 껌에 이르기까지 온갖 것의 주재료인 합성고무를 생산하고 있다. 공장이 크기도 하지만 그 주변은 더욱 놀랍다. 이 주변은 인류가 지구 표면에 세워놓은 가장 웅장한 구조물들 중 하나다. 휴스턴 동부에서 시작된 이 복합 산업공단은 80킬로미터 떨어진 멕시코만에 이르기까지 막힘없이 이어져 있다. 지구상에서 원유정제공장, 석유화학회사, 창고가 가장 많이 모여 있는 거대한 지역이다.

이를테면 이곳에는 굿이어 공장 바로 옆의 산업도로와 가시 철조망 너머에 석유탱크 밀집 지역이 있다. 원통형의 원유저장고가 모여 있는 곳인데, 어떤 것은 지름이 축구장만 하고 너무 넓어서 땅딸막해 보인다. 그 저장고들을 이어주는 파이프라인은 아래위 사방으로 뻗어 있어 어디서든 눈에 띈다. 하양, 파랑, 노랑, 초록 등 여러 색으로 칠해진 이 파이프라인들 중에는 굵기가 120센티미터나 되는 것도 있다. 굿이어 공장 등에 있는 파이프라인들은 높은 아치 길을 이루고 있어 그 아래로는 트럭이 지나다닌다.

눈에 보이는 것들만 이 정도다. 위성으로 휴스턴을 CT촬영 한다면 지면 아래 약 1미터 깊이로 묻혀 있는 탄소강 파이프들이 복잡하게 얽혀 있는 방대한 망이 드러날 것이다. 선진국의 여느 도시나 타운에서처럼, 가느다란 파이프들이 모든 도로망과 주택에 모세혈관처럼 연결되어 있는 것이다. 이 가스관들은 워낙 엄청난 쇠파이프망을 이루고 있기 때문에 나침반 바늘들이 전부 땅바닥을 가리키지 않는 것이 신기할 지경이다. 그런데 휴스턴에서는 이런 가스관들이 부분적인 장식에 불과하다. 정유 파이프라인이 도시 전체를 광주리 엮듯 둘러싸고 있기 때문이다. 이는 정제된 원유를 휴스턴에 있는 수백 곳의 화학공장으로 운반해 주는 파이프망이다. 텍사스 페트로케미컬 같은 화학회사는 그 정유를 받아 굿이어 같은 이웃 회사에게 부타디엔을 공급해 주며 랩이 서로 잘 들러붙도록 하는 물질을 만들어 낸다. 부탄을 만들기도 하는데, 부탄은 폴리에틸렌 너들과 폴리프로필렌 너들의 원료가 되는 물질이다.

그 밖에도 막 정제된 가솔린, 가정 난방용 기름, 디젤, 항공기 연료를 운반하는 수많은 관이 거대한 지하 파이프망을 이루고 있다. 길이 8,830킬로미터에 굵기 76센티미터의 이 '콜로니얼 파이프라인'의 본관本管은 휴스턴 외곽의 패서디나에서 시작된다. 이 파이프라인은 루이지애나, 미시시피, 앨라배마에서 더 많은 운반물을 담은 다음 동쪽

해안을 따라 가면서 이따금 지상으로 올라오기도 하고 더 내려가기도 한다. 대개 여러 등급의 연료를 시속 6~7킬로미터의 속도로 운반하는 이 송유관은 뉴욕항 바로 아래인 뉴저지 린던에 있는 터미널까지 이어진다.

미래의 고고학자들이 이 모든 파이프를 뎅뎅 두드리며 탐사한다고 상상해 보라. 그들은 텍사스 페트로케미컬 뒤에 있는 묵직한 철강 보일러나 굴뚝들을 무엇이라고 생각할까?(인간이 그때까지 남아 있다면, 내구성을 정확히 계산할 컴퓨터가 없던 시절에 과잉으로 만들어진 그 오래된 것들을 다 해체하여 중국에 팔아버렸겠지만 말이다. 제2차 세계대전 역사가라면 중국이 미국의 고철을 다 사들이는 목적에 대해 매우 우려하며 의심할 것이다.)

고고학자들이 파이프를 따라 밑으로 수십 미터를 더 내려가 본다면 인간이 만든 것 중 가장 오래 버틸 수 있는 인공물을 발견할지도 모른다. 그것은 텍사스만 해안 밑에 있는 약 500개의 암염돔$^{salt\ dome}$으로, 8킬로미터 아래에 있는 암염층의 염분이 솟아오르면서 형성된 것이다. 그중 몇 개는 휴스턴 바로 밑에 있다. 총알 모양으로 생긴 이 돔들은 길이가 1.6킬로미터 이상인 것도 있다. 암염돔에 구멍을 뚫어 물을 집어넣는다면, 내부를 녹여 저장고로 쓰는 것이 가능하다.

저장고로 쓰는 휴스턴 아래의 암염돔 몇 개는 길이 180미터에 높이가 800미터 정도 되는데, 이는 휴스턴 아스트로스의 홈구장인 아스트로돔의 두 배나 되는 크기다. 소금 결정체로 이루어진 벽은 투과되지 않는다고 보기 때문에 이들 돔 가운데 일부는 에틸렌 같은 매우 폭발성이 강한 가스를 저장하는 데 이용되곤 한다. 지하 암염돔이 만들어질 때 바로 파이프로 연결하여 저장할 경우, 에틸렌은 플라스틱 생산에 이용될 때까지 680킬로그램의 압력을 견딜 수 있다. 에틸렌은 휘발성이 매우 강해서 지하의 파이프를 금세 녹여버리고 터져버릴 수 있다. 그러므로 오래전에 사멸한 문명의 유물이 면전에서 폭발하는 불상사를 겪지 않도록 미래의 고고학자들은 소금 땅굴을 건드리지 말아야 할 것이다. 그러나 대체 그것을 어찌 안단 말인가?

다시 지상으로 돌아와서 보면, 이스탄불의 보스포루스 해협 연안을 우아하게 장식하는 모스크와 첨탑들처럼 휴스턴의 운하 가장자리에는 돔 같은 하얀 석유탱크와 은빛 타워들이 늘어서 있다. 액체 상태의 연료를 일반 기온에서 저장하는 납작한 탱크들이 땅에 붙어 있는 이유는 지붕 아래 공간에 모이는 증기가 천둥번개 때문에 폭발하는 일이 없도록 하기 위해서다. 이중으로 된 탱크를 점검하고 페인트칠을 하며 20년 주기로 교체해 줄 인간이 없는 세상에서, 바닥이 먼저 부식해 내용물이 밑으로 새어 나오느냐 바닥 연결부가 먼저 벗겨지느냐는 시간문제일 것이다. 어떤 경우든 폭발이 일어나면서 남아 있는 금속 부분들이 더 빨리 해체될 것이다.

증기가 차는 것을 방지하기 위해 지붕이 내용물 위에 뜨도록 설계되어 있는 탱크들의 경우, 틈을 메운 부분이 상대적으로 새기 쉽기 때문에 더 빨리 망가질 수 있다. 그렇게 되면 내용물이 증발함으로써 인간이 추출한 탄소 가운데 마지막으로 남은 것이 대기 중으로 뿜어져 나올 것이다. 여러 압축가스 그리고 페놀같이 인화성이 대단히 강한 화학물질들은 공중에 띄운 탱크에 보관하는데, 이들은 탱크가 지면에 닿아 있지 않기 때문에 더 오래간다. 단 압축된 상태이므로 발화 방지 부분이 녹슬어 버린다면 훨씬 더 격렬하게 폭발할 것이다.

이 모든 시설 밑에 있는 땅은 어떻게 될까? 땅은 지난 한 세기 동안 석유화학의 발전이 초래한 충격으로부터 회복될 수 있을까? 쉴 새 없이 연료를 태우고 흘려보내는 인간이 이 지극히 부자연스러운 지상의 풍경을 방치하게 된다면, 자연은 과연 텍사스의 거대한 석유화학 지대를 정화는커녕 해체할 수 있을까?

· · · ·

총면적 1,600제곱킬로미터의 휴스턴은 한때 사람 키만큼 풀이 자라던 초원과 브라조스강 삼각주의 일부이던 왕솔나무 우거진 습지 사이에 걸쳐 있다. 붉은 흙물이 흐르는 브라조스강은 1,600킬로미터나 떨어져 있는 뉴멕시코산에서 발원하여 텍사스의 언덕진 지대를 지나 멕시코만으로 빠지는 강어귀에 엄청난 양의 토사를 쏟아낸다. 빙하에서 불어온 찬바람이 만의 따뜻한 공기와 부딪치며 폭우를 퍼붓곤 하던 빙하시대에는 브라조스강이 상당량의 토사를 쏟아내면서 댐 역할을 하여, 물길이 오락가락하며 폭 수백 킬로미터의 삼각주를 흘러내렸다. 휴스턴은 브라조스강의 일개 지류 옆, 그런 토사물이 12킬로미터 쌓인 침전 지대 위에 자리 잡고 있다.

1830년대 버팔로만이라 불리며 목련이 줄지어 있던 이 강어귀는 갤버스턴만에서부터 초원 가장자리까지 항해가 가능하다는 것을 알아챈 사업가들의 관심을 끌었다. 그들이 세운 뉴타운에서는 초기에 이 수로를 따라 당시 텍사스 최대 도시였던 80킬로미터 아래의 갤버스턴 항구까지 목화를 실어날랐다. 그러다 1900년에 미국 역사상 최악의 허리케인이 갤버스턴을 강타하여 8,000명이 사망한 뒤로 버팔로만의 폭과 깊이를 늘려 쉽 운하Ship Channel가 만들어졌고, 그것이 지금 휴스턴의 항구가 되었다. 현재 휴스턴항은 화물 운송량 면에서 미국 최대의 항구이며, 휴스턴의 면적은 클리블랜드, 볼티모어, 보스턴, 덴버, 워싱턴 DC를 전부 합친 것보다 넓다.

갤버스턴의 불운은 텍사스만 일대의 석유 발견 및 자동차산업의 약진과 때를 같이했다. 왕솔나무 숲, 삼각주 저지대의 활엽수림, 해안의 초원에는 순식간에 시추장치 및 정유공장들이 잔뜩 들어서기 시작했다. 그다음에는 화학공장이, 제2차 세계대전 때는 고무공장이, 마지막 전후로는 환상적인 플라스틱산업이 들어섰다. 텍사스의 석유 생산이 1970년대에 정점을 이루다가 곤두박질치기 시작했음에도 불구하고, 휴스턴의 인프라는 워낙 방대해서 세계의 원유가 계속해서 이곳으로 흘러들어 정제되었다.

중동의 여러 나라, 멕시코, 베네수엘라의 국기를 단 유조선들은 지금도 텍사스시티라고 하는 갤버스턴만의 쉽 운하 어귀에 속속 도착하고 있다. 인구 5만의 이 타운에는 주택지구 및 상업지구 못지않게 드넓은 땅이 정유시설에 쓰이고 있다. 주로 흑인과 남미계로 구성된 텍사스시티 주민들의 단층 주택은 스털링케미컬, 마라톤, 발레로,

BP, ISP, 다우 등 이웃의 거대한 석유화학공장들이 지배하는 도시경관에 거의 묻힌 듯 초라해 보인다. 원형, 구형, 원통형의 이 공장들은 키가 크고 가는 것도, 짧고 납작한 것도, 넓고 둥근 것도 있다.

이 중에 잘 폭발하는 것은 키가 큰 것들이다.

비슷해 보이는 경우가 종종 있지만 다 같지는 않다. 어떤 것들은 습성가스 세정장치다. 즉 브라조스 강물을 이용해 가스 배출을 억제하고 뜨거운 고체를 식히느라 굴뚝으로 하얀 증기를 뭉게뭉게 뿜어내는 타워들이다. 증류하기 위해 바닥에서부터 원유에 열을 가하는 분류타워들도 있다. 타르에서부터 가솔린, 천연가스에 이르기까지 가공하지 않은 상태의 여러 탄화수소들은 끓는점이 다양하다. 열이 가해지면 이들은 가장 가벼운 것이 맨 위에 오도록 세로로 분류된다. 이 과정은 팽창하는 가스를 추출해 압력을 빼내거나 열을 어떻게든 줄이기만 하면 비교적 안전하게 처리할 수 있다.

그보다 까다로운 부분은 원유를 새로운 무엇으로 만들기 위해 다른 화학물질을 추가할 때다. 정유공장의 촉매분해타워는 가루 상태의 규산알루미늄 촉매제를 써서 무거운 탄화수소를 섭씨 648도까지 가열한다. 이 과정에서는 말 그대로 탄화수소의 큰 폴리머 사슬을 분해하여 프로판이나 가솔린 같은 작고 가벼운 것으로 만드는데, 이때 수소를 주입하면 비행기 연료나 디젤을 만들어 낼 수 있다. 이렇게 고온 처리를 하는, 특히 수소를 쓰는 과정은 폭발의 위험성이 대단히 높다.

그와 관련된 과정으로 이성질체화^{isomerization}가 있는데, 이는 백금을 촉매제로 쓰고 심지어 열을 가함으로써 탄화수소 분자의 원자 배열을 바꾸어 연료의 옥탄을 크게 끌어올리거나 플라스틱에 사용되는 물질을 만들어 낸다. 이성질체화는 휘발성이 대단히 강한 과정이 될 수 있다. 이러한 분해타워와 이성질체화 공장은 늘 불꽃과 상관이 있다. 어떤 과정이 균형을 잃거나 온도가 너무 높이 올라갈 경우, 압력을 빼내기 위해 불꽃을 이용한다. 배출밸브가 있어 불꽃 굴뚝에 남을 만한 것이 있으면 점화장치에 신호를 보내 태워 없애도록 한다. 때로는 증기를 주입해 남아 있는 것이 연기를 내지 않고 깨끗이 타도록 한다.

그런데 안타깝게도 어딘가 잘못되면 엄청난 결과를 초래할 수 있다. 1998년 스털링케미컬은 다양한 벤젠 이성질체와 염산을 굴뚝 밖으로 배출하면서 수백 명이 병원 신세를 지게 만들었다. 그보다 4년 전에는 암모니아가 1,400킬로그램이나 새어나오는 바람에 9,000명이 손해배상을 청구했다. 2005년 3월에는 BP의 이성질체화 굴뚝에서 액체 상태의 탄화수소가 뿜어져 나오는 사건이 발생했다. 공기 중에 배출된 이 탄화수소에 불이 붙어 15명의 목숨을 앗아갔다. 그해 7월, 같은 공장에서 수소 파이프가 폭발하는 사건이 일어났다. 8월에는 썩은 계란 냄새가 나는 가스가 유출되었는데, 이는 독성이 강한 황화수소가 샌다는 신호였기 때문에 BP의 공장시설 가운데 상당 부분은 한동안 가동이 중단되었다. 며칠 뒤, 초콜릿만 남쪽 24킬로미터 지점에 있는 BP의 한 플라스틱 제조 자회사에서 화염이 공중에서 15미터 높이로 폭발하는 사건이 발생했다. 이 불꽃은 저절로 꺼질 때까지 놔두는 수밖에 없었고, 꺼질 때까지 사흘이 걸렸다.

· · · ·

　텍사스시티에서 제일 오래된 정유시설은 1908년 버지니아의 한 농민협동조합이 트랙터에 필요한 연료를 공급하기 위해 만든 것으로, 지금은 발레로에너지회사가 소유하고 있다. 오늘날 현대식으로 개조된 이 시설은 미국 정유시설 가운데 가장 안전하다는 평을 받고 있지만, 이곳 역시 천연 상태의 자원을 폭발성 강한 형태로 전환함으로써 에너지를 뽑아내도록 설계된 곳이다. 그런 에너지가 온갖 밸브와 계기, 열 교환기, 펌프, 흡수기, 분리기, 화로, 소각로, 나선형 계단에 둘러싸인 탱크, 뱀처럼 구불구불 얽힌 빨강·노랑·녹색·은색의 파이프들(은색의 경우 절연 피복이 감겨 있는데, 이는 그 안에 있는 것이 뜨겁기 때문에 그대로 두어야 한다는 뜻이다)이 미로처럼 얽혀 있는 발레로의 시설에서 생겨날 것처럼 보이지는 않는다. 머리 위로는 20개의 분해 타워와 20개의 배기굴뚝이 불쑥 솟아 있다. 삽 달린 크레인이 오가면서 아스팔트 냄새가 나는, 분류된 원유 가운데 제일 아래층에 남은 무거운 찌꺼기 더미를 컨베이어에 밀어넣는다. 이것이 촉매분해기로 운반되어 마지막으로 디젤을 짜내는 데 쓰인다.

　이 모든 것 위에 불꽃이 있다. 허연 하늘을 배경으로 타오르는 이 불꽃은 온갖 계기들이 조절할 수 있는 정도보다 빨리 올라가는 압력을 태워버림으로써 모든 유기화학물질을 평형 상태로 유지시킨다.

부식성 있는 뜨거운 액체가 쇠파이프의 직각으로 굽은 부분을 통과할 때 파이프의 굵기가 어느 정도인지를 측정하는 계기는 파이프가 언제 부식될지를 예측하기 위해 설치되었다. 고속으로 이동하는 뜨거운 액체를 운반하는 파이프는 충격으로 금이 가기 쉬운데, 특히 파이프 벽을 잘 부식시키는 금속이나 황이 섞인 무거운 중유重油일 때는 더욱 그렇다.

이 모든 장치는 컴퓨터의 통제를 받고, 컴퓨터가 교정할 수 있는 단계를 넘어서면 불꽃이 이용된다. 하지만 시스템이 받는 압력이 한계를 넘어선다면, 또는 과부하를 알아챌 사람이 아무도 없다면 어떻게 될까? 대개는 시설에 사람이 24시간 상주하고 있지만, 공장은 계속 돌아가고 있는데 인류가 갑자기 사라져 버린다면 어떻게 될까?

"용기에 균열이 나는 곳이 생길 겁니다." 발레로의 대변인 프레드 뉴하우스가 친절하게 말한다. "그리고 불이 나겠지요." 하지만 그와 동시에 문제가 발생한 부분 아래위로 위험 방지 밸브가 자동으로 작동할 것이라고 한다. "우리는 압력, 흐름, 기온을 항상 측정하고 있습니다. 문제가 발생하면 그 부분을 고립시켜 화재가 한 장치에서 다음 장치로 번지지 않도록 하고 있지요."

하지만 화재에 대응할 사람이 아무도 남아 있지 않다면? 화력발전소, 가스발전소, 핵발전소 그리고 캘리포니아에서부터 테네시에 이르기까지 수력발전소를 돌릴 사람이 아무도 남아 있지 않아서, 휴스턴에서 텍사스시티로 이어지는 전력망에 공급할 전기가 전부 끊어져 버린다면? 그리고 자동으로 돌아가는 비상 발전기의 디젤이 다

소모돼 차단밸브를 가동하기 위한 신호를 보낼 수 없게 된다면?

뉴하우스는 이 문제를 생각해 보기 위해 분해타워의 그림자 속으로 이동한다. 엑슨에서 26년 동안 근무한 뒤 발레로로 옮겨온 그는 일을 매우 즐기고 있으며, 지금 회사의 깨끗한 이력을 자랑스러워한다. 특히 미국 환경보호국으로부터 2006년 최악의 오염자라는 평가를 받은 길 건너 BP 공장의 전력에 비하면 더욱 그렇다. 그러한 놀라운 시설들이 전부 통제에서 벗어난다는 생각만으로도 그는 인상을 찌푸린다.

"좋습니다. 시스템 안에 있는 탄화수소가 전부 없어질 때까지 타버릴 겁니다. 하지만 화재가 이곳 시설 밖으로까지 번지지는 않을 거예요. 텍사스시티의 정유시설을 연결하는 모든 파이프는 서로를 고립시키는 체크밸브가 있습니다. 그래서 한 곳의 시설이 폭발해도…"라고 말하며 그는 길 건너를 가리킨다. "인접한 시설은 손상을 입지 않습니다. 대화재가 발생해도 안전 시스템이 작동할 테니까요."

E. C.는 그만큼 확신하지 않는다. "화학공장이란 평상시에도 시한폭탄 같죠"라고 그는 말한다. 화학공장과 정유시설을 점검하는 일을 하는 그는 휘발성 있는 가벼운 원유 분류물이 두 번째의 석유화학물질이 되어가는 과정에서 흥미로운 반응을 보이는 것을 알고 있다. 가장 가벼운 화학물질인 에틸렌이나 아크릴로니트릴은 높은 압력을 받으면 도관에서 새어나와 가까운 장치, 심지어 가까운 정유시설로 가는 경향이 있다는 것이다. 아크릴로니트릴은 인화성이 강한 아크릴의 원료로 인간 신경계에 위험한 물질이다.

인간이 내일 당장 사라질 경우 정유시설과 화학공장에서 벌어질 일은 누군가가 사라지기 전에 애써 스위치를 젖힐 것인가에 달려 있다고 그는 말한다.

"평상시처럼 차단할 여유가 있다고 하죠. 그러면 고압이 저압으로 내려갈 겁니다. 보일러 가동이 중지되면 온도는 문제가 되지 않고, 타워에서는 바닥의 무거운 물질들이 끈적끈적하게 뭉쳐버릴 겁니다. 그것들이 담긴 용기는 내벽이 쇠로 겹겹이 둘러져 있는 데다 스티로폼이나 유리섬유로 절연되어 있고, 겉면은 순전한 금속으로 되어 있지요. 각각의 층 사이에는 온도를 조절하기 위해 물을 채운 쇠 튜브나 구리 튜브도 있습니다. 따라서 그 안에 무엇이 들어 있든 안전할 겁니다. 연수軟水 때문에 용기가 부식될 때까지는요."

그는 책상 서랍을 뒤지다 이내 닫는다. "화재나 폭발이 없다면 가벼운 기체들은 공기 중으로 흩어지게 됩니다. 황 부산물은 흩어지면 언젠가 분해되어 산성비를 만들어 냅니다. 멕시코의 정유시설을 본 적이 있습니까? 황이 엄청나게 많지요. 미국에서는 그것들을 따로 처분합니다. 그건 그렇고, 정유시설에는 커다란 수소탱크도 있지요. 휘발성이 대단히 강하지만, 수소는 새어나오면 공기 중에 흩어져 버립니다. 번개가 쳐서 바로 폭발하지 않는 한은요."

그는 흰머리가 늘어가는 곱슬머리 뒤로 손깍지를 낀 채 의자에 기대며 이렇게 말한다. "그렇게 되면 시멘트 구조물은 당장 사라져 버리겠죠."

한편 공장 가동을 중단할 시간이 없다면? 인간이 전부 천국이나 다른 은하로 휴거를 하는 바람에 남은 것들이 계속 가동하게 된다면?

그가 몸을 앞으로 홱 숙이며 이야기한다. "처음에는 비상 발전소가 역할을 대신할 텐데, 그것들은 대체로 디젤로 돌아갑니다. 그렇게 해서 연료가 다 떨어질 때까지는 안정을 유지할 겁니다. 그러다 고압과 고온이 문제가 되겠지요. 통제장치나 컴퓨터를 확인할 사람이 없어지면 어떤 반응이 표출되어 폭발이 일어날 겁니다. 불이 나고, 막을 사람이 아무도 없기 때문에 연쇄효과로 번져갈 겁니다. 비상 모터가 있다 해도 작동할 사람이 없으니 살수기도 아무 소용없겠지요. 배출구 역할을 하는 안전밸브가 화재 시에는 불꽃을 더 키우는 역할을 하겠고요."

E. C.는 몸을 다시 의자 뒤로 기댄다. 마라톤을 즐기는 그는 조깅용 반바지와 셔츠를 입고 있다. "파이프들은 전부 불을 전달하는 도관 역할을 할 겁니다. 가스가 여기저기로 불을 실어 나르겠지요. 평상시 같으면 누군가가 차단을 할 텐데 그럴 수도 없겠지요. 한 시설에서 다른 시설로 화재가 옮겨갈 겁니다. 수시로 폭발이 일어나면서 화재는 몇 주 동안 지속될 거예요."

이번에는 그가 시계 반대 방향으로 몸을 젖히며 말한다. "그런 일이 전 세계 공장에서 다 벌어진다고 생각해 보세요. 얼마나 어마어마한 오염이겠습니까? 이라크에서 난 불을 생각해 보세요. 그런 일이 전 세계에서 일어난다면 어떻게 될까요?"

이라크전쟁 때의 불은 사담 후세인이 유정 수백 곳을 폭파하면서 일어났지만, 그런 화재가 반드시 폭파를 통해서만 일어나는 것은 아니다. 천연가스 유정이나 원유를 더 많이 뽑아올리기 위해 질소로 압력을 가하는 석유 유정 과정에서는 파이프를 흐르는 액체에서 생기는 정전기만으로도 점화가 될 수 있다. E. C. 앞에 놓인 큰 모니터에는 아크릴로니트릴을 만드는 텍사스 초콜릿만의 한 공장이 2002년 미국에서 발암성 물질을 가장 많이 배출한 곳임을 알리는 화면이 펼쳐져 있다.

"자, 사람들이 전부 사라지고 나면, 천연가스 유정의 가스가 다 없어질 때까지 불이 날 겁니다. 대개는 발화의 원인이 전기 배선이나 펌프에 있지요. 그런 것들의 활동이 다 정지된다 해도 정전기나 번개는 여전히 있기 마련입니다. 유정에 난 불은 공기를 필요로 하기 때문에 지면에서 타오르게 되는데, 그걸 아래로 밀어넣고 뚜껑을 덮어버릴 사람이 없으니 멕시코만이나 쿠웨이트의 가스 매장 지대는 영원히 불탈지도 모릅니다. 석유화학공장은 그리 오래가지 않을 겁니다. 탈 거리가 그다지 많이 남아 있지 않으니까요. 그러나 공장이 불타면서 시안화수소 같은 물질이 마구 배출되면 어떤 연쇄반응이 일어날지 상상해 보십시오. 텍사스와 루이지애나를 잇는 화학공업 지대의 대기가 엄청나게 오염될 겁니다. 그것이 무역풍을 따라 이동하면 어떤 일이 벌어질까요?"

대기 중의 그런 작은 입자들은 결국 화학물질에 의한 소규모의 핵겨울 현상을 초래할 것이라고 그는 예상한다. "플라스틱이 타면서 다이옥신이나 푸란 같은 화합물이 배출될 겁니다. 그리고 매연에 납,

크롬, 수은 같은 것이 달라붙겠지요. 정유시설과 화학공장이 제일 많이 밀집되어 있는 유럽과 북미의 오염이 가장 심할 겁니다. 하지만 오염된 구름은 전 세계로 흩어지겠지요. 진작 죽지 않았던 동식물들 가운데 그다음 세대들은 진화에 큰 영향을 끼치는 방식으로 변이를 일으킬 필요가 있을 겁니다."

· · · ·

텍사스시티 북쪽 끄트머리, 오후가 되면 ISP케미컬의 공장이 기다란 그림자를 드리우는 곳에 옛 모습을 간직한 8제곱킬로미터의 초원이 있다. 이곳은 엑슨모빌이 기증하여 지금은 미국 자연보호협회라는 단체가 관리하고 있으며, 석유산업이 도래하기 전에는 2만 4,000제곱킬로미터에 이르는 해안 초원이었던 곳의 마지막 남은 부분이다. 지금 이곳에 있는 텍사스시티 초원보호지구는 이제 세계적으로 40마리만 남아 있다고 하는 애트워터^{Attwater} 초원뇌조의 절반이 서식하고 있다. 이 새는 지금까지 멸종된 것으로 알려졌던 상아부리딱따구리 한 마리를 2005년 아칸소에서 발견했다는 논란이 있기 전까지 북미에서 가장 심각한 멸종 위기에 처한 새로 알려져 있었다.

이 뇌조의 수컷은 구애할 때 목 양쪽에 선명한 금빛 주머니를 부풀리고, 이에 자극받은 암컷이 보이는 반응은 많은 알을 낳는 것이다. 하지만 인간 없는 세상에서 이들이 살아남을 수 있을지는 의문이다. 석유산업의 온갖 시설들만이 그들의 서식지를 잠식한 것이 아니다. 한때 이곳의 초원은 거의 나무 한 그루 없이 루이지애나까지 뻗어 있었다. 지평선에 보이는 가장 키 큰 것이라곤 이따금 눈에 띄는 버팔로뿐이었는데, 1900년에 우연히 석유와 중국산 조구나무가 들어오면서부터 바뀌기 시작했다.

원래는 중국의 추운 지방에서 자라던 이 나무의 씨앗은 추위에 강한 초(목랍木蠟)로 잔뜩 감싸여 있었기 때문에 작물로 인기가 좋았다. 그러다 따뜻한 미국 남부에 재배용으로 들어오면서부터 그럴 필요가 없다는 사실을 알아챘다. 갑작스런 진화상의 적응 사례를 교과서적으로 보여주기라도 하듯, 이 나무는 추위에 강한 목랍 만들기를 중단하고 그 에너지를 더 많은 씨앗을 생산하는 데 할애했다.

지금은 쉽 운하 가장자리에 석유화학시설이 없는 곳마다 조구나무가 자리를 잡고 있다. 휴스턴의 왕솔나무는 중국에서 온 조구나무에 밀려난 지 오래고, 조구나무는 중국의 추위를 원초적으로 기억하기라도 하듯 가을이면 갈수록 잎이 붉어진다. 이들이 초원의 풀과 해바라기를 다 밀어내지 않도록 막아내는 유일한 길은 자연보호협회가 뇌조 서식지를 보존하면서 조구나무를 매년 조심스럽게 태우는 것뿐이다. 이러한 인공 야생지를 유지할 사람이 없어진다면, 오래된 석유 저장탱크가 이따금 폭발하는 것 말고는 조구나무의 확산을 막을 길이 없을 것이다.

텍사스 석유화학 지대의 모든 탱크와 타워가 한차례의 어마어마한 폭발에 전부 파괴되고 시커먼 연기가 다 걷혔다고 하자. 녹아버린 도로, 뒤틀어진 파이프, 구겨진 지붕널, 부스러진 콘크리트는 남을 것이다. 소금기 많은 공기에 노출된 고철들은 몹시 뜨거운 열기 때문에 부식이 빨라지고, 남아 있는 탄화수소의 폴리머 사슬도 마찬가지 이유로 더 작고 생물분해되기 쉬운 길로 쪼개질 것이다. 독성물질이 많이 배출되긴 했지만, 흙은 타버린 탄소 덕분에 영양분이 많아질 테고 1년 동안 비를 자주 맞으면 스위치그래스가 자라기 시작할 것이다. 강한 들꽃도 몇몇 나타나면서 그렇게 서서히 생명이 회복되어 갈 것이다.

그렇지 않고 발레로에너지의 뉴하우스가 시스템의 안전장치에 대해 신뢰한 만큼 최악의 사고가 발생하지 않는다면, 또는 사라지는 사람들의 최후 노력 덕분에 타워의 압력을 빼고 화염을 억제할 수 있다면, 텍사스에 있는 세계 최대 석유화학시설의 분해는 더 천천히 진행될 것이다. 처음 몇 해 동안은 부식을 늦추는 페인트가 벗겨지고, 그 뒤로 다시 몇십 년 동안 모든 저장탱크가 수명을 다할 것이다. 땅의 습기, 비, 소금기, 강한 바람 때문에 탱크의 기반이 느슨해지며 저장물이 새기 시작할 것이다. 그 무렵이면 중유는 굳어질 테고, 풍화 때문에 탱크에 금이 가면 그것을 미생물들이 먹기 시작할 것이다.

아직 증발하지 않은 액체 상태의 연료들은 땅속으로 스며들 것이다. 그것이 지하수면에 닿으면 물보다 가벼운 기름이 뜨면서 미생물들에게 발견되고, 미생물들은 그것 역시 과거 식물이었다는 사실을 알고서 서서히 적응하여 먹기 시작할 것이다. 땅이 깨끗해지면 아르마딜로가 돌아와 남아 있는 파이프들이 썩어가는 땅속에 굴을 파고 살 것이다.

방치된 석유 드럼통, 펌프, 파이프, 타워, 밸브, 볼트 등은 가장 약한 부분인 연결부에서부터 삭기 시작할 것이다. "플랜지와 리벳 같은 연결부 부속이 정유시설에는 무수히 많지요"라고 뉴하우스는 말한다. 그런 부속들이 다 삭으면서 금속 구조물이 무너지기까지는, 지금도 정유시설 타워에 둥지를 틀기 좋아하는 비둘기들이 똥(조분석鳥糞石)으로 탄소강의 부식을 재촉하고 방울뱀들이 아래의 빈 구조물 속에 보금자리를 잡을 것이다. 갤버스턴만으로 조금씩 흘러드는 하천들에 비버가 댐을 만들면서 일부 지역이 범람할 것이다. 휴스턴은 따뜻해서 결빙과 해빙의 순환이 거의 일어나지 않지만, 비가 한바탕 오고 그칠 때마다 삼각주의 토사가 엄청나게 불었다가 빠지는 순환을 겪을 것이다.

동시에 쉽 운하는 토사가 점점 늘어나 이전 버팔로만의 모습으로 되돌아 갈 것이다. 앞으로 1,000년 뒤면 이 운하와 브라조스강의 다른 물줄기들은 수시로 범람하면서 쇼핑몰, 자동차 대리점, 도로 진입 램프 등을 무너뜨리고 덮어버릴 것이다. 그리고 큰 건물들을 하나씩 무너뜨림으로써 휴스턴의 빌딩 숲을 주저앉힐 것이다.

브라조스강 자체는 어떻게 될까? 오늘날 텍사스시티에서 해안을 따라 32킬로미터 아래, 갤버스턴섬 바로 아래이자 초콜릿만의 악명 높은 갈대밭 바로 위에 있는 브라조스강은 두 개의 국립 습지야생동물보호구역을 구불구불 돌아 섬 하나 분량의 토사를 쏟아놓고는 멕시코만에 이른다. 이 강은 수천 년에 걸쳐 콜로라도강 및 샌버너디노강과 함께 삼각주를 이루었으며, 때로는 어귀를 공유하기도 했다. 물줄기들이 워낙 서로 얽혀 있어서 어느 것이 어느 강에서 나왔는지 정확히 판단하기가 항상 애매했다.

해발 1미터도 안 되는 주변 땅의 상당 부분은 무성한 갈대숲, 그리고 참나무나 느릅나무가 우거진 오래된 저지대 숲이었는데, 몇 해 전부터는 사탕수수 재배지가 늘어나고 있다. 여기서 '오래되었다'는 말은 한두 세기 전을 뜻한다. 고운 토사로 이루어진 이곳 토양에서는 뿌리를 깊이 내리기 어려워 큰 나무들이 허리케인을 만나면 쉽게 넘어가기 때문이다. 야생 포도넝쿨 같은 것들이 드리워져 있는 이곳 숲에는 사람이 좀처럼 찾아오지 않는다. 덩굴옻나무와 먹구렁이가 있기도 하거니와, 사람 손바닥만 한 황금빛 무당거미가 나무 사이로 작은 트램펄린 크기의 찐득찐득한 거미줄을 쳐놓기 때문이다. 산더미처럼 쌓인 폐타이어를 먹어치울 미생물의 진화가 이루어질 때까지도 도무지 생존의 위협을 받을 것 같지 않을 만큼 모기가 많기도 하다.

그리하여 사람 손이 닿지 않은 이 숲은 뻐꾸기, 딱따구리 그리고 따오기나 두루미나 저어새 같은 섭금류의 서식지가 되어가고 있다. 솜꼬리토끼와 습지토끼는 가면올빼미와 대머리독수리를 끌어들이고 있으며, 봄이면 주홍빛 풍금새 같은 화려한 연작류가 멀리 멕시코만 너머에서 돌아와 이곳 나무에 둥지를 튼다.

이런 새들의 둥지 아래로는 브라조스강이 범람하던 옛적에 깊이 쌓인 진흙이 있다. 여남은 개의 댐과 배수로와 두 개의 운하가 강물을 갤버스턴만과 텍사스시티로 뽑아내기 전의 일이다. 그러던 것이 다시 범람하기 시작할 것이다. 돌보지 않는 댐에는 토사가 금방 차오른다. 인간이 사라지고 한 세기만 지나면, 브라조스강은 댐들을 차례로 넘쳐흐를 것이다.

그만큼 오래 기다리지 않아도 될지 모른다. 먼 바다보다 따뜻한 멕시코만의 물이 내륙으로 차오를 뿐만 아니라, 지난 한 세기 동안 텍사스 연안 전역의 땅이 낮아져 그 물을 받아들이게 되었다. 지하에 있던 석유, 가스, 지하수가 다 뽑어져 나오면, 빈 공간을 흙이 메우게 된다. 사실 갤버스턴 곳곳의 지반이 그런 식으로 3미터 정도 침하되었다. 텍사스시티 북쪽의 베이타운에 있는 한 고급 주택가는 침하가 너무 심해서 1983년 허리케인 앨리시아 때 침수됐으며, 지금은 습지 자연보호구역으로 지정되어 있다. 걸프코스트 지역에는 해수면이 1미터가 넘는 곳이 거의 없으며, 휴스턴의 여러 지역이 그보다 낮은 상황이다.

땅은 낮아지고, 해수면은 올라가고, 허리케인은 중급인 앨리시아보다 훨씬 더 강해진다. 게다가 댐이 다 잠겨버리기 전에 브라조스강은 8만 년 동안 하던 일을 다시 시작하게 된다. 즉 동쪽의 이웃인 미시시피강처럼 초원 끄트머리부터 시작해서 삼각주 전역을 침수시킬 것이다. 석유가 세운 거대한 도시는 전역이 물에 잠겨버린다. 샌버너디노강과 콜로라도강과 합쳐진 물줄기는 부채꼴로 퍼져나가며 수백 킬로미터의 해안 지대를 물바다로 만든다. 갤버스턴섬의 5미터 높이 방파제는 별 도움이 안 될 것이다. 쉽 운하 가장자리에 있는 석유탱크들이 전부 잠길 것이다. 정유시설의 각종 타워와 굴뚝들은 휴스턴 도심의 건물들과 마찬가지로 범람하는 짠물이 빠질 때까지 그

위로 고개를 쑥쑥 내밀곤 할 테고, 그동안 기반은 썩어갈 것이다.

일단 환경이 바뀌고 나면, 브라조스강은 바다로 흘러가는 길을 새로 잡을 것이다. 즉 바다가 더 가까워지기 때문에 짧은 코스를 선택할 것이다. 새로운 저지대가 더 높은 곳에 형성되고, 마침내 새로운 활엽수림이 나타날 것이다(씨앗이 물에 강해서 영원한 승자일 수밖에 없는 중국산 조구나무가 강기슭의 공간을 그런 활엽수들과 공유한다고 가정할 때). 텍사스시티는 사라질 것이다. 물에 잠긴 석유화학공장에서 새어나오는 탄화수소는 물속에 흩어지고, 새로운 내륙 연안에 버려지고 있는 무거운 원유 찌꺼기는 결국 미생물에게 먹힐 것이다.

해수면 아래에서 산화되고 있는 금속붙이들은 갤버스턴의 굴이 들러붙기 좋은 자리가 된다. 토사와 굴껍질이 그것들을 서서히 덮어버리며, 그 위에 다시 토사가 쌓일 것이다. 몇백만 년이 지나면 층이 워낙 두터워져 껍질들이 눌리면서 석회암이 형성될 텐데, 이 석회암 속에는 특이하게도 니켈, 몰리브덴, 니오브, 크롬 같은 금속이 반짝이는 녹슨 부분이 간헐적으로 나타날 것이다. 그로부터 수백만 년이 더 지나면 누군가가 또는 무언가가 스테인리스스틸이 있다는 신호를 알아낼 것이다. 하지만 한때 이곳에 텍사스라는 곳이 우뚝 자리 잡고서 하늘에다 불을 뿜어냈다는 사실을 알려줄 만한 흔적은 아무것도 남아 있지 않을 것이다.

11

흙과 땅의 기억

우리가 갑자기 밭 갈고, 씨 뿌리고, 비료 주고,
농약 치고, 수확하기를 멈춘다면…
염소, 양, 소, 돼지, 닭과 오리, 토끼, 모르모트,
이구아나, 악어 기르기를 멈춘다면…
거기에 쓰이던 땅이 전부 농업과 목축 이전의 상태로 되돌아올까?

우리는 문명이라고 하면 대개 도시를 생각한다. 그리 놀랄 만한 사실
은 아니지만 우리는 예리코 같은 고대도시에서 탑이나 사원을 올리
기 시작할 때부터 넋 놓고 바라볼 만큼 건물에 약했다. 건축물이 하
늘로 솟아오르고 밖으로 뻗어나갔는데, 그것은 익히 지구에 없던 존
재였다. 그보다 훨씬 크기가 작은 벌집이나 개미 언덕만 인간이 만든
도시의 밀집성과 복잡성에 버금갈 뿐이었다. 갑자기 우리는 더 이상
새나 비버처럼 나뭇가지와 진흙으로 잠시 지낼 보금자리를 만들지

않았다. 오래갈 집을 짓기 시작한 것인데, 이는 한곳에 머무르겠다는 뜻이었다. 영어의 '문명civilization'이라는 말은 '도시 거주자'라는 뜻의 라틴어 'civis'에서 비롯되었다.

그런 도시를 잉태한 것은 농장이었다. 우리가 작물의 씨앗을 뿌리고 가축을 치는 초월적 도약을 이룩한 것은, 다시 말해 다른 생물을 사실상 통제하게 된 것은 완성된 사냥술을 터득한 것보다 훨씬 더 획기적인 일이었다. 먹기 바로 전에 식물을 채집하거나 동물을 죽이는 대신 보다 안정적이고 훨씬 더 풍성하게 자랄 수 있도록 길들임으로써 그것들의 존재를 안무하게 된 것이다.

적은 수의 농민들이 많은 동식물을 기를 수 있었으며, 식량 생산이 늘어 인구도 증가함으로써 수렵·채집 이외의 일들을 할 여유가 생긴 인간이 많아졌다. 재주가 뛰어나서 다른 의무로부터 해방되었는지 모를 크로마뇽인 동굴 벽화가들을 제외한다면, 농업이 도래하기 전까지 식량 찾기는 지상의 인간이 한 유일한 일이었다.

농업 덕분에 인간은 정착하게 되었고, 정착은 도시화로 이어졌다. 농지가 펼쳐진 지평선이 아름다워 보일지는 모르나, 농지는 그보다 훨씬 큰 영향을 끼쳤다. 지구 땅덩이의 약 3퍼센트가 도시나 타운인 데 비해 경작지는 12퍼센트나 되기 때문이다. 목축지까지 포함한다면 인간의 식량 생산에만 이용되는 땅이 전 세계 땅덩이의 3분의 1 이상을 차지한다.

우리가 갑자기 밭 갈고, 씨 뿌리고, 비료 주고, 농약 치고, 수확하기를 멈춘다면… 염소, 양, 소, 돼지, 닭과 오리, 토끼, 모르모트, 이구아나, 악어 기르기를 멈춘다면… 거기에 쓰이던 땅이 전부 농업과 목축 이전의 상태로 되돌아올까? 그것이 어떤 상태였는지 우리가 알기는 할까?

우리가 경작해 온 땅이 원래 모습으로 회복될 수 있을지 감을 잡기 위해 먼저 옛 잉글랜드와 뉴잉글랜드 두 곳을 비교해 보자.

· · · · ·

메인주의 야생지 남쪽에 있는 뉴잉글랜드의 숲 어디를 가나 5분이면 그것을 볼 수 있다. 숲 전문가나 생태학자의 훈련된 눈으로 보면 커다란 스트로브잣나무가 모여 있는 모습만 봐도 그것을 단박에 알아볼 수 있는데, 전에 나무가 왕창 베어져 나간 땅에서만 그런 식으로 일정하게 밀집해서 자랄 수 있기 때문이다. 비슷한 수령의 활엽수림, 이를테면 너도밤나무, 단풍나무, 참나무도 볼 수 있다. 이들은 한때 스트로브잣나무들이 서 있다가 베어지거나 허리케인에 쓰러지면서 빈터가 생겨나자 자라기 시작했다.

너도밤나무인지 박달나무인지 구분은 못 하더라도, 낙엽이나 이끼에 감춰져 있거나 가시나무에 덮여 있는 무릎 높이의 그것을 놓칠 수는 없다. 누군가가 이곳에 살았던 것이다. 이 야트막한 돌담은 메인, 버몬트, 뉴햄프셔, 매사추세츠, 뉴욕 북부를 오락가락하며 한때 인간이 이곳에 경계를 치고 살았음을 보여준다. 코네티컷의 지질학자 로버트 소슨은 1871년의 경계 조사에서 손으로 만든 돌담의 길이가 허드슨강 동쪽으로 적어도 38만 킬로미터, 그러니까 달에 닿고도 남을 거리는 된다고 쓴 바 있다.

홍적세의 마지막 빙하가 밀려오자 노출된 화강암 암반이 갈라지기 시작했고, 빙하가 물러가자 작은 돌들이 떨어져 내렸다. 일부는 땅에 쌓였고, 일부는 땅속에 묻혔다 땅이 얼면서 이따금 밀려 올라오곤 했다. 유럽 농민들은 신세계에 도착하자 이런 돌들과 나무를 전부 치워버렸고, 그들이 옮긴 돌과 바위는 밭과 가축의 울타리가 되었다.

시장이 워낙 멀리 떨어져 있어 소고기를 팔기 위해 소를 기르는 것은 실용성이 없었다. 그러므로 뉴잉글랜드 농민들은 자기들이 먹을 정도로만 육우와 돼지와 젖소를 키웠는데, 땅이 주로 초지였기 때문에 가능한 일이었다. 나머지는 호밀, 보리, 밀, 귀리, 옥수수, 홉이었다. 잘라낸 나무와 뽑아낸 그루터기는 지금 뉴잉글랜드에서 볼 수 있는 활엽수와 소나무, 가문비나무였다.

지구상의 여느 곳과는 달리 뉴잉글랜드의 온대림은 점차 늘어나고 있으며, 미국이 건국되던 1776년 당시보다 훨씬 더 확대되고 있다. 독립 50년 만에 뉴욕주에 이리 운하가 만들어지고 오하이오 준주準州가 출범했다. 오하이오는 겨울이 짧고 땅이 기름져 고전하던 양키 농민들을 유혹하던 지역이었다. 그런데 남북전쟁이 끝나자 많은 사람이 그 땅으로 돌아가지 않고 뉴잉글랜드의 강가에 자리 잡은 공장들을 찾아가거나 서부로 떠났다. 그래서 중서부의 숲들이 베여나가기 시작하자 뉴잉글랜드의 숲은 원래 모습을 되찾기 시작했다.

농민들이 300년에 걸쳐 회반죽 없이 쌓은 돌담은 땅이 계절에 따라 수축하고 팽창함에 따라 구부정해졌다. 이러한 돌담은 앞으로 몇 세기 뒤까지도 풍경의 일부로 남아 있을 것이다. 낙엽이 더 많이 흙으로 바뀌어 그것들을 덮어버리기까지는 말이다. 그렇다면 돌담 주변의 숲들은 유럽인들, 그 이전에 인디언들이 오기 전 모습과 얼마나 비슷할까? 그리고 사람 손이 닿지 않으면 어떤 모습이 될까?

지리학자 윌리엄 크로논은 1980년 출간한 《땅의 변화》라는 책에서, 유럽인들이 신세계에 처음 도착했을 때 아무 흠 없는 원시림과 마주치게 되었다고 쓴 역사가들에게 이의를 제기했다. 역사가들은 당시의 숲이 매우 잘 보존되어 있어서 다람쥐가 땅에 한번 내려올 것도 없이 나무를 타고 코드 곶에서부터 미시시피강까지 갈 수 있었다고 주장했다. 또 토착 아메리카인들을 다람쥐만큼이나 땅에 영향을 끼치지 않으면서 숲에서 난 것을 먹고 살았던 원시인으로 묘사했다. 최초로 도착한 청교도인들의 추수감사절 이야기를 받아들여, 아메리칸인디언은 옥수수, 콩, 호박 같은 작물만을 제한적으로, 아주 조심스럽게 기르면서 살았다고 했다.

하지만 이제 우리는 북미와 남미의 원시적인 풍경이었다고 하는 곳들 중 상당 부분이 실은 사람 손으로 만들어졌다는 점을, 인간이 대형동물을 죽이기 시작하면서부터 일으킨 엄청난 변화의 산물이라는 점을 알게 되었다. 처음으로 정착한 아메리카인들은 사냥을 쉽게 하기 위해 매년 적어도 두 번은 숲 아랫부분을 차지한 수풀을 태워버렸는데, 주로 가시나무나 해로운 동물들을 없애기 위해 부분적으로 약하게 불을 놓았다. 그런가 하면 야생동물을 구석으로 몰아 잡기 위해 숲의 일부를 다 태워버리는 경우도 있었다.

해안에서 미시시피까지 나무 위로만 이동하는 것은 새들에게만 가능했을 것이다. 날다람쥐라도 불가능했을 텐데, 이따금 숲이 드물 어지거나 완전히 끊어지는 넓은 지대를 넘어가려면 날개가 필요했 을 것이기 때문이다. 번갯불에 숲의 일부가 다 타버리고 난 자리에 자라는 식물들을 목격한 옛 인디언들은 딸기밭을 만들고 약초 가득 한 풀밭으로 사슴, 메추라기, 칠면조를 유인할 줄 알게 되었다. 그러 다 마침내 훗날 유럽인과 그 후손들이 하러 온 일, 즉 농사에서 불을 이용하는 법을 터득하게 되었다.

한 군데 예외가 있긴 했다. 식민 이주자들이 처음으로 정착한 곳 중 하나인 뉴잉글랜드는 대륙 전체가 처녀지였다는 익숙한 오해의 부분적인 근거가 될 수 있다.

· · · ·

"지금은 식민지 이전의 아메리카 동부에 농업을 기반으로 하며 옥 수수를 주식으로 하는 사람들이 정착 마을을 이루고 땅을 개간하면 서 살았다는 것에 대한 이해가 있습니다. 정말 그랬는데, 얼마 전까 지만 해도 그렇게 생각하지 않았어요." 하버드 생태학자 데이비드 포 스터의 말이다.

뉴햄프셔 접경 바로 아래, 숲이 우거진 매사추세츠 중부의 싱그러 운 9월의 어느 아침이다. 포스터는 키 큰 스트로브잣나무 숲에서 잠시 멈춰 선다. 한 세기 전만 해도 밀밭이었던 곳이다. 그늘진 숲 바닥에서는 작은 활엽수들이 돋아나고 있다. 남서쪽으로 떠난 뉴잉글랜드 농민들을 따라왔다가 이미 만들어 둔 스트로브잣나무 농원인 줄 알고 좋아했던 벌목업자들로서는 통탄할 일이었다.

"그들은 스트로브잣나무 밑에서 같은 나무를 키우려고 애쓰다 수십 년 좌절의 세월을 보냈지요. 숲을 베어내면 숲 바닥에 묻혀 있던 씨앗들이 자라되 다른 종류의 숲을 이룬다는 사실을 몰랐던 거예요. 헨리 소로를 읽어보지 않았던 겁니다."

이곳은 피터샴 마을 가장자리에 있는 하버드대학 소유의 숲으로, 1907년에 목재연구장으로 세워졌는데 지금은 인간이 사용하지 않는 땅에 어떤 일이 벌어지는지를 연구하는 실험지가 되었다. 이곳 소장인 포스터는 경력의 많은 부분을 교실 아닌 자연에서 보내는 행운을 누렸다. 쉰 살의 그는 10년은 더 젊어 보인다. 마르고 꼿꼿한 체구에 이마로 흘러내린 머리칼이 까맣다. 그는 이곳에서 4대에 걸쳐 농사를 지은 한 집이 물을 대느라 넓혀놓은 개울을 건너뛴다. 개울가에 줄지어 있는 물푸레나무는 다시 태어난 숲의 개척자들이다. 스트로브잣나무와 마찬가지로, 이 나무들은 자기 윗세대 그늘에서는 잘 자라지 않는다. 그래서 앞으로 100년이 지나면 이들 아래에 있는 작은 사탕단풍나무가 그 자리를 차지할 것이다. 어쨌든 이곳은 이미 어느 모로 보나 숲이다. 상쾌한 향기, 낙엽 사이로 돋아나는 버섯, 초록을 머금은 황금빛 햇살, 나무 쪼는 딱따구리 소리가 정답기 그지없다.

과거 농장으로부터 가장 산업화된 이 부분에서도 숲은 재빨리 제자리를 되찾는다. 한때 굴뚝이었던 바위 더미 근처의 이끼 낀 맷돌은 농부가 소가죽 무두질에 쓸 솔송나무와 밤나무의 껍질을 갈던 곳임을 말해준다. 물방아 연못에는 시커먼 침전물이 가득하다. 흩어져 있는 벽돌, 금속 조각, 유리 등이 농가에 남아 있는 전부다. 드러나 있는 지하실 입구는 고사리의 보금자리가 되었다. 한때 들판과 집을 나누던 돌담은 이제 키 3미터의 침엽수들 사이를 누비듯 지나간다.

두 세기에 걸쳐 유럽에서 온 농민들과 그 후손들은 이곳을 포함해 뉴잉글랜드 숲의 4분의 3을 벌거숭이로 만들었다. 그로부터 3세기 뒤면 나무 둥치의 굵기가 다시 초기의 뉴잉글랜드 정착민들이 배 기둥이나 교회 재목으로 썼던 괴물만큼이나 굵어질 것이다. 괴물이란 굵기 3미터의 참나무와 그 두 배에 이르는 플라타너스, 키 76미터의 스트로브잣나무를 가리킨다. 포스터에 따르면, 초기의 식민 개척자들이 뉴잉글랜드에서 사람 손이 닿지 않은 거대한 나무들을 발견할 수 있었던 것은 식민 개척 이전 북미의 다른 지역들과는 달리 대륙에서 비교적 추운 구석인 이곳의 인구가 적었기 때문이라고 한다.

"이곳에 사람이 살긴 했습니다. 하지만 증거에 따르면 겨우 먹고 살 정도로 수렵·채집만 한 소수의 사람들이 있었지요. 이곳은 불로 태워 농사를 지을 만한 곳이 아니었습니다. 뉴잉글랜드 지역을 통틀어 약 2만 5,000명 정도가 살았던 것 같은데, 그나마도 한곳에 영구 정착해서 산 것이 아닙니다. 주거용 말뚝 구멍의 폭이 5~10센티미터밖에 되지 않아요. 이들 수렵채집인은 하룻밤 만에 마을을 뜯어 이주할 수 있었을 겁니다."

포스터의 말에 의하면, 정착형 토착 아메리카인들이 미시시피 밸리 하류 지역을 가득 메우며 공동체를 이루고 살던 대륙 중부와는 달리 뉴잉글랜드에서는 서기 1100년까지 옥수수를 알지 못했다고 한다. "뉴잉글랜드의 고고학 발굴지들에서 발견할 수 있는 옥수수알을 전부 모아도 커피 잔 하나를 다 채우지 못할 겁니다." 대부분의 정착지는 결국 농업이 시작되는 강 유역이었던 데 반해, 해안 지역에서는 주로 바다에 의존하는 수렵채집인들이 손으로도 잡을 수 있을 만큼 많았던 청어, 조개, 게, 가재, 대구로 연명할 수 있었다.

포스터는 말한다. "나머지는 전부 숲이었지요." 그러니까 이곳은 인간의 손에서 벗어난 야생지였던 셈이다. 적어도 유럽인들이 자기 고향땅의 이름을 따 명명하고 숲을 베어내기 시작할 때까지는 말이다. 처음 도착한 청교도인들이 발견한 숲은 마지막 빙하들이 물러간 뒤에 자라난 것들이었다.

"이제 우리는 그런 식생을 되찾아가고 있습니다. 주요한 수종樹種들이 대부분 회복되고 있지요."

동물들도 그렇다고 한다. 말코손바닥사슴 등은 어떻게 알았는지 다시 찾아왔다. 비버 같은 동물들도 사람이 다시 들여와서 자리를 잡아가고 있다. 방해할 인간이 없는 세상이 되면, 뉴잉글랜드는 캐나다에서부터 멕시코 북부에 이르기까지 북미의 원래 모습을 회복할 수 있을 것이다. 그래서 물줄기마다 비버가 만든 댐으로 인해 곳곳에 풍요로운 작은 습지가 만들어지고, 그곳에는 오리와 사향뒤쥐와 도요새와 도롱뇽이 가득할 것이다. 이곳 생태계에 새로 하나 보태질 동물이 있다면 코요테가 될 것이다. 코요테는 지금 늑대의 빈 자리를 메우려 하고 있다.

"지금 모습을 드러내는 코요테들은 서부에 사는 코요테보다 꽤 큽니다. 두개골과 턱이 훨씬 크지요." 포스터는 그렇게 말하며 기다란 손으로 갯과 동물의 두개골 모양을 인상적으로 묘사한다. "그들은 서부의 코요테에 비해 더 큰 먹이, 이를테면 사슴을 잡아먹습니다. 이것은 갑작스러운 적응 사례가 아닙니다. 서부 코요테들이 미네소타를 거쳐 캐나다까지 이주하면서 늑대와 이종교배를 하고 이곳까지 흘러들어 왔다는 유전적인 증거가 있습니다."

그는 또 토착종이 아닌 식물들이 아메리카를 휩쓸기 전에 뉴잉글랜드의 농민들이 다른 곳으로 이주한 것이 다행이라고 덧붙인다. 외래종 나무들이 전역에 퍼지기 전에 토착 나무들이 뿌리내리기 좋은 옛 농지에 다시 자리를 잡을 수 있었던 것이다. 이 땅에는 농약을 뿌리지 않았기 때문에 어떤 잡초, 곤충, 균류도 독살되어 다른 종들이 자라나는 일이 없었다. 이곳은 자연이 경작지를 어떻게 회복하는지를, 예컨대 옛 잉글랜드와는 대조적인 모습으로 보여줄 수 있는 가장 근접한 예일 것이다.

• • • •

영국의 간선도로가 대부분 그러하듯이, 런던에서 북쪽으로 달리는 M1 고속도로는 로마인들에 의해 만들어졌다. 하트퍼드셔에 있는 한 나들목을 나가면 한때 큰 로마인 타운이 있던 세인트올번스로 연결되고, 그곳을 지나면 하펜든이라는 마을로 이어진다. 세인트올번스는 로마시대부터 시작해서 48킬로미터 떨어져 있는 런던의 베드타운이 된 20세기 말까지 지방 상업의 중심지였다. 하펜든은 평평한 농업 지대로, 산울타리 말고는 곡물을 재배하는 들판이 흐트러진 데가 없는 곳이다.

영국제도의 울창한 숲들은 서기 1세기에 로마인들이 등장하기 오래전부터 파괴되기 시작했다. 호미니드가 이곳에 처음 나타난 것은 70만 년 전으로 보이는데, 아마 영국 해협이 땅으로 연결되어 있던 빙하기 때 지금은 멸종한 유럽들소 무리를 따라 건너왔을 것이다. 하지만 그들은 한곳에 오래 머물지 않았다. 영국의 위대한 산림식물학자 올리버 래컴에 따르면, 마지막 빙하기 이후 영국 남동부는 주로 보리수나무와 참나무가 크게 자란 숲이었고, 석기시대 채집자들의 입맛을 반영하듯 개암나무가 아주 많았다고 한다.

그러던 풍경이 기원전 4500년경부터 바뀌기 시작했다. 당시에는 잉글랜드와 대륙이 분리되어 있었는데, 누군가가 작물과 가축을 데리고 물을 건너온 것이다. 래컴은 이 이주자들이 "영국과 아일랜드를 농업이 시작된 근동의 건조하고 너른 초원 지대 비슷하게 바꿔버리기 시작했다"며 애석해했다.

오늘날 영국 영토의 100분의 1이하가 원래의 숲을 보존하고 있으며, 아일랜드는 사실상 전혀 없다고 한다. 대부분의 숲은 확실히 구분된 지대로, 여러 세기에 걸쳐 인간이 조심스럽게 벌채하는 방식으

Chapter2. 그들이 내게 알려준 것들

로 계속해서 건자재와 연료로 써온 흔적이 보인다. 로마인들이 색슨족 농민과 농노에게 땅을 넘기고 이후 중세에 접어들기까지 숲은 그런 식으로 보존되었다.

하펜든에는 야트막하고 둥근 돌담과 방어벽이 있는 로마 사원의 유적 근처에 13세기 초에 세워진 저택이 하나 있다. 벽돌과 나무로 지어졌으며 둘레에 해자와 120만 제곱미터의 땅이 있는 로섬스테드 저택은 여러 세기에 걸쳐 주인이 다섯 번이나 바뀌는 동안 계속 넓어지다가 1814년에 존 베넷 로즈라는 여덟 살 소년에게 상속되었다.

로즈는 이튼스쿨을 거쳐 옥스퍼드대학에 진학하여 지질학과 화학을 공부했는데, 학위를 따지는 않았다. 대신 그는 로섬스테드로 돌아와 돌아가신 아버지가 물려준 저택을 이용해 무언가를 하기로 작정했다. 그가 한 일은 결과적으로 농업의 방향과 지구 땅의 많은 부분을 크게 바꿨다. 우리가 사라진 뒤에도 그러한 변화가 얼마나 지속될 것인지에 대해서는 농산업주의자들과 환경주의자들이 격렬한 논쟁을 하고 있다. 논쟁이야 어떻든 로즈는 친절하게도 놀라운 예지를 발휘하여 우리에게 많은 실마리를 남겨주었다.

· · · ·

그의 이야기는 뼈 또는 석회질이라고도 하는 것으로부터 시작된다. 하트퍼드셔에서는 여러 세기 동안 농민들이 땅속에 묻혀 있던 오래전 바다동물의 석회질 성분을 파내어 밭에다 뿌리며 농사를 지었다. 그렇게 하면 순무와 곡식들이 잘 자랐기 때문이다. 로즈는 옥스퍼드의 한 강연에서 밭에 석회질을 뿌리면 작물에 영양분을 주기보다는 흙의 산성 저항력을 약화시키는 경향이 더 강하다고 배웠다. 그렇다면 무엇 때문에 작물이 잘 자랄 수 있었던 걸까?

독일의 화학자 유스투스 폰 리비히는 그 얼마 전에 뼛가루가 지력을 회복시켜 준다고 발표했다. 그는 먼저 희석시킨 황산에다 뼛가루를 담가두면 흡수력이 더 좋아진다고 썼다. 로즈는 자기 순무 밭에다 그대로 실험해 보았고, 이내 경탄했다.

리비히는 비료산업의 아버지로 기억되고 있다. 하지만 그는 할 수만 있었다면 그런 명예 대신 로즈가 거둔 엄청난 성공을 택했을 것이다. 리비히는 자기의 비법을 특허로 등록한다는 생각을 아예 하지 못했다. 바쁜 농민들이 뼈를 사다가 끓이고, 다시 그것을 간 다음, 런던의 가스공장에서 황산을 구해다 갈아둔 뼈에다 섞고, 그렇게 해서 굳어진 것을 다시 가는 것이 대단히 번거로운 일이라는 사실을 알게 된 로즈는 특허 등록을 했다. 특허를 쥔 그는 1841년에 로섬스테드에 세계 최초로 인공비료 공장을 세우고, 곧이어 모든 이웃에게 '과인산석회'를 팔기 시작했다.

오래된 벽돌 저택에 살고 있던 홀어머니의 고집 때문에 수공업으로 유지되던 그의 공장은 곧 템스강이 흐르는 그리니치 부근의 큰 공간으로 이사했다. 화학비료의 이용이 늘어나자 로즈의 공장은 점점 커져갔고, 생산라인도 점차 길어졌다. 제품에는 뼛가루와 광물질을 섞은 것 말고도 두 가지 질소비료가 있었는데, 질산나트륨과 황산암모늄이었다(나중에는 둘 다 오늘날 흔히 쓰이는 질산암모늄으로 대체되었다). 리비히는 질소가 식물에 꼭 필요한 아미노산과 핵산의 핵심 성분이라는 사실도 이미 알고 있었지만, 안타깝게도 이를 실질적으로 이용할 줄은 몰랐다. 리비히는 자신의 발견을 책으로 냈고, 로즈는 질소화합물에 대한 특허를 얻었던 것이다.

어떤 것이 가장 효과적인지 알아보기 위해 로즈는 1843년에 지금까지도 계속되고 있는 일련의 실험밭을 일구기 시작했다. 덕분에 로섬스테드연구소는 세계에서 가장 오래된 농업연구소이자 세계에서 가장 오래된 현장 실험지가 되었다. 로즈와, 역시 리비히의 혐오 대상이 된 로즈의 60년지기 동료인 화학자 존 헨리 길버트는 먼저 두 곳의 밭을 경작하기 시작했다. 하나는 순무밭이었고, 또 하나는 밀밭이었다. 그들은 이 두 밭을 각각 24개의 구획으로 나누고, 각각 다른 방식으로 농사를 지었다.

다른 방식이란 질소비료의 사용량 정도에 따른 것으로, 많이 쓰는 밭부터 전혀 쓰지 않는 밭까지 있었다. 또 천연 그대로의 뼛가루, 그가 특허를 낸 과인산석회, 인산비료를 쓰는 정도에 차등을 두어 밭을 구획했다. 잿물, 마그네슘, 칼륨, 황, 나트륨을 얼마나 쓰느냐에 따라, 그리고 퇴비를 있는 그대로 쓰느냐 아니면 발효시켜 쓰느냐에 따라 밭의 구획이 달랐다. 어떤 구획에는 그 지역에서 난 석회질을 썼고, 그렇지 않은 구획도 있었다. 해가 바뀔 때마다 일부 밭은 보리, 콩, 귀리, 붉은토끼풀, 감자를 돌려짓기했다. 어떤 밭은 정기적으로 묵혀 재배했고, 어떤 밭은 계속해서 한 작물을 이어서 재배했다. 어떤 밭은 아무 비료도 쓰지 않음으로써 대조군 역할을 하도록 했다.

1850년대에 이르자 질소와 인산염을 넣어주면 소출이 늘어난다는 것이 분명해졌다. 그리고 소량의 미네랄에 따라 작물이 잘 자라거나 더디 자라기도 한다는 것이 밝혀졌다. 동료인 길버트와 함께 부지런히 표본을 모으고 결과를 기록한 로즈는 작물 성장에 도움이 될 만한 어떤 이론이라도 기꺼이 실험해 보고자 했다.

로즈의 전기 작가인 조지 본 다이크에 따르면, 그의 실험은 상아가루로 만든 과인산석회를 뿌리는 것에서부터 작물에다 꿀을 바르는 것에 이르기까지 가리는 것이 없었다. 지금까지도 계속되고 있는 한 가지 실험은 밭에 풀 말고 아무 작물도 키우지 않는 것이다. 그는 로섬스테드 저택 바로 아래에 있는 오래된 양 목축지를 여러 구획으로 나누어, 다양한 질소화합물과 광물질을 뿌려보았다. 나중에 로즈와 길버트는 말린 생선가루인 어분魚粉을 쓰기도 했고, 서로 다른 먹이를 준 가축들의 똥으로 만든 퇴비를 쓰기도 했다. 20세기 들어 산성비가 늘어나자, 이 실험지에서는 다양한 pH 수준에서 작물이 어떻게 성장하는지 알아보기 위해 구획을 더 세분화하여 절반만 석회질을 뿌려주기도 했다.

이렇게 다양한 실험으로 통해 그들은 무기질소비료를 쓰면 풀이 허리 높이까지 잘 자라지만 생물 다양성이 타격을 입는다는 사실을 알아냈다. 그런 비료를 쓰지 않은 밭에서는 50여 종의 풀, 콩과식물, 약초 등이 자랐지만, 질소비료를 쓴 밭에서는 두세 종밖에 자라지 않았다. 농사를 짓는 사람이야 자기가 심은 작물이 다른 종자와 경쟁하기를 원치 않기 때문에 그것이 별 문제가 되지 않지만 자연은 다를 수 있다.

역설적이게도 로즈는 그랬다. 부유해진 그는 1870년대에 비료 사업을 매각하고 계속해서 자기가 정말 좋아하는 실험을 하며 살았다. 그가 우려한 것 중 하나는 땅이 어떻게 지력을 잃을 수 있느냐의 문제였다. 그의 전기 작가는 "화학비료 몇 킬로그램을 써서 똥을 발효시켜 만든 거름 몇 톤을 쓴 만큼 좋은 작물을 기를 수 있다"고 생각하는 농민이 있다면 착각한 것이라고 한 그의 발언을 인용하고 있다. 로즈는 채소를 기르는 사람들에게 자기라면 "근처에서 싼 값에 천연 거름을 대량으로 공급받을 수 있는 방법을 알아보겠다"는 조언을 했다고 한다.

하지만 빠르게 성장해 가는 도시 산업사회의 먹거리 수요를 충족하느라 바쁜 농촌 분위기에서 농민들은 더 이상 유기비료를 충분히 만들어 내는 데 필요한 소와 돼지를 기르는 사치를 누릴 수 없었다. 인구가 급증한 19세기 말 유럽 전역에서, 농민들은 곡물과 채소를 기르는 데 쓸 거름을 구하기 위해 필사적으로 노력했다. 남태평양의 섬들에 몇백 년 동안 쌓여 있던 새똥을 긁어 오는가 하면, 외양간을 박박 긁어 똥을 모았고, 심지어 사람 똥을 밭에 뿌리기도 했다. 리비히에 따르면, 워털루전쟁 때 죽은 말과 사람의 뼈까지 갈아 밭에 뿌렸다고 한다.

20세기 들어 농지에 대한 압력이 더 높아지자 로섬스테드연구소에서는 제초제, 살충제, 지역의 하수 침전물을 위한 실험지를 늘렸다.

오래된 저택으로 이어지는 구불구불한 길에는 이제 화학생태학, 곤충 분자생물학, 살충제 화학을 위한 큰 연구소들이 즐비하다. 모두 로즈와 길버트가 빅토리아 여왕으로부터 기사 작위를 받은 뒤 설립한 농업재단의 소유다. 로섬스테드 저택은 이제 전 세계에서 찾아오는 연구자들의 기숙사가 되었다. 그런데 로섬스테드의 가장 놀라운 유산은 반짝반짝하는 온갖 시설들 뒤의 먼지 자욱한 창유리가 인상적인 300년 된 헛간에 조용히 물러나 있다.

이곳은 지난 160년 동안 식물을 길들이기 위해 인간이 기울인 온갖 노력을 담아놓은 보관고다. 5리터들이 병 수천 개에 봉해놓은 표본들이 사실상 그 역사의 전부다. 실험밭의 각 구획마다, 길버트와 로즈는 수확한 곡물과 그 줄기 및 이파리, 그리고 그것들이 자란 흙의 표본을 모아두었다. 그들은 또 매년 천연 거름을 포함한 모든 비료의 표본을 보관해 두었다. 나중에 그들의 후계자들은 로섬스테드의 실험지에 뿌린 그 지역 하수 침전물까지 병에 담아두었다.

폭 5미터가량의 금속 선반에 연대별로 쌓아둔 병들은 맨 처음 만든 1843년의 밀밭 표본까지 거슬러 올라간다. 초기의 표본에서는 곰팡이가 자라기도 했다. 1865년 이후로 표본 병에 코르크 마개를 했고, 그 뒤에는 파라핀, 나중에는 납을 써서 병을 봉하기도 했다. 병을 구하기 어려운 전쟁 시기에는 커피나 분유나 시럽을 담았던 깡통에다 표본을 봉해두었다.

세월에 누렇게 변한 병 레이블에 써둔 잘 쓴 글씨를 살펴보기 위해 사다리를 타고 올라간 과학자들이 수천 명은 된다고 한다. 그들은

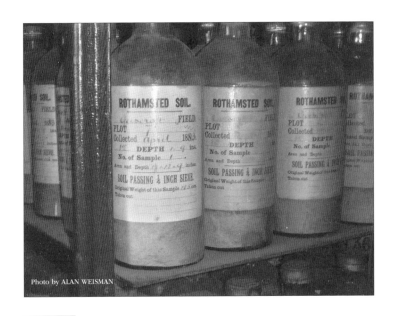

로섬스테드연구소의 보관고

예컨대 1871년 4월에 로섬스테드의 기스크로프트 밭에 23센티미터 깊이로 묻혀 있던 흙의 표본을 조금 얻고 싶었던 것이다. 하지만 많은 병은 아직 한 번도 열리지 않았다. 이들 병 속에는 유기물뿐만 아니라 당시의 공기라는 귀중한 기록이 보존되어 있는 것이다. 우리가 갑자기 사라지고, 예상치 못한 지진으로 병이 전부 바닥에 떨어져 깨지지만 않는다면, 이 귀중한 유산은 우리보다 오래 말끔히 보존될 것이다. 물론 한 세기 안에 내구성 있는 슬레이트 지붕이 비와 작은 짐승들에 의해 구멍이 뚫리고, 영리한 생쥐는 어떤 병을 콘크리트에 부딪쳐 깨뜨리면 여전히 그 안에 들어 있는 먹이를 얻을 수 있다는 사실을 알게 될 것이다.

　그런 일이 일어나기 전에 탐욕적이지만 다채로웠던 인간의 삶이 사라지고 조용해진 지구에 우연히 외계인 과학자들이 도착했다가 이 표본들을 발견했다고 하자. 30만 개 이상의 표본이 유리병과 깡통에 그대로 보관되어 있는 로섬스테드의 보관고를 발견했다고 하자. 지구까지 찾아올 정도로 영리한 그들이라면, 분명히 레이블에 써둔 기호들이 수를 세기 위한 체계임을 금세 눈치챌 것이다. 흙과 보관된 식물 표본을 알아보고 나면 인간 역사의 마지막 한 세기 반의 세분화된 기록을 발견했다는 사실을 알아차릴 것이다.

　제일 오래된 병부터 살펴본다면, 그 속에 든 것이 영국의 산업이 두 배로 팽창하는 동안 별로 오래 지속되지 않았던, 상대적으로 중성이었던 흙이라는 사실을 알 것이다. 전기가 발명되면서 석탄 화력발전소 가동이 시작되어 공장 지대인 도시에서부터 시골에 이르기까지 오염이 확산되던 20세기 초가 되면, 흙의 pH가 더욱 떨어져 극도로 산성화되어 갔음을 알 것이다. 질소와 이산화황이 꾸준히 늘어나는 것도 알게 될 텐데, 공장 굴뚝이 발전하면서 황 배출량이 크게 감소하던 1980년대 초반에 표본들이 갑자기 황을 가루로 뿌린 것처럼 변하는 것을 보고는 어리둥절해할지도 모른다. 이는 공장에서 배출되는 황이 대폭 줄어드는 바람에 농민들이 황을 비료로 쓰기 시작했기 때문이다.

　그들은 1950년대 초에 로섬스테드의 풀밭에서 처음 나타난 것을 못 알아볼 수도 있다. 그것은 플루토늄의 흔적인데, 이 광물질은 하트퍼드셔는 물론이고 자연에서 절로 생기는 것이 아니다. 그해의 기후를 반영하는 포도주처럼, 네바다 사막에서 그리고 나중에는 러시아에서도 있었던 실험의 결과로 떨어진 낙진이 멀리 로섬스테드의 흙에도 방사성 물질의 흔적을 남긴 것이다.

20세기 말의 표본을 열어보면 병 속에서 지구에서는 아직 알려져 있지 않던(그리고 운이 좋다면 자기네 별에도 없던) 다른 신기한 물질을 발견하게 될 것이다. 그것은 PCB 등으로 플라스틱 제조 과정에서 생긴 물질이다. 맨눈으로 보면 그보다 100년 전의 표본 병에 담긴 흙 비슷하게 얌전해 보일 것이다. 하지만 외계인의 눈으로 보면 우리가 가스 크로마토그래프나 레이저 스펙트로미터 같은 장치가 있어야만 볼 수 있는 위협을 판별할 수 있을지도 모른다.

만일 그렇다면 그들은 PAH(다환방향족탄화수소)가 갖고 있는 예리한 형광물질의 흔적을 알아볼 수 있을 것이다. 그리고 자연에서는 화산 폭발과 숲이 탈 때 배출되는 물질인 PAH와 다이옥신이 세월의 흐름에 따라 이 흙과 작물 내의 화학 성분 중에서 배경 수준에 머물러 있다가 주역으로 도약하는 것을 보면서 깜짝 놀랄지도 모른다.

그들이 우리처럼 탄소를 바탕으로 하는 생명체라면 화들짝 놀랄수도 있다. PAH도 다이옥신도 신경계와 기타 신체 기관에 치명적일수 있기 때문이다. PAH가 20세기에 떠다니기 시작한 것은 자동차 배기가스와 석탄 화력발전소의 배출 가스가 구름에 섞이면서부터다. 아스팔트를 막 깔았을 때 나는 지독한 냄새를 풍기는 이 물질이 로섬스테드에서 발견되는 것은 다른 모든 농장에서와 마찬가지로 제초제와 살충제에 들어 있던 것을 일부러 들여왔기 때문이다.

하지만 다이옥신은 일부러 들여온 것이 아니다. 다이옥신은 탄화수소가 염소와 결합할 때 만들어지는 부산물로, 아주 지독하고 여러 문제를 일으킨다. 성별을 뒤바꿔 버리는 내분비 교란을 일으킬 뿐만 아니라, 금지되기 전까지는 맹독성 고엽제인 TCDD, 일명 오렌지제劑에 쓰였던 것이다. 이 고엽제는 반군의 은신처를 없애기 위해 베트남 열대우림 전역에 살포되었다. 1964년부터 1971년까지 미국이 베트남에 퍼부은 오렌지제는 4,500만 리터였다. 40여 년이 지난 지금, 고엽제를 심하게 먹은 숲들은 아직도 회복되지 않았다. 그 자리에는 세계 최악의 잡초라고 하는 코곤cogon이 자라고 있다. 이 풀은 아무리 태워버리고 그 자리에 대나무, 파인애플, 바나나, 티크 같은 나무를 심어보려 해도 다시 자라난다.

다이옥신은 침전물에 농축되기 때문에 로섬스테드의 하수 침전물 표본에서도 나타난다(1990년 이후로 유럽의 하수 침전물은 북해에 버리기에는 너무 독성이 강하다는 이유로 해당 지역의 농지에 비료로 뿌려지고 있다. 네덜란드는 예외인데, 네덜란드는 1990년대에 농민들에게 유기농업과 애국을 동일시하는 인센티브를 제공했을 뿐만 아니라 땅에 뿌려진 것도 결국에는 바다로 흘러가기 마련이라는 점을 EU 동맹국들에게 설득해 오고 있다).

로섬스테드의 놀라운 보관고를 발견한 미래의 방문객들은 우리가 자살하려 했다고 생각하지 않을까? 그들은 1970년대부터 흙 속의 납 농축이 크게 줄어드는 것을 보고 희망을 발견할지도 모른다. 하지만 동시에 다른 금속들이 늘어나는 것도 볼 것이다. 특히 보존된 하수 침전물 가운데서 온갖 몹쓸 중금속, 예컨대 납, 카드뮴, 구리, 수은, 니켈, 코발트, 바나듐, 비소 그리고 그보다 가벼운 아연과 알루미늄을 발견할 것이다.

· · · ·

스티븐 맥그래스 박사가 구석 자리에 놓인 컴퓨터 앞에 웅크리고 앉아 있다. 대머리에 사각형 돋보기를 쓴 그의 깊이 팬 눈은 영국제도의 지도를 살피고 있다. 지도에는 지구가 이 꼴이 아니라면 동물이 먹는 식물에 나타나지 않을 것들이 색깔별로 구분되어 있다.

"예를 들어 이것은 1843년 이후로 아연이 축적된 정도를 표시한 겁니다. 우리 표본은 세계에서 가장 오래된 기록이기 때문에 다른 데서는 이런 추세를 볼 수 없지요."

로섬스테드에서 제일 오래된 브로드보크라는 겨울밀 밭에서 퍼온 표본을 조사해 본 결과, 원래는 아연이 35피피엠이었는데 지금은 거의 두 배로 늘어났다고 한다. "이것은 전부 공기에서 온 겁니다. 대조군으로 쓴 밭에는 비료도 유기 거름도 하수 침전물도 쓰지 않았거든요. 그런데도 농도가 25피피엠 늘었습니다."

그런데 원래 35피피엠이던 실험 농지의 아연 수치는 이제 91피피엠이다. 대기오염으로 인한 25피피엠에다 추가로 31피피엠이 더 보태진 것이다.

"가축 똥으로 만든 거름 때문입니다. 소와 양을 살찌우기 위해 동물 사료를 먹이는데, 거기에 아연과 구리가 들어 있기 때문이지요. 160년 만에 흙 속의 아연이 거의 두 배로 늘어났습니다."

인간이 사라진다면 아연이 섞인 공장 굴뚝 연기도 사라지고, 가축에게 미네랄 보조식품을 먹이는 사람도 없을 것이다. 하지만 맥그래스는 인간 없는 세상에서도 우리가 땅에다 배출해 온 금속이 오랫동안 남아 있을 것으로 예상한다. 오염된 흙을 비가 얼마나 걸러내어 산업사회 이전 수준으로 토양을 되돌려 놓을 수 있느냐는 흙의 조성에 달려 있다고 그는 말한다.

"진흙의 경우 물이 잘 빠지지 않기 때문에 금속 성분을 모래흙에 비해 일곱 배나 오래 붙들고 있을 겁니다." 맥그래스의 지도에는 영국과 스코틀랜드의 습지대에 있는 토탄 덮인 산꼭대기들이 빨간색으로 표시되어 있다. 역시 물이 잘 빠지지 않는 토탄은 진흙에 비해 여러 가지 금속, 황 그리고 다이옥신 같은 유기염소계 오염물질을 훨씬 오래 함유한다.

모래흙의 경우도 하수 침전물을 뿌렸다면 지독한 중금속을 함유할 수 있다. 흙에서 금속을 뽑아내는 유일한 것은 금속을 흡수하는 식물 뿌리다. 1942년 이후로 웨스트 미들섹스의 하수 침전물을 뿌린 로섬스테드의 당근, 사탕무, 리크 그리고 다양한 곡류의 표본을 조사해 본 결과를 바탕으로 맥그래스는 우리가 흙에다 보태놓은 금속들이 얼마나 오래갈지를 계산해 보았다.

그는 나쁜 소식을 알려주는 차트를 꺼내 보이며 말했다. "아연은 3,700년 정도 걸리겠네요."

Chapter2. 그들이 내게 알려준 것들

그 정도면 인간이 청동기시대부터 지금까지 오는 데 걸린 시간이다. 다른 금속성 오염물질들에 비하면 그 정도는 약과다. 인조비료의 불순물인 카드뮴은 그보다 두 배는 더 오래간다고 한다. 7,500년이면 인류가 메소포타미아와 나일강에서 물을 대어 농사를 짓기 시작하던 때부터 지금까지의 시간이다.

다른 것들은 그보다 더하다. "납이나 크롬처럼 더 무거운 금속은 농작물이 쉽게 흡수하지 못하고, 잘 걸러지지도 않아요. 계속해서 남아 있으려 하지요." 우리가 표토에 무분별하게 흘려버린 것 가운데 가장 끔찍한 납은 아연에 비해 열 배가량이나 더 오래간다고 한다. 3만 5,000년이란 시간은 몇 번의 빙하기를 거치는 기간이다.

크롬은 화학적 이유를 확실히 알 수는 없지만 가장 오래 남는 물질이다. 맥그래스는 7만 년 정도를 예상한다. 점막에 닿거나 또는 삼켰을 때 치명적인 크롬이 우리 삶에 침투하는 것은 주로 가죽 제조 과정을 통해서다. 그보다 적은 양은 크롬도금을 한 조리기구나 브레이크 라이닝, 자동차 배기가스 정화장치 등에서 벗겨지는 것이다. 하지만 크롬은 납에 비하면 별 문제가 아니다.

인간이 납을 발견한 것은 오래전 일이지만, 납이 신경계, 학습 발달, 청력, 전반적인 뇌 기능에 악영향을 끼친다는 사실은 최근 들어 알려졌다. 또 납은 콩팥 질환과 암을 유발한다. 영국에 와 있던 로마인들은 산의 광맥을 녹여 파이프와 성배를 만들었는데, 아마 그 때문에 많은 사람이 죽거나 미쳤을지도 모른다. 이렇게 납을 배관용으로 사용하는 것은 산업혁명기를 지날 때까지도 계속되었다. 로섬스테드

저택의 유서 깊은 폭우 방지용 배관도 아직까지 납으로 만든 것 그대로다.

하지만 오래된 배관 같은 것들은 생태계에 농축된 납의 몇 퍼센트도 되지 않는다. 앞으로 3만 5,000년 뒤에 찾아올 미래의 방문객들은 어디서나 발견되는 납을 뿜어낸 것이 자동차 연료, 산업 배출 가스, 석탄 화력발전소라는 사실을 밝혀낼 수 있을까? 맥그래스는 우리가 가버리고 나면 금속에 절어버린 땅에서 자라나는 작물을 수확할 사람이 없을 테니, 식물들이 납을 빨아들였다가 죽어 썩으면서 다시 되돌려 놓기를 계속해서 반복할 것이라고 한다.

담배와 애기장대라고 하는 꽃은 유전자 조작을 통해 가장 무시무시한 맹독성 중금속의 하나인 수은을 빨아들여 발산하도록 변형되었다. 하지만 안타깝게도 식물은 우리가 그런 오염물질을 땅속에서 파낼 때만큼 깊이 도로 묻어놓지 않는다. 이들 식물이 수은을 빨아들여 내뱉으면, 다른 어디에선가 비가 되어 떨어진다. 맥그래스는 PCB의 경우에도 비슷한 점이 있다고 말한다. PCB는 한때 플라스틱, 살충제, 솔벤트, 복사용지, 유압액에 쓰였다. 그러나 1930년에 발명되었다가 1977년에 금지된 것은 면역 체계, 운동 기능, 기억력에 장애를 일으키며, 성 구별에 교란을 일으키기 때문이었다.

처음에는 PCB 금지가 효과를 발휘하는 듯했다. 로섬스테드의 표본들은 1980년대와 1990년대를 거치는 동안 토양 속의 PCB 농도가 점점 떨어졌으며, 새천년 무렵에는 거의 산업사회 이전 수준으로 회복되었음을 분명히 보여준다. 그러나 안타깝게도 PCB는 주로 사용되던 온대 지역에서만 바람에 날려갔을 뿐, 북극이나 남극의 찬 공기와 부딪쳤을 때는 굳어져 아래로 떨어졌음이 밝혀졌다.

그 결과 이누이트와 라플란드인 어머니들의 모유에, 물개와 어류의 지방 조직에 포함된 PCB 농도가 증가했다. PBDE라고 하는 내연제처럼 주로 극지방에 몰리는 POP(잔류성환경오염물질)와 마찬가지로, PCB는 양성화되는 북극곰의 수를 늘리는 주범으로 주목받고 있다. PCB도 PBDE도, 인간이 만들어 내기 전까지는 존재하지 않던 것들로, 둘 다 염소나 브롬처럼 할로겐으로 알려진 반응성 강한 원소와 들러붙는 탄화수소들로 구성되어 있다.

POP라고 하면 어감은 아주 마음 편하고 가볍게 느껴지지만, 유감스럽게도 실은 대단히 안정적으로 만들어진 물질들을 뜻한다. PCB는 윤활제로 계속 사용된 바 있으며, PBDE는 플라스틱을 열에 녹지 않도록 해주는 절연체로 쓰였고, DDT는 살상을 거듭하는 살충제로 사용되었다. 이들은 그 자체로는 잘 파괴되지 않는다. PCB와 마찬가지로, 일부는 생물분해될 조짐을 거의 또는 아예 보이지 않는다.

· · · ·

미래의 식물들이 우리가 배출한 금속과 POP들을 몇천 년 동안 계속해서 재생하다 보면, 일부는 내성이 생길 것이다. 또 일부는 옐로스톤공원의 간헐천 주변에서 자라는 식물들처럼(비록 몇백만 년에 걸친 일이긴 하지만) 흙 속의 금속 성분에 적응할 것이다. 하지만 우리 인간과 마찬가지로 그렇지 않은 것들은 납이나 셀레늄이나 수은 중독으로 죽어버릴 것이다. 그들 중 일부는 수은이나 DDT에 대한 내성과 같은 새로운 특성을 선택함으로써 나중에 더 잘 자라게 될 종 가운데 약한 축에 속하게 될 것이다.

우리가 사라지고 나면, 로즈가 팔기 시작한 이후로 우리가 밭에 뿌린 모든 화학비료의 지속적인 효과가 다양하게 나타날 것이다. 질산염이 묽어져 질산으로 변하는 세월 동안 pH가 약해진 일부 토양은 수십 년 만에 회복될지도 모른다. 그렇지 않고 자연스럽게 발생하는 알루미늄이 독성이 심할 정도로 농축되는 토양의 경우, 낙엽과 미생물이 완전히 새로운 흙을 만들어 내기까지는 아무것도 길러내지 못할 것이다.

그런데 인산염과 질산염이 가장 큰 악영향을 끼치는 곳은 밭이 아니라 물이 빠지는 장소다. 이런 화학비료를 뿌린 밭에서 1,600킬로미터 떨어진 강의 삼각주는 흘러온 비료를 너무 많이 먹은 물풀 때문에 질식하곤 한다. 연못 수면의 더껑이가 지나치게 무성한 조류로 자라나는 바람에 물속의 산소가 다 빨려나가 물고기가 떼죽음을 당하기도 한다. 조류가 죽어서 썩기 시작하면 상황이 더욱 악화된다. 수정처럼 맑은 못이 황이 가득한 진구렁으로 변하기도 하는데, 이는 부영양화가 진행된 강어귀가 거대한 죽음의 구역으로 변하는 경우다. 미시시피강 하구가 멕시코만과 만나는 곳은 비료를 너무 많이 먹은 침전물이 미네소타에서부터 줄곧 떠내려 오는 바람에 뉴저지보다 넓은 면적이 죽어버렸다.

인간이 이 세상에서 사라지면서 인간이 만든 모든 화학비료의 사용이 갑자기 중단된다면, 지구상에서 가장 생명이 풍부한 구역, 즉 큰 강들이 엄청난 영양물질을 싣고 와서 바다와 만나는 곳에 끼치는 어마어마한 화학적 악영향이 일거에 사라질 것이다. 단 한 번의 식물 생장기 안에 미시시피강에서부터 새크라멘토 삼각주, 메콩강, 양쯔강, 오리노코강, 나일강에 이르기까지 죽어버린 지대가 당장 줄어들기 시작할 것이다. 화학약품들이 마지막으로 도착하는 화장실 같은 이런 곳들이 계속 씻겨나가면서 물은 점점 더 맑아질 것이다. 만약 미시시피 삼각주에 사는 어민이 죽은 지 단 10년 뒤에 깨어난다 해도 달라진 모습에 깜짝 놀랄 것이다.

· · · ·

1990년대 중반 이후로 인간은 지구 역사에서 전대미문의 발걸음을 내디뎠는데, 이는 한 생태계에만 있던 동식물을 다른 생태계에 도입하는 정도가 아니라 개별 동식물의 생체에 외래 유전자를 이식함으로써 이루어진 일이었다. 그것은 그 유전자가 이식된 개체 내에서 원래와 똑같은 일을 하도록, 즉 거듭해서 스스로를 복제하도록 하기 위해서였다.

원래 유전자 변형(또는 조작) 생물, 즉 GMO는 작물이 자체의 살충제나 백신을 만들어 내거나 밭에서 경쟁하는 잡초를 죽이기 위한 화학약품에 피해를 입지 않도록, 또는 시장성이 더 좋아지도록 하기 위해 고안되었다. 동물의 경우도 마찬가지다. 그런 식의 발전에 따라 토마토가 매장 선반에서 더 오래 유통되도록 만들었다. 북극 바다의 물고기 DNA를 양식 연어에 접합함으로써 1년 내내 성장호르몬을 분비하도록 했다. 젖소의 젖이 더 많이 나오도록 만들었고, 목재용 소나무의 결을 더 근사하게 변형시켰다. 얼룩물고기에다 해파리의 형광물질 유전자를 주입하여 어두운 데서 빛을 내는 수족관용 물고기도 만들어 냈다.

더 대담해진 우리는 동물 먹이로 쓰이는 식물을 속여 항생물질을 만들어 내도록 했다. 콩, 밀, 벼, 홍화, 알팔파, 사탕수수의 유전자를 개조하여 혈액응고방지제에서부터 항암제, 플라스틱에 이르기까지 온갖 것들을 만들어 내고 있다. 심지어 베타카로틴이나 은행잎 추출물 같은 건강보조식품을 만들기 위해 식물의 유전자를 건드렸다. 우리는 염분을 견디는 밀을, 가뭄에 강한 나무를, 번식력이 더 좋거나 나쁜 작물을 원하는 대로 기를 수 있다.

이러한 GMO에 대해 몹시 두려워하고 있는 비판 세력으로는 미국을 중심으로 한 '우려하는 과학자들의 모임'과, 영국의 상당 부분을 포함한 서유럽 지방의 약 절반이 있다. 그들이 두려워하는 부분은 만일 새로운 생명체가 칡넝쿨처럼 번식한다면 우리의 미래가 어떻게 되겠느냐는 것이다. 거대 농기업인 몬산토가 출시하는 옥수수, 콩, 캐놀라의 '라운드업 레디' 시리즈 같은 작물들은 두 배로 위험하다고 그들은 주장한다. 라운드업 레디란 라운드업 제초제에 견뎌낼 준비가 되어 있다는 뜻으로, 주변의 모든 것은 다 죽는 상황에서도 끄떡

없도록 조작된 식물을 말한다.

　우선 그들은 라운드업을 계속 쓰면 라운드업에 내성을 지닌 잡초만을 끊임없이 양산할 뿐이며, 그 때문에 농민들은 어쩔 수 없이 제초제를 더 쓰게 된다고 말한다. 다음으로 그들은 이런 작물들의 꽃가루가 널리 퍼져나간다는 점이 문제라고 지적한다. 멕시코에서는 유전자 조작 옥수수가 근처의 밭을 침범하고 자연 그대로의 품종과 교잡한다는 연구들이 나왔는데, 업계의 지원을 받는 대학 연구자들은 그 사실을 강력히 부인했다. 업계가 돈이 많이 드는 유전과학의 자금을 대주고 있기 때문이다.

　골프장에서 사용되는 잔디 떼로, 상업적으로 육종한 벤트그래스를 조작해 얻은 유전자가 몇 킬로미터 떨어진 오리건의 천연 풀밭에서 발견된 적도 있다. 유전자 조작 연어가 북미의 야생종과 교배하는 일은 결코 없다고 한 업계의 확언은 칠레의 강어귀에서 연어가 급증하고 있다는 사실과 일치하지 않는다. 노르웨이에서 들여올 때까지 칠레에는 연어가 없었다.

　인간이 만들어 이미 자연에 풀려나온 유전자들이 가능성이 무한한 생태계 내에서 어떤 반응을 일으킬지는 슈퍼컴퓨터라도 예측할 수 없다. 무궁한 세월에 걸친 진화의 결과 경쟁에서 완전히 도태되는 것들이 있겠지만, 반대로 적응의 기회를 제대로 붙잡아 자체적으로 진화하는 것들도 분명히 존재할 수 있다.

．．．．

　로섬스테드연구소의 과학자 폴 폴턴이 인간의 경작이 멈추고 나면 남아 있을 것에 둘러싸여 11월의 가랑비를 맞고 있다. 연구소에서 불과 몇 킬로미터 떨어진 곳에서 태어난 마른 체구의 폴턴은 여느 작물과 마찬가지로 이 땅에 뿌리를 박고 있는 사람이다. 학교를 마치자마자 이곳에서 일을 시작한 그의 머리칼은 어느새 희끗해졌다. 자신이 태어나기도 전에 시작되었던 실험을 돌본 지 30년이 넘었다. 그는 자신이 죽어 살이 거름이 되고 뼈가 가루가 된 지 한참 뒤에도 실험들이 계속되리라는 생각을 즐겨 한다. 하지만 언젠가는 자신의 장화 밑에서 무성하게 자라고 있는 야생식물들이 로섬스테드의 유일한 주요 실험 대상이 될 것이라는 점도 알고 있다.

　그것은 지금까지 아무 관리가 필요하지 않은 유일한 실험이기도 했다. 1882년 로즈와 길버트는 온갖 화학비료 세례를 받던 겨울밀밭 브로드보크에 2,000제곱미터 규모로 울타리를 치고, 곡식을 수확하지 않고 그대로 놔두면 어떤 일이 벌어지는지 알아보기로 한 것이다. 이듬해 혼자 씨를 퍼뜨린 밀이 자라 열매를 맺었다. 그 이듬해도 같은 일이 일어났는데, 단 그 땅을 차지하기 위해 침범한 다른 풀들과 경쟁을 벌였다.

　1886년에는 거의 알아보기도 힘든 왜소한 밀이 세 그루만 자랐다. 노란 들꽃들이 여기저기 자랐고, 난초 비슷한 야생콩이 나기 시작했으며, 벤트그래스가 무성해졌다. 그 다음해에는 로마인들이 오기 전부터 이곳에서 자라던 중동산의 튼튼한 곡물인 밀이 완전히 사라져 버리고, 다시 돌아온 야생종들이 땅을 되찾았다.

그 무렵 로즈와 길버트는 800미터쯤 떨어진 곳의 1만 2,000제곱미터가 조금 넘는 기스크로프트 밭을 방치하기 시작했다. 이 밭은 1840년대부터 1870년대까지 콩을 재배하던 곳이었는데, 30년이 경과된 시점에서 볼 때 화학비료를 쓴다 해도 콩을 윤작 없이 계속해서 기르면 실패한다는 것이 분명해졌다. 그래서 기스크로프트 밭에는 몇 번의 파종기에 붉은토끼풀만을 뿌렸고, 그러다 브로드보크 밭처럼 울타리를 치고 내버려 두기 시작한 것이다.

브로드보크 밭에는 로섬스테드의 실험이 시작되기 적어도 두 세기 전부터 그 일대의 석회질 비료가 뿌려졌고, 배수로를 파지 않으면 경작하기 힘든 저지대인 기스크로프트에는 석회질이 뿌려지지 않았다. 그 뒤로 몇십 년 방치되는 동안 기스크로프트는 점점 토양이 산성화되어 갔다. 반면 오랜 세월 동안 다량의 석회질로부터 보호를 받은 브로드보크에서는 pH가 거의 낮아지지 않았다. 별꽃이나 쐐기풀처럼 촘촘하게 얽히는 식물이 모습을 드러내기 시작하더니, 10년 안에 어린 개암나무, 산사나무, 물푸레나무, 참나무가 자리를 잡았다.

하지만 기스크로프트는 새발풀, 레드페스큐, 벤트그래스 등이 주를 이루는 풀밭으로 남아 있었다. 트인 공간에 나무가 자라기 시작한 것은 30년이 지나서였다. 그러는 사이 브로드보크의 나무들은 키가 크고 무성해졌다. 1915년에는 나무 종류가 열 가지나 더 늘어났는데, 단풍나무와 느릅나무, 블랙베리 덤불과 담쟁이덩굴도 있었다.

20세기를 거쳐오는 동안 두 밭은 서로 다르긴 해도 농지에서 임야로 나름의 변화를 해왔다. 둘 사이의 차이는 각각의 농사 역사를 반영하듯 갈수록 커져갔다. 두 곳은 '야생지'로 불리게 되었다. 모두 합쳐 1만 4,000제곱미터에 불과한 땅에 붙이기는 좀 과한 이름 같지만, 원래 숲의 1퍼센트도 남아 있지 않은 곳에서는 별 무리가 없다고도 할 수 있다.

1938년에는 브로드보크에 버드나무가 자라기 시작하다가 나중에는 구스베리와 주목으로 대체되었다. "여기 기스크로프트에는 이런 것이 하나도 없었습니다." 폴턴이 장과 열매가 화사하게 열린 덤불에서 우비를 벗으며 말한다. "그런데 40년 전에 갑자기 홀리가 자라면서 지금은 이렇게 울창해졌지요. 이유는 모르겠지만 말입니다."

어떤 홀리 덤불은 큰 나무만 하다. 담쟁이덩굴이 산사나무를 죄다 휘감으면서 숲 바닥을 기어다니는 브로드보크와는 달리, 이곳에는 가시나무 말고 지피식물이 없다. 묵기 시작한 기스크로프트 밭을 차지했던 잡초와 약초들은 완전히 사라지고, 산성 토양을 선호하는 참나무가 자리를 잡아 그늘을 드리우고 있다. 질소를 고정하는 콩과식물을 많이 심고 질소비료를 많이 뿌리면서 수십 년 동안 산성비에 노출되었던 기스크로프트는 지력이 쇠하고 산성화되었으며 빗물에 양분이 다 빠져나간 전형적인 사례가 되었다. 그래서 주종을 이루는 식물이 몇 개 안 되는 것이다.

그렇긴 하지만 주로 참나무와 가시나무와 홀리가 자리를 잡은 숲을 불모지라고 볼 수는 없다. 때가 되면 더 다양한 종들이 자랄 생명

브로드보크 밀 밭과 야생지. 왼쪽 위에 나무들이 많이 자라고 있다.

의 땅인 것이다.

브로드보크가 기스크로프트와 근본적으로 다른 것은 두 세기 동안 석회질이 뿌려졌기 때문에 토양이 인산염을 함유하고 있다는 점이다. "하지만 결국에는 그것도 씻겨나갈 겁니다."라고 폴턴은 말한다. 그렇게 되면 토양은 이전 상태로 회복되지 않을 것이다. 완충 역할을 하던 칼슘 성분이 다 빠지고 나면, 인간이 다시 뿌려주지 않는한 자연 상태에서 회복되지 않기 때문이다. "언젠가는 이 농지도 전부 숲으로 되돌아갈 겁니다. 풀은 다 사라져 버리겠죠." 그가 거의 속삭이듯 말한다.

우리가 없어지고 나면, 그렇게 되기까지 한 세기도 걸리지 않을 것이다. 석회질이 다 씻겨나간 브로드보크 야생지는 옛 모습을 되찾아가는 기스크로프트와 비슷해질 것이다. 씨앗이 바람을 타고 건너다니다 보면 두 임야의 차이가 거의 사라지고, 로섬스테드의 다른 밭들도 전부 농경 이전의 모습을 되찾아 갈 것이다.

밀의 경우 20세기 중반 들어 알곡의 수가 크게 늘어나면서 줄기의 길이는 반으로 줄어들었다. 세계의 기아를 해결하기 위해 이른바 녹색혁명 때 개량한 것이다. 밀의 그러한 기록적인 소출 증가로 굶주리던 수많은 사람이 배고픔을 면하게 되었고, 덕분에 인도나 멕시코 같은 나라들의 인구가 크게 증가했다. 강제적인 이종교배와 무작위적인 아미노산 혼합이라는 유전자 접합 이전의 수법들로 만들어진 이 밀을 계속 재배하고 유지하려면 온갖 화학비료, 제초제, 살충제를 다 섞어 써야 한다. 그래야만 실험실에서 길러진 이 생명체가 실제 현장에 도사리고 있는 위험에서 살아남을 수 있다.

사람이 없어지고 나면, 이 개량된 밀은 로즈와 길버트가 브로드보크 야생지를 자연에 되돌려주고 난 뒤 그 밭에 자라던 밀처럼 야생에서 4년을 버티기도 힘들 것이다. 일부는 번식력이 없는 잡종이고, 아니면 자손이 결함투성이라 농민들이 매년 씨앗을 새로 사야 한다(그래서 종자회사에게는 엄청난 이득이 된다). 세계 대부분의 곡식밭이 그러하듯, 어차피 불모지가 되어버릴 밭들은 질소와 황 때문에 계속해서 엄청나게 산성화된 상태를 유지하며, 새로운 흙이 만들어질 때까지는 계속 그러할 것이다. 새로운 흙이 만들어지려면 몇십 년에 걸쳐 산성에 강한 나무가 뿌리를 내리고 자라야 한다. 또한 몇백 년 이상 낙엽과 썩은 나무가 분해되어 부식토가 되어야 하는데, 그렇게 되려면 산업농업 시대의 얇은 토양 유산을 견딜 수 있는 미생물이 필요할 것이다.

그러한 토양 밑에는 왕성한 뿌리들의 활동에 의해 이따금 발굴될, 300년 동안 쌓여온 각종 중금속과 태양과 토양 아래 진정 새로운 물질인 POP가 묻혀 있을 것이다. 북극으로 날려가기에는 너무 무거운 PAH 같은 인공 화합물이 묻혀 영원히 썩지 않고 남아 있을지도 모른다.

· · · ·

1996년 〈뉴사이언티스트 매거진〉에 글을 쓰는 런던의 기자 로라 스피니는 250년 동안 방치된 런던이 원래처럼 다시 습지가 되어가는 모습을 상상으로 그려보았다. 자유롭게 흐르는 템스 강물은 쓰러진 건물 아랫단 사이로 지나다니고, 캐너리워프의 타워는 담쟁이덩굴의 엄청난 무게에 못 이겨 무너진 모습이다. 그 이듬해에는 로널드 라이트가 소설 《과학 로맨스》에서 그보다 250년 더 뒤의 모습을 그렸다. 템스강 가에 야자수가 늘어서 있으며, 맑은 강물이 캔비섬을 지나 더위를 먹은 맹그로브나무가 숲을 이룬 어귀를 거쳐 북해로 흘러가는 모습이다.

지구 전체와 마찬가지로, 인간 이후의 영국 운명은 다음 두 가지

전망 사이를 오가는 것이다. 즉 온대림으로 되돌아가느냐, 아니면 몹시 무더운 열대의 미래로 기울어지느냐. 혹은 엉뚱하게도 영국 남서부의 습지에서 볼 수 있었던 모습과 비슷하게 아주 오싹하게 추워질 수도 있다.

영국 남부에서 해발이 가장 높은 다트무어는 대머리처럼 돌출된 면적 950여 제곱킬로미터의 지대다. 이따금 부서진 화강암들이 돌출해 있고, 오래된 울타리를 치고 나오는 작은 숲과 농장이 종종 눈에 띌 뿐이다. 이곳은 영국의 대부분이 물에 잠겨 있던 석탄기 말에 형성되었는데, 그때 바다생물들의 껍질이 쌓이면서 지금의 석회암층이 만들어졌다. 그 밑에 자리한 화강암층이 3억 년 전 더 아래에 있던 마그마와 함께 부풀어 돔 모양의 섬을 이루게 되었다.

몇 번의 빙하기를 거치는 동안 엄청난 양의 바닷물이 얼면서 해수면이 낮아지게 되었고, 그 덕분에 지금의 세상이 이루어진 것이다. 마지막 빙하기 때는 높이가 1,600미터나 되는 빙하가 본초자오선(옛 그리니치천문대의 자오선으로 지구 경도의 원점으로 쓰였다 – 옮긴이) 바로 아래에까지 내려와 있었다. 그 빙하가 멈춰 섰던 곳에서 다트무어가 시작되었다. 토르tor라고 하는 이곳 화강암 바위산들은 영국제도가 앞으로 맞을지도 모를 섬뜩한 미래의 전조가 될 수도 있는 시대의 흔적이다.

그러한 운명은 그린란드의 빙하가 녹은 물이 멕시코만류 위를 흐르는 해수의 흐름을 막아버린다거나 사실상 역류시킨다면 일어날 수 있는 일이다. 영국이 같은 위도에 있는 미국의 허드슨만에 비해 훨씬 더 따뜻한 이유는 바로 멕시코만류 때문인 것이다. 이 논란 많은 사태의 발생은 지구 온난화의 직접적인 결과이므로 옛날처럼 빙하가 생기지는 않을 것이다. 하지만 만류가 끊김으로써 영국에 영구동토나 툰드라가 생기는 것은 충분히 가능한 일이다.

그와 같은 일이 1만 2,700년 전에 다트무어에서 일어났다. 그 무렵 지구 해류의 순환이 거의 끊기면서 빙하가 만들어진 것은 아니지만 땅이 돌처럼 차게 굳어버렸다. 그 이후에 벌어진 현상은 교훈적일 뿐만 아니라 희망적이기도 하다. 영국이 앞으로 어떻게 될지 보여줄 뿐더러 그런 일 없이 그냥 넘어갈 수도 있기 때문이다.

그렇게 땅이 얼어붙는 현상은 1,300년 동안 지속되었다. 그 기간 동안 다트무어의 돔 같은 화강암반의 갈라진 틈에 갇힌 물이 얼면서 지표면 아래의 바위들이 쩍쩍 갈라졌고, 그러다 홍적세가 끝났다. 영구동토가 녹으면서 물이 넘쳐흘렀고, 갈라진 바위들이 돌출되어 다트무어의 토르가 되었으며, 고원 황야가 형성되었다. 그 뒤로 2,000년 동안 영국과 유럽 대륙을 이어준 육로를 통해 소나무가 유입되었고, 뒤이어 박달나무와 참나무가 들어왔다. 나무들과 함께 사슴, 곰, 비버, 오소리, 말, 토끼, 붉은다람쥐, 들소도 들어왔다. 이와 더불어 중요한 포식자들도 들어왔으니, 여우와 늑대, 그리고 지금 영국인들의 조상이 바로 그들이었다.

미국에서와 마찬가지로, 그리고 그보다 훨씬 이전의 오스트레일리아에서와 마찬가지로, 인간들은 사냥감을 더 쉽게 찾아내기 위해 숲에 불을 질렀다. 가장 높은 토르들을 제외하면, 이 지역 환경단체들이 소중히 여기는 황량한 다트무어는 또 하나의 인공물이다. 이곳은 원래 숲이었으나, 계속해서 불태워지고 매년 250센티미터 이상의 비가 내리면서 나무가 더 자라지 않는 이탄泥炭층으로 변한 것이다. 이탄층 속에 남아 있는 숯만이 이곳이 한때 숲이었음을 증언해 준다.

사람들이 둥그런 오두막의 기초로 쓰기 위해 화강암을 파내면서 인공적인 성격은 더 강해졌다. 그들은 이 돌로 낮고 기다란 돌담을 쌓아나갔고, 풍경을 가로지르는 돌담들은 지금까지도 생생하게 남아 있다.

이 돌담들은 소, 양 그리고 튼튼하기로 유명한 다트무어의 조랑말의 목초지를 구분하기 위해 축조되었다. 최근 이곳에서는 가축의 방목을 중단함으로써 히스가 아름답게 자라는 스코틀랜드 흉내를 내보려다가 실패하고 말았는데, 히스 같은 관목보다는 고사리류나 가시덤불이 자란 것이다. 하지만 가시덤불은 전에 툰드라였던 곳에서 잘 자란다. 황량한 이곳을 걸어본 사람이라면 익히 알 수 있는 푹신 푹신한 이탄 땅은 얼었던 땅이 녹으면서 만들어진 것이기도 하다. 인간이 계속 남건 말건 이런 땅이 다시 툰드라가 될 수 있다.

• • • • •

온난화가 심화됨에 따라 지구 곳곳에서는 인간이 수백만 년 동안 가꿔온 경작지들이 지금의 아마존과 유사하게 변해갈 것이다. 나무들이 그런 땅의 하늘을 다 뒤덮어 버릴 테지만 흙만은 우리를 기억할 것이다. 아마존의 경우, 테라프레타terra preta라고 하는 비옥하고 검은 흙의 퇴적층에 묻혀 있는 숯을 통해 지금은 원시 정글로 보이는 넓은 지역을 수천 년 전에 사람들이 경작했다는 사실을 알 수 있다. 그들은 나무를 단번에 불태우지 않고 서서히 태워 숯으로 만듦으로써, 영양분이 풍부한 탄소가 공기 중에 배출되지 않고 질소, 인, 칼슘, 황 같은 영영분과 함께 남아 있도록 했다. 그리하여 땅이 쉽게 소화할 수 있는 영양분 풍부한 유기물인 숯을 만든 것이다.

이 과정에 대한 설명은 코넬대학의 토양 연구자들의 전통을 이어받은 요하네스 레만이 하고 있다. 그들이 테라프레타를 연구한 것은 로즈의 로섬스테드를 이어받은 연구자들이 비료에 대한 실험을 해온 만큼이나 오래되었다. 숯이 풍부하게 묻힌 땅은 계속해서 사용되어도 지력이 고갈되지 않는다. 무성한 아마존을 보라. 레만과 동료들은 그 덕분에 콜럼버스 이전의 사람들이 많은 인구를 이루며 먹고살 수 있었다고 생각한다. 그러다 유럽인들이 가져온 질병 때문에 지금은 조상들이 심어놓은 견과류 숲에 의지하면서 뿔뿔이 흩어진 부족이 되었다는 것이다. 우리가 원시림으로만 생각하는 세계 최대의 숲 아마존은 워낙 빨리 테라프레타를 다시 나무로 덮어버렸기 때문에 유럽 식민주의자들은 그곳이 한때 나무 없는 경작지였다는 사실을 전혀 몰랐다.

"생숯을 만들어 쓰면 지력과 소출을 크게 늘릴 수 있을 뿐만 아니라, 장기적으로 대기 중의 이산화탄소를 많이 흡수할 수 있는 기발한 접근법을 제공할 수도 있다"고 레만은 기록했다.

1960년대에 영국의 대기과학자이자 화학자이자 해양생물학자인 제임스 러브록은 가이아 이론을 제시했다. 지구를 살아 있는 하나의 거대한 유기체로 보며, 지구의 땅과 대기와 바다가 거기에 사는 동식물에 의해 조절되는 순환계를 이룬다는 이론이다. 현재 러브록은 살아 있는 지구가 열병을 앓고 있으며, 우리가 원인을 제공한 바이러스라는 사실을 두렵게 생각한다. 그는 앞으로 1,000년 동안은 극지방에서만 몰려 살게 될지도 모를 인류의 생존자들을 위해 인간이 알고 있는 핵심적인 지식들을 모은 사용자 매뉴얼을 오래가는 종이에다 만들어 둘 것을 권한다. 평형 상태 비슷한 것을 되찾을 수 있도록 바다가 탄소를 충분히 순환시킬 때까지는, 너무 더워진 세상에서 인간이 살 수 있는 곳은 극지방뿐이라는 것이다.

그런 매뉴얼을 만든다면, 앞서 살펴본 이름 모를 아마존 농민들의 지혜도 기록하고 강조하여 다음번에는 농사를 좀 다른 방식으로 지을 수 있어야 한다(그렇게 될 수도 있다. 노르웨이는 지금 북극의 한 섬에서 세계 여러 작물이 변이를 일으킨 씨앗을 모으고 있다).

그렇지 않고 땅을 갈거나 가축을 칠 인간이 다시 돌아오지 못한다면, 숲이 그 자리를 차지할 것이다. 빗물을 듬뿍 빨아들인 목초지는 새 주인을 환영할 것이다. 반면에 별로 축복받지 못한 곳들은 사하라가 되어버릴 것이다. 미국 남서부가 그런 경우다. 50만 마리 정도이던 축우畜牛의 수가 갑자기 여섯 배로 늘어나기 시작한 1880년 이전만 해도 풀이 허리까지 자라던 뉴멕시코와 애리조나는 이제 물을 저장하는 능력을 상실하면서 전례 없는 가뭄을 맞고 있다. 이런 곳들은 아마 오랜 세월을 기다려야 할 것이다.

사하라만 해도 한때는 강과 연못이 넘치던 곳이었다. 오래 기다려 보면 다시 그렇게 되리라. 물론 안타깝게도 인간이 가질 수 있는 수준의 인내심은 아니지만 말이다.

chapter3

인류의
유산

THE WORLD
WITHOUT US

12
세계 불가사의의 운명

말 그대로 땅을 움직이는 토목공사의 결과물은
오랜 세월을 버틸 것처럼 보인다.
하지만 우리 없는 세상에서, 인간에 의해 갈라진 파나마를
자연이 복구하려면 과연 얼마나 오래 길릴까?

지구 온난화가 계속 진행되든 해류 순환에 의한 한랭화가 진행되든,
어느 쪽이든 반대쪽 작용에 의해 부분적으로 상쇄가 된다는 것이 일
부 예측 모델의 설명이지만, 그렇게 인간이 없어진다면 기계로 꼼꼼
히 관리되던 유럽의 농지에는 참새귀리, 페스큐, 루핀, 엉겅퀴, 평지
씨, 야생갓 같은 풀들이 가득 자랄 것이다. 그리고 몇십 년 안에 밀,
호밀, 보리가 자라던 산성화된 밭에서 참나무가 자라기 시작할 것이
다. 멧돼지, 고슴도치, 스라소니, 들소, 비버가 퍼져나가며, 루마니아

에 사는 늑대도 세력을 넓힐 것이다. 유럽이 더 시원해진다면 노르웨이에서 순록이 내려올 수도 있다.

영국제도는 그러잖아도 깎이고 있는 도버 해협의 석회암 절벽이 해수면 상승으로 더 깎여나가며, 영국과 프랑스를 가르는 폭 34킬로미터의 해협도 더 넓어져 생물학적으로 어느 정도 고립될 것이다. 그렇다 해도 그 옛날 난쟁이코끼리와 하마도 그 두 배나 되는 거리를 헤엄쳐서 키프로스까지 갔을 테니, 그와 비슷한 일이 영국에서 일어날 수도 있다. 단열이 되고 속이 빈 커다란 뿔 덕분에 물에 잘 뜨는 순록은 캐나다 북부의 호수들을 건너다니는데, 유럽의 순록도 그렇게 영국으로 헤엄쳐 건너올지 모른다.

인간이 사라지면서 영불 해협을 연결하는 해저터널, 즉 '처널 chunnel(channel tunnel)'의 통행이 끊기고 나면, 성급한 동물들이 이 통로를 따라 해협을 넘어가려고 시도할 수도 있다. 아무 관리가 없다 해도 이 해저터널은 세계의 여러 지하철처럼 금세 물이 스며들지는 않을 텐데, 그 이유는 물이 거의 새지 않는 단일 석회암반층 사이로만 뚫려 있기 때문이다.

실제로 어떤 동물이 그런 시도를 하느냐는 별도의 문제다. 처널의 세 튜브는 영국행과 프랑스행 그리고 그 둘을 관리하기 위한 가운데 통로로 구성되는데, 이들 모두 콘크리트에 단단히 감싸여 있다. 56킬로미터의 이동 구간에는 칠흑 같은 어둠만 있을 뿐 먹을 것과 물이라곤 전혀 없을 테지만, 대륙에서 넘어온 동물이 영국에 자리를 잡는 것은 불가능한 일도 아니다. 남극의 빙하에 사는 이끼부터 섭씨

80도의 해저 열수분출공에 사는 바다생물에 이르기까지, 세계적으로 가장 살기 힘든 곳에서도 적응하는 능력은 생명의 의미 그 자체를 상징적으로 보여준다. 호기심 많은 들쥐나 못 말리는 노르웨이 쥐 같은 작은 동물들이 처널을 통해 넘어오기 시작하면, 경솔한 늑대들이 냄새를 맡고 따라올지도 모른다.

처널은 가히 우리 시대의 불가사의다. 210억 달러의 공사비가 투입된 처널은 중국이 몇 개의 강에 동시에 댐을 세우기 전까지는 단연 세계에서 가장 많은 비용이 들어간 건설 프로젝트였다. 석회암반 속에서 보호를 받는 이 구조물은 인간이 만든 인공물 가운데 몇백만 년을 버틸 수 있는 것 중 하나다. 대륙 이동에 의해 아코디언처럼 휘어버리지 않는다면 말이다.

하지만 멀쩡하긴 해도 기능은 정지될 것이다. 처널의 두 터미널은 양쪽 해안에서 각각 몇 킬로미터씩 떨어져 있다. 현재 해발 60미터 높이에 있는 영국 쪽 터미널은 나중에 파도에 노출될 수 있다. 이곳과 해협을 갈라놓는 석회암 절벽이 크게 깎여나갈 것이기 때문이다. 그보다는 해발이 5미터에 불과한 프랑스 쪽 터미널에 바닷물이 흘러들 가능성이 더 크다. 만일 그렇다 해도 처널이 전부 잠기지는 않을 것이다. 처널이 통과하는 암반층이 해협 중간 부분에서 아래로 떨어졌다가 올라오기 때문에 물이 새어 들어와도 아랫부분만 잠기고 나머지 부분은 괜찮을 것이다.

용감하게 터널을 통해 이주할 동물들 입장에서는 안 잠기는 부분이 있다 해도 소용없는 일이다. 아무튼 210억 달러의 거액을 쏟아부어 토목공사상 최대의 대역사를 이루었지만, 바닷물이 흘러들어 잠기게 되리라는 생각을 한 사람은 거의 없었을 것이다.

세계 7대 불가사의를 만든 고대 세계의 긍지 만만한 건축가들도 영원에는 훨씬 못 미치는 짧은 기간 만에 이집트의 쿠푸왕ㅍ 피라미드 단 하나만 남게 되리라고는 상상도 못 했을 것이다. 나무 꼭대기가 으리으리하게 높은 오래된 숲도 언젠가는 주저앉듯이, 이 피라미드 역시 지난 4,500년 동안 9미터가 줄어들었다. 중세 때 이곳을 점령한 아랍인들이 피라미드의 대리석 외장을 훔쳐다 카이로를 건설하는 데 쓰는 바람에 노출된 석회암은 언덕이 풍화되듯 마모되어 가고 있으며, 100만 년 후에는 더 이상 피라미드 같지도 않을 것이다.

고대 세계 7대 불가사의 가운데 피라미드 외의 나머지 여섯 개는 그보다 훨씬 더 빨리 사라져 버린 것들이다. 상아와 금으로 도금한 거대한 목조 제우스 상은 옮기는 과정에 부서져 버렸다. 바그다드에서 남쪽으로 48킬로미터 떨어진 곳에 위치한 바빌로니아 궁전의 유적에 있던 공중정원은 흔적도 없다. 로도스의 거대한 청동상은 지진 때 제 무게를 이기지 못해 무너진 뒤로 조각들이 뿔뿔이 팔려버렸다. 나머지 셋은 대리석 건축물인데, 그리스 신전은 불에 타면서 무너졌고, 페르시아의 마우솔로스 영묘는 십자군들에 의해 파괴되었으며, 알렉산드리아의 등대는 지진에 쓰러져 버렸다.

이 건축물들이 불가사의가 된 것은 그리스의 아르테미스 신전처럼 놀라운 아름다움 때문이기도 했으나, 그보다는 엄청난 규모에 기인한 경우가 더 많았다. 인간이 만든 것 가운데 규모가 엄청나게 큰 것들은 종종 우리를 압도하고 굴복시킨다. 고대 세계 7대 불가사의에 비하면 덜 오래됐지만 중국의 만리장성은 2,000년 동안 세 왕조에 걸쳐 지속되었으며 길이가 무려 6,400킬로미터에 이르는 가장 웅대한 프로젝트로서, 표지물(랜드마크)에 그치는 정도가 아니라 거의 지형의 반열에 올랐다. 워낙 거대한 구조물이어서 외계에서도 볼 수 있는 것으로 잘못 알려지기까지 했다. 지구를 침공할 외계인들이 봐도 이 일대가 방어되고 있다고 생각하도록 하는 역할을 했다는 것이다.

어쨌거나 지표면의 다른 모든 구조물과 마찬가지로 만리장성은 불멸의 것이 아니고, 대부분의 지형적 돌출부에 비해서도 훨씬 수명이 짧다. 갠 흙과 돌, 벽돌, 목재, 심지어 점착성 있는 쌀을 접착 반죽으로 이용해 세운 이 구조물은 인간의 관리가 없으면 나무뿌리와 물에 무방비한 상태가 되어버린다. 게다가 급속한 산업화가 진행되고 있는 중국의 심한 산성비 때문에 더 버티기 어렵다. 하지만 인간 사회가 없어져도 만리장성은 돌만 남을 때까지 서서히 분해될 것이다.

황해로부터 내몽고까지 줄곧 이어지는 지상의 건축물이 인상적이긴 하지만, 초대형 토목공사 중에 1903년부터 시공한 현대의 불가사의만큼 웅대한 것은 드물다. 그것은 300만 년 이전부터 함께 떠 있던 두 대륙을 인간이 억지로 떼어놓는, 지구의 판구조 자체를 거부하는 일이었다. 파나마 운하 대공사와 같은 프로젝트는 그 전까지 시도된 적이 없으며, 그 이후로도 필적할 만한 예가 드물다.

그보다 30년 전에 수에즈 운하가 아프리카와 아시아를 이미 절단해 버렸지만, 파나마 운하에 비하면 언덕도 없고 질병의 위험도 없는

비어 있는 사막을 긁어내는, 해수면 높이의 간단한 외과수술에 불과
했다. 파나마 운하 공사를 시작한 프랑스 회사는 수에즈 운하처럼 작
업하겠다는 의도만 갖고 남북 아메리카 사이의 폭 90킬로미터의 좁
은 땅줄기를 그냥 파 들어갔다. 하지만 불운하게도 그들은 말라리아
와 황열병이 만연한 밀림을, 비가 어마어마하게 쏟아지는 강들을, 제
일 낮은 고개가 해발 82미터인 대륙 분수령을 과소평가한 대가를 치
러야 했다. 목표치의 3분의 1도 채 파 들어가기 전에 프랑스의 본사
가 파산하는 충격을 겪었으며, 자그마치 2만 2,000명의 노동자가 사
망했던 것이다.

그로부터 9년 뒤인 1898년, 야심만만한 미 해군 차관보인 시어도
어 루스벨트라는 인물이 아바나항에서 일어난 폭발로 미군 함정이
침몰하는 사건이 일어나자(아마도 보일러 오작동 때문이었을 것이다) 카
리브해에서 스페인군을 몰아낼 구실로 삼았다. 스페인과 미국 간 전
쟁의 명목은 쿠바와 푸에르토리코를 해방시키기 위함이었지만, 미국
은 황당하게도 푸에르토리코를 병합해 버렸다. 루스벨트가 보기에
이 섬은 아직 완공되지 않은 운하 공사를 위한 석탄 보급항으로서 완
벽한 조건을 갖추고 있었기 때문이다. 이 운하만 완성되면 배들이 멀
리 남미 끝까지 내려갔다가 올라올 필요 없이 대서양과 태평양을 오
갈 수 있을 터였다.

루스벨트는 니카라과 대신에 파나마를 택했다. 니카라과는 항해
가 가능한 동명의 호수가 활화산들 사이에 있어, 그 호수를 이용하면
굴착공사를 크게 줄일 수 있었다. 그 무렵 파나마 지협地峽의 일부는

콜롬비아 영토였고, 파나마인들은 멀리 있는 콜롬비아 중앙정부의 폭압정치로부터 벗어나기 위해 이미 세 번이나 반란을 일으킨 상태였다. 운하 예정지와 면해 있는 폭 9.6킬로미터의 구역에 대한 주권을 단돈 1,000만 달러에 양도하라는 미국의 제안을 콜롬비아가 거부하자, 대통령이 된 루스벨트는 군함을 보내 파나마인들의 반란을 도왔다. 그리고 바로 다음 날, 파산한 프랑스 회사의 프랑스인 엔지니어를 파나마의 첫 미국 대사로 인정함으로써 파나마 인민들을 배신했다. 그리고 이 프랑스인은 상당한 자기 몫을 챙기면서 미국의 조건에 동의하는 협정에 당장 손을 들어주었다.

이로써 라틴아메리카에서 미국의 평판은 해적 같은 백인 제국주의자로 굳어졌으며, 11년의 세월 동안 5,000명이 더 목숨을 잃는 인류 역사상 가장 지독한 대토목공사가 진행되었다. 한 세기가 지났지만 이 공사는 아직도 역대 최대 규모 중 하나로 기억되고 있다. 게다가 대륙의 지형과 양 대양 사이의 통행을 바꿔버림으로써 미국은 세계 경제의 중심지로 우뚝 솟아오르게 되었다.

말 그대로 땅을 움직이는 이토록 엄청난 토목공사의 결과물은 오랜 세월을 버틸 듯이 보인다. 하지만 우리 없는 세상에서, 인간에 의해 갈라진 파나마를 자연이 복구하려면 과연 얼마나 오래 걸릴까?

· · · ·

"파나마 운하는 인간이 지구에 입힌 큰 상처와 같습니다. 자연은 그 상처를 치유하려고 하지요." 아브디엘 페레즈는 말한다.

운하의 대서양 쪽 갑문 책임자인 페레즈는 그 상처를 계속해서 아물지 못하게 만드는 책임을 진 소수의 수문학자와 엔지니어들에게 의존하고 있다. 각진 턱에 목소리가 부드러운 전기 및 기계 엔지니어인 페레즈는 1980년대 파나마대학에서 공부를 마치기 전에 견습 기계기사로 이곳에서 일하기 시작했다. 그는 날마다 지구상에서 가장 혁신적인 기계류의 하나를 책임져야 한다는 것이 부담스럽다.

"포틀랜드 시멘트는 갓 나온 신기한 재료였습니다. 그걸 여기서 써본 거죠. 강화 콘크리트는 아직 발명되기 전이었습니다. 갑문의 모든 벽은 피라미드처럼 거대하지요."

그는 거대한 콘크리트 박스라고 할 만한 것 옆에 서 있다. 그 안으로 미국 동해안으로 가는 오렌지색 중국 화물선이 들어온다. 컨테이너를 7층으로 쌓아놓은 이 배는 막 안내되어 들어온 것이다. 갑문의 폭은 33미터다. 길이가 축구장 세 배만 한 배가 두 개의 전기 궤도 엔진에 끌려 들어오는데, 양쪽으로 남는 폭은 불과 60센티미터다.

"전기도 처음이었습니다. 뉴욕 최초의 발전소가 완공되기 전의 일이었거든요. 하지만 운하 건설업자들은 증기가 아니라 전기를 쓰기로 결정했지요."

배가 안으로 완전히 들어오자 수심을 8.5미터 높이기 위해 파이프로 물을 대는 데 10분이 걸린다. 갑문의 반대편 끝에는 반세기 동안 세계에서 가장 큰 인공호였던 가툰 호수가 기다리고 있다. 이 호수를 만들기 위해 마호가니 숲이 통째로 수몰당했지만, 프랑스인들이 그랬듯이 수에즈 같은 해수면 높이의 운하를 만드느라 땅줄기를 전부 파내는 일은 되풀이되지 않았다. 그래도 대륙 분수령의 많은 부분을 파내는 것은 불가피했을뿐더러, 차그레스강의 문제도 있었다. 잦은 폭우로 물이 넘쳐나는 이 강은 고지대에 있는 정글에서부터 바다로 쏟아져내리면서 운하가 지나갈 길의 한가운데를 강타하고 있었던 것이다. 파나마는 우기가 8개월 동안 지속되는데, 이 기간 동안 차그레스강이 상당량의 토사를 운반해 와서 인간이 만든 좁은 운하를 며칠씩 막아버리곤 했다.

미국인들의 해결책은 대륙 분수령 한가운데 댐으로 막은 호수를 만들고 양쪽에서 각각 세 개의 갑문을 만들어 계단식 물길을 통해 배가 호수까지 올라갔다가 내려오도록 하는 것이었다. 그렇게 하면 프랑스인들처럼 산봉우리를 애써 파내다 실패하는 일 없이 배를 띄워서 반대편으로 넘길 수 있으리라 본 것이다. 이런 식으로 운하를 지나가도록 배 한 척을 띄우려면 19만 7,000리터의 물이 필요하다. 가둬놓은 강에서 중력에 의해 떨어지는 물을 이용하며, 이 물은 배가 운하를 빠져나갈 때 함께 바다로 흘러나간다. 중력이야 언제나 얻을 수 있는 힘이지만, 갑문을 열고 닫는 전기는 차그레스강을 막기도 하는 수력발전기를 작동하고 관리하는 사람의 손이 있어야 한다.

보조적으로 증기를 이용하는 화력발전소와 디젤발전소도 있다. 하지만 페레즈는 이렇게 말한다. "사람이 없으면 전기는 단 하루도 유지되지 못할 겁니다. 누군가가 통제하는 사람이 있어서 어떤 전기를 끌어다 쓸 것인지, 터빈을 열지 닫을지 등을 결정해야만 하지요.

그런 결정을 할 사람이 없으면 시스템은 작동하지 않게 됩니다."

작동하지 않아서 특히 문제가 될 것은 두께 2미터에 높이와 폭이 각각 24미터와 20미터이고 속이 비어 있어 뜨는 철문이다. 갑문마다 두 개씩 설치된 이 문은 서로를 보완하며, 플라스틱 베어링을 축으로 움직이게 되어 있다(원래는 놋쇠로 만든 경첩을 썼으나 수십 년마다 부식되었기 때문에 1980년대에 교체되었다). 전기가 끊어져 버리고 철문이 열린 채로 있다면 어떻게 될까?

"다 끝나는 겁니다. 제일 높은 갑문이 해발 42미터입니다. 문이 닫힌 채 있다 해도 봉한 부분이 벗겨지면 물이 흘러나갈 겁니다." 문이 닫히는 끝부분과 벽이 닿는 곳에 철판을 덧대어 봉하는데, 15~20년에 한 번씩 교체해 주어야 한다. 페레즈는 군함새 그림자가 빠르게 지나가는 모습을 언뜻 보다가 중국 화물선이 떠나고 난 뒤 겹문이 닫히는 광경을 다시 바라본다.

"갑문을 통해 물이 새어나가면서 호수 전체가 비어버릴 겁니다."

가툰 호수는 한때 차그레스강이 카리브해로 흘러 내려가던 길 일대에 퍼져 있다. 태평양 쪽에서 이 호수에 닿으려면 파나마를 세로로 길게 가르는 척추와도 같은 산맥을 19킬로미터 파고 들어가 쿨레브라라는 곳까지 가야 했다. 그렇게 엄청난 흙과 철과 바위를 파고 들어가는 것은 어디에서나 어마어마한 작업이었겠지만, 프랑스인들이 겪은 재앙을 보고도 파나마 땅이 물에 잠기면 얼마나 불안전한지를 이해한 사람은 아무도 없었다.

쿨레브라 인공수로는 원래 폭 91미터로 계획되었다. 두 번에 걸친 엄청난 산사태로 몇 달 동안의 굴착 작업이 수포로 돌아가고, 이따금 화물차와 증기삽까지 묻혀버리자, 엔지니어들은 경사면을 점점 더 넓게 파내야 했다. 그래서 결국 알래스카에서부터 티에라델푸에고까지 이어지는 산맥이 인간이 만든 골짜기에 의해 파나마에서 절단될 때, 그 통로의 폭이 바닥에 비해서 여섯 배나 넓었던 것이다. 이렇게 파내는 작업에는 6,000명의 인원이 7년 동안 하루도 쉬지 않고 일하는 노동력이 필요했다. 그들이 파낸 7,700만 세제곱미터 이상의 흙을 압축한다면 지름이 500미터쯤 되는 소행성을 만들 수 있을 것이다. 운하가 완공된 지 한 세기가 지났건만 쿨레브라 인공수로 공사는 아직 끝나지 않았다. 토사가 계속 쌓이고 자잘한 산사태가 자주 일어나기 때문에, 배가 지나갈 때마다 운하의 다른 한쪽에서는 흡입펌프와 삽이 달린 준설장치가 작업을 계속해야 한다.

· · · ·

쿨레브라 수로에서 북동쪽으로 32킬로미터 떨어진 지점에 위치한 푸른 산에는 또 하나의 댐에 의해 만들어진 알라후엘라 호수가 있다. 1935년에 차그레스강 상류에 세워야 했던 댐 가장자리에 파나마 운하의 수량을 조절하는 수문학자 모데스토 에체베르스와 조니 쿠에바스가 서 있다. 차그레스강 수역은 지구상에서 비가 가장 많이 쏟아지는 곳 중 하나로, 운하가 만들어지고 20년 동안 몇 번이나 홍수 피해를 입었다. 그럴 때면 넘치는 강물이 강둑에 파고들지 않도록 수문을 열어주어야 했고, 그러는 동안에는 배의 통행이 몇 시간씩 중단될 수밖에 없었다. 마호가니나무가 통째로 뽑혀 떠내려갈 정도로 심했던 1923년 홍수 때에는 가툰 호수의 수면이 배가 뒤집어질 만큼 크게 출렁였다.

강물을 가둬 알라후엘라 호수를 만들어 낸 마덴 댐은 파나마시티에 전기와 식수를 공급하기도 한다. 하지만 호수 가장자리로 물이 넘쳐흐르는 것을 방지하기 위해 주변에 움푹 파인 곳 열네 군데를 흙으로 메우고 다져 테두리를 만들어 주어야 했다. 그보다 아래에 있는 거대한 가툰 호수 역시 둘레에 흙으로 메운 보조 댐들을 만들어야 했다. 어떤 보조 댐들은 둘레의 숲이 워낙 무성해서 아는 사람이 아니면 그것이 인공댐이라는 사실을 알 수가 없다. 그렇기 때문에 에체베르스와 쿠에바스는 매일같이 이곳에 올라 자연보다 앞서 조치를 취해두는 것이다.

"모든 것이 너무 빨리 자랍니다." 건장한 체구에 파란 우비를 걸친 에체베르스가 말한다. "저는 여기서 처음 일하게 되었을 때 10번 댐을 보려고 올라왔는데 찾을 수가 없었어요. 자연이 해치워 버렸던 겁니다."

쿠에바스도 눈을 감은 채 흙으로 다진 댐을 무너뜨릴 수 있는 나무뿌리와의 숱한 전쟁을 떠올리며 고개를 끄덕인다. 또 하나의 적은 가둬놓은 물 자체다. 폭우가 쏟아질 때면 이들 두 사람은 차그레스 강의 범람을 막기 위해 물을 가둬두는 것과 콘크리트 둑이 터지지 않도록 네 개의 수문을 적절히 열어주는 것 사이의 균형을 잡느라 이곳에서 밤을 새우는 일이 흔하다.

하지만 어느 날 갑자기 그런 일을 해줄 사람이 사라진다면?

에체베르스는 몸서리를 친다. 비가 많이 올 때 차그레스강이 어떻게 반응하는지를 잘 알기 때문이다. "동물원 우리를 받아들일 수 없는 동물 같지요. 물은 통제를 인정하지 않으려 합니다. 그대로 내버려 두면 댐을 넘쳐흐르게 되어 있어요."

그는 하던 말을 멈추더니 댐 위로 나 있는 길을 달리는 픽업트럭을 바라본다. "수문을 열어줄 사람이 아무도 없으면, 호수는 나뭇가지, 나무줄기, 쓰레기 등으로 가득 찰 테고 어느 정도가 되면 그런 것들 때문에 댐이 무너지면서 길도 없어져 버릴 겁니다."

말이 없던 쿠에바스는 속으로 계산을 하고 있었다. "강물이 넘칠 때 윗부분의 힘은 엄청납니다. 그런 물이 폭포를 이루어 떨어지면 댐 앞의 강바닥이 움푹 파이게 되고, 큰 홍수가 닥치면 댐이 무너지게 됩니다."

그런 일이 일어나지 않더라도 결국 수문이 녹슬어 버릴 것이라는 데 두 사람의 의견이 일치한다. "물이 6미터 높이로 넘칠 경우 댐이 무너져 버릴 겁니다"라고 에체베르스는 말한다.

그들은 호수를 내려다본다. 6미터 아래에서는 댐 그늘 속에 길이 2.5미터의 악어 한 마리가 떠 있다가 거북 한 마리가 나타나자 낚아채서 물속으로 사라져 버린다. 마덴 댐의 콘크리트 벽은 결코 사라지지 않을 듯 튼튼해 보이지만, 어느 비 오는 날 힘없이 무너져 버리고 말 것이다.

"버틴다고 해도 돌봐줄 사람이 아무도 없으면 떠내려 온 토사 때문에 호수가 가득 차고 말 겁니다. 그 지경이 되면 댐이 문제가 아니지요"라고 에체베르스는 말한다.

· · · · ·

파나마시티가 운하와 만나는 부분에 있는 어느 관리 구역 내, 청바지에 골프 셔츠를 입은 항구 관리자 빌 허프가 벽에 붙은 지도와 모니터들을 바라보며 저녁 시간 운하의 통행을 지시하고 있다. 그는 미국 시민이지만, 파나마에서 나고 자랐다. 해운 사업을 하던 할아버지가 1920년대에 이곳으로 왔기 때문이다. 그는 21세기 들어 운하의 주권이 미국에서 파나마로 넘어가면서 플로리다로 이주했다. 그러나 이곳에서는 그의 30년 경험을 여전히 필요로 했기 때문에, 그는 이제 파나마 정부에 고용되어 1년에 몇 개월씩 이곳에 와서 교대 근무를 한다.

그는 모니터의 한 장면을 가툰 호수의 댐으로 바꾼다. 흙으로 다진 폭 30미터의 야트막한 둑이다. 물에 잠긴 부분은 스무 배가 더 두텁다. 모르는 사람이 보면 별 볼일 없어 보이지만, 누군가는 항상 지켜보고 있어야만 한다.

"댐 아래에 샘이 많습니다. 그중에 작은 것 몇 개는 밖으로 노출되었지요. 그 샘물들이 맑으면 괜찮습니다. 맑은 샘물은 물이 암반에서 솟아오른다는 뜻이니까요." 허프는 의자에 기대앉더니 턱수염을 쓰다듬으며 말한다. "하지만 샘물에 흙이 섞여 나오면 댐은 끝장나고 맙니다. 시간문제지요."

설마 그럴까 싶다. 가툰 댐의 중심부는 바위와 자갈을 진흙으로 굳혀 만든 두께 365미터의 벽으로, 이론상으로는 도저히 물이 샐 것 같지 않다.

"진흙은 자갈을 비롯한 모든 것을 단단히 붙들어 줍니다. 그런데 그런 진흙이 제일 먼저 풀어져 버리면 자갈도 흩어질 테고, 그러면 댐을 지탱하는 재료들이 응집력을 잃게 되지요."

그는 오래된 소나무 책상의 기다란 서랍을 열더니 지도가 든 원통을 꺼낸다. 그리고 누렇게 바랜 지협을 나타낸 지도를 펼쳐 카리브해에서 불과 9.6킬로미터 떨어진 가툰 댐을 가리킨다. 실제로 볼 때 길이 2.4킬로미터의 댐은 웅장한 모습이지만, 지도에서는 그 뒤에 갇힌 방대한 호수에 비해 아주 좁아 보인다.

그는 쿠에바스와 에체베르스의 말에 동의한다. "첫 우기 때가 아니라면 몇 년 뒤에는 마덴 댐이 끝장나고 말 겁니다. 그리고 그 호수의 물이 가툰 호수로 쏟아져 내리겠지요."

그러면 가툰 호수가 넘치면서 양쪽 갑문, 즉 대서양과 태평양 쪽으로 난 문 위로 물이 넘쳐흐를 것이다. 모르는 사람이 보면 한동안은 '방치된 풀밭 말고는' 별로 눈에 띄는 게 없을 것이다. 아직도 미군의 표준에 맞춰 관리되고 있는 운하의 단정한 풍경에 점점 풀이 우거질 것이다. 그런데 문제는 야자나무나 무화과나무가 자리를 잡기 전에 홍수가 힘을 발휘할 것이라는 점이다.

"엄청난 물이 넘쳐흐르면서 수문 주변이 부서지기 시작할 겁니다. 그러다 수문이 휘청거리면 모든 게 끝이죠. 가툰 호수의 물이 전부 흘러내릴 겁니다." 그는 잠시 말을 멈춘다. "이미 카리브해로 물이 다 빠져버리지 않았다면 그렇게 될 거예요. 20년 동안 아무 관리도 하지 않으면 흙으로 지은 댐은 하나도 남지 않을 겁니다. 가툰 댐은 특히 그렇습니다."

그렇게 되면 프랑스 및 미국의 많은 엔지니어를 골치 아프게 만들고 수천 명의 노동자를 죽음으로 몰고 간 차그레스강이 다시 옛날처럼 자유롭게 흘러 바다로 유입될 것이다. 댐들이 사라져 버려 호수가 비고 강이 다시 동쪽으로 흐르게 되면, 파나마 운하의 태평양 쪽은 말라버리고 아메리카 대륙은 다시 결합하게 될 것이다.

300만 년 전에 그런 일이 마지막으로 일어났을 때, 남북을 잇는 중미의 지협을 통해 남북의 육상생물들이 양쪽으로 이동하면서 지구 역사상 가장 엄청난 생물 교류가 이루어지기 시작했다.

그때까지만 해도 두 땅덩이는 서로 분리되어 있었다. 그보다 2억 4,000만 년 전에 판게아(대륙이동설이 제안한 하나의 커다란 대륙으로, 초대륙이라고도 한다 - 옮긴이)가 갈라지면서부터였다. 그 기간 동안, 분리된 두 아메리카는 엄청나게 다른 진화상의 실험에 착수했다. 남미에서는 오스트레일리아처럼 각종의 유대류 동물이 발달하여, 나무늘보에서부터 사자에 이르기까지 많은 동물이 새끼를 주머니 속에 넣고 다니게 되었다. 북미에서는 그보다 효율적이며 궁극적으로 득세한 태반 동물이 우세해졌다.

인간 때문에 대륙이 다시 분리된 것은 겨우 한 세기밖에 되지 않았다. 그 정도는 의미 있는 종의 진화가 일어나기에 충분치 않은 시간이며, 배 두 척이 지나가기도 어려울 만큼 좁은 운하는 생물의 교류를 막을 정도로 대단한 장애물이 되지 못했다. 허프는 그렇긴 해도 한때 바다를 다니는 선박을 가두던 거대한 콘크리트 구조물이 나무뿌리들에 의해 균열이 생기다 마침내 무너져 버리기까지의 몇 세기 동안은 그곳에 고인 빗물을 마시기 위해 맥과 사슴과 개미핥기가 찾아오고, 그들을 노리는 흑표범과 재규어가 몰려들 것이라고 생각한다.

이러한 콘크리트 구조물들에 비해 인간이 파낸 땅의 흔적은 훨씬 더 오래갈 것이다. 그리하여 루스벨트가 1906년에 운하를 보러 가서 한 말처럼 "이 시대 최대의 토목공사"로 남을 것이다. 그리고 그러한 "대역사의 효과는 우리 문명이 지속되는 한 계속해서 느껴질 것"이다.

우리가 사라지고 나면, 국립공원의 체계를 잡고 북미의 제국주의를 제도화한, 실제보다 과장된 미국 대통령의 말이 옳았음이 증명될 것이다. 하지만 쿨레브라 인공수로의 벽에 구멍이 나고 한참 뒤에라도, 아메리카에 대한 루스벨트의 원대한 전망을 보여주는 과장된 기념물 하나가 마지막으로 남을 것이다.

· · · ·

오래전에 사라진 로도스의 거대한 아폴로상 못지않게 웅장한 초상을 만들기 위해 1923년 거츤 보글럼이라는 조각가가 선임되었다.

위대한 미국 대통령들의 모습을 영원히 남기려는 것이었다. 그의 캔버스는 사우스다코타의 어느 산비탈 전체였다. 보글럼은 건국의 아버지인 조지 워싱턴을 위시하여 독립선언문과 권리장전의 기초를 잡은 토머스 제퍼슨, 노예를 해방하고 남북을 통일한 에이브러햄 링컨과 함께 두 바다를 합친 루스벨트의 초상도 넣자고 주장했다.

그가 미국의 최고 걸작을 남기기에 적당한 장소로 고른 러슈모어산은 입자가 고운 선캄브리아기 화강암이 빼어난 해발 1,800미터의 고지였다. 보글럼은 상반신도 완성하지 못한 채 1941년에 뇌출혈로 갑자기 사망했다. 하지만 얼굴은 확실히 조각이 끝난 상태였으며, 그의 영웅인 루스벨트의 얼굴 역시 1939년에 이미 헌정한 뒤였다.

심지어 그는 루스벨트의 트레이드마크인 안경을 바위에 남겼다 (15억 년 전에 만들어진 이 바위는 북미에서도 가장 견고한 것이라고 한다). 지질학자들에 따르면, 러슈모어산의 화강암은 1만 년에 2.5센티미터씩밖에 마모되지 않는다고 한다. 그 정도 속도면, 소행성의 충돌이나 특별히 엄청난 지진이 일어나지 않는 한(이 일대는 지진 활동이 별로 없는 대륙의 중심부에 있다), 두께 18미터 정도의 루스벨트 초상은 앞으로 720만 년 동안 길이 남을 것이다.

그보다 짧은 기간 안에 유인원은 우리 인간이 되었다. 우리가 없어진 뒤 우리만큼 영리하고 말썽 많고 서정적이고 모순투성이의 생물종이 지구상에 다시 나타난다면, 그들은 변함없이 매섭고 기분 나쁜 눈빛으로 자기네를 노려보고 있는 루스벨트의 초상을 발견하게 될 것이다.

13
한국 비무장지대의 교훈

이 세상에서 가장 위험천만하던 곳은
사라질 뻔했던 야생동물들의 피난처가 되었다.
반달가슴곰, 스라소니, 사향노루, 고라니, 담비, 멸종 위기의 산양,
거의 사라졌던 아무르표범이 매우 제한된 이곳의 환경에 의지해 산다.

전쟁은 지구 생태계를 지옥으로 만들어 버릴 수 있다. 베트남의 오염
된 정글을 보라. 그러나 화학적 오염이 없는 경우에는 희한하게도 전
쟁이 종종 자연을 살리기도 한다. 1980년대의 니카라과 반혁명 전쟁
동안 미스키토 해안 일대에서 극심하던 갑각류 및 목재의 남획과 남
벌이 중단되자, 고갈되다시피 하던 바닷가재 서식지와 카리브해 소
나무 숲이 훌륭하게 되살아났다.

그렇게 되기까지 10년도 채 걸리지 않았다. 하물며 인간 없는

50년 세월은 어떻겠는가?

· · · · ·

마용운이 그 산허리 일대를 흠모하는 이유는 그곳에 지뢰가 몹시 많기 때문이다. 아니 지뢰 때문에 사람이 접근하지 못하는 곳마다 한껏 자라 있는 떡갈나무, 버드나무, 귀룽나무에 감탄하는 것이리라.

한국의 환경운동연합에서 국제 캠페인 업무를 맡고 있는 마용운이 기아의 LPG 차를 몰고 11월의 짙은 안개를 헤치며 언덕을 올라온다. 함께 온 사람들은 환경보존 전문가인 안창희, 습지생태학자인 김경원, 야생동물 사진가인 박종학과 진익태 등이다. 남한 군사 검문소의 검문을 막 마친 그들은 출입제한구역 내의 미로 같은 콘크리트 방벽들 사이를 헤치며 구불구불 올라온다. 겨울용 위장복 차림의 초병들은 총구를 옆으로 젖히며 환경운동연합팀을 반긴다. 1년 전에 그들이 다녀간 뒤로 이곳에는 여기가 두루미 보존을 위한 환경 검문소이기도 함을 알리는 표지판이 하나 늘었다.

서류 절차가 마무리되기를 기다리는 동안 검문소 주변의 울창한 숲에서 청딱따구리와 오목눈이를 발견한 김경원은 직박구리의 소리를 들어보라고 한다. 차가 올라가자 꿩 한 쌍과 물까치 몇 마리가 푸드덕 날아오른다. 물까치는 한국 내 다른 곳에서는 좀처럼 보기 힘든 새다.

그들은 남한 쪽의 남방한계선 바로 밑에 있는 폭 5킬로미터의 민간인통제선(민통선)이라는 구역에 들어선 것이다. 반세기 동안 사람이 거의 살지 않았던 민통선 안에서는 일부 농민들의 벼와 인삼 재배가 허용되고 있을 뿐이다. 멧비둘기들이 웅크리고 있으며 지뢰가 더 많이 묻혀 있음을 알려주는 빨간색 삼각형 경고판이 걸린 철책이 늘어서 있는 비포장도로를 5킬로미터쯤 더 달리자 한글과 영어로 비무장지대로 들어서고 있음을 알리는 표지판이 나타난다.

한국에서도 DMZ라고 부르는 비무장지대는 길이 241킬로미터에 폭 4킬로미터의 구역으로, 1953년 9월 6일부터 사실상 인간 없는 세상이 되었다. 마지막 포로 교환과 함께 한국전쟁은 끝이 났다. 하지만 명목상일 뿐, 키프로스를 둘로 찢어놓은 갈등처럼 이 전쟁은 실질적으로 끝난 것이 아니다. 한반도의 분단은 미국이 히로시마에 핵폭탄을 떨어뜨린 바로 그날인 제2차 세계대전 막바지에 소련이 일본에 선전포고를 하면서부터 시작되었다. 소련의 대일본 전쟁은 1주일 안에 끝났고, 일본이 1910년부터 강점해 온 한국을 미국과 소련이 둘로 쪼개는 협정은 냉전의 뜨거운 접점이 되었다.

북한은 중국과 소련의 공산주의 지도자들의 선동에 자극을 받아 1950년에 남한을 침공했다. 결국 유엔군이 북한군을 몰아냈고, 원래의 분단선인 38선 주변에서 교착 상태에 빠져 있던 전쟁은 1953년의 휴전협정으로 종결되었다. 이때의 휴전선(군사분계선) 양쪽 2킬로미터의 구역이 비무장지대로 알려진 사람 없는 땅이 된 것이다.

DMZ의 많은 부분은 산이다. 휴전선이 지나가는 부분에서 강과 개울이 있는 곳은 양쪽의 대치가 시작되기 전 5,000년 동안 쌀농사를 짓던 저지대였다. 그러나 전쟁 이후 방치된 논에는 지뢰가 무수히 묻혀 있다. 1953년 휴전 이후로는 짧은 순찰에 나선 군인이나 북한을 탈출하는 절박한 난민이 아닌 한 이곳에 발을 들여놓는 인간은 거의 없었다.

인간이 없어지자, 한때 동족이 원수가 되어 싸우던 지옥은 오갈 데 없던 생물들이 가득한 곳으로 변했다. 이 세상에서 가장 위험천만하던 곳은 사라질 뻔했던 야생동물들의 피난처가 되었다. 반달가슴곰, 스라소니, 사향노루, 고라니, 담비, 멸종 위기의 산양, 거의 사라졌던 아무르표범이 매우 제한된 이곳의 환경에 의지해 산다. 유전적으로 건강한 개체군이 성장하기 위해 필요한 영역이라고 하기에는 좁은 구역이다. 만일 비무장지대의 북쪽과 남쪽이 전부 인간 없는 세상으로 갑자기 변한다면, 그들은 다른 곳으로 퍼져 수를 늘리고 이전의 영역을 되찾아 번성할 수 있을 것이다.

마용운과 나머지 보존팀 동료들은 이 역설적인 제한구역이 없던 시절의 한국에 대한 기억이 전혀 없다. 이제 30대인 그들은 자신들이 태어난 후에 빈곤에서 번영으로 성장한 나라에서 성장했던 것이다. 눈부신 경제성장 덕분에 남한 사람들의 다수는 미국인이나 서유럽인이나 일본인들과 마찬가지로 무엇이든 가질 수 있다는 믿음을 갖게 되었다. 이 젊은이들에게는 그 믿음이 자기네 나라도 야생동물을 가질 수 있다는 뜻이었다.

• • • •

그들은 남한에서 위장으로 만들어 놓은 관측용 벙커에 도착한다. 위쪽에 가시철선을 말아놓은 241킬로미터 길이의 이중 철책은 여기서 북쪽으로 1킬로미터 정도 툭 튀어나갔다가 되돌아온다. 1킬로미터면 휴전협정에 따라 남북 양측이 군사분계선(휴전선)에서부터 떨어져 있으라고 정한 거리의 절반에 해당한다. 군사분계선은 비무장지대에서 양측이 접근해서는 안 되는 한가운데 지점의 초소들이 느슨하게 연결되어 있는 선을 말한다.

"저쪽에서도 그렇게 합니다." 마용운이 설명해 준다. 양측 모두 그냥 두기 아까운 전망을 제공하는 지형이 있으면 그 지점을 확보하여 상대 진영을 내려다보려고 하는 것 같다. 대포가 설치된 이 콘크리트 블록 벙커의 위장용 페인트는 위장보다는 과시를 하기 위한 것 같다.

이 돌출된 고지의 북쪽 끝에서부터 사방 몇 킬로미터에 걸쳐 울퉁불퉁하면서도 드넓은 야생 지대가 펼쳐져 있다. 1953년부터 양쪽의 총성은 멈추었지만, 남한 쪽의 대형 확성기들은 수시로 비방과 군가를 퍼붓고, 심지어 〈윌리엄 텔 서곡〉 같은 음악을 귀 따갑게 틀어놓고 있다. 그런 소음이 메아리치고 있는 북녘의 산은 수십 년에 걸쳐 갈수록 헐벗어 가고 있는데, 땔감이 부족하기 때문이다. 그래서 처참한 산사태가 날 수밖에 없고, 홍수와 흉작이 빈발하며, 기근이 자주 발생한다. 한반도 전체에서 갑자기 사람이 사라진다면, 황폐화된 북녘은 생태적으로 소생하는 데 상대적으로 더 오랜 시간이 걸릴 것이

Photo by ALAN WEISMAN

한국의 DMZ

다. 이에 비해 남녘은 인간이 만든 하부구조가 자연에 의해 해체되는 데 오랜 시간이 걸릴 것이다.

양극단 사이의 완충지대인 이 고지 아래로는 5,000년간 논이었던 지대가 지난 반세기 동안 그 이전의 습지로 되돌아갔다. 동행한 사람들이 카메라와 망원경을 하늘로 향하고 무언가를 본다. 눈부시게 하얀 새들이 완벽한 대형을 이루며 날아가고 있다.

그것도 완벽한 침묵 가운데였다. 한국의 상징이라 할 수 있는 두루미다. 머리가 빨간 이 두루미는 지구상에서 가장 크며, 아메리카횐두루미 다음으로 희귀한 종이다. 그 옆으로 덩치가 작으며 마찬가지

로 멸종 위기에 처한 재두루미 네 마리가 날아간다. 중국과 시베리아
에서 날아온 이들 대부분은 비무장지대에서 겨울을 난다. 이곳이 없
다면 아마 이 두루미들도 없을지 모른다.

그들은 사뿐히 내려앉기 때문에 땅에 묻혀 있는 지뢰의 뇌관을 건
드리지 않는다. 아시아에서 행운과 평화를 가져다주는 새로 알려진
두루미들은 긴장이 첨예한 이 금지구역에 멋모르고 무단으로 출입
할 수 있는 행복한 존재들이다. 어쩌다 야생동물보호구역이 된 이 지
대 양쪽으로는 200만 명의 무장 군인들이 몇십 미터 간격으로 놓인
벙커 속에서 서로 대치하고 있다.

"새끼들이네요." 김경원이 속삭이며 망원경으로 어린 두루미를 본
다. 아직 어려서 머리가 갈색인 두 마리는 개울을 건너며 긴 부리로
물속에 있는 먹이를 뒤진다. 두루미는 이제 1,500마리 정도만 살아
남은 상태여서, 한 마리라도 태어나면 아주 중요한 사건이 된다.

그 뒤로는 북한 쪽 산허리에 할리우드 표지판을 닮은 북한의 선전
판이 돋보인다. 하얀색으로 칠한 글들은 친애하는 지도자 김정일의
위대함과 미국에 대한 혐오를 선전하고 있다. 그들의 적은 수천 개의
전구가 번쩍이는 전광판을 동원해 자본주의 남한의 유복한 생활을
몇 킬로미터 떨어진 곳에까지 알리고 있다. 선전물이 가득한 관측 초
소들 사이에는 몇백 미터 간격마다 무장 벙커가 있으며, 초병들이 철
책을 뚫고 오는 적군이 있는지 기다란 구멍을 통해 살펴보고 있다.
이런 대치 상황은 이미 세 세대 동안 이어져 오고 있으며, 이들 대부
분은 혈족관계다.

이러한 반목 속에서도 두루미들은 자유롭게 날아다니다 군사분계선 양쪽의 양지바른 너른 땅에 내려앉아 조용히 먹이를 찾는다. 이렇게 근사한 날짐승의 자태에 넋을 잃은 이들 젊은이 가운데 그 누구도 평화에 반하는 기도를 하지는 않을 것이다. 하지만 이 지대가 비어 있도록 만드는 첨예한 반목이 없다면, 이 새들이 멸종할 가능성이 큰 것 또한 사실이다. 이곳에서 동쪽으로 조금만 가면 서울의 외곽 지대(호모사피엔스가 2,000만에 달하는 초대형 괴물이다)가 계속해서 북쪽으로 확장하여 민통선과 만나는 지역이다. 그곳의 개발업자들은 철책이 걷히는 즉시 이 탐나는 부동산을 공략할 만반의 태세를 갖추고 있다. 그리고 중국의 사례를 따르고자 하는 북한은 대적인 자본주의 국가들과 함께 자신들의 가장 풍부한 자원(값싼 임금으로 일할 배고픈 다수의 인민들)을 활용할 수 있는 산업공단을 국경 부근에 유치했다.

전방 방어 임무를 띤 무표정한 군인들의 철통같은 감시 속에서, 함께 온 생태 전문가들은 자기 원래의 영역에서 마음껏 활동하는 품위 있고 키가 큰(150센티미터 가까이 된다) 새들을 한 시간 동안 지켜보고 있다. 군인 하나가 다가오더니 삼각대에 설치된 스와로브스키 망원경을 들여다본다. 그들이 두루미가 있는 곳을 알려주자 군인이 소총에 결합된 유탄발사기 방향을 위로 한 채 한쪽 눈을 감고 들여다본다. 오후의 옅은 그림자가 북녘 산허리에 드리워 있다. 한 줄기 빛이 티본T-bone 고지라고 하는 격전지를 비춘다. 군인은 그곳을 지키느라 얼마나 많은 전쟁 영웅이 죽어갔는지 그리고 얼마나 더 많은 적을 물리쳤는지 설명해 준다.

그들은 전에도 이런 이야기를 들어보았다. "사람들한테 남한과 북한의 차이만 말하지 말고, 양쪽이 이곳 생태계를 공동으로 소유하고 있다는 말도 해야지." 마용운이 군인의 말을 듣고 덧붙인다. 그는 풀이 무성한 산비탈을 올라오는 산양을 가리킨다. "언젠가는 여기도 전부 한 나라가 될 거야. 그래도 여기는 보존해야겠지."

그들은 추수가 끝나고 벼 그루터기만 남은 논이 펼쳐진 민통선 골짜기를 따라 돌아온다. 경작지는 일찍 내린 눈이 녹아서 반짝반짝 빛을 낸다. 밤이 되면 다시 얼어붙을 것이다. 12월쯤의 이곳 기온은 섭씨 영하 29도까지 내려간다고 한다. 두루미 무리와 함께 기러기 수천 마리가 V자를 그리며 날아다니는 하늘은 그 아래의 쟁기질한 밭을 닮았다.

새들이 쌀 수확을 끝낸 논에 떨어진 먹이를 찾으러 내려와 있을 오후 무렵, 일행은 사진을 찍고 간단한 조사를 하기 위해 멈춘다. 35마리의 두루미가 일본의 실크 그림에서 막 튀어나온 것처럼 선명해 보인다. 몸빛은 눈부시게 하얗고, 머리는 빨갛고 목은 검다. 기러기는 세 종류인데, 모두 남한에서 수렵이 금지된 종들이다. 그런 기러기가 너무 많아 아무도 세어볼 엄두를 내지 못한다.

자연 그대로 회복되고 있는 DMZ의 습지에서 두루미를 발견하는 것이 감격스럽긴 하지만, 인근의 농사짓는 땅에서는 두루미를 발견하기가 훨씬 더 쉽다. 기계로 수확을 마친 논에 남은 낙곡을 먹기 위해 두루미들이 찾아오기 때문이다. 인간이 사라지고 나면 이 새들은 혜택을 입을까, 손해를 볼까? 두루미는 원래 갈대 순을 먹도록 진화되었지만, 아주 오랜 세월 동안 인간이 가꾸어 온 습지인 논에서 먹이를 얻으며 살아왔다. 농사지을 사람이 없어지면 그리고 민통선의 풍부한 논이 다시 습지로 변한다면, 두루미와 기러기의 개체 수가 줄어들까?

"논은 두루미들한테 이상적인 생태계가 아닙니다." 김경원이 망원경에서 시선을 거두며 자신 있게 말한다. "이 새들은 곡식뿐만 아니라 뿌리가 필요합니다. 워낙 많은 습지가 농지로 변했기 때문에 겨울을 버틸 에너지를 얻기 위해 어쩔 수 없이 곡식을 먹게 된 거죠."

개체 수가 심각하게 줄어든 이 새들이 먹고살 수 있을 만큼 DMZ의 방치된 논에서 갈대와 갈풀이 충분히 되살아난 것은 아니다. 그 이유는 남북 양측이 강 상류에 댐을 건설했기 때문이다. "눈이 내려 대수층帶水層이 보충되어야 할 겨울에도 온실에서 채소를 키우기 위해 양수기로 물을 끌어다 쓰고 있지요."

북한은 말할 것도 없고 서울 일대의 2,000만 인구를 먹이기 위해 농사를 지을 필요가 없다면, 제철을 무시하는 양수기 소리는 잠잠해질 것이다. 다시 물이 풍부해지고 야생생물도 많아질 것이다. "동식물의 입장에서는 그만 한 위안이 없지요. 천국일 겁니다"라고 김경원은 말한다.

DMZ와 마찬가지로, 죽음의 격전장은 거의 사라지다시피 한 아시아 동식물의 안식처가 될 것이다. 희망사항일 확률이 높지만, 거의 전멸한 시베리아호랑이가 이곳에 숨어 산다는 소문도 있다. 이들 젊은 자연주의자가 바라는 것은 폴란드와 벨라루스의 동지들이 요구하는 것과 정확히 같다. 즉 한때의 전쟁터를 평화공원으로 바꾸자는 것이다. DMZ포럼이라는 과학자들의 국제연맹 단체는 남북이 공동으로 소유하고 있는 귀중한 것을 함께 소중히 지킨다면 체면상의 평화뿐만 아니라 경제적 이익도 가져올 수 있다며 정치인들을 설득해오고 있다.

"한국에 게티즈버그와 요세미티를 합친 듯한 곳이 만들어진다고 생각해 보세요." DMZ포럼의 공동 창립자인 하버드대학 생물학자 E. O. 윌슨의 말이다. 지뢰를 제거하는 데 막대한 비용이 들고 농사나 개발도 할 수 없겠지만, 관광 수입이 상대적으로 더 많을 것이라고 그는 생각한다. "앞으로 100년이 지나면 지난 세기에 이곳에서 일어난 가장 중요한 일은 바로 이 공원이 될 겁니다. 그것은 한국 사람들이 가장 아끼는 유산이 될 뿐 아니라, 전 세계가 따를 수 있는 모범이될 겁니다."

달콤한 전망이다. 하지만 이미 DMZ를 넘보는 개발 세력들에게 먹혀버리기 쉬운 전망이기도 하다. 서울로 돌아간 마용운은 일요일에 도시 북부 지역 산자락에 있는 화계사를 찾았다. 이곳은 한국에서 가장 오래된 절의 하나다. 용 조각과 도금한 보살들로 장식되어 있는 건물에서 그는 부처의 제자들이 《금강경》을 독송하는 소리를 듣는다. 부처는 《금강경》의 가르침을 통해 모든 것이 꿈이요, 미망이요, 물거품이요, 그림자라고 했다. 이슬과도 같다고 했다.

"삼라만상은 영원하지 않습니다." 회색 승복을 입은 큰스님 현각이 나중에 그에게 말한다. "우리 몸처럼, 세상도 놓아주어야 합니다."

하지만 그는 마용운에게 지구를 보존하려는 노력은 선문답의 역설과는 다르다고 했다. "육신은 깨달음을 위해 꼭 필요합니다. 우리는 스스로를 돌볼 의무가 있습니다."

하지만 인간의 수가 워낙 많으므로 지구를 돌보려는 노력은 각별히 까다로운 화두처럼 느껴진다. 한때는 신성불가침의 평온한 영역으로 인식되던 절이 공격을 받고 있는 것이다. 서울 외곽 인구의 출퇴근 시간을 줄이기 위해 이 절 아래를 관통하는 왕복 8차선의 터널이 뚫리는 중이다.

· · · · ·

"인간의 악영향을 크게 줄이는 세상을 만들기 위해, 이번 세기에 우리는 인구를 조금씩 줄이는 윤리를 발전시켜야 합니다." 윌슨의 주장이다. 그는 생명의 복원력을 탐구하는 데 심취한 과학자로서의 확신을 갖고 있기 때문에 같은 종에 대해서도 그런 주장을 하는 것이다. 그런데 관광객을 위해 DMZ 일대의 지뢰를 싹 제거해 버릴 수 있다면, 부동산 개발업자들 역시 귀한 땅을 노릴 것이다. 절충이 이루어져 역사·자연 테마파크 주변에 개발이 이루어진다면, DMZ에서 살아남을 유일한 생물은 인간이 될 가능성이 다분하다.

남북한이 유타주만 한 크기의 좁은 반도 땅에서 7,000만이 넘는 어마어마한 인간 거주자의 무게를 견디지 못해 결국 무너질 때까지는 그럴 것이다. 하지만 인간이 먼저 갑자기 사라져 버린다면, DMZ

는 시베리아호랑이가 자생하기에는 비좁을지 몰라도 "북한-중국 국경지대의 산에는 아직도 몇몇이 어슬렁거릴 것"이라고 윌슨은 추측한다. 사자는 남유럽에서 위로 퍼져가고 호랑이는 아시아 일대에서 수를 늘리며 뻗어가는 상상을 하는 그의 목소리가 포근해진다.

"그리고 머지않아 남아 있는 대형동물들이 엄청나게 퍼져나갈 겁니다. 특히 육식동물이 그럴 겁니다. 그들은 우리의 가축을 빠르게 해치우겠지요. 몇백 년이 지나면 가축은 얼마 남지 않을 겁니다. 개는 야생화되겠지만 오래가지 못하고, 인간의 개입으로 도입된 종은 모두 엄청난 조정을 겪을 겁니다."

우리가 어렵사리 길들인 말처럼 인간이 자연을 개량하기 위해 기울인 모든 노력이 원래 상태로 되돌아갈 것이라고 윌슨은 장담한다. "말이 진화한다면 프셰발스키말로 되돌아갈 것"이라고 한다. 이 말은 몽고 초원 지대에 아직 남아 있는 세계 유일의 진짜 야생마다.

"인간이 만들어 낸 식물, 농작물, 동물 종들은 한두 세기면 전멸하고 말 겁니다. 그 밖의 많은 종도 사라져 버리겠지만, 조류와 포유류가 많이 남긴 할 거예요. 그런데 지금보다는 좀 작아지겠죠. 세상은 인간이 나타나기 전의 상태와 아주 비슷해질 겁니다. 야생지 같을 거예요."

14
세상 모든 새들의 노래

인간의 쓰레기, 무기, 유리가 없는 세상이 온다면,
새들의 개체 수가 다시 원래의 균형을 되찾을 것이라고 힐티는 예측한다.
어떤 새들은 기후변화로 원래 영역이 이상해진 탓에
그 시간이 더 오래 걸릴 수 있다.

한국 비무장지대의 서쪽 끄트머리, 한강 하구의 한 섬에는 큰 새
중에서 가장 희귀종인 저어새가 살고 있다. 이 새는 지구상에 겨우
1,000여 마리가 남아 있다고 한다. 북한의 조류학자들은 강 너머에
사는 동료 학자들에게 북녘의 배고픈 인민들이 헤엄쳐 가서 저어새
알을 밀렵한다는 이야기를 은밀히 들려주었다. 남한의 수렵금지법이
비무장지대 북녘에 있는 저어새들에게는 도움이 되지 않는다. 북녘
의 두루미들은 수확 기계들이 흘리는 곡식을 마음껏 먹지도 못한다.

북한의 벼 수확은 전부 사람 손을 거쳐 이루어지기 때문에 아무리 작은 낟알이라도 남기는 법이 없다. 따라서 새가 먹을 것이라곤 거의 없다.

인간 없는 세상에서 새들에게 남을 것은 무엇일까? 어떤 새들이 남을까? 작은 동전보다 가벼운 벌새에서부터 270킬로그램이나 나가는 날개 없는 모아새에 이르기까지, 우리와 공존했던 1만 종 이상의 새 중에서 약 130종이 사라졌다고 한다. 그 정도야 1퍼센트 남짓의 숫자이니 그들의 상실이 아주 크게 느껴지지만 않는다면 거의 희망적이라 할 것이다. 모아는 키가 3미터였고 무게가 아프리카 타조의 두 배나 되었다. 모아의 멸종은 폴리네시아인들이 1300년경 지구의 마지막 큰 땅덩이인 뉴질랜드를 개척한 뒤로 두 세기 만에 일어난 일이었다. 350년 뒤 유럽인들이 그곳에 도착했을 때 남은 것이라곤 거대한 새의 뼈와 마오리족의 전설뿐이었다.

날지 못하고 대학살을 당해 절멸한 다른 새들 중에는 인도양 모리셔스제도의 도도새가 있다. 도도는 두려움 없이 포르투갈 상인과 네덜란드 정착민들에게 가까이 다가갔다가 몽둥이로 맞아 잡아먹힌 것으로 유명하다. 펭귄처럼 생긴 큰바다오리는 북반구 위쪽에 널리 퍼져 서식한 덕분에 더 오래 걸리긴 했으나, 스칸디나비아에서부터 캐나다에 이르는 수렵꾼들에 의해 멸종되기는 마찬가지였다. 아주 큰 오리 같은 모습에 역시 날지 못한 모아날로라는 새는 하와이에서 오래전에 멸절되었는데, 우리는 그들을 죽인 사람에 대해서는 좀 알아도 그들에 대해서는 거의 모른다.

가장 끔찍한 새 대량학살은 불과 한 세기 전에 일어났는데, 아직도 그 엄청난 규모가 실감나지 않는다. 천문학자들이 우주 전체를 설명하는 소리를 들으면 이해가 되지 않듯, 이 사건도 대상이 워낙 어마어마하기 때문에 그 의미를 제대로 헤아리기 어렵다. 아메리카 나그네비둘기의 사후 평가는 너무 불길한 조짐을 주기 때문에 잠시만 쳐다봐도 우리가 무한하다고 여기는 것이 그렇지 않을 수 있음을 경고해 준다(아니면 비명을 지른다고 해야 할까).

· · · · ·

우리가 닭고기를 연간 수십, 수백억 마리씩 대량생산하기 위해 가금류 공장을 짓기 오래전부터, 자연은 그 비슷한 것을 북미 나그네비둘기라는 방식을 통해 제공해 주었다. 누군가가 추정한 바에 따르면, 이 새는 지구상에서 가장 풍부했다. 이들이 480킬로미터에 걸쳐 수십억 마리씩 떼를 지어 날아가면 지평선이 끝에서부터 끝까지 뒤덮이고 하늘이 컴컴해졌다. 몇 시간이 지나도 다 날아가지 못할 정도로 그 숫자가 많았다. 지금 우리의 보도나 조각상을 더럽히는 볼품없는 비둘기보다 크고 훨씬 멋졌던 이들은 검푸른 빛깔에 가슴이 붉었고, 맛도 좋았던 것 같다.

그들은 무지막지하게 많은 도토리와 너도밤나무 및 장과의 열매를 먹었다. 우리가 그들을 죽인 방법 중 하나는 먹이 공급의 차단이었는데, 식량을 지배하기 위해 미국 동부 평원의 숲들부터 베어나가

Illustration by PHYLLIS SAROF

한때 지구상에서 가장 풍부했던 조류인 나그네비둘기

면서 시작되었다. 또 하나는 한번 발사하면 납 총탄 여러 개가 흩어 지면서 새들을 수십 마리씩 떨어뜨릴 수 있는 산탄총을 쓰는 방법이 었다. 1850년 이후 큰 숲들이 대부분 농지로 변해버리자 나그네비둘 기를 잡기가 훨씬 더 수월해졌다. 남아 있는 나무들에 수백만 마리씩 몰려 앉아 있곤 했던 것이다. 뉴욕과 보스턴에는 이 새들을 가득 실 은 유개화차들이 매일같이 드나들었다. 한없이 많기만 하던 새들이 결국 줄어들고 있다는 것이 분명해지자, 수렵꾼들은 일종의 광기에 사로잡혀 있을 때 잡아야 한다는 듯 나머지들을 더 빨리 죽이기 시작 했다. 1900년이 되자 상황은 끝이 났다. 불쌍하게 남은 몇 마리가 신 시내티동물원 우리 속에 갇혔고, 사육사들이 그들의 중요성을 깨달 았을 때는 할 수 있는 일이 아무것도 없었다. 그들이 지켜보는 가운 데 1914년 최후의 한 마리가 죽었다.

그 뒤로 나그네비둘기의 우화는 자주 이야기되곤 했으나, 그것이 주는 교훈에 주목하는 경우는 드물었다. 수렵꾼들이 만든 '덕스 언리 미티드'라는 보존단체가 귀하게 여기는 사냥감들이 번식하며 살 곳을 확보하기 위해 습지를 수천, 수만 제곱킬로미터씩 사들이는 일도 있었다. 하지만 인류 역사를 다 합친 기간보다 인간이 더 영악해진 이번 세기에 날짐승의 생명을 보호하는 일은 수렵조의 사냥을 지속 가능하도록 만드는 일보다 복잡한 것이 되었다.

· · · · ·

긴발톱멧새는 북미에서 잘 알려져 있지 않은데, 그들의 행동이 우리가 흔히 아는 철새와는 사뭇 다르기 때문이다. 이 새의 여름 번식지는 북극 고위도 지역이다. 그리고 더 친숙한 명금류(참새목)들이 겨울이면 적도나 그 이남으로 가는 데 반해 긴발톱멧새는 캐나다와 미국의 대평원 지역에서 겨울을 난다.

머리 윗부분이 검고 핀치만 한 이 새는 얼굴의 절반이 하얗고 날개와 목덜미에 황갈색 얼룩이 있다. 하지만 우리는 그들을 주로 멀리서만 볼 수 있을 뿐이다. 겨울 평원의 바람 속에 선명하지 않은 작은 새들이 수백 마리씩 무리를 지어 모이를 주워 먹는 모습을 볼 수밖에 없다. 그런데 1998년 1월 23일의 어느 아침, 캔자스주 시러큐스에서 이들이 발견되었다. 죽은 긴발톱멧새 1만 마리 정도가 땅에 널브러져 있었던 것이다. 그 전날 밤 폭풍우 속에서 한 무리가 라디오 송수신탑이 몰려 있는 곳에 부딪혀 떨어진 것이다. 안개와 흩날리는 눈 속에서 볼 수 있는 것이라곤 송수신탑의 깜빡이는 붉은 빛밖에 없어서 새들이 그쪽으로 날아간 것으로 짐작되었다.

하룻밤에 일어난 일치고는 큰 사고였지만, 상황도 죽은 숫자도 특별히 대단한 것은 아니었다. TV 안테나 아랫부분에 죽은 새들이 쌓인다는 보도가 조류학자들의 주목을 끈 것은 1950년대였다. 1980년 대에는 매년 탑 하나당 2,500마리의 새가 죽는다는 추정치가 나왔다.

2000년에 미국 어류야생동물보호국의 보고에 따르면 탑 중에서 7만 7,000개의 높이가 60미터 이상인데, 이는 비행기를 위한 경고등을 달아야 하는 높이다. 계산이 정확하다면, 미국에서만 매년 2억 마리의 새가 탑에 부딪혀 죽는다는 뜻이었다. 그런데 이 수치는 급속도로 세워지고 있는 휴대전화 송수신탑으로 인해 이미 추월을 당했다. 2005년까지 17만 5,000개의 탑이 세워진 것이다. 이렇게 탑이 늘어남에 따라 매년 사고로 죽는 새의 수는 5억 마리로 늘었을 것이다(죽은 새는 대부분 발견되기 전에 청소동물의 차지가 되므로 이 수치는 부족한 데이터와 추측에 의존한 것임을 감안해야 한다).

미시시피강 동서의 여러 조류학 연구실에서는 날씨가 험한 날 밤 대학원생들을 송수신탑에 보내어 새들의 사체를 수집해 오라고 했다. 붉은눈비레오, 테네시솔새, 코네티컷솔새, 오렌지머리솔새, 노란부리뻐꾸기 등등 점점 많은 북미의 새들이 그렇게 죽어가고 있었다. 그중에는 붉은벼슬딱따구리 같은 희귀종도 있었다. 특히 두드러진 것은 이주하는, 그것도 밤에 이동하는 새들이 많았다는 점이다.

그중 하나는 평원에 사는 쌀먹이새라는 참새목으로, 가슴이 검고 뒷머리가 누렇고 아르헨티나에서 겨울을 나는 새다. 조류생리학자 로버트 비슨은 이 새의 눈과 뇌를 연구한 끝에 진화상의 특징을 알아 냈다. 불행히도 전자통신 시대에는 치명적인 것이 되어버린 특징이 었다. 쌀먹이새와 그 밖의 철새들은 몸속에 나침반을 갖고 있다. 머 릿속의 자철광 입자들로 인해 지구의 자장을 향해 날아갈 수 있는 것 이다. 이 나침반을 작동하려면 빛이 있어야 한다. 스펙트럼의 끝부분 인 짧은 파장, 예컨대 보라, 파랑, 초록이 그들의 비행 신호를 유도하 는 것 같다. 그리고 긴 파장인 빨강이 나타나면 방향을 잃어버리는 것으로 보인다.

비슨은 또 연구를 통해 철새들이 악천후에는 빛을 향해 날아가도 록 진화해 왔다고 주장한다. 전기가 발명되기 전까지 악천후 속의 빛 은 오직 달뿐이었다. 달 덕분에 그들은 위험한 날씨로부터 벗어날 수 있었던 것이다. 그러므로 안개나 눈보라가 모든 것을 지워버릴 때마 다 빨간 빛에 감싸이는 송수신탑은 그리스 선원들에게 들려온 사이 렌의 황홀한 노래처럼 새들에게 유혹적이고 치명적이다. 방향을 찾 는 자철광이 송수신탑의 전자장에 의해 교란됨에 따라, 새들은 거대 한 믹서처럼 탑 주변을 빙빙 돌다가 추락한다.

인간 없는 세상에서는 방송이 끊길 테니 빨간 빛도 꺼져버리고, 수십억 통의 휴대전화 교신도 끊어질 테니 수십억 마리의 새들이 목 숨을 건질 것이다. 그러나 우리가 계속 여기에 있다면, 송수신탑은 우리가 먹지도 않는 날짐승들에게 범한 뜻하지 않은 대학살의 시작에 불과하다.

　다른 종류의 탑, 즉 평균 45미터의 키에 300미터마다 하나꼴로 서 있는 격자 철구조물은 남극을 제외한 전 대륙의 구석구석으로 뻗어나간다. 이 철탑 사이에는 알루미늄을 입힌 고압전선이 이어져 있으며, 이 전선은 수백만 볼트의 고압 전류를 발전소에서 각 건물의 배전망으로 연결해 준다. 두께 7센티미터 이상의 전선도 있으며, 무게와 비용을 줄여야 했던 탓에 절연 처리를 한 경우가 없다.

　북미의 배전망만 하더라도 달을 1.5번 왕복할 만큼 전선이 길다. 숲이 베어나감에 따라 새들은 전화나 전깃줄에 내려앉을 줄 알게 되었다. 새들이 그런 줄에 앉을 때 다른 줄이나 땅에 함께 걸터앉음으로써 전기회로를 완성하지 않는 한 감전으로 죽는 일은 없다. 그러나 불행히도 매나 독수리, 왜가리, 플라밍고, 학의 날개는 두 전선에 동시에 걸치거나, 절연되지 않은 변압기를 건드릴 수 있다. 그렇게 되면 충격이 이만저만이 아니다. 맹금류의 튼튼한 부리나 발이 순식간에 그 자리에서 녹아버리고 깃털은 불타버릴 수 있다. 갇혀 자라던 캘리포니아 콘도르 몇 마리가 풀려나자마자 바로 그런 식으로 목숨을 잃은 사례가 있었다. 이미 수많은 대머리독수리와 검독수리도 그런 식으로 죽었다. 멕시코 치와와에서 진행된 연구들에 따르면, 새로 나온 강철 전신주가 거대한 접지선 역할을 함으로써 훨씬 작은 새들도 감전사하여 아래에 있는 매나 독수리의 사체 더미 위에 쌓인다고 한다.

　다른 연구들에 따르면, 감전보다는 전선에 부딪혀 죽는 새가 더 많다고 한다. 한편 전선망이 없더라도 철새에게 가장 심각한 함정이 아메리카와 아프리카의 열대 지역에 도사리고 있다고 한다. 그런 곳은 수출용 농작물을 재배하기 위해 숲을 하도 많이 베어버려서 새들이 여행 중에 내려앉아 휴식을 취할 만한 나무가 점점 줄어들 뿐만 아니라, 물새들이 잠시 쉴 수 있는 안전한 습지도 차츰 사라지고 있다. 그 영향을 정확히 계산하기는 어렵지만, 기후변화가 심화됨에 따라 북미와 유럽에서는 일부 명금류의 수가 1975년 이후로 3분의 2가량 줄었다고 한다.

인간이 없어지면 몇십 년 안에 길가의 숲 등이 되살아날 것이다. 명금류를 죽이는 다른 두 요인, 즉 산성비와 옥수수·목화·과일나무에 살포하는 살충제는 우리가 없어지고 나면 금세 사라져 버릴 것이다. DDT가 금지된 뒤 북미에 대머리독수리가 소생한 것은 화학을 이용해 더 잘 살아보려 한 우리가 남긴 흔적을 다른 생물들이 잘 견딜 수 있다는 희망의 조짐으로 보인다. 그러나 DDT는 몇 피피엠 수준에서 독성이 있는 반면, 다이옥신은 90피피티(1조분의 1 단위로 피피엠보다 10만 배 적다 – 옮긴이)만 되어도 위험하며, 생명 자체가 다하는 날까지 남아 있을 수 있다.

미 연방정부의 두 기구가 수행한 별도의 연구들은 매년 6,000만~8,000만 마리의 새들이 고속도로를 내달리는 자동차 라디에이터 그릴이나 앞유리창에 부딪혀 죽는 것으로 추정한다. 물론 우리가 없어지면 고속 통행도 멈출 것이다. 그런가 하면 인간이 날짐승들에게 가하는 최악의 위협은 전혀 움직임이 없는 것에서 비롯된다.

우리가 지은 건축물들이 무너지기 한참 전에 유리창은 대부분 깨져 없어질 텐데, 그 이유 중 하나는 본의 아니게 가미카제가 된 새들이 자꾸 부딪히기 때문일 것이다. 뮬렌버그칼리지의 조류학자 다니엘 클렘은 박사학위 과정 중에 뉴욕 교외와 일리노이 남부의 주민들을 대상으로 제2차 세계대전 이후 주택업자들이 크게 선전한 판유리 전망창에 부딪히는 새의 수와 종류를 기록하도록 했다.

"새들은 유리창을 장애물로 인식하지 못합니다." 클렘이 딱 잘라 말한다. 다른 장애물 없는 들판 한가운데에 유리를 세워두었더니 새들은 쾅 부딪치고 생명이 끝날 때까지 알아보지 못했다.

새가 크건 작건, 어미건 새끼건, 수컷이건 암컷이건, 낮이건 밤이건 마찬가지였다. 클렘은 그런 사실을 20년에 걸쳐 알아냈다. 새들은 또 투명한 유리와 반사 유리를 구분하지 못했다. 20세기 말부터 반사 유리를 댄 고층 건물들이 도심을 넘어 교외 지역까지 확산된 것을 감안하면 매우 안타까운 소식이다. 새들은 도심 밖을 들과 숲이 펼쳐진 너른 공간으로 기억하고 있기 때문이다. 심지어 자연공원 방문자 센터도 흔히 "말 그대로 유리로 덮여 있어서 사람들이 구경하러 온 새들을 수시로 죽이고 있다"라고 그는 말한다.

클렘이 1990년에 추산한 바로는 매년 1억 마리의 새들이 유리에 부딪히는 바람에 목이 부러져 죽는다. 지금은 그보다 열 배나 많아져서 미국에서만 10억 마리라고 해도 너무 신중하게 계산한 것으로 믿고 있다. 북미에는 총 200억 마리의 새가 있다. 매머드와 나그네비둘기를 멸종시킨 소일거리였던, 사냥으로 죽는 새 1억 2,000만 마리를 더하면 수치는 더 늘어난다. 게다가 인간이 새들에게 가한 재앙이 하나 더 있는데, 이것은 우리가 없어지더라도 계속될 것이다. 먹어치울 새가 다 없어지지 않는 한 말이다.

· · · · ·

위스콘신의 야생동물학자인 스탠리 템플과 존 콜먼은 1990년대 초반 수행한 현장 연구를 통해 세계적인 결론을 이끌어 내기 위해 굳이 살고 있던 주 밖으로 나가볼 필요가 없었다. 그들의 연구 주제는 공공연한 비밀이었다. 거의 모든 지역의 가구 중 3분의 1 정도가 연쇄살인범을 숨겨주고 있다는 사실을 인정하지 않으며 쉬쉬하는 문제였다. 그 악한은 가르랑거리는 소리를 내는 마스코트로, 이집트의 사원에서 왕처럼 늘어져 지냈고 지금도 우리네 가정에서 그러고 있는, 기분이 동할 때만 우리의 애정을 받아들이는 존재다. 깨어 있든지 졸고 있든지(생의 절반은 그런 상태로 보낸다) 알 수 없는 침묵 속에 있으며, 우리를 속여 자기를 돌봐주고 먹이를 주도록 만들기도 한다.

하지만 일단 밖에 나가면 '펠리스 실베스트리스 카투스'라는 학명의 아종 이름(학명은 속명, 종명, 아종명의 순서다 - 옮긴이)은 떨어져 나가고 '펠리스 실베스트리스', 즉 들고양이로 되돌아가면서 걸음걸이부터 달라진다. 들고양이는 눈에 잘 띄지는 않지만 유럽, 아프리카, 일부 아시아 지역에서 아직도 발견되는 작은 토종 야생 고양이와 유전적으로 같은 종이다. 몇천 년에 걸쳐 인간의 편리에 맞추어 교활하게 적응해 오긴 했지만, 집에서 기르는 고양이는 한 번도 사냥의 본능을 잃어버린 적이 없다고 템플과 콜먼은 보고한다. 게다가 전반적으로 집밖으로 나가는 모험을 하지 않는 고양이가 훨씬 오래 산다.

아마도 고양이는 그런 본능을 더 날카롭게 갈고 닦았는지도 모른다. 유럽의 식민지 개척자들이 고양이를 처음 데려오기 전까지 아메리카의 새들은 이렇게 조용하고, 나무를 잘 타고 오르며, 와락 달려드는 포식자를 결코 만나본 적이 없었다. 아메리카에도 살쾡이와 캐나다 스라소니가 있긴 했지만, 번식력 좋고 공격적인 고양잇과는 그에 비해 4분의 1이나 작은 종이었다(개체 수가 어마어마하게 많은 명금류 입장에서는 졸도할 일이었다). 클로비스인들의 전격전처럼, 고양이들은 생존을 위해서만 죽인 것이 아니라 순전히 재미 때문에 사냥을 한 것 같다. "사람들에게 수시로 먹이를 얻어먹을 때에도 고양이는 계속해서 사냥을 한다"라고 템플과 콜먼은 적고 있다.

지난 반세기에 걸쳐 세계 인구가 두 배로 증가하는 동안 고양이 수는 훨씬 더 빨리 늘어났다. 템플과 콜먼은 미국 인구통계국의 반려 동물 집계에서 1970~1990년 동안에만 미국의 고양이 수가 3,000만~6,000만으로 불어났음을 발견했다. 하지만 총계에는 도시에서 군집을 이루거나 시골의 헛간 또는 숲을 지배하는 야생 고양이들까지 포함시켜야 한다. 그들은 방어적인 인간의 집에는 접근할 수 없는 족제비나 너구리나 스컹크나 여우처럼 크기가 비슷한 여타의 포식자보다 훨씬 수가 많다.

여러 연구에 따르면, 길고양이 한 마리가 1년에 28마리의 새를 죽인다고 한다. 농가에 사는 고양이는 그보다 훨씬 많이 죽인다는 사실을 템플과 콜먼은 확인했다. 구할 수 있는 모든 데이터와 자신들이 알아낸 바를 비교해 본 결과, 두 사람은 위스콘신 시골에서 자유롭게 돌아다니는 약 200만 마리의 고양이들이 최소한 780만 마리, 많게는 2억 1,900만 마리까지 새를 죽이는 것으로 추산했다.

위스콘신주 시골에서만 그렇다는 것이다.

전국적으로 따지면 그 수가 수십억 마리에 이를 것이다. 실제 총계가 어떻든, 인간이 고양이를 데려다 놓은 온갖 대륙과 섬에서는 지금도 비슷한 크기의 어느 포식자보다 고양이가 수도 많고 경쟁력도 앞선다. 고양이가 없던 그곳에 고양이를 데려간 인간들이 없는 세상에서 고양이는 아주 잘 적응할 것이다. 우리가 사라져 버리고 오랜 세월이 흐른 뒤에 명금류들은 우리를 길들여 먹이와 살 곳을 제공하도록 만들고, 아울러 부를 때 와주기를 바라는 부질없는 호소를 무시하면서도 다시 먹이를 주게 만들 정도의 관심만 보이는 기회주의자들의 후손을 상대해야 할 것이다.

· · · · ·

40년 동안 새를 관찰했으며 세계에서 가장 두꺼운 (콜롬비아와 베네수엘라의 새에 대한) 현장 안내서를 두 권이나 쓴 스티브 힐티는 인간이 일으킨 이상한 변화를 목격했다. 그는 칠레 국경과 가까운 아르헨티나 남부의 칼라파테라는 타운 외곽에 위치한 빙하호수 기슭에서 남방큰재갈매기라는 새를 관찰하고 있었다. 아르헨티나의 대서양 연안에서 온 이 새가 지금은 나라 전체에 퍼졌는데, 이들의 수가 전보다 열 배나 늘어난 이유를 살펴보니 매립지에 널린 먹이 때문이었다. "이 갈매기들이 파타고니아 일대에서 인간의 자취를 따라다니는 것을 목격했습니다. 인간이 흘린 곡식을 쫓아다니는 참새와 비슷했지요. 이제는 갈매기들이 많이 잡아먹는 바람에 호수에 기러기들이 훨씬 줄었습니다."

인간의 쓰레기, 무기, 유리가 없는 세상이 온다면, 새들의 개체 수가 다시 원래의 균형을 되찾을 것이라고 힐티는 예측한다. 어떤 새들은 기후변화로 원래 영역이 이상해진 탓에 그 시간이 더 오래 걸릴 수 있다. 지금 미국 남동부에 사는 갈색지빠귀 중에는 아예 이주를 하지 않으려는 것들이 있다. 붉은어깨찌르레기의 경우 겨울을 나기 위해 중앙아메리카를 넘어 캐나다 남부까지 올라가며, 그곳에서 미국 남부의 전형적인 새인 흉내지빠귀와 마주친다.

힐티는 일반인이 느끼기에도 숲이 점점 조용해진다고 할 정도로 명금류가 급격히 줄어드는 상황을 조류 관찰 전문 가이드의 입장에서 지켜보았다. 그의 고향인 미주리에서 사라진 새들 중에는 유일하게 등이 검고 목이 하얗던 솔새가 있다. 청솔새는 가을이면 오자크스 호수를 떠나 베네수엘라, 콜롬비아, 에콰도르에 걸쳐 있는 안데스 중턱의 숲으로 날아가곤 했다. 커피 또는 코카 때문에 해마다 숲이 더 베여나가는 바람에 그곳에 도착하는 수많은 청솔새가 겨울을 날 곳이 갈수록 좁아지고 있으며, 그만큼 먹이도 줄어들고 있다.

한 가지 희망적인 것도 있다. "남미에서는 멸종한 새가 아주 적은 편입니다." 남미는 다른 어느 곳보다 새 종류가 많기 때문에 그 말은 대단한 희소식이다. 남북 아메리카가 300만 년 전에 합쳐졌을 때, 연결 지점인 파나마 바로 아래에 콜롬비아 산악 지대가 있었다. 이곳은 해안 정글에서부터 고산 습지에 이르기까지 온갖 서식지를 갖춘, 우뚝 솟은 생명의 거대한 보고였다. 1,700종 이상의 조류가 서식하는 콜롬비아의 으뜸가는 지위에 대해 이의를 제기하는 에콰도르와 페루의 조류학자들이 종종 있다. 이 말은 그보다 더 활발한 서식지가 아직 남아 있다는 주장이지만, 그런 경우를 찾아보기는 매우 힘들다. 에콰도르의 흰날개 브러시핀치는 안데스 산맥의 어느 한 골짜기에만 산다. 베네수엘라 북동부의 회색머리 솔새는 어느 한 산꼭대기에만 서식한다. 브라질의 붉은가슴 풍금조는 리우 북쪽에 있는 목장 한 곳에서만 발견된다.

인간 없는 세상에서 살아남은 새들은 에티오피아에서 들여온 커피나무에 밀려난 남미 토종 나무들의 씨앗을 다시 퍼뜨릴 것이다. 풀을 제거해 줄 사람이 없으면, 새 묘목들이 커피 덤불과 양분을 차지하기 위한 경쟁을 벌일 것이다. 몇십 년이 지나면 새로 자란 나무들의 그림자가 침입자의 성장을 억제하고, 그 뿌리가 침입자를 질식시킬 것이다.

페루와 볼리비아 고지대가 원산지이며 다른 곳에서는 농약이 있어야만 재배가 가능한 코카나무는 사람이 돌봐주지 않으면 콜롬비아에서 두 계절을 버티지 못할 것이다. 하지만 죽은 코카나무의 밭은 몰래 숲을 베어낸 자리에 장기판 모양의 빈 구역을 남길 것이다. 힐티가 가장 우려하는 점 중 하나는 울창한 숲에만 적응해 살아온 아마존의 작은 새들이 훤하게 뚫린 곳을 견디지 못할 수 있다는 사실이다. 실제로 이 새들은 너른 빈터를 건너가지 못하는 경우가 많다.

에드윈 윌스라는 학자가 파나마 운하가 완공된 직후 그런 사실을 발견했다. 가툰 호수에 물이 차오르자 일부 산은 섬으로 변했고, 그중 제일 큰 1,200만 제곱미터 넓이의 '바로 콜로라도'는 스미소니언 열대연구소의 실습지가 되었다. 그곳에서 윌스는 개미잡이새와 땅뻐꾸기를 조사했는데, 나중에 갑자기 사라져 버렸다.

"1,200만 제곱미터의 면적은 호수를 건너갈 수 없는 종들을 다 먹여살리기에는 부족합니다."라고 힐티는 말한다. "초원 때문에 섬이 되어버린 숲의 경우도 마찬가지지요."

· · · ·

찰스 다윈이 갈라파고스제도의 핀치들을 관찰하면서 알아낸 것처럼, 섬에서 살아남은 새들은 좁은 환경에 워낙 확실하게 적응함으로써 다른 곳에서는 발견할 수 없는 종으로 전락한다. 하지만 인간이 돼지, 염소, 개, 고양이, 쥐를 데리고 들어오면서부터 그런 환경이 교란된다.

하와이에서는 야생이 된 돼지를 마구잡이로 사냥해 파티 때 통째로 구워먹어도 그들이 숲이나 습지의 식물 뿌리에 끼치는 피해를 감당할 수가 없다. 밖에서 들여온 사탕수수를 밖에서 들어온 쥐들이 마구 먹어치우자, 하와이의 재배업자들은 1883년에 몽구스를 들여왔다. 그러나 지금까지 쥐는 없어지지 않았다. 그리고 쥐와 몽구스가 모두 좋아하는 먹이는 하와이의 주요 섬에 얼마 남지 않은 토종 기러기와 앨버트로스의 알이다. 괌에서는 제2차 세계대전 직후 미군 수송기가 오스트레일리아에 들렀다가 무임승차한 갈색나무뱀을 싣고 착륙했다. 그로부터 30년도 지나기 전에 섬의 새 종류 중 절반 이상이 멸종되었으며(토종 도마뱀도 여러 종 사라졌다), 나머지도 흔치 않거나 희귀해졌다.

우리 인간이 자멸해 버린다면, 우리 유산의 일부는 우리가 들여놓은 포식자들에 의해 계속될 것이다. 대부분의 경우 그들의 무지막지한 증식을 억제하는 유일한 방법은 박멸 프로그램이었다. 그러나 우리가 없어지고 나면 그러한 노력도 함께 사라지며, 설치류와 몽구스가 남태평양의 아름다운 섬들을 대부분 접수할 것이다.

앨버트로스는 대부분의 시간을 장대한 날개를 펼치고 살아가지만 번식을 하려면 땅에 내려와야 한다. 그들이 그럴 수 있는 안전한 장소가 충분히 남아 있을지는 확실치 않다. 우리가 없어지건 말건 관계없다.

15

방사능 유산

핵폭발 말고 다른 이유로 우리가 이 세상을 내일 당장 떠난다면
우리 뒤에는 약 3만 개의 핵탄두가 고스란히 남을 것이다.
우리가 없는 상황에서 그것들이 폭발할 가능성은 사실상 제로다.

연쇄반응처럼 빠르게 벌어진 일이었다. 1938년 파시스트 치하의 이탈리아 물리학자 엔리코 페르미는 중성자와 원자핵 연구에 대한 노벨상을 받으러 스톡홀름에 갔다. 그리고 돌아오지 않고 유대인 아내와 함께 미국으로 망명했다.

같은 해 독일의 두 화학자가 우라늄 원자를 중성자로 충격을 가해 쪼갰다는 소문이 나돌았다. 그들의 작업은 페르미의 실험을 확증하는 것이었다. 페르미는 중성자로 원자핵을 쪼개면 더 많은 중성자가

자유롭게 풀려날 것이라고 정확히 예측했던 것이다. 각각의 중성자가 산탄총 탄알처럼 흩어지고, 가까이에 우라늄이 충분히 있으면 더 많은 원자핵을 찾아내어 파괴할 것으로 보았다. 그런 과정이 폭포 쏟아지듯 이어지는 동시에 엄청난 에너지가 방출될 터인데, 나치 독일이 그런 사실에 흥미를 느낄 것이라고 그는 생각했다.

1942년 12월 2일, 시카고대학 스타디움 지하에 있는 스쿼시 코트에서 페르미와 그의 미국인 동료들은 통제된 핵 연쇄반응을 일으키는 데 성공했다. 원자로는 우라늄을 먹인 흑연 벽돌을 벌집 모양으로 쌓아놓은 것이었다. 중성자를 흡수하는 카드뮴을 입힌 봉rod을 삽입함으로써, 우라늄 원자가 급속도로 분열하여 통제를 벗어나지 않도록 조절할 수 있었다.

그로부터 3년도 채 지나지 않았을 때 그들은 뉴멕시코의 사막에서 정반대의 실험을 했다. 이번에는 핵반응이 완전히 통제를 벗어나도록 하는 실험이었다. 어마어마한 에너지가 방출되었고, 그로부터 한 달도 안 돼 같은 실험이 일본의 두 도시에서 자행되었다. 10만 명 이상이 즉사했고, 핵폭발이 일어난 한참 뒤에도 죽음은 계속되었다. 그 뒤로 인류는 핵분열의 두 사선死線인 환상적인 파괴와 그 뒤의 긴 고문에 경악하면서도 거기에 매료되었다.

핵폭발 말고 다른 이유로 우리가 이 세상을 내일 당장 떠난다면 우리 뒤에는 약 3만 개의 핵탄두가 고스란히 남을 것이다. 우리가 없는 상황에서 그것들이 폭발할 가능성은 사실상 제로다. 기본적인 우라늄 폭탄 속의 분열 가능한 물질은 여러 개의 덩어리로 분리되어 있는데, 그것들이 폭발에 필요한 임계질량을 얻으려면 자연에서는 불가능한 속도와 정확성으로 맞부딪쳐야 한다. 떨어뜨리거나, 때리거나, 물속에 처넣거나, 바위 밑에 깔아버린다 해도 아무 소용이 없다. 오래돼서 상태가 나빠진 폭탄이라면 반질반질해진 농축우라늄 표면들끼리 맞닿을 가능성이 희박하게나마 있다. 하지만 그마저도 총알 날아가는 속도로 부딪치지 않는 한 픽 꺼져버리고 말 것이다.

플루토늄 무기에는 폭발 가능한 공이 하나 들어 있는데, 이것이 폭발하려면 적어도 그 밀도의 두 배에 해당하는 힘이 정확히 가해져야 한다. 그와 달리 인간 없는 세상에서 정작 일어나는 일은 포탄의 외피가 결국 부식해 내용물이 노출되는 것이다. 무기급의 플루토늄-239는 반감기가 2만 4,110년에 달한다. 그러므로 대륙간탄도미사일의 탄두가 분해되는 데 5,000년이 걸린다 해도 그 속에 든 4~9킬로그램의 플루토늄은 변하지 않을 것이다. 플루토늄은 알파입자를 배출할 것이다. 알파입자는 털이나 두꺼운 피부로도 막을 수 있을 정도로 무거운 양자와 중성자의 덩어리지만, 그것을 들이마시는 동물에게 치명상을 입힌다(인간의 경우 100만분의 1그램만 마셔도 폐암이 유발된다). 12만 5,000년이 지나면 플루토늄은 450그램도 안 남을 것이다(물론 여전히 충분히 치명적이겠지만). 자연 상태의 배경복사background radiation 수준이 되려면 25만 년쯤 걸릴 것이다.

하지만 그 시점에도 지구상의 모든 생물은 여전히 무시무시한 쓰레기, 즉 441개의 핵발전소와 싸워야 할 것이다.

우라늄처럼 크고 불안정한 원자가 자연 상태에서 분해되거나 우리에 의해 억지로 쪼개지면 하전입자와 아주 강한 엑스레이 비슷한 전자기선을 내보내는데, 둘 다 살아 있는 세포와 DNA를 변형시킬 정도로 강력하다. 이렇게 변형된 세포와 유전자가 재생과 복제를 반복함으로써 우리는 암이라고 하는 다른 종류의 연쇄반응을 겪기도 한다.

배경복사는 언제나 있어왔으므로 유기체들은 선택이나 진화, 때로는 굴복을 통해 이에 적절히 적응해 왔다. 자연의 배경복사 노출 수준을 높일 때마다 우리는 살아 있는 세포에게 반응을 강요하게 된다. 처음에는 핵폭탄, 그다음에는 핵발전소의 핵분열을 제어할 수 있게 되기 전 20년 동안, 인간은 이미 램프의 요정 같은 전자기를 배출한 바 있다(실수의 결과인데 거의 60년 동안 인정하려 들지 않았다). 즉 방사능을 말하는데, 우리는 이것을 달래서 나오도록 한 것이 아니라 몰래 침입하도록 내버려 둔 것이다.

이 방사능은 자외선이었다. 원자핵에서 나오는 감마선보다 훨씬 더 낮은 축에 속하는 이 에너지파동이 지구상에 생명이 처음 탄생한 이후로 보지 못했던 수준으로 갑자기 늘어났다. 그 수준은 지금도 계속 올라가고 있으며, 앞으로 반세기 동안 바꿀 수 있다는 희망이 보이긴 하지만 우리가 갑자기 사라진다면 높은 수준을 아주 오랫동안 유지할 것이다.

자외선은 우리가 아는 생명을 만들어 내는 데 기여했다. 그리고 희한하게도 우리가 자외선에 너무 많이 노출되지 않도록 방패 역할을 해주는 오존층을 스스로 만들어 냈다. 원시 지구의 질퍽하던 표면에 자외선이 무제한으로 쏟아져 내리던 그 옛날, 아마도 번개의 쇼크 때문이었는지 느닷없이 최초 생물의 분자 결합이 이루어졌다. 이 생명 세포는 자외선의 엄청난 에너지를 받으면서 급속도로 변이를 일으켰다. 무기화합물의 물질대사를 하고 그것들을 새로운 유기물로 전환한 것이다. 그러다 마침내 이 유기물들 중 하나가 원시 대기에 존재하는 이산화탄소와 햇빛에 반응하기 시작했다. 새로운 종류의 배기가스를 방출함으로써 이뤄진 반응인데, 그 가스가 바로 산소였다.

그러자 자외선은 새로운 목표물을 갖게 되었다. 결합되어 있던 산소 원자(O_2 분자)를 떼어냈고, 혼자 떨어진 분자는 당장 가까이 있던 O_2 분자에 들러붙어 O_3를 만들어 냈다. 바로 오존이다. 하지만 자외선은 오존 분자에 들러붙은 여분의 원자를 쉽게 떼어내 다시 산소를 만들 수 있다. 그러면 그 원자는 금세 다른 산소에 들러붙어 오존을 더 만들어 내고, 자외선을 더 흡수했다가 다시 분리된다.

그러다가 지표면 상공 16킬로미터쯤 되는 부분을 시작으로 서서히 평형 상태가 구축되었다. 오존이 계속해서 만들어지고 분리되고 다시 결합되기를 반복하면서 자외선을 계속 차지해 버리는 바람에 자외선이 지표면에 닿을 수가 없었다. 이렇게 오존층이 안정되자 오존층이 보호해 주던 지상의 생명도 안정되었다. 그 결과로 이전 수준의 자외선 폭격을 견딜 수 없는 생물종들이 마침내 진화했으며, 결국에 그중 하나는 우리 인간이 되었다.

그러나 1930년대에 인간은 산소와 오존의 균형을 깨뜨리기 시작했다. 생명이 시작된 이후로 줄곧 일정한 상태를 유지해 오던 균형을 프레온 사용으로 깨뜨린 것이다. 프레온은 염화불화탄소의 상표명이며, 인간이 만들어 낸 냉매용 염소화합물이다. CFC라고도 하는 이 물질은 아주 안전할 정도로 활성이 없어 보여 스프레이 분사제나 천식약 흡입제로 사용되었으며, 일회용 커피 잔이나 운동화에 필요한 폴리스티렌 발포체에도 주입되었다.

1974년 캘리포니아대학 어바인 캠퍼스의 화학자 F. 셔우드 롤런드와 마리오 몰리나는 프레온을 사용하는 냉장고나 물건을 폐기처분하면 다른 물질과는 좀처럼 결합하지 않으려는 성질을 가진 CFC가 다 어디로 가는지 의문을 갖기 시작했다. 결국 그들은 지금까지 분해되지 않은 CFC는 성층권 어딘가에 떠다니다가 결국 자외선이라는 강력한 적수를 만날 것이라는 결론을 내렸다. 자외선은 CFC의 염소 원자를 분해하며, 염소 원자는 자외선이 지표면에 닿지 않게 하는 산소 원자를 걸신들린 듯 먹어치운다.

1985년까지는 롤런드와 몰리나의 주장에 주의를 기울이는 사람이 아무도 없었다. 그 무렵에 조 파먼이라는 영국의 남극 연구가가 남극 상공의 일부에 구멍이 난 것을 발견했다. 수십 년에 걸쳐 우리는 자외선 차단막을 염소로 절임으로써 구멍을 내고 말았다. 그 뒤로 세계 곳곳의 나라들은 전에 없던 협력 정신을 발휘하여 오존층을 갉아먹는 화학물질을 몰아내려고 애써왔다. 결과는 고무적이지만 아직은 반반이다. 오존층 파괴는 둔화되었지만 CFC 암시장이 번창하고 있으며, 일부 개발도상국에서는 '국내 기본 수요'라는 명목하에 불법적으로 생산되고 있다. 지금 대체물로 흔히 쓰이는 HCFC(수소화CFC)는 좀더 순한 오존층 파괴 물질일 뿐이며, 이것 역시 머지않아 퇴출될 예정이다(무엇으로 대체할 것인지는 쉽게 답이 나오지 않지만 말이다).

오존층 피해와는 별도로 HCFC와 CFC 그리고 이 둘의 대체물 가운데 가장 흔하고 염소가 없는 수소화불화탄소^{HFC}는 이산화탄소보다 지구 온난화를 악화시킬 잠재성이 몇 배나 더 크다. 물론 이러한 알파벳 조합어 물질들의 사용은 인간의 활동이 중지됨과 동시에 중단되겠지만, 우리가 하늘에 끼친 피해는 오래갈 것이다. 지금 현재로서는 파괴적인 물질들이 소진되고 나면 오존층 가운데 남극의 구멍과 그 밖에 얇아진 여러 곳이 2060년쯤에 이르러 치유될 것이라는 점이 최선의 희망이다. 이는 안전한 물질이 그것들을 대체하고, 아직까지 하늘로 올라가지 않은 기존의 공급량을 제거할 방법을 찾았을 때의 이야기다. 그런데 파괴되지 않도록 만들어진 것을 파괴하기 위해서는 세계 여러 곳에서 쉽게 구할 수 없는 아르곤 플라즈마나 로터리 킬른$^{rotary\ kiln}$처럼 에너지 소비량이 많은 고급 장비가 필요한 데다 비용이 아주 많이 든다.

그래서 특히 개발도상국들의 경우 수백만 톤의 CFC가 아직도 사용되거나, 노후한 장비 속에 잔재해 있거나, 긴히 간수되고 있는 것이다. 우리가 사라진다면 자동차 에어컨, 가정용 및 상업용 냉장고, 냉장 트럭 및 기차 화물칸, 가정용 및 산업용 냉방장치에 남아 있는 수백만 톤 이상의 CFC와 HCFC가 언젠가는 누출되어 20세기의 망령으로 나돌아다닐 것이다.

그것들이 전부 성층권으로 올라감으로써 회복 중이던 오존층의 병이 도질 것이다. 그런 일이 단번에 일어나지는 않을 테니 운이 좋으면 병이 만성적이긴 해도 치명적이진 않을 것이다. 그렇지 않으면 우리 뒤에 남을 식물과 동물들이 자외선에 견디도록 진화하거나, 또는 전자기 방사능의 집중포화를 뚫고 나갈 수 있도록 변이를 일으켜야 할 것이다.

• • • • •

반감기가 7억 400만 년인 우라늄-235는 천연 우라늄 광산에서 상대적으로 적은 0.7퍼센트를 차지하지만, 우리 인간은 원자로와 원자탄에 쓰려고 그것을 몇천 톤씩 '농축'했다. 이를 위해 우라늄광에서 그것을 추출하는데, 대개 화학적인 변화를 가해 가스 화합물로 전환시키는 방법을 쓴다. 그런 다음 원심분리기에 넣고 돌려 원자량이 다른 것들을 분리시킨다. 이렇게 해서 남는 것이 훨씬 약한, '열화劣化'된 우라늄-238이다(열화우라늄 대신에 감손우라늄이란 말을 쓰기도 한다 – 옮긴이). 열화우라늄의 반감기는 45억 년이며, 미국에만 적어도 50만 톤이 있다.

열화우라늄으로 하는 일은 우라늄-238이 대개 고밀도의 금속이라는 사실과 관련이 있다. 최근 수십 년 동안 강철과 이 우라늄을 합금하면 탱크 벽을 비롯한 철갑도 뚫을 수 있는 총탄을 만들어 내는 데 유용하다는 것이 밝혀졌다.

상당량의 열화우라늄이 이미 생산되어 있는 미국과 유럽의 군부 입장에서는 방사능이 없는 대체물로 중국에 많이 매장되어 있는 텅스텐보다 훨씬 싼 이 물질을 선호한다. 열화우라늄탄은 25밀리미터 총탄에서부터 내부에 자체 추진제와 안정판이 있는 120밀리미터 다트에 이르기까지 다양하다. 이 무기를 사용하면 발사하거나 얻어맞는 쪽 모두 인체 건강에 막대한 피해를 입게 된다. 열화우라늄탄은 폭발할 때 화염을 일으키면서 다량의 재를 남긴다. 열화(감손)를 했든 안 했든 이런 탄두에는 충분한 양의 농축된 우라늄-238이 들어 있으며, 그 잔해의 방사능은 일반 배경복사 수준의 1,000배가 넘을 수 있다. 우리가 사라진 다음에 오게 될 고고학자들은 이런 초고농축 무기가 수백만 발씩 보관된 무기고를 발굴하게 될 것이다. 그것은 보기에도 섬뜩할뿐더러 지구의 남은 세월보다 더 오랫동안 방사능을 배출할 것이다.

우리가 내일 당장 없어지든 25만 년 뒤에 사라지든, 우리보다 더 오래 남을 열화우라늄보다 훨씬 더 방사능이 많은 것들이 있다. 이는 우리가 그것들을 저장하기 위해 산 전체를 후벼 파낼 고민을 할 정도로 큰 문제다. 현재 미국에는 그런 장소가 한 군데뿐이다. 그곳은 뉴멕시코 남동부의 지하 610미터 암염돔 안에 있는데, 휴스턴 지하의 화학물질 저장고와 비슷하다. 1999년부터 운영 중인 WIPP(폐기물 격리 시험처리장)는 핵무기 및 국방 연구에서 비롯된 쓰레기를 갖다 묻는 17만 6,000세제곱미터의 공간인데, 208리터 드럼통 15만 6,000개 분량의 폐기물을 처리할 수 있다. 실제로 플루토늄에 절은 쓰레기 중 상당량이 드럼통 속에 저장된다.

WIPP는 핵물질 생산공장에서 사용한 연료(미국에서만 매년 3,000톤씩 증가하고 있다)를 저장하려고 만든 곳이 아니다. 이른바 저준위 및 중준위 폐기물, 즉 핵무기를 만들 때 사용하다 버리는 무기 분류 장갑, 신발 덮개, 오염된 클리닝 솔벤트가 묻은 천 등을 위한 매립장인 것이다. 무기를 생산하는 데 쓰인 기계류 부속이나 그런 공장의 벽까지도 보관한다. 운영을 시작한 지 5년 만에 WIPP는 이미 저장 공간의 20퍼센트 이상이 찼다.

이곳의 저장물들은 미국 곳곳에 있는 20여 곳의 특별 보안시설들에서 왔다. 예를 들어 나가사키에 투하한 원자탄의 플루토늄을 생산한 워싱턴주의 핸퍼드 핵보호구역이나, 그것을 조립한 뉴멕시코의 로스앨러모스 같은 곳이다. 2000년에 이 두 곳이 자연발화로 피해를 입었다. 공식 보고에 따르면, 묻지 않은 방사능폐기물은 보호했다고 한다. 하지만 소방관 없는 세상에서는 그렇게 되지 못할 것이다. WIPP를 제외한 미국의 모든 핵폐기물 저장소는 일시적인 시설이다. 계속 그대로 둔다면 언젠가 불길이 뚫고 들어가 대륙 전체에, 심지어 바다 건너까지 방사능 재가 구름처럼 소용돌이칠 것이다.

처음으로 WIPP에 폐기물을 실어보낸 곳은 로키플랫Rocky Flats으로, 덴버에서 북서쪽으로 25킬로미터 떨어진 낮은 고원지대에 있는 방어시설이다. 미국은 1989년까지 핵무기의 플루토늄 뇌관을 로키플랫에서 만들었는데, 안전에 대한 합법적 고려는 부족했다. 여러 해 동안 플루토늄과 우라늄이 가득한 절단용 기름이 든 드럼통을 바깥의 맨바닥에 그냥 쌓아둔 것이다. 드럼통이 샌다는 사실을 누군가가 발견했을 때에는 아스팔트에 기름이 흐른 흔적이 역력했다. 이렇게 누출된 방사능은 빗물을 타고 로키플랫의 여러 하천으로 흘러들었다. 인공 증발연못에 금이 가자 누출을 막는답시고 어설프게도 방사능 침전물에다 시멘트를 들이붓기도 했다. 한편 방사능은 수시로 공기 중으로 누출되었다. 1989년에 FBI가 기습 수사를 벌이면서 이곳은 폐쇄되었다. 새천년 들어 수십억 달러 규모의 집중적인 정화와 대외 홍보 끝에 로키플랫은 국립야생동물보호구역으로 탈바꿈했다.

그 무렵 덴버국제공항 옆에 있는 로키산 무기고 역시 비슷한 변화를 겪었다. 이곳은 겨자가스와 신경가스, 소이탄, 네이팜탄 그리고 평화 시에는 살충제를 생산하는 화학무기공장이었다. 이곳 중심부는 한때 지구상에서 가장 오염된 제곱마일로 불렸다. 그러나 이곳 보안완충지에서 커다란 프레리도그(마못 비슷한 다람쥣과 동물 - 옮긴이)를 포식하며 겨울을 나는 대머리독수리 수십 마리가 발견되자 마찬가지로 곧 야생동물보호구역으로 지정되었다. 그러기 위해서는 한때 내려앉은 오리들을 즉사시키고 오리 사체를 건져내기 위해 투입된 알루미늄 배의 바닥까지 한 달 안에 썩게 만든 호수의 물을 다 빼낸 다음에 봉할 필요가 있었다. 물이 제대로 희석될 때까지 앞으로 한 세기 더 지하수를 정화하고 모니터한다는 계획이 있지만, 현재 엘크만한 뮬사슴이 이곳을 피난처로 쓰고 있다.

그러나 한 세기가 지난다 해도 반감기가 2만 4,000년 이상인 우라늄과 플루토늄의 잔존물에는 거의 변화가 없을 것이다. 로키플랫의 무기급 플루토늄은 사우스캐롤라이나로 실어보냈는데, 주지사가 반입을 막으려고 트럭 밑에 드러누울 정도였다. 그곳에 있는 '사바나 강 유역 국방폐기물 처리장'은 건물 두 채의 오염이 워낙 심해서 어떻게 하면 폐쇄를 할 수 있을지 막막한 곳으로, 지금은 고준위 폐기물이 유리 구슬들과 함께 고로高爐에서 녹고 있다. 그것을 스테인리스스틸 용기 안에 부으면 단단한 방사능 유리 블록으로 변한다.

유리화vitrification라고 하는 이 과정은 유럽에서도 이용된다. 유리는 인간이 만든 것 중에 아주 단순하면서도 아주 오래가는 것이므로, 이렇게 만든 방사능 유리 블록은 인간이 만든 물건 중에 가장 오래 버틸지도 모른다. 하지만 결국 폐쇄되기 전까지 두 번의 핵 사고가 일어났던 영국의 윈드스케일 공장 같은 곳에서는 유리화된 폐기물이 냉방시설에 저장된다. 어느 날 전원이 완전히 차단된다면, 유리에 묻힌 채 분해되어 가는 방사능 물질이 점점 따뜻해지면서 엄청난 결과를 불러올 것이다.

방사능 기름이 드럼통에서 마구 흘러나와 오염된 로키플랫의 아스팔트도 절단되어 사우스캐롤라이나로 옮겨졌으며, 그와 함께 약 1미터 깊이의 흙도 옮겨졌다. 800개의 구조물 가운데 절반 이상이 해체되었는데, 그 가운데는 악명 높은 '무한 공간infinity room'도 있었다. 이 방은 오염 수준이 기계로 측정할 수 없을 정도로 높았다. 여러 건물이 지하에 있었는데, 원자탄 폭발장치인 빛나는 플루토늄 디스크를 다루는 데 쓰이는 장갑 박스 같은 물건들을 제거한 뒤, 지하실 바닥은 땅에 묻어버렸다.

그 위에다 토종인 톨그래스^{tall grass}류의 풀들을 섞어 심어 원래 그곳에 살던 엘크, 밍크, 쿠거(아메리카라이온) 그리고 멸종 위기에 처했던 초원뛰는쥐의 서식지를 조성했다. 초원뛰는쥐는 밑에 악성 물질이 부글부글 끓고 있는데도 이 처리장의 2,400만 제곱미터 면적의 보안 완충지에서 아주 번성했다. 이곳에서 자행된 음모에도 불구하고 이들 동물은 잘 적응하고 있는 것 같다. 하지만 이 보호구역의 한 관리자에 따르면, 인간인 야생동물 관리자의 방사능 흡입에 대해서는 모니터를 하지만 야생동물에 대해서는 유전자 조사를 하지 않는다고 한다.

"우리는 인간에게 끼칠 수 있는 위험을 알아보려는 것이지 다른 생물들의 피해를 알려는 게 아닙니다. 받아들일 만한 흡입 수준은 직업상 30년 동안 노출된 경우를 기준으로 합니다. 대부분의 동물은 그만큼 오래 살지 않지요."

그럴지도 모른다. 하지만 유전자는 그렇지 않을 것이다.

로키플랫의 폐기물들 가운데 옮기기에 너무 단단하거나 방사능 양이 과도한 것은 콘크리트와 6미터 두께의 흙으로 메워버렸고, 야생동물보호구역에 대한 사람들의 출입 금지는 계속될 것이다. 미국 에너지국은 로키플랫에 있는 것들의 상당 부분이 폐기되는 WIPP에 너무 가까이 다가오지 못하도록 앞으로 1만 년 동안은 법적으로 제한할 필요가 있었다. 인간의 언어가 워낙 빨리 변해서 500~600년이 지나면 거의 이해하지 못할 수 있다는 사실을 고려해 어쨌든 일곱 개의 경고표지를 사진과 함께 세우기로 했다. 이 표지들은 높이 7미터에 무게 20톤의 화강암에 새기도록 했으며, 내화耐火 점토와 산화알루미늄으로 만든 지름 22센티미터 원반에도 다량으로 새겨 현장 전역에 묻어두기로 했다. 매장된 위험 물질에 대한 더 자세한 정보는 세 개의 똑같은 방(그중 두 개는 이미 묻혔다) 벽에 새겨두기로 했다. 모든 것의 둘레에는 높이 10미터의 흙벽을 치고, 무언가가 밑에 있음을 미래에 신호로 알려주기 위해 자력 반사기와 레이더 반사기 등을 묻어둘 계획이다.

훗날 그것을 발견할 존재가 그 위험 메시지를 제대로 이해할 수 있을지는 나중 일이다. 후세를 위해 이 복잡한 경고 작업을 마무리하려면 WIPP가 꽉 찰 때까지 앞으로 몇십 년은 더 있어야 한다. 게다가 만들어진 지 불과 5년 만에 이곳의 지하 폐기물 보관고에서 플루토늄-239가 누출되는 것이 발견되었다. 암염돔에 짠물이 스며들고 방사성폐기물의 온도가 높아질 때 방사능에 노출된 모든 플라스틱, 셀룰로오스, 방사성핵종radionuclide이 나타낼 반응은 예측할 수 없다. 그래서 휘발을 막기 위해 방사성 액체가 유입되지 않도록 하는데, 온도가 높아지면 매장된 많은 병과 캔 속에 남아 있는 오염된 액체가 증발할 것이다. 용기 윗부분은 수소와 메탄을 위해 남겨져 있지만 그 정도로 충분할지, WIPP의 배기관이 제대로 작동할지는 미지수다.

미국 최대의 핵발전소는 피닉스 외곽 사막에 있는 38억 와트급 팔로베르데핵발전소다. 이곳에서는 통제된 원자반응을 통해 물을 데워 발생하는 스팀으로 GE에서 생산된 가장 큰 터빈 세 개를 돌린다. 세계의 원자로들은 대부분 비슷하게 작동한다. 엔리코 페르미가 원래 고안한 원자로처럼, 모든 핵발전소는 원자반응을 늦추거나 강화하기 위해 중성자를 잘 흡수하는 카드뮴 봉을 이용한다.

팔로베르데의 세 원자로에서 반응을 완화하는 제어기damper는 각각 석탄 1톤 정도 위력의 우라늄 알갱이로 양끝을 채운, 4미터 길이에 연필 굵기의 지르코늄 합금 봉 17만 개 사이에 흩어져 있다. 이 봉들은 묶음 단위로 수백 개의 핵연료 집합체에 들어가 있다. 그것들 사이로 물이 흐르면서 열을 식혀주고, 여기서 나는 증기가 터빈을 돌리게 된다.

거의 정육면체인 원자로심reactor core은 옥빛 물속 13미터 깊이에 자리 잡고 있으며, 무게가 500톤이 넘는다. 여기서 매년 30톤 정도의 핵연료가 배출된다. 이때까지는 지르코늄 봉에 싸여 있는 핵폐기물을 크레인으로 끌어내어 노심의 격납돔containment dome 바깥에 위치한 납작한 지붕의 건물로 옮긴다. 이곳에서 폐기물을 임시 수조 속에 담그는데, 이 수조 역시 13미터 깊이의 거대한 수영장처럼 생겼다.

1986년에 문을 연 이후로 팔로베르데에서 나온 폐핵연료는 보낼 곳을 찾지 못해 계속 쌓여왔다. 모든 핵발전소와 폐핵연료 수조에서는 핵연료 집합체를 수천 개 더 짜내는 작업을 한다. 전 세계 441개의 핵발전소가 매년 배출하는 고준위 핵폐기물이 1만 3,000톤 정도된다. 미국에서는 대부분의 핵발전소들이 수조가 부족한 실정으로, 땅에 영구히 매장할 때까지 공기와 습기를 다 빨아낸 강철 저장고에 콘크리트를 씌운 형태의 '건식 저장고'에 폐연료봉이 미라처럼 보관되고 있다. 팔로베르데도 2002년 이후로 건식 저장고를 쓰면서 거대한 보온병을 닮은 저장고에 수직으로 폐기물을 쌓고 있다.

어느 나라나 이런 폐기물을 영구히 묻을 계획을 갖고 있다. 또 어느 나라나 지진 같은 사태가 벌어져 묻혀 있던 폐기물의 봉인이 풀리거나 매립장으로 가던 트럭의 사고 또는 납치를 두려워하는 시민들이 있다.

그러는 사이 폐핵연료는 저장탱크 안에서 시들해져 간다. 그런데 희한하게도 방사능은 새것일 때보다 100만 배 이상 더 강해진다. 원자로 안에 있을 때부터 플루토늄이나 아메리슘 동위원소 등의 농축 우라늄보다 무거운 원소를 변환하던 것이 쓰레기가 되어서도 그 과정을 계속하는 것이다. 폐기물 더미 속에서 폐연료봉은 중성자들을 교환하며, 알파 및 베타입자와 감마선과 열을 배출한다.

인간이 갑자기 사라지면 머지않아 냉각수조 안에 있던 물이 끓어 증발해 버릴 것이다(애리조나 사막에 있는 것은 더 빠르게 진행될 터이다). 저장탱크 안에 있는 폐연료가 공기 중에 노출되면 뜨거운 열이 연료봉의 금속 피복에 불을 붙여 방사성 화재가 일어날 것이다. 팔로베르데의 경우 다른 원자로들처럼 일시적 목적으로 폐연료를 보관하는 건물을 지었는데, 이 건물의 돌로 만든 지붕은 원자로의 강철 콘크리트 격납돔보다는 박스 같은 대형할인점의 지붕에 더 가깝다. 그런 지붕은 그 아래에서 발생한 방사성 화재에 얼마 버티지 못하고, 상당한 오염물질이 누출될 것이다. 하지만 그것도 제일 큰 문제는 아니다.

●　●　●　●

　팔로베르데의 엄청난 증기 기둥은 거대한 버섯구름을 연상시키며 솟아올라 사막 위에 긴 그림자를 드리운다. 팔로베르데의 세 원자로를 식히기 위해 1분에 5만 7,000리터의 물이 증발되어 뿜어져 나온다(팔로베르데는 미국에서 유일하게 강이나 항만이나 해안에 위치하지 않은 핵발전소이기 때문에 피닉스에서 흘러나온 물을 재생해서 쓴다). 2,000명에 달하는 종업원들이 쉴 새 없이 펌프가 들러붙지 않게 하고, 개스킷이 새지 않게 하며, 필터를 씻어내고 있는 이 발전소는 워낙 규모가 커서 자체 경찰서와 소방서까지 갖추고 있다.

　이곳에서 일하는 사람들이 전부 대피한다고 생각해 보자. 가동을 전면 중지하라는 사전 경고를 충분히 받아서 제어봉을 전부 원자로 심에 밀어넣어 발전을 중지한다고 상상해 보자. 팔로베르데에 사람이 없어지면 이곳과 배전망 사이의 연결은 자동으로 끊어질 것이다. 7일 동안 디젤을 공급받을 수 있는 비상용 발전기가 가동되면서 냉각수를 순환시킬 것이다. 노심의 핵분열이 중단된다 해도 우라늄은 계속해서 분해되면서 정상 가동 때의 7퍼센트에 해당하는 열을 발생

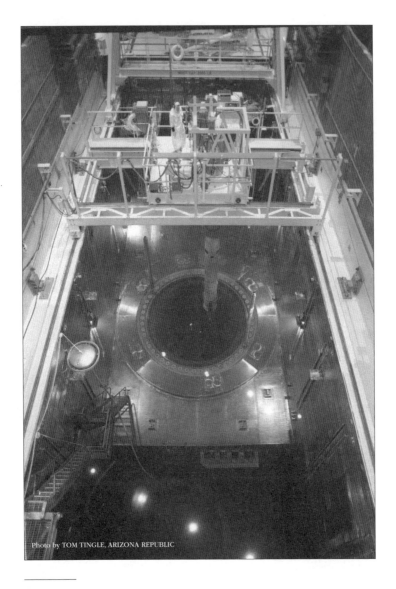

Photo by TOM TINGLE, ARIZONA REPUBLIC

팔로베르데핵발전소 원자로 3호기에서 핵연료를 넣는 모습

Chapter3. 인류의 유산

시키기 때문이다. 그 정도 열이면 노심을 순환하는 냉각수에 계속해서 압력을 공급하기에 충분한 정도다. 수시로 안전밸브가 열리면서 과열된 물을 내보내고, 압력이 떨어지면 다시 닫힐 것이다. 하지만 열과 압력이 다시 높아지고, 안전밸브는 다시 같은 과정을 반복할 것이다.

어느 시점에 이르면 먼저 물 공급이 중단되느냐, 밸브가 들러붙느냐, 디젤 펌프가 차단되느냐의 문제가 된다. 어떤 경우든 냉각수가 더 이상 공급되지 않는 순간이 올 것이다. 그러는 사이 방사능이 절반으로 떨어지는 데까지 7억 400만 년이 걸리는 우라늄 연료는 여전히 뜨거울 테고, 깊이 13미터의 수조 속 물을 다 끓여 증발시킬 것이다. 기껏해야 몇 주면 원자로심의 윗부분이 물 밖으로 드러나면서 녹기 시작할 것이다.

사람들이 발전시설을 가동시킨 채 사라져 버린다면, 매일 관리인원들이 모니터하는 수천 개의 부분 중 어느 하나에 문제가 생길 때까지 시설은 계속 돌아갈 것이다. 한 부분의 가동이 중단되면 자동적으로 전체 가동이 중단되겠지만, 그렇지 않다면 노심이 용해되는 속도가 더욱 빨라질 것이다. 1979년에 그 비슷한 일이 펜실베이니아의 스리마일섬발전소에서 일어났다. 밸브가 열린 채 들러붙어 버린 것이다. 두 시간 15분 만에 노심의 윗부분이 노출되면서 녹기 시작했다. 그것이 원자로 용기의 바닥에 흘러내리자 15센티미터 두께의 탄소강을 뚫으며 타들어 갔다.

누군가 이 사실을 발견했지만 탄소강의 3분의 1이 이미 타들어간 상태였다. 이러한 긴급 상황을 아무도 발견하지 못했다면 노심은 바닥까지 녹아버렸을 테고, 들러붙은 밸브에서 쏟아져나온 물에 섭씨 2,800도의 용암 같은 것이 덮치면서 폭발해 버렸을 것이다.

원자로는 원자탄에 비해 농축이 훨씬 덜 된 핵분열물질을 갖고 있기 때문에, 그런 일이 벌어질 경우 핵폭발이 아니라 증기폭발이 일어날 것이다. 하지만 원자로의 격납돔은 증기폭발을 대비해 설계된 것이 아니므로, 문과 틈 사이로 증기가 폭발하면 공기가 밀려들면서 가까운 곳에 당장 불이 붙어버릴 것이다.

원자로에 연료를 다시 공급하는 18개월 주기의 막바지인 경우라면 노심이 용암처럼 녹아버릴 확률이 더 높다. 여러 달 동안 분해 과정을 거치면서 열을 훨씬 더 많이 내기 때문이다. 물론 궁극적으로는 마찬가지겠지만, 새로운 연료일수록 사고는 덜 심각할 것이다. 연료봉들이 녹기 전에 연소 가스 때문에 산산조각 나면 우라늄 알갱이들도 흩어지면서 격납돔 내부에 방사능이 유출되고 오염된 연기가 가득 찰 것이다.

격납돔은 밀봉되도록 지어지지 않았다. 전기가 끊기고 냉방 시스템이 작동하지 않으면 화재와 연료 분해로 인한 열 때문에 돔의 틈 사이로 방사능이 유출될 것이다. 세월이 흐를수록 틈 사이로 더 많은 양의 독성물질이 새어나오고, 결국에는 바깥의 콘크리트도 약화되면서 방사능이 외부로 뿜어져 나올 것이다.

인간이 지구에서 사라져 버린다면 원자로가 여러 개인 핵발전소를 비롯한 전 세계 441개의 핵발전소는 일시적으로 자동운전 상태를 유지하다가 차례로 과열될 것이다. 연료 재공급 시기가 각각 다르기 때문에 그 사정에 따라 발전이 중단되는 원자로도 있고 계속되는 원자로도 있을 테지만, 아마 절반은 불타고 나머지는 녹아버릴 것이다. 어느 쪽이든 공기 중이나 인근 하천 등에 유출되는 방사능 양이 엄청나고, 농축우라늄의 경우에는 그런 방사능이 언제 다 없어질지 알 수 없는 일이다.

이렇게 녹아버린 노심이 원자로 바닥까지 흘러내린 뒤 땅속을 뚫고 들어가 지구 반대편의 중국에서 화산처럼 분출되지는 않을 것이다. 방사성 용암은 주변의 강철 및 콘크리트와 함께 녹으면서 결국 식을 것이다. 물론 오랫동안 엄청나게 뜨거운 상태를 유지하겠지만 말이다.

깊숙한 곳에 이렇게 자체적으로 매장되어 있으면 지상에 남은 인간 이외의 생물들에게는 다행스러운 일이다. 대신에 한때 첨단 기술이 희한하게 총집합되어 있던 시설은 아무 쓸모없는 무딘 금속 덩어리가 되어 있을 것이다. 그것은 만든 사람에게는 묘비가 되고, 그 뒤로 수천 년 동안 그것에 너무 가까이 다가오는 인간 이외의 희생자에게도 마찬가지일 것이다.

· · · ·

그것들이 다시 다가오는 데는 1년이 채 걸리지 않았다. 체르노빌의 새들은 둥지를 다 틀기도 전인 그해 4월 원자로 4호기가 폭발할 때 불바람과 함께 사라졌었다. 폭발하기 전까지 체르노빌 원전은 1,000메가와트급 원자로 열두 개를 갖춘 지상 최대의 핵발전 단지가 되어가는 중이었다. 그러던 1986년의 어느 날 밤, 조작자의 실수와 설계상의 오류가 겹쳐 대폭발이 일어나고 말았다. 핵폭발은 아니었고 피해도 건물 하나에 그쳤지만, 증발한 냉각수가 어마어마한 방사성 증기구름을 일으키면서 원자로의 내용물이 사방으로 흩어졌다. 사고가 난 주에 러시아와 우크라이나의 과학자들은 새가 사라진 세상의 침묵에 낙담한 가운데 방사능 구름이 흩어진 일대의 토양과 지하수를 점검하느라 여념이 없었다.

그런데 이듬해 봄에 새들은 돌아왔고 계속 머물렀다. 폐허가 된 뜨거운 원자로 주변으로 아무 보호 장구 없이 맨몸인 제비가 날아다니는 광경은 매우 당혹스러웠다. 알파입자를 차단하기 위해 두건 달린 방진복을 겹겹이 껴입은 데다가 머리와 폐가 플루토늄 낙진에 노출되지 않도록 수술용 모자와 마스크를 쓴 사람의 입장에서는 더욱 그랬다. 새들이 어서 멀리 날아갔으면 하는 마음이었다. 한편으로 새들이 그곳에 와 있는 것 자체가 신기한 일이었다. 아무 일 없었다는 듯 돌아다니는 새들을 보면서 대참사인 줄 알았던 사건이 실은 별일 아니었나 하는 느낌마저 들었다. 최악의 사태가 발생해도 삶은 계속된 것이다.

삶이 계속되긴 했지만 바뀐 것이 있었다. 새로 알에서 깨어난 제비들은 깃털에 하얀 얼룩이 나타나기 시작했다. 제비는 곤충을 먹고, 웬만큼 크면 이주 생활을 한다. 하지만 이듬해 봄에 하얀 반점이 있는 제비들은 돌아오지 못했다. 남아프리카에서 겨울을 나고 돌아오는 여정을 감당하기에는 유전적인 결함이 많았던 탓일까? 흰 얼룩이 너무 튀어서 짝짓기 상대를 얻지 못하거나 포식자의 눈에 쉽게 발견된 탓일까?

체르노빌에서 대형 폭발과 화재가 일어난 직후, 광부들과 지하철 노동자들이 4호기 지하로 터널을 뚫고 들어가 녹아 흐르는 노심이 지하수에 영향을 주지 않도록 콘크리트를 쳤다. 이 일은 불필요한 과정이었는지도 모른다. 녹아 흐른 노심이 4호기 바닥에 200톤 분량의 웅덩이를 이루다가 곧 굳어졌기 때문이다. 굴을 파는 데 2주일이 걸렸는데, 이때 노동자들은 보드카를 여러 병씩 지급받았다. 보드카가 방사능으로 인한 질병을 막아줄 것이라는 이야기가 있었다. 하지만 그렇지 않았다.

동시에 격납시설에 대한 공사도 시작되었다. 체르노빌 원자로 같은 소련의 RMBK식 원자로는 전부 연료 공급을 더 빨리 하기 위한 목적으로 격납시설을 갖추지 않았다. 사고가 나면서 수백 톤의 뜨거운 핵연료가 가까이 있는 원자로들의 지붕에 튀었고, 1945년 히로시마 원자탄 투하 때보다 100~300배나 많은 방사능이 유출되었다. 이 방사능 때문에 급조한 5층짜리 콘크리트 외피는 녹슨 짐배처럼 드문드문 때운 흔적이 있고, 불과 7년도 안 돼 여기저기 구멍이 나서 새나 쥐나 곤충들이 그 안에 들어가 살았다. 이미 비도 많이 새서 동물 똥이 섞인 물웅덩이가 방사능에 얼마나 오염되었는지 알 수 없었다.

원전 주변 반경 30킬로미터 이내 지역은 출입금지 구역이 되면서 세계 최대의 핵폐기물 처분장으로 전락했다. 이곳에 묻힌 방사능폐기물 수백만 톤에는 폭발 사고 후 1주일 만에 전부 죽어버린 소나무 숲도 있다. 이 숲은 태우면 방사성 연기가 배출되므로 그대로 방치되었다. 폭발 중심지로부터 반경 10킬로미터 이내인 플루토늄 구역은 접근이 더 제한되었다. 정화 작업에 동원된 차량과 기계류, 특히 격납시설을 짓는 데 사용된 거대한 기중기는 방사능 오염이 심해서 작업 현장에 그대로 두어야 했다.

그런데도 이 오염된 철탑에 종달새들이 내려앉아 노래를 한다. 폭발한 원자로 바로 북쪽에 있는 소나무들은 새로 자라난 가지들이 불규칙하게나마 뻗어 있으며 길이가 제각각인 솔잎이 돋아 있다. 보기는 그래도 어쨌든 살아 있으며 잎도 푸르다. 그 뒤로는 살아남았던 숲에서 1990년대 초부터 방사능 오염에 노출된 노루와 멧돼지가 잔뜩 몰려들기 시작했다. 엘크가 나타나자 스라소니와 늑대도 뒤따라왔다.

방사능에 오염된 물을 둑으로 막아보려 했으나 가까운 프리퍄티 강으로 그리고 더 하류에 있는 키예프의 식수원으로 흘러드는 것을 다 막을 수는 없었다. 발전소에 근무하는 사람들이 살던 인구 5만의 도시 프리퍄티 시민들은 전부 대피했는데, 제때 피하지 못한 일부는 방사성요오드 때문에 갑상선이 크게 상했다. 또 이곳으로 통하는 철도 다리는 아직도 오염 때문에 이용할 수가 없다. 그런가 하면 그보다 남쪽으로 6.4킬로미터 떨어진 지점에 있는 유럽에서 가장 유명한 새 관찰지인 강가에 서면 개구리매와 검은제비갈매기, 할미새, 흰꼬리독수리, 희귀한 먹황새 등이 가동 중단된 냉각탑 옆으로 날아다니는 모습을 볼 수 있다.

1970년대에 지어진 볼품없는 고층 콘크리트 건물들이 몰려 있는 프리퍄티에는 다시 돌아온 포플러, 퍼플애스터, 라일락 같은 식물들이 도로 포장을 깨고 건물을 차지했다. 사용하지 않는 아스팔트 길에는 이끼가 근사하게 덮여 있다. 주변 마을들은 마지막 여생을 이곳에서 살도록 허락받은 소수의 나이 든 농민들을 빼고는 비어 있으며, 무성하게 자란 관목 숲이 집들을 삼켜버렸다. 나무로 지은 오두막들은 야생 포도넝쿨에다 박달나무 묘목까지 자라면서 지붕 타일이 달아나 버렸다.

강 바로 건너는 벨라루스다. 물론 방사능은 국경을 가리지 않았다. 원자로 화재가 있었던 닷새 동안 소련은 동쪽으로 이동하는 구름에 인공강우를 유발했다. 모스크바에 오염된 비가 내리지 않도록 하기 위해서였다. 그 비는 대신에 소련 최대의 곡창지대 지역을 흠뻑 적셨다. 체르노빌에서 160킬로미터 떨어진 그곳은 우크라이나, 벨라루스 그리고 러시아 서부의 노보지브코프 지역이 만나는 지점이었다. 소련 정부는 원자로 주변 반경 10킬로미터 구역이 아니면 방사능에 그리 심하게 노출된 곳이 없다고 발표했다. 그런데 3년 뒤 연구자들이 진실을 밝혀내자 노보지브코프 주민들 대부분은 대피했고, 방대한 곡물밭과 감자밭을 묵혀야 했다.

낙진은 주로 우라늄 핵분열의 부산물인 세슘-137과 스트론튬-90으로 반감기가 30년이며, 적어도 서기 2135년까지는 노보지

브코프의 토양과 먹이사슬에 심각한 방사능 오염을 일으킬 것이다. 그때까지는 사람이건 짐승이건 이곳의 그 무엇도 안전하게 먹을 수가 없다. 무엇이 '안전'하느냐는 격렬한 논란거리가 된다. 체르노빌 사고에 의한 암이나 혈액 또는 호흡기 질환 사망자 수가 4,000~1만 명 정도 될 것이라고 한다. 낮은 수치는 국제원자력기구IAEA에서 추정한 것인데, 이 기구는 세계의 원자력 감시견 노릇과 함께 원자력업계의 협회 역할을 겸하고 있어 신뢰성이 떨어진다. 높은 수치는 공중 보건 및 암 전문 연구자들과 그린피스 인터내셔널 같은 환경단체들이 내놓은 자료인데, 이들은 하나같이 방사능의 영향은 오랜 시간에 걸쳐 축적되는 것이므로 아직은 결과를 제대로 알 수가 없다고 주장한다.

· · · · ·

얼마나 많은 사람이 죽게 되든 그 수치는 다른 생명들에게도 적용될 것이다. 인간 없는 세상이 되면, 우리 뒤에 남을 식물과 동물들은 훨씬 더 많은 체르노빌과 싸워야 할 것이다. 이 재앙이 끼친 유전적 위험이 얼마나 큰지는 아직 거의 알려져 있지 않다. 유전적으로 손상을 입은 돌연변이는 학자들이 알아내기 전에 일찌감치 포식자들의 먹이가 된다. 그렇긴 해도 일부 연구에 따르면, 체르노빌 제비의 생존율은 유럽의 다른 지역에 되돌아오는 같은 종에 비해 훨씬 낮다고 한다.

"최악의 시나리오는 한 종의 멸절을 목격할 수 있다는 겁니다." 이 곳을 자주 방문하는 사우스캐롤라이나대학의 생물학자 팀 무소의 말이다.

"최악의 핵발전소 사고보다 동식물의 생물 다양성과 번성에 치명적인 것은 인간의 평소 활동이다." 텍사스테크대학의 방사선생태학자 로버트 베이커와 조지아대학 사바나강 생태연구소의 로널드 체서가 다른 연구에서 냉정하게 한 발언이다. 베이커와 체서는 체르노빌 오염 구역 내의 들쥐 세포에 나타난 돌연변이를 연구했다. 체르노빌의 들쥐에 대한 다른 연구에서도 제비와 마찬가지로 다른 지역의 같은 종에 비해 수명이 훨씬 짧다는 사실이 밝혀졌다. 하지만 들쥐들은 성적으로 일찍 성숙하고 자손을 퍼뜨림으로써 짧은 수명을 상쇄하며, 그럼으로써 전체 개체 수가 줄지 않은 것 같다고 한다.

그것이 사실이라면, 자연은 새로운 어느 들쥐 세대 가운데 방사능에 대한 내성이 강한 개체들이 생겨날 가능성이 높아지도록 선택의 속도를 올리고 있는지도 모른다. 달리 말해 변화해 가는 혹독한 환경에 잘 적응할 수 있는 더 강한 개체들이 진화할 수 있도록 변이를 일으키고 있는지 모른다.

방사능에 노출된 체르노빌이 보여주는 뜻밖의 아름다움에 무장해제된 인간들은 이 지역에서 몇 세기 전에 사라진 전설적인 동물을 다시 들여놓음으로써 자연의 복원력을 과시하려는 시도를 하기도 한다. 그것은 벨라루스의 벨로베시즈카야 푸슈차(원시림)에서 데려온 들소로, 폴란드의 비아워비에자 푸슈차와 함께 그곳 숲에서 자랑하는 유럽의 유물이다. 지금까지 이 들소들은 그곳에서 평화롭게 풀을 뜯고 있다.

그들의 유전자가 방사능의 공격에 견딜 수 있을지는 여러 세대가 지나봐야 알 수 있는 일이다. 그런가 하면 그보다 더 큰 어려움이 있을 수 있다. 폭발한 원자로를 감싸는 콘크리트 석관sarcophagus을 새로운 것으로 대체한다 해도 오래 버틴다고 장담할 수가 없다. 언젠가는 지붕이 날아가 버리고 그 속의 방사성 빗물과 가까이 있는 냉각수조들이 증발하면서 새로운 방사성 낙진이 발생하고, 체르노빌에서 늘어나고 있는 동물들이 그것을 들이마실 것이다.

폭발 이후 스칸디나비아에서 방사성핵종의 수치가 높게 나타나는 바람에 순록이 많이 희생당했다. 터키의 차 재배농장에서도 수치가 높게 나타나서 터키의 티백이 우크라이나의 방사선량계dosimeter의 눈금을 정하는 데 사용되기도 했다. 우리 뒤에 남을 전 세계 441개 핵발전소의 냉각수조가 다 증발되어 원자로심이 녹고 불타버린다면, 지구 둘레의 구름은 훨씬 더 찜찜해질 것이다.

그러는 동안 인간은 아직 이곳에 남아 있었다. 체르노빌과 노보지브코프의 오염 지역에 슬그머니 되돌아온 것은 짐승들만이 아니었다. 행정적인 표현을 쓰자면 그들은 불법점유자들이다. 하지만 당국에서는 처지가 절박한 사람들이 방사선량계로 확인해 보지 않는 한 공기도 좋고 깨끗해 보이는 빈 땅에 이끌려 몰려드는 것을 막기 위해 그다지 애쓰지 않는다. 그들 대부분은 단순히 공짜로 살 땅을 구하려는 것이 아니다. 이곳으로 돌아온 제비들처럼 전에 살던 곳으로 되돌

아왔을 뿐이다. 오염이 되었건 말건, 이곳은 더 짧은 생을 감수할 만
한, 무엇과도 바꿀 수 없는 귀한 곳이다.

그들의 고향인 것이다.

16
우리가 지형에 남긴 것

"우리 사회처럼 자신만만하던 사회가
결국 해체되어 정글에 묻혀버린 과정을 살펴보면,
생태와 사회 사이의 균형이란 것이
얼마나 민감한 것인지 알 수 있습니다.
무엇이든 너무 지나치면 다 끝을 보기 마련입니다."

우리가 사라진 뒤에 남길 것 가운데 가장 크고 아마도 가장 오래갈
것은 가장 최근의 것이기도 하다. 그것은 캐나다 노스웨스트 준주의
옐로나이프 북서쪽 288킬로미터 지점에 있다. 극지방 근처에 사는
흰매처럼 이곳을 날아다니다 보면 폭 1.6킬로미터에 깊이 300여 미
터인 둥그런 구멍이 눈에 띌 것이다. 이곳에는 이런 거대한 구멍이
많은데, 이 구멍에는 물이 없다.

앞으로 한 세기 안에 나머지 구멍들도 전부 말라버릴 것이다. 캐

나다에서 북위 60도 이북 지역에는 나머지 세계 전체보다 호수가 많다. 노스웨스트 준주의 거의 절반은 땅이 아니고 물이다. 이곳은 여러 번의 빙하기를 거치는 동안 둥글고 움푹한 구멍들이 패었고, 빙하가 퇴각하면서 그 속으로 빙산들이 굴러 떨어졌다. 그 빙산들이 녹으면서 이 움푹한 땅에는 화석수fossil water가 가득 찼고, 툰드라 지질의 역사를 고스란히 담은 것들을 무수히 남겼다. 그렇다고 어마어마한 스펀지를 닮았다고 하는 것은 오해의 소지가 있다. 추운 지방에서는 증발이 느리게 일어나기 때문에 사하라 사막처럼 강수량이 많지 않다. 게다가 지금은 영구동토가 녹으면서 언 땅에 갇혀 있던 빙하수가 밑으로 새고 있다.

캐나다 북부의 이 스펀지처럼 구멍 난 땅의 물이 다 말라버린다면, 그것 역시 인간의 작품으로 남을 것이다. 문제의 구멍과 최근에 주변에 만들어진 작은 것 두 개가 합쳐진 영역을 캐나다 최초의 다이아몬드 광산인 에카티라 부른다. 1998년부터 BHP빌리턴 다이아몬드사ᵐ가 소유한 타이어 폭 3.4미터의 240톤 트럭들의 행렬이 이어지면서 무려 9,000톤의 광석이 분쇄기로 옮겨졌다. 하루 24시간 연중 365일 계속된 이 작업은 섭씨 영하 50도의 혹한에도 멈추지 않았다. 그렇게 해서 매일 얻은 보석 수준의 다이아몬드 한 줌의 가치는 족히 1억 달러가 넘는다.

다이아몬드는 5,000만 년 전에 형성된 화산 굴에서 발견된다. 순수하고 결정화된 탄소를 머금은 마그마가 주변의 화강암 아래 깊은 곳에서 솟아오를 때 만들어진 것이다. 그런데 다이아몬드보다 더 귀한 것은 이 용암 파이프가 남긴 구멍에 떨어져 있다. 이는 지금의 이끼 뒤덮인 툰드라가 침엽수림일 때인 에오세Eocene世(신생대 제3기를 다섯으로 나눈 가운데 두 번째 시기로, 석탄층이 많이 퇴적했다-옮긴이) 중기의 일이다. 맨 처음 쓰러지면서 이 구멍 속에 굴러든 것은 불탔을 테지만 모든 게 식고 난 후 고운 재가 되어 묻혔을 것이다. 공기가 차단된 데다 차가운 북극의 건조함 덕분에 보존이 잘 된 전나무와 삼나무의 줄기는 나중에 다이아몬드 광부들이 발견할 때까지도 화석화되지 않은, 나무 그대로의 모습이었다. 5,200만 년 된 목질부와 섬유소가 그대로 남은 이 나무들은 공룡이 비운 자리를 매머드가 한창 접수할 때의 것이었다.

이곳에는 포유류 중 가장 오래된 종의 하나가 아직도 살고 있다. 이 동물은 빙하기의 인간들은 피하고자 했던 날씨에도 굴하지 않는 특별 장비 덕분에 살아남을 수 있었던 홍적세의 유물이다. 사향소의 밤색 털가죽은 이 세상에서 가장 따뜻한 천연섬유로, 양털보다 단열이 여덟 배나 잘 된다고 한다. 이누이트들이 키비웃qiviut이라 부르는 이 모피는 20세기 초반에 구하기 힘들 정도가 되었다. 유럽에서 마차 덮개로 큰 인기를 얻자 사냥꾼들이 거의 멸종할 정도로 마구 잡아댔기 때문이다.

지금은 남은 몇천 마리가 보호를 받고 있으며, 법적으로 허용되는 유일한 키비웃은 툰드라의 식물에 걸려 붙어 있는 털다발로 만든 것이다. 털을 일일이 모으러 다니는 작업은 힘든 일이지만 아주 부드러운 사향소 털로 만든 스웨터 한 벌은 값이 400달러나 된다. 하지만 북극이 갈수록 따뜻해지면 키비웃은 다시 이 종의 파멸을 가져올 수 있다. 물론 인간이 사라지고 나면, 아니면 시끄러운 탄소 배출기, 즉 비행기라도 사라진다면 사향소는 열의 공격으로부터 잠시 한숨을 돌릴 수 있을 것이다.

영구동토가 너무 많이 녹아버리면 메탄 분자 주변에 새장 같은 결정체를 만들어 내는 깊이 묻힌 얼음도 녹을 것이다. 이렇게 얼어 있는 메탄을 포접화합물clathrate이라고 하는데, 4,000억 톤가량이 툰드라 지하 수백, 수천 미터에 매장되어 있으며 그보다 많은 양이 세계의 여러 바다에 묻혀 있는 것으로 추정된다. 이 동결 상태의 천연가스를 전부 합치면 적어도 기존에 알려진 가스와 오일 매장량 전체에 맞먹을 양이라고 하니, 유혹적인 동시에 무시무시하기까지 하다. 얼어 있는 가스는 워낙 흩어져 있으므로 아직까지 아무도 경제성 있게 채굴하는 방법을 고안해 내지 못했다. 게다가 양이 너무 막대해서 만약 얼음 결정체가 다 녹아버리는 바람에 전부 배출되는 일이 발생할 경우, 어마어마한 메탄으로 인해 지구 온난화가 2억 5,000만 년 이전의 페름기Permian紀 대멸종 이후 최고 수준으로 진행될 것이다.

이 천연가스보다 더 싸고 깨끗한 연료가 발견되기 전까지는, 아직 풍부하게 남은 데다 우리가 의존할 수 있는 유일한 화석연료로 인해, 노천 다이아몬드 광산 또는 구리·철·우라늄 광산들이 지구 표면에 남긴 것보다 훨씬 더 큰 자국이 남을 것이다. 그런 구멍들이 물이나 체질하고 남은 부스러기로 꽉 차고 한참 뒤에도 이 자국은 몇백만 년은 더 갈 것이다.

· · · · ·

"위에 올라와서 보면 다 보상받는다고 할까요." 노스캐롤라이나에 있는 비영리단체 사우스윙스의 자원봉사자인 비행 조종사 수전 래피스의 말이다. 붉은 머리에 쾌활한 그녀의 단발 엔진 세스나182 경비행기 창으로 내려다보이는 세상은 높이 1.6킬로미터의 대륙빙하가 만들어 낸 것처럼 납작하게 깎인 지형이다. 이런 지형을 만들어 낸 장본인은 빙하 아닌 우리 인간이요, 이곳은 한때 웨스트버지니아였다.

아니면 버지니아이자 켄터키이자 테네시라고 해야겠다. 이들 주에 걸쳐 있는 애팔래치아 산맥의 땅 수만 제곱킬로미터를 석탄회사들이 똑같은 모양으로 절단해 버렸기 때문이다. 1970년대에 이 회사들은 석탄을 캐기 위해 터널을 뚫거나 그냥 노천채굴을 하는 것보다 훨씬 저렴한 방법을 알아냈다. 산을 위에서부터 깎아내어 엄청난 양의 물로 석탄을 걸러내고 나머지는 주변에 던져버리고, 다시 폭파해서 깎아내기를 반복하면서 산의 3분의 1을 통째로 밀어버린 것이다.

바닥이 드러난 아마존강도 이렇게 밀려버린 산이 주는 텅 빈 느낌에는 맞수가 되지 못한다. 어느 쪽을 봐도 휑한 느낌뿐이다. 차례로 다이너마이트가 장전되어 하얀 점들이 격자를 이루고 있는 모습만이 한때 이곳이 푸르고 높은 산이었다가 헐벗은 고원이 되었음을 말해주고 있다. 산속에 묻힌 석탄에 대한 수요가 얼마나 엄청났던지 초당 100톤꼴로 채취하느라 나무를 베어다 팔 겨를도 없었던 모양이

374

Photo by V. STOCKMAN, OVEC/SOUTHWINGS

석탄회사들에 의해 무자비하게 깎인 웨스트버지니아의 산

다. 참나무, 호두나무, 목련, 블랙체리 같은 활엽수들을 불도저로 밀고 계곡으로 굴린 다음, 석탄 이외의 흙과 잡석으로 덮어버렸다.

웨스트버지니아만 해도 이런 골짜기 사이로 흐르던 1,600킬로미터의 물줄기가 함께 묻혀버렸다. 물론 물줄기야 다시 길을 찾기 마련이지만, 앞으로 수천 년 동안 석탄 이외의 부스러기를 따라 흐른 물은 중금속 농도가 꽤 높을 것이다. 세계 에너지 수요량을 고려한 업계 전문가들의 예측으로는 미국, 중국, 오스트레일리아에 매장된 석탄만 600년을 버틸 수 있는 양이라고 한다. 그들은 이런 식으로 해서 훨씬 더 많이, 더 빨리 석탄을 얻을 수 있는 것이다.

에너지에 취한 인간이 내일 당장 사라진다면, 그 모든 석탄은 지구의 시간이 다할 때까지 땅속에 남아 있을 것이다. 우리가 몇십 년 더 남아 있다면 그중 상당량이 파헤쳐져 불태워질 것이다. 하지만 실현 가능성이 별로 크지 않은 한 가지 방안이 아주 잘 풀린다면, 석탄 화력발전에서 가장 문제가 되는 부산물의 하나를 지하에 밀폐시킴으로써 먼 미래에 물려줄 인간의 유산을 또 하나 만들어 낼 수도 있다.

그 부산물이란 이산화탄소를 말하는데, 인류는 점차 이산화탄소가 대기 중에 배출되어서는 안 된다는 데 동의하고 있다. 특히 '깨끗한 석탄'이라는 모순어법을 구사하는 업계 선전꾼들로부터 갈수록 주목을 끌고 있는 문제의 방안이란, 이산화탄소가 화력발전소 굴뚝을 빠져나오기 전에 붙잡아서 지하에 넣은 다음 영영 나오지 못하도록 가두는 것이다.

원리는 다음과 같다. 먼저 이산화탄소를 압축해 염분이 있는 지하 대수층에 주입한다(대수층은 대개 깊이 300~2,400미터에 있는 투과성 없는 덮개암caprock의 밑에 있는 지하수층이다). 여기서 이산화탄소는 녹아서 순한 탄산으로 바뀌기 쉽다(짠맛 나는 광천수 비슷할 것이다). 이 탄산은 서서히 주변의 바위들과 반응하고, 바위가 백운석이나 석회암처럼 분해되고 침전되어 온실가스를 돌 속에 가두어 버릴 것이다.

노르웨이의 석유업체 스탯오일사社는 1996년부터 매년 100만 톤의 이산화탄소를 북해 지하의 짠물 층 속에 격리시켜 왔다. 캐나다 앨버타에서는 이산화탄소가 방치된 천연가스정 속에 격리되고 있다. 1970년대에 연방 검사 데이비드 호킨스는 1만 년 뒤의 인류에게 지금의 뉴멕시코 WIPP에 묻혀 있는 핵폐기물의 위험성을 알려주는 문제를 두고 기호학자들과 토론을 벌였다. 지금은 국가자원보호위원회의 기후센터 소장으로 있는 호킨스는 먼 미래의 후손들에게 우리가 감추어 놓은 보이지 않는 가스 격리층에 모르고 구멍을 내어 가스가 지면으로 솟아오르게 하는 일이 없도록 알리는 법에 대해 고민하고 있다.

지구상에 있는 모든 공장과 발전소에서 배출되는 이산화탄소를 모아 압축하고 주입하기 위해 구멍을 뚫는 비용은 별도로 치고, 크게 문제가 되는 것은 누출되는 양이 1퍼센트의 10분의 1밖에 안 된다 해도 어딘가에서 가스가 새서 지금 우리가 펌프질하고 있는 온실가스에 더해질 것이라는 점이다. 그리고 미래 세대는 그 사실을 알 리가 없다는 점이다. 하지만 호킨스는 선택을 하라면 플루토늄보다 이산화탄소를 가두는 쪽을 택하겠다고 한다.

"우리는 자연이 가스를 새지 않게 보관할 줄 안다는 사실을 압니다. 메탄의 경우 몇백만 년을 갇혀 있었지요. 문제는 인간이 그럴 수 있느냐는 점입니다."

• • • •

우리는 산을 무너뜨리며, 뜻하지 않게 언덕을 만든다.

과테말라 북부의 페텐이차 호수에 면해 있는 플로세스시에서 북동쪽으로 40분 거리, 관광용 포장도로가 티칼 유적에 닿는다. 마야 유적지 가운데 가장 큰 이곳에는 정글 한가운데에 높이 70미터의 하얀 신전들이 솟아 있다.

반대 방향으로 나 있는 길은 최근에 손을 봐서 시간이 반으로 단축되기 전까지만 해도 플로레스에서 남서쪽으로 끔찍하게도 세 시간이나 달려야 했었다. 이 길의 끝에는 사약체라는 초라한 전초기지가 있는데, 마야 피라미드 위에 군대의 기관총이 거치되어 있는 곳이다.

사약체는 리오 파시온(수난의 강) 옆에 자리 잡고 있다. 이 강은 페텐 지방 서쪽을 거쳐 우수마신타강과 살리나스강이 합류하는 지점으로 흘러가 과테말라와 멕시코의 국경을 이룬다. 파시온강은 한때 비취와 도자기, 케트살(과테말라 나라새 – 옮긴이) 깃털, 재규어 가죽의 주요 교역로였다. 더 최근에 와서는 마호가니, 과테말라 고지대의 양귀비로 만든 아편, 빼돌린 마야 유물이 밀거래되고 있다. 1990년대 초반에는 파시온강 지류 가운데 느릿느릿 흐르는 리오추엘로 페텍스바툰강이라는 곳에 모터보트들이 드나들면서 페텐 지방에서는 확실히 사치품인 품목 두 가지가 눈에 띄기 시작했다. 바로 주름진 아연 지붕재와 스팸 깡통이다.

둘 다 한 베이스캠프로 실려온 것이었다. 밴더빌트대학의 아서 데머레스트가 정글 속 빈터에 마호가니 판자로 지은 이 캠프는 역사상 최대의 고고학 발굴 가운데 하나를 위한 곳으로 대단한 신비를 풀어내는 임무를 띠고 있다. 그 신비란 바로 마야 문명이 사라진 비밀을 말한다.

우리는 과연 어떻게 우리 없는 세상을 상상할 수 있는가? 죽음의 광선을 쏘는 외계인에 대한 상상은 공상일 뿐이다. 우리의 어마어마한 문명이 정말 끝난다는 그리고 흙과 지렁이에 덮여 잊히고 만다는 상상을 하기란 우주의 끝을 상상하는 만큼이나 어려운 일이다.

하지만 마야는 실제 일어난 역사였다. 그들의 세상은 영원히 번성할 것만 같았으며, 전성기에는 우리의 문명보다 훨씬 더 탄탄했다. 적어도 1,600년 동안 600만 명의 마야인들이 캘리포니아 남부 비슷한 곳에서 살았던 것이다(지금의 과테말라 북부, 벨리즈, 멕시코의 유카탄 반도 일원의 저지대에 도시국가들이 모여 거대도시를 이룬 형국이었는데, 외곽 지역이 거의 끊김 없이 이어질 정도로 규모가 대단했다). 그들의 뛰어난 건축술, 점성술, 수학, 문학은 당대 유럽의 동시대인들이 이룬 업적을 무색케 했을 것이다. 마찬가지로 놀라우면서 훨씬 덜 알려져 있는 사실은, 그렇게 많은 사람이 어떻게 열대우림 지대에 몰려 살 수 있었느냐는 점이다. 그들은 오늘날 상대적으로 적은 숫자의 배고픈 무단점유자들에 의해 빠르게 황폐화되고 있는 환경과 같은 곳에서 가족과 함께 식량을 일구며 살았던 것이다.

그런데 고고학자들을 더 놀라게 만드는 것은 이렇게 대단했던 마야가 갑자기 붕괴했다는 점이다. 서기 8세기에 시작된 마야 문명의 멸망은 채 100년이 걸리지 않았다. 유카탄 지역 대부분에서 겨우 소수의 인구가 남긴 흔적만 발견되었을 뿐이다. 과테말라 북부의 페텐 지방은 사실상 인간 없는 세상이 되어버렸다. 우림 지대의 식물들은 금세 경기장과 광장을 덮으며 높다란 피라미드들을 감싸버렸다. 그로부터 1,000년이 흐르도록 세상은 이들의 존재를 전혀 알 수 없었다.

그런데 땅에는 어디나 혼령이 있는 모양이다. 루이지애나 출신의 체격 단단하고 콧수염 짙은 고고학자 데머레스트는 하버드대학 교수 자리를 마다하고 밴더빌트대학이 이곳 발굴을 지원해 주겠다는 제의를 받아들였다. 대학원 때 엘살바도르에서 현장 연구를 하던 데머레스트는 댐 건설 때문에 사라질 고대 유물을 구하러 달려간 적이 있다. 당시 댐 공사로 수천 명이 고향을 잃었으며, 그중 상당수는 게릴라가 되었다. 그는 자신을 도와준 일꾼 가운데 세 사람이 테러리스트 혐의를 받자 관리들에게 탄원해서 그들을 풀어주도록 했으나, 그들은 결국 암살당하고 말았다.

그가 처음 과테말라에 머물던 몇 년 동안은 게릴라와 군대가 그의 발굴지에서 몇 킬로미터 안 되는 곳까지 활개를 치고 다니며 총격전을 벌였다. 그들은 아직도 그의 연구팀이 해독하고 있던 상형문자에서 전해내려온 말을 쓰는 사람들이었다.

"인디아나 존스는 위협적이고 알 수 없는 관습을 가진 가무잡잡한 사람들이 사는 신비로우면서 진부한 제3세계를 휘젓고 다니면서 미국적 영웅들과 함께 그들을 물리치고 그들의 보물을 차지하지요." 그는 숱 많은 검은 머리를 쓸어올리며 말한다. "그가 여기 왔으면 5초 정도 버텼을 겁니다. 고고학은 번쩍거리는 보물을 쫓아다니는 일이 아닙니다. 유물들의 맥락을 알아보는 일이지요. 우리는 맥락의 일부입니다. 전쟁으로 불타고 있는 이곳 땅은 그들의 것입니다. 말라리아에 걸린 것은 그들의 아이들이고요. 우리는 고대의 문명을 연구하러 왔지만 결국 현재의 이곳을 배우게 됩니다."

원숭이 소리가 요란한 습한 밤에 그는 랜턴 불빛 밑에서 집필을 하고 있다. 거의 2,000년에 걸쳐 마야인들이 서로의 사회를 파괴하지 않으면서 나라들 간 분쟁을 해결하는 방법을 어떻게 발전시켰는지 추리해 가는 내용이다. 그러다 무언가가 잘못되었다. 기근, 가뭄, 전염병, 인구 과잉, 환경 약탈이 마야 멸망의 원인으로 지적되어 왔다. 하지만 그 각각에 대해 그 정도 대규모로 단번에 망할 수 있느냐는 반론들이 있었다. 유물 어디에도 외부 침입에 대한 증거는 없다. 흔히 모범적으로 안정되고 평화로운 사람들이었다는 칭송을 들은 마야인들이 스스로의 지나친 탐욕 때문에 망했으리라고 보기는 아주 힘들었다.

하지만 안개 자욱한 페텐 지역에서 정확히 그런 일이 일어난 것 같다. 그리고 멸망으로 가는 그 길은 아주 친숙해 보인다.

· · · ·

리오추엘로 페텍스바툰강에서부터 도스 필라스로 가는 길은 데머레스트 연구팀이 발굴하는 주요 유적지 일곱 곳 가운데 첫 번째 것으로, 모기 많은 정글을 몇 시간 지나 마침내 가파른 경사면으로 이어진다. 목재 밀수꾼들에 의해 아직 파괴되지 않고 남은 숲에는 거대한 삼나무, 세이바, 껌 원료인 치클이 열리는 사포딜라, 마호가니, 열매로 빵을 만드는 빵나무가 페텐 지역 석회암을 덮고 있는 얇은 토양에서 자란다. 데머레스트 연구팀의 고고학자들은 마야인들이 이 경사면의 거친 가장자리에다 도시들을 건설했으며, 그것들이 서로 맞물려 페텍스바툰이라고 하는 왕국을 형성했다고 판단했다. 오늘날 언덕과 산등성이로만 보이는 것들이 실은 피라미드와 담이다. 각암 까뀌로 석회암을 잘라 만든 이들 피라미드와 담벼락은 흙과 우림 지대의 무성한 숲에 완전히 가려져 있다.

큰부리새와 앵무새의 소리가 요란한 도스 필라스를 에워싸고 있는 정글은 워낙 무성해서 1950년대에 발견된 뒤로 17년이 지나서야 가까이 있는 언덕이 실은 67미터 높이의 피라미드라는 사실을 알 수 있었다. 마야인들에게 피라미드는 산의 재연이었으며, 스텔라^{stela}라고 하는 깎아 만든 돌기둥은 나무를 상징했다. 도스 필라스 일대에서 발굴된 스텔라에 새겨진 점과 막대 모양의 상형문자에 따르면, 서기 700년경에 '쿠울 아조(성스러운 군주)'가 분쟁을 억제하는 규칙을 깨고 인근의 페텍스바툰 도시국가들을 침략하기 시작했다.

이끼 긴 어느 스텔라에는 그가 머리장식에 방패를 든 채, 묶여 있는 포로의 등을 밟고 서 있는 모습이 묘사돼 있다. 제대로 밝혀지기 전까지 마야는 대개 점성술을 지나치게 신봉하는 무시무시한 사회로 알려져 있었다. 대립하는 왕가의 남자가 붙잡혀 수모를 당하며 길거리 행진을 몇 년씩 하다가 결국에는 심장이 파헤쳐지거나 목이 잘리거나 고문을 당해 죽는 것으로 알려졌다(도스 필라스에는 한 희생자가 공처럼 단단히 묶어 운동장에서 등이 부러질 때까지 놀이 도구로 사용되었다는 흔적도 있다).

"하지만 사회적인 충격, 땅과 건물의 파괴, 영토 침범 등은 상대적으로 극히 적었습니다. 고대 마야인이 의식으로 치른 전쟁의 대가는 최소한이었지요. 주변 환경을 파괴하지 않으면서 지도자들 사이의 긴장을 해소하는 낮은 단계의 전쟁을 지속적으로 수행함으로써 일종의 평화를 유지하는 일이었습니다"라고 데머레스트는 설명한다.

주변 환경은 야생과 인공이 적절한 균형 상태를 유지하고 있었다. 산허리에는 자갈을 단단히 채워 만든 돌담으로 흐르는 물에 섞여오는 부식토를 걸러내어 계단식 밭을 만들었다(지금은 1,000년 이상 쌓인 충적토에 묻혀 있다). 호숫가와 강가에는 고랑을 파서 습지의 물을 빼내고 그 흙을 주변에 쌓아 기름진 밭을 만들었다. 그런가 하면 그들이 주로 이용한 방식은 우림을 흉내 내어 다양한 작물에 여러 층의 그늘을 만들어 주는 것이었다. 과일나무들로부터 그늘을 제공받는 옥수수와 콩은 멜론과 스쿼시 같은 지표식물에 그늘을 드리웠고, 밭 가운데는 숲 자체의 보호를 받는 부분이 있었다. 마야인에게는 기계톱이 없었기에 아주 큰 나무들은 그대로 방치되어 다른 작물들에게 유용한 환경이 되었다.

그런 방식이 인근에 마을을 이루며 사는 지금의 사람들에게는 불가능한 일이 되었다. 마을 주변으로 바닥이 야트막한 대형 트레일러들이 삼나무와 마호가니를 대량으로 실어 나르고 있기 때문이다. 마야-켁치어를 구사하는 이곳 정착민들은 고원지대 출신으로, 1980년대에 과테말라 농민 수천 명이 학살당한 반란 진압 공격 때 살던 땅을 떠나온 난민들이다. 화산 지대에서처럼 돌아가며 화전을 일구고 사는 것이 우림에서는 재앙을 가져온다는 사실을 뒤늦게 깨달은 이들은 어느새 왜소한 옥수수 이삭만 열리는 황무지에 둘러싸이게 되었다. 그들이 발굴지의 유물들을 빼돌리는 것을 막기 위해 데머레스트는 현지인을 돌볼 의사와 일자리를 마련한다는 계획을 세우고 있다.

마야의 정치 및 농경 시스템은 여러 세기 동안 저지대에서 기능하다가 도스 필라스에서 붕괴되기 시작했다. 8세기 들어 새로운 스텔라들이 들어서기 시작했는데, 이전에 볼 수 있었던 조각가들의 개성과 창조성은 사라지고 획일적이고 군사적인 사회적 사실주의가 강하게 표출되었다. 공들여 만든 한 신전 계단의 양쪽 끝줄에 새겨진 번지르르한 상형문자는 티칼을 비롯한 중심지들을 정복한 사실을 기록하고 있다(더불어 그곳들의 상형문자 또한 도스 필라스의 것으로 대체되었다). 처음으로 땅에 대한 침략이 시작되었던 것이다.

도스 필라스는 마야의 다른 경쟁 도시국가들과의 연합 전략을 통해 공격적이고 국제적인 강대 세력으로 변모해 갔고, 그 영향력은 지금의 멕시코 국경인 파시온 강 유역까지 미쳤다. 이 나라의 장인들이 새긴 스텔라에 등장하는 쿠울 아조는 재규어 가죽 부츠를 신은 화려한 차림으로, 정복한 나라의 벌거벗은 왕을 깔고 서 있는 모습이다. 도스 필라스의 통치자들은 엄청난 부를 축적했다. 인간이 1,000년 동안 발을 들여놓지 않은 동굴들에서, 데머레스트와 그의 동료들은 그들이 남겨둔 화려한 단지 수백 개 속에서 비취, 부싯돌 그리고 희생당한 인간의 유해를 발견했다. 이들이 발견한 무덤 속의 왕족들은 입에 비취를 가득 물고 있었다.

서기 760년 그들과 연합국들이 통제한 영역은 보통의 고대 마야국보다 세 배나 넓었다. 그런데 이 무렵부터 그들은 도시에 울타리를 치고 내부 통치에 힘을 쏟기 시작했다. 도스 필라스의 마지막을 증언하는 놀라운 발굴에 따르면, 예상치 못한 패배 이후로는 스스로를 과장하는 기념물들이 더 이상 세워지지 않았다. 대신 도시 주변에서 집약적인 밭을 일구고 살던 농민들이 집을 떠나 기념광장 한가운데에 마을을 만들기 시작했다. 그들이 느낀 공황의 정도는 마을 주변에 세운 방어벽에 잘 나타나 있다. 방어벽은 쿠울 아조의 무덤 외장에서 떼어 온 재료와, 왕궁 내의 파괴된 벽돌 사원의 돌을 이용해 만들어졌다. 미국으로 치면 워싱턴기념탑과 링컨기념관을 부셔서 캐피털몰에 있는 텐트촌 주변에 방어벽을 구축한 셈이다. 이러한 신성모독은 위풍당당한 상형문자 돌계단을 포함한 원래 구조물들보다 방어벽이 높아지면서 더욱 가중되었다.

이 조잡한 구축물은 훨씬 나중에 만들어진 것일 수도 있지 않을까? 이 질문에 대한 답은 사이에 아무 흙도 없이 계단과 맞닿은 경계면에 있는 외장 돌에서 발견할 수 있다. 도스 필라스의 시민들은 지나친 존경심 때문이었는지 아니면 탐욕스러운 이전 통치자들에 대한 극심한 분노 때문이었는지, 그들 스스로가 그 구조물을 만들었다. 그들은 상형문자가 새겨진 거대한 계단을 너무나 깊이 묻어버렸기 때문에 1,200년 뒤 밴더빌트의 한 대학원생이 발견할 때까지 아무도 그것이 있는 줄 몰랐던 것이다.

페텍스바툰의 통치자들이 이웃 나라들의 영토를 침범하기 시작하면서 전쟁이 확산된 원인은 인구가 점차 늘어 땅이 고갈되었기 때문일까? 데머레스트는 그 반대일 것이라고 생각한다. 즉 부와 권력에 대한 무한한 욕구가 분출되면서 공격성을 띠게 되었고, 그 결과 방어하기 힘든 도시 밖의 밭들은 버려두고 가까운 땅의 생산을 강화하면서 땅이 지력을 잃게 되는 보복을 당했다는 것이다.

"사회가 너무 많은 엘리트를 배출했고, 그들 모두가 실은 별 필요도 없는 것들을 요구하기 시작했지요." 그는 한 문화가 귀족들의 사치 때문에 흔들리게 되었다고 설명한다. 그들 모두가 케트살 깃털과 비취, 흑요석, 멋진 돌, 맞춤 채색 도자기, 근사한 지붕 장식, 동물 모피 같은 사치품을 원하게 된 것이다. 귀족사회는 사치가 필요하고 생산적이지 못하며 기생적인 생활을 해야 하는, 경박한 욕심을 충족시키기 위해 사회의 에너지를 지나치게 낭비해야 하는 구조다.

"왕좌를 계승하려는 사람이 너무 많아졌고, 자신들의 위상을 확고히 하기 위해 피를 흘리는 의식이 자주 필요해졌습니다. 그래서 왕조 차원의 전쟁이 고조되었지요." 사원이 많아지면서 건설 수요가 높아졌고, 그만큼 일꾼들을 먹일 식량에 대한 요구도 늘어났다고 그는 설명한다. 충분한 식량을 확보하려면 그만큼 인구가 많아져야 한다. 아스텍, 잉카, 중국의 제국에서처럼 전쟁 때문에 인구가 늘어나는 경우도 흔히 있다. 그 이유는 통치자들에게 개미목숨 같은 병사들이 더 많이 필요하기 때문이다.

전쟁 위험은 높아지고, 무역은 중단되고, 인구는 늘어난다. 이는 열대우림에서는 치명적인 사태다. 다양성을 유지해 주는 장기적인 작물에 대한 투자는 시들해진다. 방어벽 안에 사는 피난민들은 가까운 지역에서만 농사를 지음으로써 생태적 재난을 초래한다. 한때는 전지전능해 보이다가 이기적이고 단기적인 목적에만 사로잡혀 있는 통치자에 대한 그들의 신념은 삶의 질과 함께 감퇴한다. 또한 신앙심을 잃어가고, 의식儀式적인 활동이 중단된다. 그러면서 사람들이 중심지를 떠난다.

푼타 데 치미노라고 하는 반도에 있는 페텍스바툰 호수 근처의 한 유적은 도스 필라스 마지막 쿠울 아조의 방어도시임이 밝혀졌다. 이 반도는 세 개의 해자에 의해 본토와 단절되어 있다. 해자 하나는 암반 아래까지 아주 깊이 파졌는데, 도시 자체를 건설한 에너지보다 세 배나 더 들었다. "한 나라 국방 예산의 75퍼센트를 다 쏟아부은 것이나 마찬가지 일입니다."라고 데메레스트는 분석한다.

통제를 상실한 절박한 사회였던 것이다. 이 요새의 벽에서 발견된 창끝은 푼타 데 치미노에서 마지막 코너에 몰린 무리의 운명을 증언해 준다. 이 인상적인 유물도 결국에는 금방 숲에 묻혀버렸다. 인간이 주는 부담에서 벗어난 세상에서, 스스로 산을 만들어 보려 한 인간의 시도는 금세 무너져 땅으로 돌아가고 말았다.

"우리 사회처럼 자신만만하던 사회가 결국 해체되어 정글에 묻혀버린 과정을 살펴보면, 생태와 사회 사이의 균형이 얼마나 민감한 것인지 알 수 있어요. 무엇이든 너무 지나치면 다 끝을 보기 마련입니다."

데머레스트는 등을 굽혀 축축한 땅에서 사금파리 하나를 집어올린다. "2,000년 뒤에 누군가가 이런 조각들을 뜯어보면서 대체 무슨 일이 있었는지 알아보려고 하겠지요."

· · · · ·

고생물학 큐레이터인 더그 어윈이 스미소니언 자연사박물관의 사무실 바닥에 있는 나무상자에서 20센티미터 크기의 석회암 덩어리 하나를 집어올린다. 그가 중국 양쯔강 이남의 난징과 상하이 사이에 있는 한 인산 광산에서 발견한 돌이다. 그는 돌의 절반 이하의 까만 부분에 화석화된 원생동물과 플랑크톤, 단판류univalve, 이매패류bivalve, 두족류, 산호가 풍부하다고 설명해 준다. "여기는 살기가 아주 좋았습니다." 그는 또 까만 부분과 회색인 윗부분을 구분해 주는 허연 선을 가리키며 말한다. "여기는 살기가 아주 나빠졌지요."

"그 뒤로 살기 좋아지기까지는 아주 오랜 세월이 걸렸습니다."

수십 명의 중국인 고생물학자들에 의해 이 희미한 선이 페름기 대멸종을 나타내는 것임이 밝혀지기까지 20년이 걸렸다. 이 돌에 박힌 유리 및 금속 성분의 조그만 알갱이들 속에 있는 지르콘 결정을 분석해 본 결과, 어윈과 MIT 지질학자 샘 브라우닝은 그 선의 연대가 정확히 2억 5,200만 년 전의 것임을 알아냈다. 그 선 아래의 검은 석회암 부분은 나무, 기고 나는 곤충, 양서류, 초기의 육식성 파충류가 가득했던 하나뿐인 거대 대륙의 바닷가 생물이 풍부했음을 단편적으로 보여준다.

"그러다 지구상에 살아 있던 존재의 95퍼센트가 사라져 버린 겁니다. 참 대단한 아이디어였지요." 어윈이 고개를 끄덕이며 말한다.

머리 빛깔이 모래 같은 어윈은 그토록 뛰어난 과학자라고 믿기 어려울 정도로 어려 보인다. 하지만 지구상 생명이 갑자기 전멸하다시피 한 것은 아니라고 할 때 그의 미소는 자못 진지한 태도로 바뀌었다. 그것은 그가 수십 년에 걸쳐 텍사스 서부 산악 지대, 중국의 오래된 채석장, 나미비아와 남아프리카의 협곡을 찾아다니며 정확히 무슨 일이 있었는지를 알아보려 한 결과이다. 그는 아직도 정확히 알아내지는 못했다. 시베리아(당시에는 단 하나의 거대 대륙인 판게아의 일부였다)에 어마어마하게 매장된 석탄층을 뚫고 화산이 폭발하는 일이 100만 년에 걸쳐 이어지면서 땅에 너무 많은 현무암 마그마가 흘러넘친 일이 있는데(두께가 5킬로미터나 되는 곳도 있었다) 그때 증발한 이산화탄소가 대기에 꽉 차면서 황산 비가 내렸을 수도 있다. 결정타는 그보다 한참 뒤에 공룡을 멸종시켰던 소행성보다 훨씬 큰 것일 수도 있다(판게아 중에서 지금의 남극에 해당되는 부분과 충돌한 것으로 보인다).

사실이 어떻든, 그 뒤 몇백만 년 동안 가장 흔한 척추동물은 극히 작고 이빨이 달린 동물이었다. 그들도 멸종을 당했던 것이다. 이것이 왜 대단한 아이디어였을까?

"덕분에 중생대가 시작될 수 있었으니까요. 고생대는 거의 4억 년 동안이나 지속되었습니다. 나쁠 건 없지만 뭔가 새로운 것을 시도해 볼 때가 되었죠.”

페름기가 끝난 후 얼마 남지 않은 생존자들은 경쟁자가 거의 없었다. 그중 하나가 지폐 반 장 크기의 가리비처럼 생긴 조개 '클라라이아claraia'였는데, 나중에 워낙 많아져서 지금 화석으로 발견되는 것들은 중국, 유타 남부, 이탈리아 북부의 암석 위를 포장하다시피 하고 있다. 그로부터 400만 년이 안 돼 클라라이아와 대부분의 다른 이매패류 그리고 대멸종 이후 크게 늘어난 달팽이가 사라져 버렸다. 모두 게처럼 이동성이 뛰어난 기회주의자에게 희생된 것이다. 게는 이전 생태계에서는 큰 역할을 하지 못하다가 완전히 새로운 환경에서 지질학적 시간대라는 기준으로 볼 때 '갑자기' 새로운 생태적 지위를 획득할 기회를 얻었다. 그러기 위해서는 달아날 수 없는 연체동물의 껍질을 딸 수 있는 집게발을 진화시킬 필요가 있었다.

세상은 거의 무에 가까운 상태에서 공룡이 뛰어다니는 푸르른 땅으로 변하는 획기적인 방향 전환을 했다(포식자들의 활동이 활발해진 것이 특징이다). 그러한 변화가 이루어지는 동안 초대륙은 조각나면서 세계 각지로 서서히 흩어지고 있었다. 그로부터 1억 5,000만 년 뒤, 또 하나의 소행성이 현재 멕시코의 유카탄 반도를 강타하자, 공룡들은 피신하거나 적응하기에는 몸집이 너무 커서 모든 것이 새로 시작하는 시기를 맞이하게 되었다. 이번에는 별 역할을 못 하면서 몸이 빠른 '마말리아Mammalia'라는 척추동물이 세력을 확대할 기회를 노리고 있었다.

· · · · ·

　지금의 급격한 멸종은 지배적인 포유류의 차례가 끝나가고 있음을 보여주는 것이 아닐까(그 원인으로는 대체로 유일한 한 가지만을 지적하며, 이번에는 소행성 때문이 아니다)? 지질학상의 새로운 시기가 도래하고 있는 것은 아닐까? 멸종 전문가인 어윈은 워낙 엄청난 시간단위를 연구해 왔기 때문에 인류가 진화해 온 수백만 년의 기간은 어떤 일이 벌어질지 예측하기에는 너무 짧다는 입장이다. 그러면서 다시 어깨를 으쓱한다.

　"인류는 결국 멸종할 겁니다. 지금까지 모든 것이 그래왔어요. 그것은 죽음과도 같은 일입니다. 우리는 다르다는 생각을 할 이유가 없습니다. 하지만 생명은 계속될 거예요. 처음에는 미생물의 형태일지 모릅니다. 아니면 뛰어다니는 지네 같은 것일지도 모르지요. 어쨌든 생명은 우리가 여기 있든 없든 계속 발전해 갈 겁니다. 우리가 지금 여기 있다는 것은 흥미로운 일이에요. 마찬가지로 저는 우리 뒤에 다른 생명이 올 것에 대해 언짢아하지 않을 겁니다."

　인간이 계속 남아 있다면 어떻게 될까? 워싱턴대학의 고생물학자 피터 워드는 농경지가 지구상에서 가장 큰 서식지가 될 것이라고 예측한다. 그에 따르면, 미래 세계의 지배자는 우리가 식량이나 작업이나 원재료나 친구 관계를 위해 길들인 소수의 동식물들이 진화한 존재가 될 것이다.

　하지만 인간이 내일 당장 사라진다면, 소수의 예외는 있겠지만 우리가 길들인 동물들은 대부분 현재 남아 있는 야생 포식자들에게 먹히거나 경쟁에서 밀리게 될 것이다. 아메리카 서부의 거대 분지와 애리조나 소노란 사막으로 달아나 야생이 된 말과 당나귀는 홍적세 말기에 사라졌던 말 종류를 대체했다. 오스트레일리아에서 유대류를 잡아먹고 살던 동물들을 해치워 버린 딩고는 이곳에서 아주 오랫동안 최고의 포식자 노릇을 해왔기 때문에, 대부분의 사람들은 이 들개가 원래 동남아의 무역상들이 데려온 개의 후손이라는 사실을 모른다.

반려견의 후손 말고는 포식자가 없는 하와이에서는 소와 돼지가 주인 노릇을 할 것이다. 다른 곳에서는 개들이 가축의 생존을 도울지도 모른다. 티에라델푸에고의 양치기들은 목양견인 켈피의 목양 본능이 워낙 깊이 각인되어 있어 자신들이 사라져도 별 문제가 없을 것이라는 말을 하곤 한다.

하지만 우리 인간이 지구의 먹이사슬에서 가장 높은 위치를 고수한다면, 게다가 더 많은 야생지를 희생시켜 식량을 생산해야 할 정도로 많은 수를 유지한다면, 인류가 지구 전역을 다 지배하는 일은 일어나지 않는다 하더라도 워드의 시나리오가 실현될 가능성이 크다. 작고 빨리 번식하는 설치류나 뱀 같은 동물들은 빙하만 아니면 어느 곳에든 적응한다. 또 둘 다 야생성이 대단히 강한 들고양이에 의해 계속해서 적자로 선택받을 것이다. 워드는 《미래의 진화》라는 저서에서, 쥐가 날카로운 엄니를 갖고 캥거루처럼 뛰어다니며 뱀은 위로 뛰어오르도록 진화할 것이라는 상상을 펼친다.

무시무시하든 재미있든, 적어도 지금은 그런 상상이 공상일 뿐이다. 모든 멸종이 주는 교훈은 "지금의 생존자들만 봐서는 500만 년 뒤의 세상을 예측할 수 없는 것"이라고 스미소니언의 어윈은 말한다.

"놀라운 일이 많을 겁니다. 잘 생각해 보세요. 거북의 존재를 누가 예상할 수 있었겠습니까? 어떤 유기체가 몸의 위아래를 뒤집을지를, 어깻죽지를 갈빗대 속으로 끌어당겨서 등딱지를 만들지를 누가 감히 상상이나 할 수 있었겠습니까? 거북이 존재하지 않는다면 그 어떤 척추동물학자도 그런 일이 일어날 것이라고 주장할 수 없었을 겁니다. 그랬다면 아마 학계에서 쫓겨났을 거예요. 유일하게 예측할 수 있는 것은 생명이 계속된다는 사실입니다. 그리고 그것이 흥미로울 것이라는 점입니다."

chapter4

해피엔딩을
위하여

THE WORLD
WITHOUT US

17

자발적인류멸종운동과
포스트휴머니즘

우리 때문에 지는 부담을 덜어버린 세상, 사방에 야생 동식물이
멋지게 자라는 세상을 생각하면 우선 마음이 솔깃해진다.
하지만 인간의 탐욕이 초래한 온갖 경이로움의 상실을 생각하면
금세 아픔이 되살아난다.

"인류가 사라진다 해도 지구상에 있는 새들 중에 적어도 3분의 1은
그 사실을 눈치도 못 챌 겁니다." 조류학자 스티브 힐티의 말이다.

그가 말하는 새들은 아마존의 고립된 정글 유역, 오스트레일리아
의 오지에 있는 가시나무 숲, 인도네시아의 구름 자욱한 산비탈 등을
떠나지 않는 것들이다. 한편 우리가 없어진 사실을 알게 된 다른 동
물들, 예컨대 우리에게 괴롭힘을 당하고 사냥당하고 멸종 위기에 처
한 큰뿔산양이나 검은코뿔소 등이 과연 그 일을 축하할지는 알 수가

없다. 우리가 감정을 읽을 수 있는 동물은 극소수에 불과하며, 대부분 개나 말처럼 길들인 종류이다. 그들은 늘 주어지던 먹이를 아쉬워할지도 모른다. 그리고 목줄이나 고삐를 매야 함에도 불구하고 인정 많았던 주인을 그리워할지도 모른다. 돌고래, 코끼리, 돼지, 앵무새 그리고 인간의 사촌 침팬지와 보노보원숭이까지 우리가 가장 영리하다고 생각하는 동물들은 아마 우리를 그다지 그리워하지 않을 것이다. 우리 가운데 그들을 보호하기 위해 상당히 노력하는 사람이 있긴 하지만, 그들에게 위험을 주는 것 또한 대개 우리였기 때문이다.

우리가 없어서 슬퍼할 것들은 주로 우리가 없으면 정말로 살 수 없는 존재일 것이다. 그들은 바로 우리를 주식으로 해서 살도록 진화했기 때문이다. 대표적으로 '페디쿨루수 후마누스 카피티스'와 '페디쿨루수 후마누수 후마누스', 즉 사람 머리와 몸에 사는 이를 들 수 있다. 후자는 적응력이 뛰어나서 우리뿐만 아니라 우리 옷을 먹고도 산다(인간 중에 패션 디자이너를 제외하면 아주 독특한 특성이다). 진드기도 우리가 없으면 큰 상실을 맛볼 것이다. 워낙 작아서 우리 속눈썹에만 수백 마리가 살기도 하는 진드기는 우리에게 쓸모없는 피부 각질을 먹어치워 줌으로써 비듬이 들끓지 않도록 해준다.

200여 종의 박테리아도 우리를 자기네 집이라 부른다. 특히 우리의 대장과 콧구멍, 입 속, 이빨에 사는 것들이 그렇다. 수백 마리의 작은 포도상구균이 우리 피부 어느 곳에나 살며, 겨드랑이와 가랑이와 발가락 사이에는 더 많이 산다. 거의 대부분이 유전적으로 우리한테서만 잘 살 수 있도록 진화했기 때문에 우리가 없어지면 그들도 사라질 것이다. 이 중에 우리의 죽은 몸을 보내는 송별회에 참석하는 것은 거의 없을 것이다(심지어 진드기도 마찬가지이리라). 널리 퍼진 신화와는 달리, 죽은 사람의 머리카락은 계속 자라지 않는다. 세포조직은 수분을 잃으면 수축한다. 그 결과 머리카락의 뿌리가 드러나기 때문에 묻혀 있던 시신이 밖으로 노출되면 머리가 길어진 것처럼 보일 뿐이다.

우리 모두가 갑자기 쓰러져 죽으면, 대개는 청소동물들이 몇 달 안에 뼈만 남기고 우리를 깨끗이 치워준다. 죽은 껍데기가 빙하 크레바스로 추락해 얼어버리거나, 진흙탕 깊은 곳에 빠져 산소와 생물분해요원들이 손쓸 틈이 없는 경우만 아니라면 말이다. 하지만 우리보다 먼저 이 세상을 떠난 분들은, 우리가 고이 잠들도록 챙겨드린 분들은 어떻게 될까? 인간의 유해는 과연 얼마나 오래갈까? 불멸에 다가가려는 인류의 소망은 누군가가 바비 인형과 바비의 남자친구 켄 인형을 우리 자신의 이미지로 떠올릴 만큼 성공을 거두기나 한 것일까? 시신을 보존하고 봉하려는 우리의 광범위하고 값비싼 노력은 얼마나 지속될까?

· · · ·

현대사회에 접어들고 꽤 오랫동안 우리는 시체를 방부 처리해 왔는데, 이는 불가피한 일을 아주 일시적으로만 연장하는 제스처일 뿐이라고 마이크 매튜스는 말한다. 그는 미네소타대학에서 장례과학프로그램과 더불어 화학, 미생물학, 장례 역사를 가르치고 있다.

"방부 처리는 사실 장례만을 위한 것입니다. 세포조직은 조금 굳어지긴 하지만 다시 분해되기 시작하니까요." 시체를 완전히 살균한다는 것은 불가능하기 때문에 이집트의 미라 전문가들은 내장을 전부 제거했다. 부패가 제일 빨리 시작되는 곳이기 때문이다.

내장에 남은 박테리아는 금세 시신의 pH가 변함에 따라 활발해지는 천연 효소의 도움을 받는다. "그중 하나는 고기 맛을 연하게 해주는 연화제 역할을 합니다. 단백질을 분해하기 때문에 소화하기 쉬워지지요. 우리의 활동이 중단되면 방부 처리를 하건 말건 그것들은 활동을 시작합니다."

남북전쟁 이전에는 시신 방부 처리가 흔치 않았다. 죽은 병사들을 집으로 돌려보내기 위해 쓰이면서 애용된 것이다. 부패가 빠른 피를 대체하기 위해 가까이서 구할 수 있는 것을 주입했는데, 흔히 위스키가 이용되었다. "스카치 한 병이면 충분하지요."라고 매튜스는 인정한다. "그렇게 치면 저도 몇 번이나 방부 처리됐나 몰라요."

비소는 그보다 훨씬 잘 통했고 값도 쌌다. 1890년대에 금지되기 전까지 비소는 널리 이용되었으며, 고용량의 비소는 미국의 오래된 묘지를 연구하는 고고학자들에게 종종 문제를 일으키곤 한다. 대체로 그들이 발견하는 것은 시체가 썩었지만 비소는 남아 있는 경우였다.

그 뒤로 현재 애용되고 있는 포름알데히드가 나타났다. 포름알데히드는 인간이 만든 최초의 플라스틱인 베이클라이트의 원료인 페놀에서 나온다. 최근 들어 녹색장례운동을 펼치는 사람들은 포름알데히드 반대시위를 하고 있다. 이 물질은 산화되어 포름산이 되는데, 포름산은 불개미나 벌침에 있는 독소로 지하수로 흘러들면 또 하나의 독극물이 될 수 있기 때문이다(부주의한 사람들은 무덤에 가서도 환경을 오염시킨다). 그들은 또 흙에서 흙으로 돌아간다는 말씀은 그리도 아끼면서 왜 그와는 정반대로 시신을 묻으며, 하물며 흙이 아예 닿지도 못하게 봉해버리느냐고 비난한다.

이렇게 봉하는 것은 고급 관을 사용하는 데서 시작된다. 과거 애용되던 소나무관은 이제 청동, 구리, 스테인리스스틸로 만든 관으로 대체되거나, 어머어마한 양의 온대 및 열대 활엽수 목재로 만든 관으로 바뀌었다. 그나마 이 관이 흙 속에 바로 묻히는 것도 아니다. 우리가 영원히 갇혀 있어야 할 이 상자는 또 하나의 상자 속으로 들어가는데, 이 상자의 내벽은 대개 콘크리트다. 이렇게 콘크리트를 치는 이유는 흙의 무게를 지탱하기 위해서라고 한다. 그렇게 하면 예전 묘지의 경우처럼 밑에 있는 관이 썩어 주저앉으면서 무덤이 내려앉고 묘석이 쓰러지는 일이 없다는 것이다. 그것의 덮개는 방수가 아니기 때문에 내벽 바닥에 난 구멍은 무엇이 들어오건 다시 새어나가게 하는 역할을 한다.

녹색장례를 주장하는 사람들은 이처럼 내벽을 친 상자를 만들지 말고, 관의 재료로 골판지나 버들가지처럼 빨리 분해되는 것을 이용하자고 한다. 아니면 관 따위에 넣지 말고, 방부 처리를 하지 않은 시신을 천에 싸서 바로 묻어 남은 영양분을 땅에 돌려주도록 하자고 한다. 사실 인류 역사의 대부분 사람은 이런 식으로 묻혔겠지만, 서구 세계에서 이런 방식을 허용하는 묘지는 극히 적다. 한편 그보다 더 드물게 허용되는 방식은 묘비 대신 나무를 심어 인체의 양분을 바로 거두어들이도록 하자는 수목장이다.

그러나 장례업계에서는 보존의 가치를 역설하면서 견고한 것 이상의 것을 권한다. 콘크리트 내벽도 청동으로 만든 지하실 무덤에 비하면 조잡하다며, 청동으로 만들면 자동차만큼 무거워도 홍수 때 뜰 수 있다고 현혹한다.

그런 장례 벙커 제조사 가운데 가장 규모가 큰 시카고의 윌버트장례서비스의 부사장 마이클 파자르에 따르면, "무덤은 지하실과 달리 배출 펌프가 없다"는 점이 문제다. 그의 회사가 내놓은 3중 벙커는 위에 물이 2미터 높이로 차도, 즉 지하수가 차올라 묘지가 호수로 변해도 견딜 수 있도록 압력 테스트를 거쳤다. 게다가 내부에는 녹슬 염려가 없는 청동 옷을 입힌 콘크리트 심이 있고, 그 안팎으로 ABS를 댔다고 한다. ABS는 아크릴로니트릴과 스티렌과 부타디엔 고무를 합성해 만든 것으로, 가장 분해가 안 되고 충격과 열에 강한 플라스틱의 하나다.

덮개는 독점 개발한 부틸 밀봉제를 써서 플라스틱 내벽과 빈틈없이 결합되도록 했다. 이 밀봉제만큼 강한 것이 없다고 파자르는 말한다. 그러면서 오하이오에 있는 사설 연구소를 언급한다. "그들은 부틸에다 열을 가하고, 자외선을 쏘이고, 염산에다 절이기도 했습니다. 실험 결과는 수백만 년을 버틸 것이라고 나왔어요. 별로 내키지는 않지만 박사들이 그렇게 만들어 놓았습니다. 미래의 어느 시점에 고고학자들이 이 사각형 부틸 테두리만을 발견한다는 상상을 해보십시오."

하지만 그들은 우리가 막대한 경비와 온갖 화학 지식, 방사선에 견디는 폴리머, 멸종 위기에 처한 나무, 중금속을 다 들여 남기려 한 조상의 흔적은 발견하지 못할 것이다. 처리할 음식이 들어오지 않으면 인체의 효소는 박테리아가 먹지 않은 모든 조직을 녹여버리며, 남은 몇십 년 동안 산성액으로 변한 방부 처리액과 섞일 것이다. 그것은 밀봉제와 ABS플라스틱 내벽 입장에서는 또 하나의 시험이 될 텐데, 그 정도 시험은 간단히 통과함으로써 유골보다 오래 버틸 것이다. 부틸 밀봉제만 빼고 청동과 콘크리트 등이 전부 분해되기 전의 현장이 고고학자들에게 발견된다면, 시신 가운데 남은 것은 몇 센티미터 깊이의 인간 수프뿐일 것이다.

습도가 거의 제로에 가까운 사하라나 고비나 칠레의 아타카마 같은 사막에서는 옷과 머리카락이 멀쩡한 천연 인간 미라가 종종 발견된다. 빙하나 영구동토가 녹으면서 우리의 먼 조상이 죽은 당시 모습 그대로 묻혀 있다가 발견되기도 한다. 이를테면 1991년에 이탈리아 알프스에서 가죽옷을 입은 청동기시대 사냥꾼의 시신이 발견되었다.

하지만 지금 살아 있는 우리가 오래가는 흔적을 남길 가능성은 별로 없다. 미네랄이 풍부한 진흙 속에 묻혔다가 결국 뼈의 칼슘이 전부 대체되어 뼈 모양의 돌로 변하는 일은 드물어졌다. 희한하고 어리석은 관행 때문에 우리는 스스로와 사랑하는 사람에게 정말 오래가는 기념물, 즉 화석이 될 기회를 박탈하고 있는 것이다.

・ ・ ・ ・ ・

우리 모두가 사라질, 그것도 당장 사라질 확률은 꽤 희박하지만, 가능성이 전혀 없는 것은 아니다. 다른 생물들은 다 남고 인간만 사라질 가능성은 더 희박하지만, 그래도 제로보다는 높다. 미국 질병통제센터 특별병원균분과의 책임자인 토머스 카이젝은 우리를 한꺼번에 수백만 명씩 해칠 수 있는 것에 대해 고민하는 일을 한다. 시아젝은 원래 육군 소속의 수의 미생물학자이자 바이러스학자였으며, 연구 분야는 생물무기 공격의 위협에서부터 사스 코로나 바이러스처럼 뜻밖에도 다른 종으로부터 갑자기 전이되는 위험에 대한 것이었다. 그는 사스 코로나 바이러스의 특징을 밝혀내는 데도 기여했다.

우울한 시나리오이긴 하지만 워낙 많은 인구가 도시라고 하는 과밀한 배양접시, 즉 미생물들이 모여 번식하기 좋은 환경에 살고 있는 이 시대에 감염성 있는 병원체 하나가 나타나 인류 전체를 쓸어버릴 가능성에 대해 그는 별로 확률이 없다고 생각한다. "우리는 가장 독성이 강한 것들을 연구하고 있습니다만, 그런 일은 일어나기 어려울 거예요."

아프리카에서는 수시로 에볼라 바이러스나 마르부르크 바이러스 같은 끔찍한 병원균이 간헐적으로 발발하여 마을 전체나 선교사 또는 의료 봉사자들을 몰살시키곤 했다. 두 경우 모두 요원들에게 보호장구를 착용하고 환자와 접촉한 뒤에는 비누로 잘 씻도록 조치함으로써 연쇄적인 감염의 고리를 끊을 수 있었다.

"위생이 핵심입니다. 누군가가 일부러 에볼라를 들여온다 해도 충분히 조심하면 약간의 2차 감염은 있을 수 있겠지만 병원균은 금세 죽어버립니다. 더 생명력 강한 무엇으로 변이를 일으키지만 않는다면 말이지요."

에볼라나 마르부르크 같은 고위험 바이러스는 큰박쥐 등의 동물에게서 발생하는 것으로 추정되는데, 인간 사이에서도 감염된 체액을 통해 퍼진다. 인체 호흡기를 통해 침투하는 에볼라를 발견한 뒤로 메릴랜드 포트데트릭에 있는 미군 소속의 연구자들은 테러리스트가 에볼라폭탄을 제조할 수 있는지 확인해 보았는데, 그들은 이 바이러스를 동물에게 다시 퍼뜨릴 수 있는 에어로졸을 만들어 냈다. "하지만 기침이나 호흡을 통해 사람에게 쉽게 옮겨질 만큼 입자를 작게 만들지는 못했습니다"라고 카이젝은 말한다.

그러나 만일 에볼라의 하나인 '레스턴'이 변이를 일으킨다면 문제가 될 수 있다. 이 바이러스는 현재까지 인간 아닌 영장류만 죽음으로 몰고 가며, 다른 에볼라 바이러스들과는 달리 공기를 통해 침투한다. 마찬가지로 혈액이나 정액을 통해서만 감염되는 맹독의 에이즈 바이러스가 공기를 통해 옮겨다닐 수 있게 된다면, 정말 종 전체가 멸절할 수 있을 것이다. 하지만 그럴 가능성은 희박하다고 카이젝은 생각한다.

"이동 경로를 바꿀 수는 있습니다. 하지만 지금 방식이 HIV의 생존에 유리합니다. 그래야 감염된 대상이 한동안 바이러스를 퍼뜨릴 수 있거든요. 그것은 어떤 이유 때문에 지금의 상태로 진화해 온 겁니다."

공기를 통해 감염되는 가장 지독한 인플루엔자도 우리 모두를 멸하는 데는 실패했다. 인간이 마침내 면역이 생겨 유행병을 다스리게 되었기 때문이다. 하지만 생화학 훈련을 받은 정신이상자 테러리스트가 재주 좋게도 우리가 개발하는 저항성보다 빨리 진화하는 무언가의 유전자를 접합하는 데 성공한다면 어떻게 될까? 이를테면 성교를 통해서도 공기를 통해서도 전염될 수 있는 유능한 사스 바이러스에다 유전 물질을 잘라 붙이고, 그것을 카이젝 같은 사람들이 미처 박멸하지 못한다면?

카이젝은 극악한 바이러스를 만드는 것이 가능하다고 인정한다. 하지만 유전자를 이식한 살충제의 경우처럼 유전자 조작의 결과물은 보장할 수 없다고 한다.

"바이러스성 병균을 덜 옮기는 모기를 만들어 내려 할 때와 비슷한 경우입니다. 실험실에서 만들어 낸 이 모기를 풀어놓으면 경쟁에서 자꾸 뒤처집니다. 생각만큼 쉬운 일이 아니지요. 실험실에서 바이러스 하나를 합성하는 것과 실제로 그 효과를 발휘하는 것은 별개의 문제입니다. 감염성 있는 바이러스로 재창조하려면 숙주세포를 감염시킬 수 있는 유전자가 아주 많이 필요하고, 수많은 후손을 만들어 내야 해요."

그는 악의 없이 키득거리며 말한다. "그런 시도를 하는 사람은 도중에 자기가 죽을 수 있어요. 훨씬 노력을 덜 들이고 더 쉽게 알 수 있는 방법이 많이 있습니다."

····

산아제한을 좀더 엄밀히 추진해야겠지만, 지금까지 우리는 인류 전체의 씨를 말리려는 인류 혐오적 기도를 두려워할 필요가 거의 없었다. 옥스퍼드 미래인류연구소의 닉 보스트롬 대표는 인류의 생존이 막을 내릴 가능성(그는 증가하고 있다고 생각한다)을 계산해 보곤 한다. 그는 특히 우연이든 고의든 나노 기술이 오류를 일으키거나 초지능superintelligence이 제멋대로 날뛰게 될 가능성에 흥미를 두고 있다. 하지만 어느 쪽이든 혈액을 타고 다니면서 병을 치료하다가 갑자기 반항하는 원자만 한 의료기나, 인간보다 더 영리해져 결국 우리를 지구 밖으로 내모는 자기복제 로봇을 만들어 낼 기술은 "적어도 몇십 년은 더 지나서" 두고 볼 일이라고 그는 지적한다.

그가 1996년에 낸 무거운 학술서 《세상의 끝》을 보면, 온타리오 대학의 우주학자 존 레슬리도 그의 의견에 동조한다. 하지만 레슬리는 우리가 지금 고에너지 입자가속기를 가지고 노는 것이 우리 은하계가 돌아가는 진공 상태의 물리를 깨뜨리지 않거나, 또 한 번의 빅뱅을 유발하지 않으리란 보장이 없다고 경고한다.

기계가 인간보다 빨리 생각하지만 적어도 인간만큼 결함이 많은 시대의 윤리 문제를 따져보는 이 두 사람의 철학자는 선대의 지성들이 고민하지 않았던 현상에 꾸준히 주목해 왔다. 그 현상이란 자연이 지금껏 우리한테 내던지는 전염병이나 유성에 대해서는 우리가 잘 견디며 살아남았지만, 그 반발로 내던진 기술이 우리를 위기에 빠뜨리는 상황을 말한다.

"밝은 면만 보면 기술 역시 아직 우리를 죽이지는 않았습니다." 파멸의 데이터를 분석하지 않을 때면 인류의 수명 연장 방안에 대해 연구하는 보스트롬이 말한다. "하지만 만일 우리가 멸종한다면, 환경 파괴보다는 신기술 때문일 것이라고 저는 생각합니다."

지구의 나머지는 별 차이가 없을 것이라고 그는 말한다. 그런 일이 실제로 일어나든 말든 많은 다른 종이 남아 있을 것이 분명하기 때문이다. 외계에서 온 사육사들이 우리를 전부 납치함으로써 이 수수께끼를 미해결 상태로 만들어 버리고 다른 모든 것은 그대로 남겨둘 가능성은 희박한 정도가 아니라 자아도취적이다. 그들이 왜 우리한테만 흥미를 갖겠는가? 그들이라고 해서 우리가 탐식해 온 먹음직스러운 자원을 보고 군침을 흘리지 말라는 법이 있는가? 우리보다 훨씬 더 힘센 외계인들이 우리와 똑같은 목적에서 지구에다가 빨대 같은 것을 꽂아놓고 바다, 숲, 동식물을 쪽쪽 빨아들일지도 모를 일이다.

"정의상 우리는 외계의 침략자입니다. 아프리카 말고는 어디나 그렇지요. 호모사피엔스가 가는 곳 어디나 멸종이 뒤따랐습니다."

자발적인류멸종운동VHEMT의 창립자인 레스 나이트는 사려 깊고, 말씨가 부드럽고 조리 있으며, 아주 진지한 사람이다. 능멸당한 지구로부터 인류를 추방하자는 주장을 아주 거슬리는 방식으로 펼치는 다른 단체들, 이를테면 낙태·자살·비역(남색男色)·식인을 4대 기둥으로 삼으며 웹사이트를 통해 사람 사체를 요리하는 방법까지 알려주고 있는 '안락사교회'와 달리, 나이트는 전쟁·질병·고난에 대해 인류혐오적 쾌감을 느낄 줄 모른다. 학교 선생인 그는 같은 수학 문제를 풀어 늘 같은 답을 얻어낸다.

"어떤 바이러스도 60억 인구를 다 죽일 수는 없습니다. 99.99퍼센트가 죽는다 해도 65만 명이라는 자연 면역을 갖춘 생존자가 남게 됩니다. 유행병은 사실상 종을 강화시키는 역할을 합니다. 5만 년만 있으면 지금의 상태로 쉽게 돌아올 수 있겠지요."

전쟁도 소용없을 것이라고 그는 말한다. "전쟁에서 수백만 명이 죽어도 인간은 계속해서 수를 늘려나갑니다. 대부분 인류사에서 전쟁은 결국 승자와 패자의 수를 함께 늘립니다. 게다가 살인은 부도덕한 짓이에요. 대량학살은 지구상의 삶을 향상시키는 방법으로 절대 고려되어서는 안 됩니다."

그는 오리건에 살지만 그의 운동은 전 세계에 기반을 두고 있다 (인터넷상으로 그러하다는 뜻이며, 16개의 언어로 된 웹사이트가 있다)고 한다. 지구의 날 행사나 환경 컨퍼런스 등에서 나이트는 세계적으로 인구증가율과 출산율이 2050년이면 떨어질 것이라는 유엔의 예측을 인정하는 차트들을 게시한다. 하지만 그가 진짜 보여주려는 차트는 세 번째 것으로, 인구 자체는 계속해서 솟구치고 있다는 사실이다.

"적극적으로 번식하는 사람이 너무 많습니다. 중국의 경우 출산율이 1.3퍼센트로 떨어졌지만 그래도 매년 1,000만 명이나 늘어나고 있어요. 기근, 질병, 전쟁으로 그 어느 때보다 많은 인구가 줄어들고 있지만 성장률을 따라가지는 못합니다."

'오래 살다가 깨끗이 사라지기를'이라는 모토를 내건 자발적인류 멸종운동은 그가 예측하건대 우리 모두가 지구를 소유하는 동시에 소비한다는 생각이 순진했다는 사실이 확연해질 무렵 일어날 처참한 대량 소멸을 피하자고 주장한다. 우리와 다른 거의 모든 생명체의 목숨을 대대적으로 앗아갈 끔찍한 자원 전쟁과 아사를 목격하느니 차라리 인류를 고이 잠재우자는 것이다.

"우리 모두가 출산을 중지하기로 했다고 상상해 보세요. 아니면 확실히 효과적인 바이러스 하나가 출현하거나, 모든 인류의 정자가 생명력을 잃는다고 생각해 보세요. 제일 표가 나는 곳은 낙태를 고민하는 사람들에게 상담을 해주는 위기임신센터일 겁니다. 아무도 찾아오지 않을 테니까요. 그리고 다행히도 몇 달 뒤면 낙태수술을 해주는 사람들이 업계를 떠나게 될 겁니다. 계속해서 임신을 시도했던 사람들한테는 안타까운 일이겠지요. 하지만 5년쯤 지나면 다섯 살 이하의 아이가 죽는 끔찍한 일은 결코 일어나지 않을 겁니다."

살아 있는 모든 아이의 처지도 개선될 것이라고 그는 말한다. 마음대로 할 수 있는 존재가 아니라 더 귀한 존재임을 깨닫게 될 것이기 때문이다. 입양이 안 되는 고아도 사라질 것이다.

"21년이 지나면 청소년 범죄 자체가 없어질 겁니다." 그 무렵이면 체념하는 마음이 정착되면서 영적 자각이 공황을 대체할 것이라고 나이트는 예측한다. 인간의 생명이 끝을 향해 갈수록 향상된다는 자각이 생겨날 것이기 때문이다. 먹을 것도 더 충분해지고, 물을 포함한 자원도 다시 풍부해질 것이다. 바다는 다시 깨끗해질 것이다. 새

집이 필요하지 않기 때문에 숲과 습지도 보존될 것이다.

"자원 분쟁이 없는 상황에서 우리가 전쟁으로 서로의 목숨을 낭비하지는 않으리라 봅니다." 정원을 돌보면서 불현듯 마음의 평정을 찾는 은퇴한 기업 임원처럼, 나이트는 우리에게 남은 시간을 갈수록 자연스러워지는 세상을 만들고 흉하고 불필요한 잡동사니들을 제거하는 데 쓰면서 살기 위해 필요한 상상력을 세공해 준다.

"마지막 남은 인류는 마지막 석양을 평화로이 즐길 수 있을 겁니다. 자기들이 에덴동산에 가장 근접한 지구로 되돌아왔다는 사실을 알 테니까요."

· · · ·

지금은 자연 현실의 쇠퇴와 가상 현실의 부상이 평행선을 달리고 있다. 이러한 시대에 자발적인류멸종운동의 정반대 지점에는 제정신을 잃은 인류 멸종 주장을 통해 더 나은 삶을 약속하는 사람들뿐만이 아니라, 멸종이 호모사피엔스를 위한 발전의 기회가 될 수 있다고 보는 일군의 존경받는 사상가와 저명한 발명가들이 있다. 자칭 트랜스휴머니스트인 그들은 우리의 머릿속에 든 것을 회로 속으로 업로드하여 여러 면에서(잘하면 죽지 않아도 된다는 가정을 포함하여) 우리의 뇌와 몸보다 뛰어나도록 해줄 소프트웨어를 개발함으로써 가상공간을 개척할 꿈을 꾸고 있다. 스스로를 확장하는 컴퓨터의 마술, 남아도는 실리콘 그리고 모듈 단위의 메모리 및 기계 부착의 광범위한 기회가 있기 때문에, 인류의 멸종은 적재량이 제한되어 있고 별로 내구성 없는 배가 불필요한 짐을 밖으로 던져버리는 것이나 마찬가지이며, 우리의 기술적인 사고는 마침내 그런 한계를 뛰어넘으리라는 것이다.

트랜스휴머니스트(포스트휴먼이라고도 한다) 운동으로 유명한 이들로는 옥스퍼드 철학자 닉 보스트롬, 광학문자판독OCR과 평면스캐너와 시각장애인용 독서기를 개발한 발명가 레이 커즈와일,《시민 사이보그: 왜 민주사회는 재설계된 미래인간에 주목해야 하는가》의 저자이자 트리니티칼리지의 생명윤리학자 제임스 휴스 등이 있다. 아무리 파우스트적이라 해도 그들의 주장에서는 불멸과 초자연적 힘에 대한 유혹이 너무 강하게 느껴진다(아울러 지금의 모순을 초월할 완벽한 기계를 만들 수 있다는 유토피아적 신념을 보면 사뭇 찡해지기까지 한다).

단순한 물건과 생명체 사이의 간극을 뛰어넘는 로봇과 컴퓨터를 만드는 데 큰 장벽이 되는 것은 아무도 스스로를 자각하는 기계를 만들어 본 적이 없다는 점이라는 주장을 흔히 접할 수 있다. 슈퍼컴퓨터는 우리 주변의 온갖 것을 다 계산할 줄 알지만 느낄 줄은 모르기 때문에 세상에서의 자기 위치에 대해 생각할 수 없다. 그런데 그보다 더 근본적인 결함은 어떤 기계도 인간의 관리 없이 무한정 작동한 경우가 없다는 점이다. 움직이는 부품이 없는 기계도 고장이 나며, 자동수리 프로그램도 쉽게 망가진다. 만일 백업 카피 형태로 구제를 해준다면 최신 기계를 계속해서 모방하는 복제기계가 되려고 하는 로봇들의 세계가 열릴 수 있을지도 모른다.

포스트휴머니스트들이 스스로를 회로 속으로 옮겨놓는 작업에 성공한다 하더라도 당장은 아닐 것이다. 그들과 달리 탄소를 기초로 하는 인간의 본질에 애착을 느끼는 우리 같은 사람들 입장에서는, 자발적 멸종을 주장하며 황혼을 말하는 레스 나이트의 예언이 아픈 데를 찌른다. 그것은 진정 인간다운 존재라면 수많은 생명과 아름다움의 사멸을 목격하면서 느끼게 마련인 피로감 때문이기도 하다. 우리 때문에 지는 부담을 덜어버린 세상, 사방에 야생 동식물이 멋지게 자라는 세상을 생각하면 우선 마음이 솔깃해진다. 하지만 인간의 탐욕이 초래한 온갖 경이로움의 상실을 생각하면 금세 아픔이 되살아난다. 인간이 만들어 낸 것 중에 가장 놀라운 존재인 '아이'가 다시는 푸른 대지에서 뛰어놀 수 없게 된다면 과연 무엇이 우리 뒤에 남을 것인가? 우리 영혼 가운데 진정으로 불멸한 것은 무엇인가?

종교에서 말하는 사후의 문제는 일단 제쳐두기로 하자. 그렇다면 우리가 전부 사라져 버리고 난 다음에 믿는 자와 불가지론자 모두 갖고 있는 열정, 즉 우리 영혼 속에 있는 것을 표현하고 싶은 억누를 수 없는 욕구는 어떻게 될 것인가? 가장 창조적인 형태로 표현된 인류의 유산은 어떻게 될 것인가?

예술은 우리보다 길다

"모차르트가 들어간 작은 악단은
시간이 그 이름과 작품을 잊지 않을 것이다.
그들은 영원히 기억될 것이다."
- 키르케고르

투손에 위치한 한 개조된 창고에 입주해 있는 '메탈피직 조각 스튜디
오'에서 주물 작업자 두 사람이 거친 가죽 재킷, 석면과 스테인리스
스틸 그물이 붙은 장갑, 보안경 달린 안전모 차림을 하고 있다. 그들
은 벽돌로 만든 가마에서 예열한 세라믹 거푸집을 꺼내고 있는데, 이
는 아프리카 흰등독수리의 날개와 몸을 조각한 틀로, 주조와 용접을
마치면 실제 크기의 청동상이 되어 필라델피아 동물원으로 보내질 것
이다. 이 동상은 야생동물 미술가 마크 로시의 작품이다. 두 사람은

모래를 채운 회전판 위에 거푸집을 올려놓는다. 회전판은 트랙을 따라 드럼 모양의 강철 가마를 오가게 되어 있다. 미리 넣어둔 9킬로그램의 주괴ingot들은 녹아서 섭씨 1,100도의 청동 수프로 변해버렸다.

축을 따라 기울어지게 설계된 가마는 별로 어렵지 않게 녹은 금속을 거푸집에 부을 수 있다. 6,000년 전 페르시아에서는 장작을 연료로 썼고, 거푸집은 세라믹 틀이 아니라 산비탈의 움푹한 구멍이었다. 하지만 고대인들은 구리와 비소 또는 구리와 주석을 섞어 쓴 데 비해 지금은 구리와 실리콘의 합금을 선호한다는 점만 빼면, 청동을 이용해 불후의 예술품을 만드는 과정은 본질적으로 똑같다.

그리고 같은 이유 때문에 금이나 은처럼 구리도 부식에 강한 귀금속의 하나가 되었다. 우리 조상들은 먼저 모닥불 가까이에 있는 공작석malachite이 꿀처럼 흐르는 모습을 보았다. 그것이 구리의 시작이었고, 식으면 두드려 펴기 좋고 오래가고 제법 아름답다는 것을 알게 되었다. 그래서 다른 돌들도 녹여보거나 그 결과물을 섞어보기도 하다가 전에 없이 강한 합금이 만들어지게 된 것이다.

그들이 시험해 본 돌 중에는 철이 든 것도 있었다. 철은 단단하긴 했지만 빨리 산화되는 약점이 있었다(그래서 귀금속에 비해 질이 떨어진다는 의미에서 비금속卑金屬이란 이름이 붙었다 - 옮긴이). 철은 탄산재와 섞으면 더 강해지고, 오랫동안 풀무질을 해서 센 바람을 넣어주면 여분의 탄소가 날아가면서 훨씬 더 강해진다는 것이 밝혀졌다. 그 결과 많지 않은 다마스쿠스 명검이 만들어지기에 충분한 정도로 단강鍛鋼이 이용되었으나, 다른 곳에서는 그다지 많이 쓰이지 않았다. 그러다

1855년에 헨리 베서머가 획기적인 제강법을 발명함으로써 철은 사치품에서 일용품으로 변했다.

하지만 강철로 만든 거대한 빌딩, 증기롤러, 탱크, 철도, 또는 식탁용 스테인리스 도구의 광택에 속으면 안 된다고 데이비드 올슨은 말한다. 콜로라도광산학교의 선임 재료공학자인 그에 따르면, 청동 조각품이 그런 것들보다 훨씬 더 오래간다는 것이다.

"귀금속으로 만든 것은 거의 무궁하다고 봐야 합니다. 산화철 미네랄 화합물로 만들어진 금속은 원래의 합성물 상태로 돌아가게 되어 있습니다. 그것은 원래 그 상태로 몇백만 년을 있었지요. 우리는 산소로부터 꾸어다가 바람을 집어넣어서 그것을 더 높은 에너지 상태로 바꾸었을 뿐입니다. 그런 건 다 원래 상태로 돌아가게 되어 있어요."

스테인리스스틸도 마찬가지라고 한다. "특정한 역할을 하도록 고안된 환상적인 합금 중의 하나지요. 싱크대 서랍 속에 들어 있으면 언제나 아름다운 상태로 남을 겁니다. 하지만 산소와 짠물에 노출되면 삭기 시작하지요."

청동 예술품은 두 배로 유익한 것이다. 금, 백금, 팔라듐처럼 귀하고 값비싼 귀금속은 자연에서 다른 것과는 거의 결합하지 않는다. 더 풍부해서 좀 덜 귀한 구리는 산소와 황에 노출되면 결합을 한다. 하지만 녹슬 때 부스러지는 철과는 달리, 구리는 다른 물질과 결합하더라도 1,000분의 2 내지 3 정도에 불과한 두께의 막을 형성하기 때문에 그 이상의 부식은 일어나지 않는다. 그 자체로 아름다운 이 녹청

patina은 적어도 90퍼센트가 구리로 이루어져 있는 청동 조각이 갖는 매력의 일부이다. 합금하면 구리가 더 단단해지고 용접하기 좋아진다. 올슨이 아주 오래갈 것으로 예상하는 서구 문화의 상징 하나는 1982년 이전에 만들어진 1센트짜리 구리 동전이다(아연이 5퍼센트 함유된 청동이기도 하다). 하지만 오늘날 미국의 1센트 주화는 거의 아연으로만 만들어졌으며, 한때 액면가의 가치를 갖던 돈의 색깔을 낼 정도로만 구리가 포함되어 있다.

아연 97.5퍼센트의 이 새로운 1센트 동전을 바다 속에 던져놓으면 100년 정도 지나 녹아버릴 것이다. 하지만 조각가 프레데릭 오귀스트 바르톨디가 그보다 별로 두껍지 않은 구리판을 두드려 만든 자유의 여신상은, 만일 온난화 때문에 빙하가 다시 찾아와 받침대에서 떨어진다면 뉴욕항 해저에서 의연하게 산화되어 갈 것이다. 결국 여신상이 돌로 변할 때까지 코발트빛 녹청은 두꺼워지겠지만, 조각가의 미적 의도는 물고기들의 기억 속에 남을지 모른다. 그 무렵이면 아프리카 흰등독수리도 사라졌을 수 있다. 마크 로시가 이 독수리에게 바친 경의는 필라델피아 어딘가에 좀 남아 있을지도 모르지만 말이다.

비아워비에자 원시림이 유럽 전역으로 다시 뻗어간다 하더라도 그곳을 세운 야기에우워 왕이 말을 탄 모습을 형상화한 뉴욕 센트럴파크의 청동상은 더 늙어버린 태양이 너무 뜨거운 빛을 내리쬐면서 지구상의 생명이 마침내 스러지는 먼 미래까지 남을지도 모른다. 이 동상 북서쪽에 있는 센트럴파크 웨스트의 한 스튜디오에는 맨해튼의 예술품 보존 전문가인 바바라 애플봄과 폴 히멜스타인이 이 오래된 근사한 소재를 예술가가 이용한 고에너지 상태로 유지되도록 조심스럽게 다루고 있다. 그들은 원래의 물질이 얼마나 오래가는지에 대해 정확히 알고 있다.

"우리가 중국 고대의 직물에 대해 아는 것은 비단이 청동을 싸는 데 쓰였기 때문이지요"라고 히멜스타인은 말한다. 분해된 지 한참 지났지만 직물의 결이 녹청의 구리염에 자국을 남겼던 것이다. "그리고 우리가 그리스 직물에 대해 아는 것은 전부 불탄 도자기(세라믹) 꽃병에서 발견된 그림을 통해서입니다."

세라믹은 가장 낮은 에너지 상태의 물질에 가깝다고 애플봄은 말한다. 백발을 짧게 자르고 까만 눈에 에너지가 넘치는 그녀가 선반에서 어린 삼엽충 하나를 꺼낸다. 페름기의 진흙에 의해 섬세한 부분까지 충실히 광물화된 이 화석은 2억 6,000만 년이 됐어도 뚜렷한 관찰이 가능하다. "일부러 부수지만 않으면 세라믹은 사실상 분해되지 않습니다."

불행히도 그런 일이 일어나긴 하는데, 안타까운 사실은 역사상 대부분의 청동상이 무기를 만들기 위해 녹여졌다는 점이다. "지금까지 만들어진 예술품 가운데 95퍼센트는 더 이상 존재하지 않습니다." 히멜스타인이 희끗한 염소수염을 손마디로 치며 말한다. "우리는 그리스나 로마의 그림에 대해 아는 바가 거의 없습니다. 주로 플리니우스 같은 문인이 쓴 글을 보고 짐작할 뿐이지요."

테이블 위에는 한 개인 수집가를 위해 손을 보고 있는 큼직한 유회가 놓여 있다. 콧수염을 기르고 보석 달린 시곗줄을 찬 오스트리아 헝가리제국의 한 귀족을 그린 1920년대 초상화다. 오랜 세월 동안 어느 눅눅한 복도에 걸려 있던 바람에 그림이 늘어졌고 썩기 시작했다. "습도 제로인 4,000년 된 피라미드에 걸려 있지 않는 이상, 캔버스 그림은 몇백 년만 소홀히 다루면 끝장나고 말지요."

생명 있는 물질인 물은 흔히 예술품의 죽음을 의미한다. 단 그 예술이 완전히 물에 잠기지 않는 한 말이다.

"우리가 사라지고 모든 박물관 지붕에 물이 새서 그 안에 있는 것들이 전부 썩은 뒤에 외계인이 나타난다면, 외계인은 사막을 파거나 물속을 뒤져봐야 할 겁니다." 히멜스타인의 말이다. 산성도가 너무 높지만 않다면, 산소가 부족할 경우 물에 잠긴 직물도 보존될 수가 있다. 그런데 그것을 물에서 바로 건져내는 것은 위험한 일이다. 몇천 년 동안 바닷물과 화학적 평형을 이룬 상태로 있던 구리일지라도 일단 물 밖으로 나오면 염화물을 염소로 바꾸는 반응으로 인해 '청동병bronze disease'을 유발할 수 있기 때문이다.

"그런가 하면 우리는 타임캡슐에 대해 자문을 구하는 사람들에게 중성지로 만든 박스에 든 양질의 넝마종이rag paper(낡은 헝겊을 원료로 만든 고급지 - 옮긴이)는 물에 젖지만 않으면 영구히 보존된다고 이야기해 줍니다. 이집트의 파피루스처럼요." 스톡포토stock photo(특정 용도에 유료로 사용되는 것을 목적으로 특허 등록을 해둔 사진들 - 옮긴이) 전문 회사인 코르비스가 보유하고 있는 세계 최대의 사진 컬렉션을 포함한 엄청난 양의 중성지 기록물들은 펜실베이니아 서부에 위치한 옛 석회 광산의 60미터 지하에 날씨 영향을 받지 않도록 밀폐되어 있다. 이 지하 저장고의 제습기와 냉방장치는 저장물들의 수명을 최하 5,000년 이상 보장해 준다.

물론 전기가 나가지 않는다는 조건을 전제로 한다. 우리가 아무리 애쓴다 해도 문제는 생기기 마련이다. "건조한 이집트에서도 제일 귀중한 수집 도서들이 완벽하게 보존되다가 이교도의 신앙과 관습을 처단하려 한 주교가 불을 지르는 바람에 다 타버리고 말았지요"라고 히멜스타인은 말한다. 귀중한 수집 도서란 알렉산드리아도서관에 있었던 50만 개의 두루마리를 말하는데, 그중 일부는 아리스토텔레스의 것이었다.

그는 파란 줄무늬 앞치마에 손을 닦는다. "적어도 우리는 그런 유물이 있는 줄은 압니다. 그런데 제일 안타까운 사실은 고대의 음악이 어땠는지 전혀 알 수 없다는 것이지요. 악기는 좀 남아 있습니다. 하지만 그 악기들로 어떤 소리를 냈는지는 모르지요."

이 유명한 보존 전문가 둘 중 누구도 지금 기록되고 있는 음악이, 그리고 디지털미디어에 저장된 다른 모든 정보가 오래 남으리라고 생각지 않는다. 하물며 먼 미래에 잔뜩 쌓인 얄팍한 플라스틱 디스크를 보고 어리둥절해할 지력 뛰어난 존재가 지금 음악을 이해하리라고도 보지 않는다. 일부 박물관에서는 안정된 구리에다 레이저를 이용해 현미경으로 보일 정도의 작은 글씨로 정보를 새기고 있다. 그 내용을 읽을 수 있는 장치가 함께 남을 수만 있다면 괜찮은 아이디어다.

그렇긴 해도 인간이 남긴 창조적 표현물 가운데 음악이 가장 오래 남아 울려퍼질 수 있는 가능성이 있다.

• • • •

1977년 천문학자 칼 세이건은 토론토의 화가이자 라디오 프로듀서인 존 롬버그에게 화가는 인간을 한 번도 본 적이 없는 존재에게 인간의 본질을 어떻게 표현해 줄 수 있겠느냐고 물어보았다. 세이건은 동료인 코넬대학의 천체물리학자 프랭크 드레이크와 함께 NASA로부터 쌍둥이 우주선 보이저호에 실어 갈 만한 것으로 인간에 대해 의미 있는 무언가를 만들어 달라는 요청을 받은 상태였다. 두 우주선은 외행성들을 찾아가 본 다음에 우주 공간을 계속해서, 아마도 영원히 날아갈 터였다.

세이건과 드레이크는 그 전에도 유일하게 태양계를 벗어날 다른 두 우주탐사선과 관련해 요청을 받은 적이 있었다. 파이어니어10호와 파이어니어11호는 소행성대를 항해할 수 있는지, 목성과 토성을 조사할 수 있는지 알아보기 위해 각각 1972년과 1973년에 발사되었다. 파이어니어10호는 1973년 목성의 자장 내에서 방사성이온과 마주쳤지만 살아남았고, 목성의 달 영상을 보내왔으며, 그 뒤로도 계속 날아갔다. 2003년 이 우주선으로부터 마지막 가청 신호가 전해져왔으며, 그 무렵 지구와의 거리는 약 128억 킬로미터였다. 200만 년이 지나면 그것도 소멸하겠지만, 위험하게도 황소자리의 붉은 눈인 알데바란이라는 별 가까이서 없어지지는 않을 것이다. 파이어니어11호는 언니 뒤를 따라서 1년 뒤에 목성을 급히 한 바퀴 돈 다음 그 중력을 추진력으로 날아가 1979년 토성을 지나갔다. 그 뒤로 궁수자리 쪽으로 날아갔는데, 앞으로 400만 년 동안은 아무 별도 만나지 못할 것이다.

두 파이어니어호 모두 금을 입힌 15×23센티미터의 알루미늄 판을 싣고 갔다. 거기에는 세이건의 전처 린다 샐즈먼이 벌거벗은 남성과 여성을 묘사한 에칭 그림이 새겨져 있었다. 그 옆에는 태양계 내 지구의 위치와 은하계 내 태양의 위치를 나타내는 그림과 더불어 일종의 우주 전화번호(수소의 전이 상태에 기초한 수학적 열쇠로, 우리가 주파수를 맞추고 있는 파장을 나타낸 것)가 적혀 있다.

세이건은 보이저호들이 싣고 갈 메시지들은 인간에 대해 훨씬 더 자세한 정보를 담을 것이라고 롬버그에게 말했다. 드레이크는 디지털미디어가 유행하기 이전 시대에 이미 금을 입힌 구리로 만든 30센티미터의 아날로그 디스크에다 소리와 이미지를 함께 기록하는 법을 고안해 냈는데, 거기에다 축음기 바늘을 달고 가능하면 작동법을 알려주는 그림을 함께 넣어주기로 했다. 세이건이 유명한 일러스트레이션 책들을 집필한 롬버그에게 제안한 것은 그런 기록물들의 디자인 감독 역할이었다.

발상 자체가 참으로 놀라웠다. 그 자체로 예술품이 되면서 인류의 미적 표현 가운데 마지막 남을 조각들이 될지도 모를 전시물을 구상하고 연출하라는 것이었다. 기록을 담은 도금한 알루미늄 상자(상자

커버는 롬버그가 디자인하기로 했다)는 일단 우주에 노출되면 우주선線과 성간 먼지에 의해 풍화될 터였다. 하지만 조심스럽게 예측하더라도 적어도 10억 년 이상은 버틸 것 같았다. 그 무렵이면 지각변동이나 극심한 태양열 때문에 지구상에 남은 우리의 흔적이라곤 분자 수준으로 축소될 것이다. 어쩌면 이 작업은 인간이 만든 예술품 가운데 가장 영원에 가까이 갈 수 있는 기회가 될 것 같았다.

발사 전까지 롬버그에게 주어진 시간은 불과 6주였다. 그와 동료들은 세계적인 인물, 기호학자, 사상가, 예술가, 과학자, 공상과학소설 작가들을 대상으로 무엇을 이용해야 미지의 관람자와 청취자들을 이해시킬 수 있을지 여론조사를 해보았다(수년 뒤 롬버그는 뉴멕시코의 폐기물 격리 시험처리장에 묻혀 있는 핵폐기물을 발견하게 될 대상을 위한 경고 메시지의 디자인 작업에도 참여했다). 디스크에는 인류의 54개 언어로 표현한 인사와 더불어, 참새에서부터 고래에 이르기까지 지구의 다른 여러 거주자들의 소리 수십 가지와 심장 고동, 파도, 착암기, 우지직 타오르는 불, 천둥, 엄마의 키스 같은 소리도 담기로 했다.

그림으로는 자연, 건축물, 마을과 도시, 아기 돌보는 여성, 사냥하는 남성, 지구본을 살펴보는 아이, 경주하는 육상선수, 식사하는 사람을 찍은 사진은 물론이고 DNA와 태양계를 나타내는 도해도 담기로 했다. 사진이 추상적인 표상에 불과하다는 사실을 발견자들이 미처 모를 수 있기 때문에, 롬버그는 배경과 대상을 구분하기 쉽도록 실루엣을 좀 그려넣기도 했다. 예컨대 다섯 세대가 함께 찍은 가족사진에서 그는 사람들을 실루엣으로 처리하여 그들 각각의 상대적인 크기와 무게와 나이를 표시했다. 부부의 경우 실루엣 처리한 여성의 자궁을 투명하게 하여 그 안에서 자라는 태아를 보여줌으로써 작가의 생각과 미지의 관객의 상상력 사이에 일어날 교감이 엄청난 시공을 초월할 수 있기를 바랐다.

"제 작업은 그런 이미지들을 다 찾아내는 것뿐만 아니라 그것들이 개별 그림들을 단순히 모아놓은 것 이상의 정보를 줄 수 있도록 배열하는 것이었습니다." 그는 지금 관측소가 많이 들어서 있는 하와이 마우나케아산 근처의 집에서 당시를 회고한다. 그는 우주의 여행자가 알아볼 수 있도록 우주에서 본 행성들이나 별무리 등의 모습부터 시작해서 이미지들을 지구 진화의 순서에 따라, 즉 지질에서부터 생물권과 인간 문화에 이르기까지 정리했다.

마찬가지로 그는 소리를 연출했다. 그는 화가였으나 이미지보다는 음악이 외계인의 마음에 가닿고, 심지어 감동을 줄 가능성이 많다고 판단한 것이다. 부분적으로는 리듬이 물리적으로 더 분명하기 때문이기도 하지만, 그가 보기에 "우리가 영혼이라고 하는 것과 접촉할 수 있는 가장 믿을 만한 방법"이기 때문이기도 했다.

그 디스크에는 피그미, 나바호, 아제르바이잔 백파이프, 마리아치(멕시코 길거리 악단 - 옮긴이), 척 베리, 바흐, 루이 암스트롱을 포함한 26개의 선곡이 담겨 있다. 롬버그가 가장 귀하게 여긴 후보곡은 모차르트의 오페라 〈마술피리〉에 나오는 '밤의 여왕'의 아리아였다. 바이에른국립교향악단의 연주에 소프라노 에다 모저가 부르는 이 곡은 인간 음역의 최고 한계를 표현한 것으로, 일반 오페라 레퍼토리에

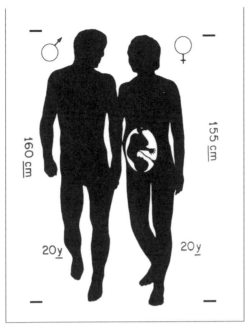

존 롬버그가 우주선 보이저호의 골든레코드에 담기 위해 그린 남성과 여성의 도해

서 최고음인 '하이 F'까지 올라간다. 롬버그와 이 레코드의 프로듀서인 〈롤링스톤〉의 전 편집장 티모시 페리스는 세이건과 드레이크에게 이 아리아가 꼭 포함되어야 한다고 주장했다.

그들은 키르케고르의 글을 인용했다. "모차르트가 들어간 작은 악단은 시간이 그 이름과 작품을 잊지 않을 것이다. 그들은 영원히 기억될 것이다."

그들은 그 말이 보이저호와 함께 그 어느 때보다 더 사실에 가까워지도록 한 것을 영예롭게 생각했다.

두 보이저호는 1977년에 발사되었고, 1979년에 목성을 지나 2년 뒤에 토성에 도달했다. 보이저1호는 획기적이게도 목성의 달 이오^{lo}의 활화산들을 발견하더니, 토성 남극 아래로 쭉 내려가서 토성의 달 타이탄을 보여주었다. 타이탄에서 탄력을 받은 이 우주선은 태양계의 타원형 궤도를 벗어나 성간 공간$^{interstellar space}$ 쪽을 향함으로써 사실상 파이어니어10호보다 더 멀리 날아갔다. 그래서 지금은 인간이 만든 물체 중에서 지구 밖으로 가장 멀리 간 것이 되었다. 한편 보이저2호는 드문 기회를 이용해 천왕성과 해왕성에 모두 가볼 수 있었고, 지금은 마찬가지로 태양보다 먼 곳까지 날아갔다.

롬버그는 보이저1호의 발사 과정을 지켜보았다. 금을 입힌 기록물 보관 커버 안에는 그가 그린 그림들과 안에 든 디스크에 관한 설명이 들어 있었다. 설명이란 그와 세이건과 드레이크가 희망하건대 우주를 여행하는 어느 지능 뛰어난 존재가 해독할 수 있는 그림이었다(물론 그 기록물이 발견될 가능성은 낮을뿐더러 이해될 가능성은 더 희박하지만). 그런데 이 두 보이저호도, 거기 실린 기록물도 인간이 만들어 처음으로 이웃 별들 너머까지 간 것이 아니다. 그것들이 수십억 년 동안 우주의 티끌에 닳고 닳아 마찬가지로 티끌이 된 뒤에도 우리가 이 세상 너머에까지 알려질 가능성이 한 가지 있다.

· · · ·

1890년대의 일이다. 세르비아에서 미국으로 이민 온 니콜라 테슬라와 이탈리아인인 굴리엘모 마르코니는 각각 무선 신호를 보낼 수 있는 장치의 특허를 얻었다. 1897년 테슬라는 배에서 뉴욕의 해안으로 펄스 신호를 보내는 시범을 보였다. 한편 마르코니는 영국의 여러 섬에서 그리고 1901년에는 대서양 너머에까지 같은 시범을 보이고 있었다. 결국 두 사람은 무선전신 발명에 대한 권리와 특허를 놓고 서로 소송을 제기하기까지 했다. 누가 옳았건 그 무렵 바다와 대륙 너머로 무전 연락을 하는 것은 보통 일이 되어버렸다.

그리고 무전은 그보다 더 먼 곳까지 날아간다. 해로운 감마선과 자외선보다 훨씬 긴 파장인 무전의 전자기파는 팽창하는 우주 속에서 빛의 속도로 뻗어나간다. 그럴 때 전자기파의 세기는 거리의 제곱에 반비례한다. 이를테면 지구에서 1억 킬로미터 떨어진 곳까지 나아갔다면 5,000만 킬로미터일 때에 비해 힘이 4분의 1로 떨어진다는 것이다. 그렇긴 해도 전자기파가 없어지지는 않는다. 전파는 팽창하는 우주에서 전달되는 동안 우주의 먼지에 부분적으로 흡수되기 때문에 신호가 더욱 약해진다. 하지만 그래도 계속 나아간다.

1974년 드레이크는 푸에르토리코에 있는 폭 300미터 50만 와트급의 아레시보 전파망원경이라는 지구에서 제일 큰 송신기로 우주를 향해 3분짜리 인사를 무전으로 쏘아올렸다. 인사의 내용은 1부터 10까지의 수, 수소 원자, DNA, 우리의 태양계, 인간 모양의 그림을 나타내는 일련의 펄스 신호였다.

나중에 드레이크는 그것이 일반 TV 송신보다 100만 배나 강한 신호였으며, 도달하는 데 2만 2,800년이 걸리는 헤라클레스자리의 한 성단을 겨냥한 것이었다고 설명했다. 그 정도로 오래 걸리는 일이지만 우리보다 우월하고 침략적일지도 모를 외계인들에게 지구의 소재를 알려준 행위였는지도 모른다는 불만이 터져나오자, 세계의 전파천문학계는 다시는 지구를 그런 위험에 일방적으로 노출시키지 않기로 합의했다. 그런데 최근 들어 일부 캐나다 학자들이 우주에다 레이저를 쏘면서 합의를 무시해 버렸다. 하지만 드레이크의 송신이 공격은커녕 반응을 이끌어내기에도 아직 한참이나 있어야 한다는 점에서, 그 광선과 교차하는 무언가가 있을 확률을 계산한다는 것은 거의 의미가 없다.

게다가 비밀을 누설한 것으로 치자면 어제오늘의 일이 아니다. 우리는 이미 50년 이상에 걸쳐 신호를 보내왔으며, 지금쯤 그 신호를 다 받아들인다고 생각하면 아주 크거나 아주 민감한 수신기가 필요할 것이다.

할리우드의 한 TV 스튜디오에서 시트콤인 〈아이 러브 루시〉의 소리와 화면을 담은 신호를 보낸 지 4년이 되던 1955년, 신호는 태양에서 제일 가까운 별인 프록시마 센타우리를 지났다. 루시가 광대 차림을 하고 리키의 트로피카나 나이트클럽에 몰래 들어가는 이 장면은 50년이 지나자 50광년, 즉 약 480조 킬로미터의 거리까지 날아갔다. 우리은하의 폭은 10만 광년이고 두께가 1,000광년이며 우리의 태양계는 은하면galactic plane의 중심부 가까이에 있다. 결국 이 말은 서기 2450년 정도면 루시와 리키와 그들의 이웃인 머츠 부부를 담은 전파가 우리 은하계를 벗어나서 성간 공간 속으로 들어간다는 뜻이다.

그 전파 앞에는 무수한 다른 은하들이 있는데, 그 거리는 우리가 계량화할 수는 있어도 감히 실감할 수는 없다. 〈아이 러브 루시〉가 그런 은하들에 닿을 무렵, 우주 밖에 있는 어떤 존재가 그것을 이해할 수 있을지도 불확실한 일이다. 우리 입장에서 서로 너무나 멀리 떨어져 있는 은하들은 서로에게서 더 멀어지고 있으며, 더 멀어질수록 더 빨리 움직인다(이러한 알 수 없는 성질이 우주 자체의 근본인지도 모른다). 전파는 멀리 갈수록 약해지지만 파장은 더 길어 보인다. 여기서 100억 광년 떨어진 우주 밖에서 초지능을 가진 어떤 존재가 볼 때, 우리은하에서 나온 빛은 파장이 가장 긴 전파가 위치한 스펙트럼의 붉은 쪽 끝으로 이동한 것처럼 보일 것이다.

루시 역을 맡은 루실 볼이 데시 아르나즈와 결혼하여 1953년에 사내아이를 낳았다는 소식을 담은 전파는 도중에 어마어마한 은하들을 만나면서 방향이 더욱 틀어질 것이다. 그것은 또 학자들이 적어도 137억 년 전에 시작되었다고 보는 이 우주 탄생의 첫 울음, 즉 빅뱅에서 비롯되는 잡음과 점점 더 경쟁을 하게 될 것이다. 전파를 탄 루시의 말장난과 마찬가지로, 이 소리는 태초부터 빛의 속도로 뻗어나가고 있으며 어디에나 퍼져 있다. 어느 시점에 가면 전파 신호는 우주의 잡음보다 훨씬 더 약해질 것이다.

하지만 아무리 부서진다 하더라도 루시는 우주 밖에 남을 것이며, 훨씬 더 강한 재방송의 극초단파 덕분에 보강될 것이다. 지금은 가장 약한 전파의 유령이 됐을 마르코니와 테슬라가 그녀보다 앞서 갔을 테고, 드레이크는 그 뒤를 따라갔을 것이다. 전파는 빛과 마찬가지로 계속해서 뻗어간다. 우리의 우주와 지식에는 한계가 있지만 전파는 불멸하며, 우리의 세계와 시대와 기억을 담은 방송 영상물이 그것을 타고 있다.

· · · · ·

보이저호와 파이어니어호가 다 마멸되어 우주의 티끌이 되면, 결국 인류 존재의 한 세기도 안 되는 시기만을 기록한 음향과 영상을 담은 전파만이 우주에서 우리가 남긴 흔적이 될 것이다. 그것은 인간의 입장에서도 찰나에 불과하지만, 아주 값진 순간이기도 하다. 시간의 끝에서 우리를 기다리고 있는 이가 누구든 그는 한 소식을 들을 것이다. 그리고 〈아이 러브 루시〉를 이해하지는 못하더라도 우리의 웃음소리는 들을 것이다.

19
바다, 온 생명의 요람

한때 지금보다 더 넓던 바다는 숨쉬고 번식하는 모든 것의 모태였다.
바다가 끝나면 모든 것의 미래 또한 끝나버린다.

그 상어들은 전에 인간을 본 적이 없다. 그리고 인간도 그렇게 많은
상어를 본 경우가 드물다.

이 상어들은 또 달빛이 훤할 때 말고는 적도의 밤이 어둡고 깊은
무엇 아닌 경우를 본 적이 없다. 장어들도 마찬가지다. 150센티미터
길이의 은빛 리본에 지느러미와 바늘 같은 수염을 달아놓은 듯한 모
습의 이 장어들은 연구 선박인 화이트홀리호 쪽으로 잽싸게 미끄러
져 온다. 선장의 갑판에서 비추는 스포트라이트 때문에 캄캄한 밤바

Photo by J. E. MARAGOS, U.S. FISH AND WILDLIFE SERVICE

킹맨 환초의 회색암초상어

다에 꽂힌 한 줄기 빛기둥을 본 것이다. 그러나 깨달았을 때는 이미 너무 늦었다. 이곳은 배고파 미치겠다는 듯 정신없이 원을 그리고 있는 수십 마리의 흰등지느러미상어, 검은등지느러미상어, 회색암초상어로 인해 바닷물이 끓는 듯하다.

돌풍이 불다 말다 하면서 배가 정박해 있는 얕은 초호(산호초로 인해 섬 둘레에 바닷물이 얕게 괸 곳 - 옮긴이) 일대에 따뜻한 비가 커튼을 치곤 한다. 갑판 곁 스쿠버다이버 감독의 테이블에 차려진 남은 저녁 식사가 다 젖어버렸다. 그래도 과학자들은 화이트홀리호의 난간에 붙어 수천 킬로그램은 나가는 상어들을 보느라 정신이 없다. 파도 굽이 사이로 뛰어오르는 장어를 낚아채는 모습을 보니 상어는 이곳 먹

Photo by J. E. MARAGOS, U.S. FISH AND WILDLIFE SERVICE

팔미라 환초의 쌍점붉은돔

이 피라미드를 지배하고 있는 것이 틀림없다. 사람들은 지난 나흘 동안 하루에 두 번씩 이 날렵한 포식자들 사이를 헤엄쳐 다니며 개체 수를 조사했다. 무지개 소용돌이를 일으키는 암초어reef fish에서부터 알록달록한 산호 숲, 다채롭고 부드러운 바닷말과 거대한 조개에서부터 미생물과 바이러스에 이르기까지, 이곳 해역에 살아 있는 모든 것의 마릿수를 조사하고 있는 것이다.

　이곳은 킹맨 환초다. 고리 모양으로 형성된 이 산호초는 지구상에서 가장 가보기 힘든 곳 중 하나다. 맨눈으로 보면 있는 줄도 모르기 쉽다. 암청색이던 바다의 일부가 담청색으로 변하는 모습이 여기가 산호초임을 알 수 있는 주요 단서다. 하와이의 오아후섬에서 남동쪽으로 1,600킬로미터 떨어진 곳에 있는 이 환초는 태평양 바다 4~5미터 깊이에 길이 9킬로미터 이상의 부메랑 모습을 하고 있다. 제2차 세계대전 때 미군은 이곳을 하와이와 사모아 사이의 중간 정박지로 지정했으나 실제로 사용하지는 않았다.

20여 명의 학자들과 그들의 후원단체인 스크립스해양학연구소가 화이트홀리호를 타고 사람 없는 이 바다 세계에 온 까닭은 인류가 지구상에 나타나기 전에 산호초가 어떤 모습이었는지를 감지해 보기 위해서다. 그런 기준선이 없다면 바다의 열대우림이라 할 만한 산호초의 생물 다양성을 되살리는 것은 말할 것도 없고 대체 어떤 것이 건강한 산호초인지에 대해 합의하기가 어렵기 때문이다. 앞으로 몇 달 동안은 데이터를 분석해야겠지만, 연구자들은 이미 기존의 통념을 깰 뿐만 아니라 스스로도 믿기 어려운 증거를 발견했다. 하지만 그런 증거는 분명히 있다. 게다가 뱃전을 마구 두들기고 있다.

이들 상어와 어디서나 눈에 띄며 한 사진가의 귀 샘플까지 채집해 간 송곳니가 인상적인 11킬로그램의 붉은돔을 보면, 이곳에서는 큰 포식자의 생물 총량이 다른 그 무엇보다 많은 것 같다. 만일 그렇다면 킹맨 환초에서는 먹이피라미드가 완전히 거꾸로 서 있다는 뜻이 된다.

생태학자인 폴 콜랭보가 1978년에 출간한 독창적인 저서 《왜 크고 사나운 짐승이 드문가》에서 설명한 바와 같이, 대부분의 동물은 자기보다 몸집이 작고 개체 수는 훨씬 더 많은 동물을 먹고 산다. 곤충의 경우 섭취하는 에너지의 10퍼센트만 체중으로 전환되기 때문에 조그만 진드기를 잡아먹되 자기 체중의 열 배는 먹어야 한다. 동시에 곤충은 자기보다 수가 적은 작은 새들에게 주로 잡아먹히며, 새들은 자기보다 수가 훨씬 적은 여우나 살쾡이나 큰 맹금에게 잡아먹히는 것이다.

콜랭보는 또한 먹이피라미드의 모양은 마릿수 이상으로 총 무게에 의해 결정된다고 했다. "한 숲에 있는 모든 곤충의 무게는 새 전체보다 여러 배 더 나간다. 그리고 모든 작은 새와 다람쥐와 쥐의 총 무게는 여우, 매, 올빼미를 다 합친 것보다 훨씬 더 무겁다."

2005년 8월에 이 원정에 나선 아메리카, 유럽, 아시아, 아프리카, 오스트레일리아 출신의 과학자들 가운데 어느 누구도 그런 결론에 반박하지 않는다. 단 육지에서 그렇다는 것이지, 바다의 경우는 특별할 수도 있다. 아니면 육지가 예외적인 경우인지도 모른다. 사람이 있는 세상이든 없는 세상이든, 지구 표면의 3분의 2는 화이트홀리호를 파도에 가벼이 둥둥 뜨도록 만드는 유동적인 부분이다. 킹맨 환초에서 보자면 우리가 생각하는 공간 구분이 무의미해지는 것 같다. 사실 태평양에는 경계가 없다. 태평양은 결국 인도양 및 남극해와 만나 섞이고, 베링 해협을 거쳐 북극해와도 합쳐지며, 이 바다들이 전부 대서양과도 섞이기 때문이다. 한때 지금보다 더 넓던 바다는 숨쉬고 번식하는 모든 것의 모태였다. 바다가 끝나면 모든 것의 미래 또한 끝나버린다.

• • • • •

"점액입니다."

키가 큰 제레미 잭슨은 화이트홀리호의 상갑판에 있는 차양 아래 그늘로 들어가기 위해 고개를 푹 숙여야 한다. 스크립스해양학연구소 소속의 해양 고생태학자인 잭슨은 팔다리와 뒤로 묶은 머리가 워낙 길어서 왕게가 진화를 속성으로 마치고 바다에서 올라와 인간이 된 것이 아닌가 싶은 모습이다. 그는 이번 원정 임무와 관련해 기발한 생각을 갖고 있었다. 경력의 상당 부분을 카리브해에서 보낸 잭슨은 어류와 온난화가 주는 부담 때문에 상앗빛 산호초들이 허옇게 탈색되면서 납작해지는 모습을 지켜봐 왔다. 산호가 죽으면서 부스러지면 산호, 산호 틈에 사는 무수한 생명체들, 그것들을 먹고 사는 온갖 것들도 죽어버리면서 미끌미끌하고 불쾌한 물질로 변해버린다. 잭슨은 해초 전문가인 제니퍼 스미스가 킹맨으로 오던 길에 정박지들에서 모은 바닷말 접시를 들여다본다.

"점액으로 변해가는 미끌미끌한 경사지에서 볼 수 있는 것이죠." 잭슨은 그녀에게 다시 말해준다. "해파리나 박테리아와 함께요. 그 둘은 바다에 사는 쥐와 바퀴벌레에 해당하지요."

4년 전에 잭슨은 팔미라 환초에 초빙된 적이 있다. 그곳은 적도를 기준으로 나뉘며 키리바시와 미국 두 나라의 경계에 위치한 태평양의 조그만 군도인 라인제도의 북쪽 끝에 있다. 팔미라는 그가 가보기 직전에 산호초 연구를 위해 네이처컨서번시라는 단체가 사들였다.

제2차 세계대전 때 미 해군은 팔미라에 비행장을 지었고, 환초 한 곳으로 수로를 냈으며, 다른 환초에는 엄청난 탄약과 디젤 드럼통을 처넣었다. 그 바람에 다이옥신 풀장이 된 이곳은 검은 환초라는 이름이 붙었다. 팔미라에는 미국 어류야생동물보호국 소속의 관리 인원 소수를 빼고는 거주자가 없다. 해군이 버린 건물들은 파도에 반쯤 부서졌다. 반쯤 침몰한 배 한 척은 코코야자나무들이 꽉 찬 화분이 되어버렸다. 외래에서 유입된 코코야자나무는 토종인 피소니아 숲을 거의 정복했고, 쥐는 원래 최고의 포식자였던 참게를 밀어냈다.

하지만 이곳에 대한 잭슨의 인상은 물에 들어갔다 나와서 확 달라졌다. "바닥의 10퍼센트도 제대로 볼 수가 없었어." 그는 돌아와서 스크립스의 동료인 엔리크 살라에게 말했다. "상어와 큰 물고기들 때문에 시야가 막히더군. 거기 가봐야 해."

바르셀로나에서 온 젊은 보존 해양생물학자인 살라는 자기가 사는 지중해 일대에서는 대형 어종을 본 적이 없다. 엄격히 통제된 쿠바 해역에서는 얼마 남지 않은 130킬로그램급 그루퍼 무리를 보았다. 잭슨은 콜럼버스 시대까지 거슬러 올라가는 스페인의 해사 기록을 뒤져보고, 카리브해의 초호 일대에 360킬로그램급 그루퍼들이 대량으로 몰려다니며 번식하곤 했으며 이때 450킬로그램급 바다거북도 함께 다녔다는 사실을 알아냈다. 신세계로 두 번째 항해를 나선 콜럼버스는 그레이터앤틸리스제도 인근 해역에서 수많은 바다거북 떼를 만났고, 사실상 그의 범선은 바다거북들 위에 좌초된 꼴이었다고 한다.

잭슨과 살라는 산호초라고 하면 원래부터 색이 예쁘기는 하지만 연약하고 수족관에 적합한 작은 물고기들만 사는 곳이라는 생각이 우리 시대의 착각임을 기술하는 논문들을 함께 썼다. 두 세기 전만 해도 산호초는 배가 지나가다 큰 고래 떼와 충돌하곤 하는 곳이었다. 산호초 일대에 살던 아주 크고 많은 상어가 강을 거슬러 올라와 소를 잡아먹는 일도 있었다. 그들은 라인제도 북부 지역이 인구는 점점 감소하고 동물 크기는 아마도 점점 커져가는 현상을 추적할 수 있는 기회를 제공해 준다는 판단을 내렸다. 적도와 가까운 제일 끝에는 키리티마티섬(크리스마스섬이라고도 한다)이 있다. 세계에서 가장 큰 산호 환초인 이곳은 불과 500제곱킬로미터 남짓의 면적에 5,000명 이상의 사람이 산다. 다음에는 인구 2,500명의 터부어에런섬(패닝섬)과 8제곱킬로미터도 채 안 되는 인구 900명의 테라이나섬(워싱턴섬)이 있다. 그 다음에는 정부 연구 인력 열 명이 있는 팔미라이고, 거기서 48킬로미터를 더 가면 가장자리만 남고 다 잠겨버린 섬이 나타난다. 이곳이 바로 킹맨 환초다.

· · · · ·

키리티마티섬에는 코프라(말린 코코넛)와 소수의 자급용 돼지 말고는 특별한 농축산 활동이 없다. 그런데도 살라가 조직한 2005년 원정의 처음 며칠 동안, 화이트홀리호에 승선한 연구자들은 이 섬의 네 마을에서 마구 흘러나온 영양물질을 보고 깜짝 놀랐다. 산호를 먹고 사는 비늘돔 같은 어류가 대량으로 잡히는 곳의 산호초가 점액으로 덮여 있는 것을 보고도 놀랐다. 터부어에런섬에서는 가라앉은 화물선에서 나오는 녹을 먹고 바닷말이 더 무성해졌다. 면적에 비해 인구가 너무 많은 테라이나섬에서는 상어나 돔을 전혀 볼 수 없었다. 그곳 주민들이 바다거북, 노랑살다랭이, 붉은발가마우지, 멜론헤드고래를 잡느라 바다에다 마구 총질을 했던 것이다. 이곳 환초에는 녹조류가 10센티미터 두께로 덮여 있었다.

제일 북쪽의 물에 잠긴 킹맨 환초는 한때 하와이의 빅아일랜드처럼 크고 화산도 있는 섬이었다. 지금은 화산 분화구가 가라앉아 버리고 고리 모양의 산호초만 보일까 말까 한다. 산호는 햇빛이 필요한 박테리아와 공생하기 때문에 분화구가 더 많이 가라앉으면 산호초도 없어질 것이다. 이미 서쪽 부분은 완전히 가라앉아서 부메랑 모양만 남았는데, 그 사이로 화이트홀리호가 들어가서 초호에 닻을 내릴 수 있었다.

"참 아이러니지요." 연구팀의 첫 번째 잠수에서 상어 70마리의 인사를 받은 잭슨이 놀라며 말했다. "파도 속으로 가라앉는 제일 오래된 섬이, 죽기까지 석 달밖에 남지 않은 93세 노인 같은 섬이 인간의 파괴 행위에 맞서 제일 건강한 모습을 보여준다니 말입니다."

줄자와 방수 필기판, 이빨 센 녀석들을 쫓기 위한 PVC 창으로 무장한 잠수복 차림의 학자들은 킹맨 환초 전역에서 바닷물 속에 25미터의 조사지선transect line(넓은 지역에서 야생 동식물의 분포를 측정하기 위해 긋는 선 - 옮긴이)을 여럿 설치한 뒤 산호, 어류, 무척추동물의 표본을 채집하며 개체 수를 조사했다. 환초 전체의 미생물 기반을 조사하기 위해 산호 점액을 빨아들이고, 해초를 채집하고, 수백 개의 플라스크에 바닷물 샘플을 담았다.

연구자들은 호기심이 대단한 상어, 비우호적인 돔, 수상쩍은 곰치, 간혹 무리 지어 나타나는 창꼬치 말고도 자리돔, 비늘돔, 검은쥐치, 나비물고기 등 온갖 어류들 사이로 헤엄을 쳤다. 산호초는 워낙 생물 다양성이 대단하고 살 수 있는 틈새도 많아서 생김새가 아주 비슷한 종들이 각각 다른 생활방식을 택할 수 있게 했다. 어떤 종은 한 가지 산호만 먹고, 다른 종은 또 다른 산호만 먹는다. 어떤 종은 산호와 무척추동물을 함께 먹고 산다. 어떤 종은 산호 틈새에 숨어 있는 조그만 연체동물을 먹기 위해 부리처럼 생긴 긴 주둥이가 발달했다. 남들 잘 때 낮에만 산호를 뒤지는 종이 있고, 밤이 되면 자리가 완전히 뒤바뀐다.

"바다 속에서 벌어지는 침상 교대제hot-bunking 같아요." 원정단 어류 전문가의 일원인 하와이해양연구소 소속의 앨런 프리들랜더가 설명해 준다. "4~6시간씩 돌아가며 잠자리를 차지하지요. 잠자리가 오래 비어 있는 경우는 없습니다."

활기가 넘치지만 킹맨 환초는 사막 한가운데 있는 오아시스와 비슷하다. 무역을 하고 식물을 재배할 정도의 규모가 되는 땅덩이로부터 수천 킬로미터 떨어진 망망대해의 한 점인 것이다. 이곳에 있는 어류 300~400종은 태평양에서 산호초 생물 다양성이 뛰어난 인도네시아, 뉴기니, 솔로몬제도가 이루는 삼각지대에서 볼 수 있는 종의 반에도 못 미친다. 하지만 그 삼각지대는 다이너마이트와 시안화물을 써가며 수족관용 어류를 남획하는 바람에 생태계가 크게 파괴되고 있으며 대형 포식자들도 볼 수 없게 되었다.

"바다에는 야생동물들을 다 모아 보존할 수 있는 세렝게티 같은 곳이 남아 있지 않습니다"라고 잭슨은 말한다.

그런데 킹맨 환초가 마치 비아워비에자 푸슈차처럼 타임머신 역할을 하는 것이다. 한때 이 푸르고 너른 바다의 모든 초록빛 점들을 둘러싸고 있던 것들의 일부가 온전히 보존되어 있는 것이다. 이곳에서 산호 담당 팀이 미지의 종을 대여섯 가지나 발견했고, 무척추동물 팀은 희한한 연체동물들을 수집해 왔다. 미생물팀은 새로운 박테리아와 바이러스를 수백 가지 발견했다. 전에는 그 누구도 산호초에 사는 미생물의 세계를 면밀히 조사한 적이 없기 때문이다.

미생물학자 포레스트 로워는 갑판 아래의 찌는 듯한 화물칸을 샌디에이고주립대학에 있는 자기 연구소의 축소판으로 꾸며놓았다. 그의 팀은 마이크로센서와 노트북컴퓨터에 연결한, 폭이 1미크론에 불과한 산소 탐침을 이용하여 자신들이 팔미라에서 수집해 온 바닷말이 살아 있는 산호의 자리를 어떻게 차지해 버리는지 정확히 증명해 냈다. 그들은 바닷물을 채운 작은 유리 상자에다 산호와 바닷말의 조각들을 넣되, 아주 얇은 유리막으로 분리하여 바이러스조차도 침투하지 못하도록 했다. 대신 바닷말이 만들어 낸 당분은 용해되어 미세한 두께의 유리막을 뚫고 반대편으로 침투할 수 있다. 산호를 먹고 사는 박테리아가 이 풍부한 별도의 영양분을 섭취하면 남아 있는 산소를 다 먹어치우게 되고 그래서 산호가 죽는 것이다.

이러한 발견을 입증하기 위해 미생물팀은 일부 상자에 암피실린이라는 항생제를 투입해 산소를 너무 잡아먹는 박테리아를 죽였는데, 그런 경우 산호는 건강히 살아남았다. "어느 경우든 바닷말이 분해되면서 나오는 부산물이 산호를 죽인다는 사실을 알 수 있었습니다." 화물칸에서 훨씬 더 시원한 갑판으로 올라오면서 로워가 말한다.

그렇다면 이 게걸스러운 바닷말은 전부 어디서 오는 것일까? "대개 산호와 바닷말은 행복한 평형 상태를 유지하지요. 물고기들은 바닷말을 뜯어먹으며 살고요. 그러나 산호초 주변의 수질이 나빠지거나 바닷말을 뜯어먹는 물고기들을 많이 잡아버리면 바닷말이 우세해지는 겁니다."

킹맨 환초 같은 건강한 바다에서는 밀리미터당 100만 마리의 박테리아가 살면서 영양물질과 탄소의 활동을 통제함으로써 제 역할을 한다. 하지만 사람이 사는 라인제도의 경우 일부 샘플에서 박테리아가 15배나 많다는 것이 밝혀졌다. 그 많은 박테리아가 산소를 다 빼앗아 먹으면서 산호를 질식시키고, 더 많은 바닷말이 산호의 자리를 차지하면서 더 많은 박테리아를 먹여살리는 것이다. 그것이 바로 잭슨이 두려워하는 점액질의 악순환이며, 로워도 그렇게 될 가능성이 크다는 데 동의한다.

"미생물은 우리가 있든 없든 별로 신경 쓰지 않습니다. 그들 입장에서 우리는 반쯤만 흥미를 가질 만한 서식지이니까요. 사실 지구상에 미생물이 살지 않은 때는 아주 짧은 기간 말고는 없었습니다. 수십억 년 동안 살아온 것이 미생물입니다. 태양이 너무 뜨거워지면서 우리가 전멸해도 수백만 년, 수십억 년을 더 살아남을 생명체는 미생물뿐입니다."

태양이 지구에 남은 마지막 물을 다 말려버릴 때까지도 미생물들은 남아 있을 것이라고 그는 말한다. "미생물은 냉동건조를 해서 보관해도 살아남습니다. 인간이 아무리 막으려 해도 우리가 우주에 쏘아올리는 모든 것에는 미생물이 딸려 갑니다. 일단 우주 밖으로 나간 이상 그것들 중 일부가 수십억 년을 살지 못할 이유가 없지요."

미생물이 할 수 없었던 한 가지는 보다 복잡한 세포 구조물들처럼 풀이나 나무로 자라 더 복잡한 생명체들이 살 수 있는 방식으로 땅을 차지하는 것이었다. 미생물이 만들어 내는 유일한 구조물은 매트처럼 깔린 점액으로, 지구상 최초의 생명체로 회귀하는 과정이다. 원정 온 과학자들이 확실히 안심할 수 있게도, 이곳 킹맨에서는 그런 일이 아직 일어나지 않았다. 작은 무리를 이룬 청백돌고래들이 다이빙보트를 따라 화이트홀리호 쪽으로 왔다 갔다 하며 점프를 해서 날치를 낚아챈다. 물속에 설치한 각각의 조사지선에서 발견되는 어류는 1센티미터도 안 되는 망둥이에서부터 경비행기만 한 가오리 그리고 온갖 상어와 돔과 대형 전갱이에 이르기까지 다양하다.

산호 자체는 깨끗한 물 덕분에 탁자산호, 판산호, 엽산호, 뇌산호, 꽃산호가 풍부하다. 산호를 먹고 사는 작은 어류들이 얼마나 많은지, 가끔씩 물고기들이 화사한 빛깔의 구름처럼 몰려들면 줄지어 있던 산호가 거의 사라져 버린 듯하다. 이번 원정이 확실히 가르쳐 준 역설은 이렇게 어류가 풍부한 이유는 그것을 먹고 사는 배고픈 포식자들이 많기 때문이라는 사실이다. 포식자가 주는 부담 때문에 작은 어류들은 더 빠르게 번식한다.

"잔디를 깎을 때와 비슷해요." 프리들랜더가 설명해 준다. "자주 깎을수록 풀이 더 빨리 자라지요. 한동안 가만히 내버려 두면 성장률이 오히려 떨어집니다."

킹맨에 서식하는 모든 상어에게 그런 일이 일어나지는 않을 것이다. 제일 지독하게 산호를 질식시키는 바닷말을 갉아먹기 위해 부리처럼 생긴 주둥이가 발달된 비늘돔의 경우에는 성까지 바꿔가며 엄청난 번식률을 유지한다. 건강한 산호는 작은 물고기가 상어의 먹이가 되기 전에 충분히 번식할 수 있도록 숨을 틈새를 제공함으로써 균형 유지에 일조한다. 식물과 바닷말의 영양물질이 수명이 짧은 작은 물고기들에게 계속해서 옮겨감에 따라 먹이피라미드의 정점에 있는 수명이 긴 포식자들은 생물 총량 대부분을 축적하게 된다.

원정단이 수집한 데이터를 나중에 분석해 본 결과, 킹맨 환초에 사는 동물의 총 무게 가운데 85퍼센트가 상어, 돔, 그 밖의 식육 어종인 것으로 나타났다. 얼마나 많은 PCB가 먹이사슬을 타고 올라가서 그것들의 세포조직에 침투했는지를 밝히는 것은 향후의 연구 과제다.

원정단에 참가한 학자들은 킹맨을 떠나기 이틀 전에 스쿠버다이빙보트를 타고 부메랑 모양의 환초 북쪽 언저리에 솟아 있는 초승달 같은 작은 섬 두 곳으로 가본다. 그리고 여울에서 놀라운 광경을 목격한다. 바닷말을 왕성하게 먹어치우는 검고 붉고 초록인 성게들이 모여 있는 장관을 발견한 것이다. 카리브해의 경우 1998년에 닥친 엘니뇨로 해수 온도가 출렁이고 지구 온난화로 그런 증상이 더 심해짐에 따라 성게의 90퍼센트가 사라져 버렸다. 대개 따뜻한 바닷물의 자극을 받으면 산호충들은 긴밀한 공생관계를 유지하는 바닷말의 광합성미생물을 뱉어버린다. 동시에 산호가 분비하는 암모니아 양분 대신 당분의 적정 균형을 택하며 본연의 색깔을 유지한다. 그런데 카리브해에서는 한 달이 못 되어 산호의 절반 이상이 허옇게 탈색되어 뼈만 남았으며, 지금은 점액으로 뒤덮여 있다.

전 세계의 산호가 다 그러하듯 킹맨 환초의 조그만 섬들 주변에도 백화의 상처가 있다. 하지만 바닷말을 뜯어먹는 어류의 활동이 워낙 활발해서 더 악화되지 않았고, 분홍빛 산호말이 상처를 서서히 아물게 만들 수 있었다. 성게 가시에 찔리지 않게 조심스럽게 건너다니던 연구자들이 뭍으로 올라온다. 바람이 불어오는 쪽으로 불과 몇 미터 떨어진 곳에 조개껍데기가 모여 있는데, 연구자들은 그쪽을 보다가 또 충격을 받는다.

한쪽 끝에서 반대쪽 끝까지, 두 섬 모두 찌그러진 플라스틱 병, 폴리스티렌 부표 조각, 나일론 뱃줄, 라이터, 자외선에 분해된 온갖 상태의 고무, 각양각색의 플라스틱 병마개, 일본제 로션 튜브, 알아볼 수 없을 정도로 흩어진 무수한 플라스틱 조각들이 카펫처럼 깔려 있었다.

유일하게 볼 수 있는 유기 분해물은 붉은발가마우지의 뼈와 나무로 만든 선박 부재浮材 그리고 코코넛 여섯 개뿐이었다. 다음 날 연구자들은 마지막 잠수를 끝낸 뒤 쓰레기봉투 수십 개가 차도록 청소를 했다. 그들은 자신들이 킹맨 환초를 인간이 발견하기 이전 상태로 되돌려 놓았다고 착각하지 않는다. 아시아의 해류가 더 많은 플라스틱을 날라 올 것임을 알기 때문이다. 바닷물 온도가 올라가면 산호의 백화현상도 더 심해질 것이다. 산호와 광합성 능력을 갖춘 바닷말이 새로운 공생관계를 신속하게 발전시키지 않는다면 전부 죽어버릴지도 모른다.

이제 그들은 상어도 인간의 개입 때문에 원상태가 아님을 알게 되었다. 킹맨에서 지내는 1주일 동안 본 상어 중에 180센티미터가 넘는 큰 것은 한 마리뿐이었고, 나머지는 전부 덜 자란 어린 녀석들이었다. 지난 20년 동안 상어지느러미 업자들이 이곳을 분명 찾아왔을 것이다. 홍콩에서는 상어지느러미탕 한 그릇에 100달러를 넘게 받기도 한다. 업자들은 가슴지느러미와 등지느러미를 베어낸 다음 불구가 된 상어를 바다에 되던진다. 방향키를 잃은 상어들은 바다 밑으로 가라앉아 질식해 죽어버린다. 별미를 위해 남획이 일어나지 않도록 금지 캠페인을 벌였음에도 불구하고, 이곳보다 덜 먼 해역에서 매년 1억 마리의 상어가 이런 식으로 죽어가고 있다고 한다. 활력 있는 어린 상어들이 많이 눈에 띈다는 것은 적어도 이곳에서는 충분한 상어들이 업자들의 칼날을 피해 개체 수를 늘릴 희망이 있음을 뜻한다. PCB의 위험이 어느 정도든, 이들은 수를 늘려가고 있는 것 같다.

"1년에 상어가 사람을 15명 정도 공격한다면, 인간은 상어를 1억 마리씩 잡고 있습니다. 정정당당한 싸움은 아니지요." 화이트홀리호에서 바다에 스포트라이트를 비추던 그날 밤, 살라가 난간에 서서 그 모습을 구경하며 한 말이다.

· · · ·

살라가 팔미라 환초 뭍에 서서 걸프스트림 경비행기가 오기를 기다리고 있다. 세계가 공식적으로 전쟁 중이던 지난 번 대전 때 지어진 활주로에서 원정단을 태우고 호놀룰루로 갈 비행기다. 세 시간을 날아간 그곳에서 연구자들은 각자의 데이터를 갖고 지구 곳곳으로 흩어질 테고, 다시 만난다면 전자통신을 이용하거나 공동저자로서 서로의 논문을 검토해 주는 식일 것이다.

팔미라의 연둣빛 초호는 맑고도 투명하다. 이곳 열대의 화려함은 지금은 거무스름한 제비갈매기의 집이 된 콘크리트 슬래브를 꾸준히 분해하고 있다. 이곳에서 가장 높은 구조물은 전에 사용하던 레이더 안테나로, 지금은 반쯤 녹슬었다. 앞으로 몇 년 안에 코코야자나무와 아몬드나무 사이에 완전히 묻혀버리고 말 것이다. 그와 동시에 인간의 모든 활동이 갑자기 끝나버린다면, 제일 먼저 예상할 수 있는 것은 라인제도 북쪽에 있는 산호초들이 그물과 낚싯바늘을 들고 나타난 인간들에게 발견되기 전인 지난 몇천 년 동안 그랬던 것처럼 복잡다양한 곳이 될 수 있다는 점이다(인간은 또 쥐도 데리고 나타났다. 카누와 용기만으로 담대하게 망망대해를 건너올 생각을 한 폴리네시아 뱃사람들의 배에 탄 쥐들은 알아서 번식하는 식량 공급원이기도 했다).

"지구 온난화가 문제이긴 하지만, 제 생각에 산호초는 두 세기 안으로 회복될 겁니다. 부분적이긴 하겠지요. 일부 지역에서는 대형 포식자가 아주 많을 테고, 그렇지 않은 곳은 바닷말로 뒤덮일 겁니다. 하지만 시간이 좀 흐르면 성게가 돌아올 거예요. 그다음에는 어류가, 그다음에는 산호가 회복될 겁니다."

그는 짙고 검은 눈썹으로 아치를 그리며 상상에 빠진다. "500년 뒤에 인간이 돌아와서 바다에 뛰어든다면 경악을 할 겁니다. 자기를 노리는 입들이 엄청나게 많을 테니까요."

60대인 잭슨은 이번 원정단에서 가장 나이 많은 생태운동계의 지도자이기도 했다. 나머지는 대부분 살라처럼 30대이며, 일부는 그보다 더 어린 대학원생들이다. 그들은 갈수록 자기 타이틀에 '보존'이란 단어를 붙이는 생물학자와 동물학자 세대가 되어가고 있다. 어쩔수 없이 그들의 연구는 지금 세상의 가장 높은 포식자인 인간들이 건드리고 해코지한 생물과 관련된 것을 다룬다. 지금과 같은 상태로 50년이 더 흐른다면 산호초는 완전히 다른 모습이 될 것임을 그들은 안다. 그러나 과학자이자 현실주의자인 그들은 킹맨 환초의 생물들이 자연 상태의 균형 속에서 번성하는 모습을 일단 본 이상, 평형 상태를 회복해야 한다는 결의를 다지게 되었다. 아직도 경탄할 줄 아는 사람들과 함께 말이다.

세계에서 가장 큰 육지 무척추동물인 야자집게 한 마리가 어기적어기적 지나간다. 아몬드나무 잎 사이로 번뜩이는 새하얀 빛은 귀여운 제비갈매기 새끼의 깃털이다. 살라는 선글라스를 벗으며 고개를 흔든다.

"무엇에든 붙어 살 수 있는 생명의 능력은 정말 놀라워요. 기회만 주어지면 어디를 가서든 살아가니까요. 우리만큼 창조적이고 영리한 종이 어떻게든 균형을 되찾는 방법을 찾아내야 합니다. 확실히 우리는 배워야 할 게 아주 많습니다. 하지만 전 아직 우리 자신을 포기하지 않았습니다."

그의 발치에는 수없이 많은 작은 조개가 소라게들의 인공호흡을 받고 있다. "우리가 못 한다 해도, 지구가 페름기로부터 회복될 수 있다면, 인간으로부터도 회복될 수 있을 겁니다."

인간 생존자가 있든 없든, 지구의 마지막 멸종은 끝이 날 것이다. 현재의 멸종이 점점 심해지고 있다는 것은 엄연한 사실이지만, 지금은 또 한 번의 페름기가 아니며 험악한 소행성을 만난 것도 아니다. 우리에게는 괴롭힘을 당하고는 있지만 무한히 창조적인 바다가 아직 있다. 우리가 지구에서 파내어 하늘에다 뿜어낸 탄소를 바다가 다 흡수하려면 10만 년은 걸리겠지만, 바다는 탄소를 조개와 산호와 그 밖의 무수한 것에다 되돌려 놓을 것이다. 미생물학자인 로워는 말한다. "게놈 수준에서 볼 때 산호와 우리의 차이는 적습니다. 그것은 우리 모두가 같은 곳에서 왔다는, 분자 차원의 강력한 증거지요."

산호초 주위에 360킬로그램은 나가는 그루퍼가 가득하고, 바닷물에 바구니를 담그기만 하면 대구를 퍼낼 수 있으며, 굴들이 사흘에 한 번꼴로 체사피크 만의 모든 물을 걸러낼 정도로 많았다는 때가 그리 오래된 일은 아니다. 지구 곳곳의 해안에는 무수한 매너티(바다소)

와 바다표범과 바다코끼리가 몰려 있었다. 그러다 불과 두어 세기 만에 산호초가 납작해지고 해초들이 몰살당했다. 미시시피강 어귀에는 뉴저지주만 한 해역이 죽음의 구역이 되었고, 세계 곳곳의 대구 어종들이 급감했다.

하지만 기계화된 남획, 위성을 이용한 어류 추적, 질산 오염, 바다 포유류에 대한 오랜 도살에도 불구하고 바다는 여전히 우리보다 크다. 선사시대의 인간들이 쫓아갈 방법을 찾지 못하던 때 이후로 바다는 아프리카를 제외하고 대형동물들이 전 대륙에 걸친 대형동물 멸종을 피한 유일한 곳이다. "바다 생물의 절대다수는 심하게 고갈되고 있습니다. 하지만 아직도 존재하고 있습니다. 사람들이 정말 사라진다면, 대부분이 회복될 겁니다"라고 잭슨은 말한다.

지구 온난화나 자외선 방사로 킹맨 환초와 오스트레일리아의 그레이트배리어 산호초가 전부 백화되어 죽는다 해도 희망은 있다고 그는 덧붙인다. "그것들은 이제 겨우 7,000년이 됐습니다. 여러 차례의 빙하기 동안 그런 산호초들은 죽었다 되살아나기를 거듭했어요. 지구가 계속해서 더워진다면 새로운 산호초들이 점점 더 북쪽과 남쪽에서 발달할 겁니다. 세상은 언제나 변해왔습니다. 늘 같은 곳이 아니지요."

· · · · ·

팔미라에서 북서쪽으로 1,440킬로미터 지점, 깊고 푸른 태평양 바다 한가운데서 다음번으로 눈에 띄는 옥빛 고리 모양의 뭍은 존스턴 환초다. 이곳도 한때 미군 비행기지로 사용되었으며, 1950년대에는 소어 핵미사일 시험장이 되었다. 수소폭탄 12기가 이곳에서 폭파되었으며, 그중 하나가 불발되면서 섬 일대에 플루토늄 잔해가 흩어졌다. 나중에 방사능에 노출된 흙, 오염된 산호, 플루토늄을 매립지에 '임무해제'시킨 뒤, 존스턴 환초는 탈냉전 시대의 화학무기 소각장이 되었다.

2004년 폐쇄될 때까지 미국에서 가져온 고엽제, PCB, PAH, 다이옥신과 더불어 러시아와 동독에서 온 사린 신경가스가 이곳에서 불태워졌다. 2.5제곱킬로미터도 안 되는 존스턴 환초는 바다의 체르노빌이자 로키산 화학무기고인 셈이다. 그리고 후자의 경우와 마찬가지로, 이곳에 부여된 마지막 명칭은 국립야생동물보호구역이다.

이곳 일대에서 잠수해 본 사람들은 한쪽은 청어 무늬고 한쪽은 입체파 미술의 괴물 같은 열대어를 봤다고 한다. 하지만 유전적 교란에도 불구하고 존스턴 환초는 폐허가 되지 않았다. 산호는 적어도 지금까지는 온도 변화를 이겨낸 듯 비교적 건강해 보인다. 열대조와 가마우지가 둥지를 튼 곳에 몽크바다표범이 와서 살기도 한다. 체르노빌처럼 존스턴 환초도 우리가 자연에 가한 최악의 모독 때문에 휘청거릴 수는 있다. 하지만 그보다 더한 것은 너무도 탐욕적인 우리의 생활방식이다.

우리가 지나친 욕망이나 우리의 복제율을 통제하게 될 날이 올지도 모른다. 하지만 그러기 전에 우리의 상상을 뛰어넘는 무언가가 그 일을 대신한다고 해보자. 더 이상 염소와 브롬이 하늘로 새어나가지 않는다면 불과 몇십 년 만에 오존층이 복구되고, 자외선의 강도가 진정될 것이다. 몇 세기 안에 산업 활동으로 과하게 배출됐던 이산화탄소가 대부분 흩어지면서 대기와 여울이 식을 것이다. 중금속과 독성 물질들이 희석되면서 점점 생태계에서 빠져나갈 것이다. PCB와 플라스틱 섬유는 몇천, 몇백만 번을 순환한 끝에 도저히 어쩔 수 없는 경우는 결국 묻혀버리고 언젠가는 다른 것으로 바뀌거나 지구 맨틀 속으로 들어갈 것이다.

그보다 오래전에, 우리가 대구와 나그네비둘기의 씨를 말리는 데 걸린 시간보다 훨씬 짧은 시간 안에 지상의 모든 댐은 모래가 차면서 넘쳐흐를 것이다. 강물은 다시 영양물질을 바다로 흘려보내고, 바다에는 척추동물이 최초로 육지로 기어나오기 오래전부터 그랬던 것처럼 대부분의 생물이 남아 있을 것이다.

• • • •

결국 모든 것이 다시 시작된다.
새로운 세상이 열리는 것이다.

우리의 지구,
우리의 영혼

지금 생을 살아서 끝낼 수 없다는 말이 있듯이, 지구도 그러할 것이다. 지금으로부터 약 50억 년 후에는 태양이 더욱 거대한 불덩어리로 팽창하면서 모든 내행성을 과거의 불바다로 되돌려 놓을 것이다. 그 무렵이면 현재 온도가 섭씨 영하 180도인 토성의 달 타이탄의 얼음이 녹기 시작하며, 결국 그곳의 메탄 호수에서 어떤 흥미로운 존재들이 기어나올지도 모른다. 그중 하나가 유기 성분의 진흙을 더듬다가 호이겐스(하위헌스)호를 발견할 수도 있다. 이 탐사선은 2005년 1월에 카시니호에서 타이탄으로 내려보내진 것으로, 도중에 배터리가 나가기 전 90분 동안 타이탄의 오렌지빛 자갈 상태의 고지대에서 모래언덕의 바다로 흘러가는 바닥 드러낸 강줄기 모습 등을 보내주었다.

안타깝게도 호이겐스호를 발견하는 존재가 무엇이든 그것이 어디서 왔는지, 아니면 우리가 한때 존재했는지를 알 수는 없을 것이다. NASA의 프로젝트 책임자들 간의 사소한 다툼 때문에 존 롬버그가 고안했던 그림 설명을 담는다는 계획은 무산되었다. 이번에는 적어도 새로운 청중이 진화될 수 있을 정도로 긴 시간인 50억 년 동안 우리의 이야기를 단편적으로나마 보존할 수 있도록 다이아몬드 케이스에 넣어 보낼 예정이었다.

그런데 지금 이곳 지구에서 더 중요한 일은 다수의 과학자들이 지구에서 가장 최근에 일어나고 있다고 하는 대멸종을 우리 인간이 통과할 수 있느냐 하는 문제다(그것도 우리 아닌 모든 생명을 말살하지 않고 함께 통과할 수 있느냐 하는 것이다). 우리가 화석상의 기록이나 지금 목격할 수 있는 기록에서도 읽을 수 있는 자연사의 교훈은 우리 혼자서는 그리 오래갈 수 없다고 말해준다.

여러 종교가 우리에게 대안적인 미래, 그렇지만 대개는 다른 어딘가에서 가능한 미래를 제공해 주기도 한다. 이슬람교, 유대교, 기독교는 지속되는 지구에서 메시아가 다스리는, 번역에 따라 7년에서부터 7,000년까지의 세상을 이야기한다. 또한 불의한 자들의 심각한 인구 감소로 이어지는 사건을 수반한다고 하는데, 그럴듯하다고 할 수 있다(세 종교가 주장하듯 죽은 자들이 다 부활해서 자원 문제와 주택 문제라는 위기를 촉발하지 않는다면 말이다).

하지만 누가 의로운 자인지에 대해 셋 다 의견이 다르기 때문에 그중 하나를 믿으려면 신앙이 요구된다. 과학은 적자생존의 진화와는 다른 생존자를 택할 수 있는 기준을 제공해 주지 않으며, 모든 신념에는 믿음이 강한 자와 약한 자의 비율이 비슷하게 있기 마련이다.

우리가 결국 끝장을 내버린, 아니면 우리가 끝장이 나버린 뒤의 지구와 다른 생명들의 운명에 관해 종교는 별 관심이 없거나 그보다 심각한 수준이다. 인간 이후의 지구는 무시되거나 파괴되는 것이다. 불교와 힌두교의 경우에는 처음부터 새로 시작한다고 가르친다. 빅뱅 이론을 반복하듯 온 우주가 그렇게 된다는 식이다(달라이 라마는 그런 일이 일어나기까지 이 세상이 우리 없이 계속될 것인가 말 것인가에 대한 질문에 "누가 알겠는가?"라고 답한다).

기독교에서는 땅이 녹고 새로운 세상이 탄생한다고 한다. 여기서는 하느님과 어린 양의 영원한 빛이 어둠을 멸하므로 태양이 필요하지 않기 때문에 확실히 지금 세상하고는 다른 지구가 될 것이다.

"세상은 인간을 섬기기 위해 존재합니다. 그것은 인간이 가장 숭고한 존재이기 때문입니다." 터키의 수피교 지도자인 압둘라미트 차크무트의 말이다. "생명에는 순환이 있습니다. 씨앗에서 나무가 나오고, 나무에서 열매가 나와 우리가 먹고, 우리는 인간으로서 되돌려줍니다. 모든 것이 인간을 섬기게 되어 있습니다. 사람들이 이 순환에서 벗어난다면 자연 자체가 끝나버릴 것입니다."

그가 가르치는 이슬람의 격정적인 신앙은 계속해서 다시 태어나는 자연을 포함하여 원자에서부터 은하에 이르기까지, 적어도 지금까지는 모든 것이 순환의 소용돌이 속에 있다는 인식을 반영한다. 호피족 신앙, 힌두교, 유대-기독교, 조로아스터교와 같은 다른 여러 종교처럼 그는 종말을 경고한다(유대교에서는 시간 자체가 끝나게 되어 있으나 하느님만이 그 때를 안다고 한다). "조짐이 보입니다." 차크무트는 말한다. "조화가 깨졌습니다. 선이 압도당하고 있습니다. 불의, 착취, 부패, 오염이 악화되었습니다. 이제 끝이 다가오고 있습니다."

익숙한 시나리오다. 하느님과 사탄이 결국 갈라져 각각 천국과 지옥으로 가고, 다른 모든 것은 사라져 버린다는 것이다. 단 우리는 그 과정을 늦출 수 있다고 차크무트는 말한다. 선한 자가 조화를 회복하고 자연의 재생을 촉진하기 위해 싸운다는 것이다.

"우리는 더 오래 살기 위해 우리 몸을 돌봅니다. 세상에 대해서도 그렇게 해야 합니다. 우리가 그것을 귀히 여기고 가능한 한 오래가도록 한다면 우리는 심판의 날을 늦출 수 있습니다."

과연 그럴 수 있을까? 가이아 이론의 주창자 제임스 러브록은 당장 무슨 조치를 취하지 않는 한 전기가 필요하지 않은 수단을 써서 인간의 핵심적인 지식을 극지방에 숨겨두는 편이 낫다고 예견한다. 반면에 '지구를 먼저!Earth First!'의 창립자인 데이브 포먼은 희망적이다. 인간이 생태계에서 한 자리를 차지할 자격을 거의 포기한 환경 게릴라들의 모임인 이 단체의 대표였던 그는, 지금 보존생물학과 희망에 바탕을 둔 두뇌집단 야생복원연구소^{Rewilding Institute}를 이끌고 있다.

희망의 근거는 '거대한 결합^{mega-linkage}'에 헌신하는 것이다. 다시 말해 온 대륙에 걸쳐 인간이 야생동물과 공존할 수 있는 지대를 만드는 일이다. 그는 북미에서만 최소 네 곳이 가능하다고 본다. 대륙을 가르는 산맥, 대서양 및 태평양 연안 그리고 북쪽의 아한대 지역이 그렇다는 것이다. 그리고 각 지대에 홍적세 이후로 사라진 최상위의 포식자들과 대형동물들을 복원시키거나 그와 비슷한 일이 가능하다고 생각한다. 이를테면 아메리카에서 사라진 낙타, 코끼리, 치타, 사자 대신에 아프리카의 것들을 데려오는 것이다.

위험하지 않을까? 포먼과 동료들은 평형을 되찾은 생태계에서 우리가 살아남을 수 있는 기회가 주어지는 것이 대가라고 생각한다. 그렇지 않으면 우리가 다른 생물들을 밀어넣고 있는 블랙홀이 우리까지 삼켜버릴 것이라고 주장한다.

그것은 전격전 이론의 주창자인 폴 마틴이 케냐의 데이비드 웨스턴과 긴밀히 연락하여 이루려는 바이기도 하다. 웨스턴은 코끼리들이 가뭄에 시달리는 마지막 남은 열병나무를 다 쓰러뜨리지 못하도록 막는 운동을 벌이고 있다. 마틴은 일부 코끼리를 아메리카로 보내라고 한다. 그들이 다시 오세이지오렌지나 아보카도 같은 열매를 먹고, 대형동물이 소화할 수 있도록 큼직하게 진화한 씨앗들을 먹도록 해야 한다는 것이다.

하지만 코끼리보다 훨씬 더 많은 공간을 차지하고 마구 먹어치우

458

는 존재가 있다. 세계적으로 나흘마다 인간의 수가 100만 명씩 늘고 있다. 이런 수치를 제어하지 못한다면 우리는 다른 여러 종들이 그랬던 것처럼 인구 폭발로 망해버리고 말 것이다. 그것을 막는 거의 유일한 길은 종 차원에서 자발적 인류 멸종의 희생까지는 아니더라도 우리가 가진 지성이 과연 우리를 특별한 존재로 만들어 준다는 것을 입증하는 것뿐이다.

해결책은 지식을 실천하는 용기와 지혜를 필요로 한다. 여러 면에서 아프고 서글프겠지만 치명적인 일은 아니다. 그것은 앞으로 임신이 가능한 모든 여성에게 아이를 하나만 낳도록 제한하는 것이다.

이렇게 엄격한 수단을 공정하게 적용한 결과에 대해 정확히 예측하기란 어려운 일이다. 예컨대 출생률이 떨어지면 더 귀한 아이를 보호하는 데 자원을 더 집중할 것이므로 유아 사망률이 떨어진다는 변수를 생각할 수 있기 때문이다. 세르게이 셰르보프 박사는 오스트리아 학술원 소속의 비엔나 인구통계연구소의 연구팀장이자, 세계인구 프로그램의 분석가로 일하고 있다. 그는 유엔의 2050년까지의 중기 수명 예측 시나리오를 벤치마킹하여 앞으로 모든 가임여성이 한 자녀만 낳았을 때의 인구 변화를 계산해 보았다(2004년 현재 여성 1인당 출산율은 2.6이고, 중기 시나리오가 예측한 2050년 출산율은 2.0 정도였다).

이런 일이 내일 당장 시작된다면 현재의 65억 인구는 이번 세기 중반쯤 10억이 줄어든다고 한다(지금대로 그냥 살면 90억으로 늘어난다). 그 무렵 엄마 하나에 아이 하나를 계속 유지한다면 지구상 모든 생물의 삶이 극적으로 변한다. 자연 감소로 인해 지금의 지나친 인구

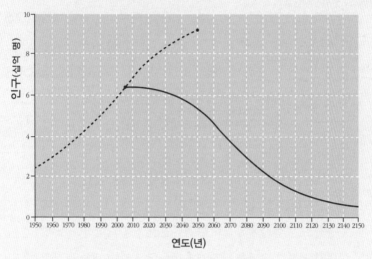

유엔의 중기 시나리오: 2004년에 여성 1인당 2.6명인 출산율이 2050년이면 2명으로 줄어든다.(출처: 유엔 사무국 경제사회부문 인구분과(2005))

지금부터 모든 가임여성이 자녀를 1명까지만 갖도록 제한한다는 가정하의 시나리오(출처: 오스트리아 학술원 비엔나 인구통계연구소 연구팀장 세르게이 셰르보프 박사)

세계의 인구 예측

거품이 과거 여느 때처럼 다시 팽창하는 일은 없을 것이다. 2075년이 되면 인구가 거의 반으로 줄어 34억이 된다고 한다. 그러면 우리가 지금 생태계에 가하는 충격도 크게 줄어든다. 지금 우리의 활동 가운데 많은 부분이 우리가 생태계에 일으키는 연쇄반응에 의해 확대되기 때문이다.

앞으로 한 세기도 안 남은 2100년에는 인구가 16억으로 떨어질 것이라고 한다. 에너지, 의료, 식량 생산의 획기적 발전으로 인구가 거듭해서 갑절로 늘어나던 19세기 수준으로 되돌아가는 것이다. 그 무렵에는 그러한 발견들이 기적 같기만 했다. 지금은 좋은 것이 흔히 그렇듯, 더 많은 것에 탐닉하면 그만큼 위험이 뒤따른다는 것을 안다.

숫자 부담이 훨씬 줄어들면 우리의 존재를 계속해서 제어하기 위해 우리가 이룬 모든 발전과 지혜를 유리하게 동원할 수 있다는 이점이 있다. 그러한 지혜의 일부는 돌이키기에는 너무 늦어버린 상실과 멸종에서 비롯될 뿐만 아니라, 나날이 아름다워지는 세상을 보는 기쁨이 커지는 데서도 올 것이다. 그 증거는 통계수치에 숨어 있는 것이 아닐 터이다. 모든 인간의 창밖에, 철마다 더 상쾌해진 공기에, 더 많은 새소리가 울려퍼지는 곳에 있을 것이다.

그렇지 않고 예상되는 바와 같이 인구가 절반쯤 더 늘어나도록 내버려둔다면, 20세기에 한동안 그랬던 것처럼 우리의 기술이 다시 한 번 더 자연을 확보해 줄 수 있을까? 우리는 이미 로봇 파견대에 대해 들어본 적이 있다. 반면에 미생물학자 포레스트 로워는 화이트홀리호의 갑판에서 상어들이 지나다니는 모습을 느긋하게 지켜보며 다른 이론적 가능성을 날카롭게 제기한다.

"레이저나 그 비슷한 입자광선을 이용한 원격조종으로 다른 행성이나 다른 태양계에다 무언가를 세울 수 있을지도 모릅니다. 그렇게 하는 편이 무언가를 그곳으로 보내는 것보다 훨씬 빠르겠지요. 인간의 유전 암호를 지정하여 우주에다 인간세상을 만들 수 있을지도 모릅니다. 생명과학이 그런 일이 가능하도록 만들지도 모르니까요. 물리적으로 가능한 일인지는 저도 모르겠습니다. 하지만 전부 생화학

차원의 문제이니까 그런 것을 못 만들란 법은 없습니다."

"단 생명의 불꽃이란 것이 없다는 전제에서 그렇다는 겁니다. 하지만 아마도 필요할 겁니다. 우리가 수긍할 만한 시간의 틀 안에 여기서 실제로 벗어날 수 있다는 가능성은 없으니까요."

만일 우리가 그렇게 할 수 있다면, 즉 우리 모두가 살 수 있을 만큼 크고 비옥한 별을 발견하고 빛을 이용해 우리 몸을 복제하며 우리의 정신 작용을 빛의 속도로 업로드할 수 있다면, 결국 우리 없는 지구로서는 다행스러운 일일 것이다. 제초제가 없으면 잡초들은(생명다양성 그 자체이기도 하다) 우리의 산업형 농장과 광대한 상업용 소나무 재배림을 침범할 것이다. 미국의 경우 한동안 그런 잡초는 주로 칡이었다(칡은 1876년 미국의 독립 100주년을 축하하기 위해 일본에서 선물을 보내면서 처음 들어왔다). 아무튼 그러는 사이 번식력 좋은 이 식물의 뿌리를 계속 걷어내 줄 사람이 없으면 미국 남부의 빈집과 고층 빌딩들은 무너지기 한참 전에 칡넝쿨에 묻혀버릴 것이다.

19세기 말에 전자부터 시작하여 우주의 가장 기본적인 입자들을 다룰 수 있게 되면서부터, 인간의 삶은 몹시 빠르게 바뀌어 왔다. 얼마나 빨랐는지는 우리가 지구상에서 들은 모든 음악이 한 세기 이전, 그러니까 마르코니의 무전과 에디슨의 축음기가 발명되기 전까지만 해도 전부 생음악이었다는 사실에서 알 수 있다. 오늘날에는 생음악이 불과 1퍼센트도 안 된다. 나머지는 전자적으로 재생되거나 방송되는 것이며, 무수한 말과 영상의 경우도 마찬가지다.

그렇게 퍼져나가는 전파는 없어지지 않는다. 빛처럼 계속해서 이동하는 것이다. 인간의 뇌도 아주 저주파로 전기적 자극을 내보낸다. 잠수함과 통신하기 위해 이용되던 전파보다는 훨씬 약하지만 그 비슷한 파동이다. 하지만 과학적으로 설명할 수 없어도 우리의 정신은 특별한 노력을 기울이면 레이저처럼 집중할 수 있는 송수신장치가 되어 아주 먼 거리까지 소통이 가능하며, 심지어 원하는 일을 일으킬 수도 있다고 주장하는 사람도 있다.

무리한 주장 같아 보이지만 이는 기도의 정의이기도 하다.

그렇다면 우리의 뇌파도 전파처럼 계속해서 날아가야 한다. 그렇다면 어디로? 우주는 이제 부풀어오르는 거품으로 설명되고 있다. 물론 아직까지는 이론일 뿐이다. 그런데 성간 공간의 굴곡이 대단히 신비롭다는 점을 고려한다면, 우리의 심파(또는 염파)가 돌아다니다 결국 여기로 되돌아올 수도 있다고 생각하지 못할 이유가 없다.

아니면 어느 날, 어리석게도 제 발로 떠나버리고 한참 뒤에 아름다운 세상이 너무도 그리운 나머지 우리 또는 우리의 기억이 우주의 전파를 타고 우리의 사랑하는 고향 지구에 나타날지도 모른다.

2003년 7월이었다. 오래전부터 고향이라 부르던 애리조나 숲의 상당 부분이 가뭄과 나무좀과 불에 삼켜지는 꼴을 더 지켜보기가 싫어 날씨가 더 점잖지 싶은 뉴욕 북부로 탈출했다. 친구의 오두막에 도착한 그날 밤, 캐츠킬을 최초로 강타한 토네이도도 나와 함께 상륙했다. 다음 날 우리는 처마를 투창처럼 찌르는 2미터 크기의 어린 가문비나무들을 어떻게 처치할지 의논하고 있었다. 그때 조시 글로시우스에게서 연락이 왔다.

〈디스커버〉의 편집장인 조시는 몇 년 전에 내가 〈하퍼〉에 쓴 글을 다시 읽어보았다고 했다. 인간이 체르노빌을 떠난 뒤 어떻게 자연이 빈자리를 빠르게 메워갔는지를 설명한 글이었다. 플루토늄 여부와 관계없이, 폭발한 원자로 주변의 생태계는 인간이 없어서 더 좋아진 것 같다고 썼다. "인간이 '모든 곳에서' 사라진다면 과연 어떻게 될까요?" 그녀가 내게 물었다.

너무나 간단한 질문이었다. 그래서 나는 우리가 갑자기 사라진다는 상상을 해보면 현재 지구가 받고 있는 온갖 스트레스를 새롭게 볼수 있으며, 그 뒤로 어떤 일이 벌어질지를 생각해 볼 수 있겠다는 것을 금세 이해했다. 그런 식으로 살펴보면 배울 점이 많을 것 같았다. 조시가 나에게 부탁한 그 글 덕분에 나는 그녀의 질문을 더 철저히 다룬다는 차원에서 이 책을 쓰게 되었고, 그런 힌트를 제공해 준 그녀에게 깊이 감사하고 있다.

인간 없는 세상이 어떤 식으로 계속될 것이냐의 문제를 신뢰감 있게 제기하는 책을 쓴다는 것은 불교의 선문답 같은 역설에 빠져드는 일이기도 했다. 수많은 인간 조연의 도움이 없다면 할 수 없는 일이었다. 이 책에는 많은 사람들의 이름이 등장하는데, 새로운 시각과 감성과 전문 지식으로 우리 지구를 이해할 수 있게 해준 그분들께 나는 엄청난 빚을 졌다. 꼭 필요한 도움을 주었지만 책에 일일이 실을수 없는 분도 많은데, 그것은 순전히 경제적인 고려 때문이었다. 그분들의 이름을 다 실었다면 책이 네 배는 더 두꺼워졌을 것이다.

외계는 우리의 상상보다 우리 집에서 훨씬 먼 곳이다. 하지만 이웃에 진짜 로켓 과학자가 있다는 것은 대단한 행운이었다. 애리조나 대학의 천체물리학자 조너선 루나인은 우리에게 외혹성에 대한 영상 자료와 이해를 제공하는 놀라운 일을 해주었다. 그는 우주에 관한 대단히 복잡한 문제를 대학 초년생은 물론이고 나도 이해할 수 있는 쉬운 언어로 설명해 주는 재능이 있다. 또 나는 그에게 전파의 궤도를 설명하기 위해 〈아이 러브 루시〉를 이용하는 아이디어를 빚졌다.

이 책에 등장하는 배경이 된 곳들 중 일부는 전에 일 때문에 가본 적이 있었다. 반면에 처음 가보는 곳도 여러 곳 있었다. 그런 곳마다 지식과 인내와 관대함으로 나에게 놀라운 가르침을 준 분들에게 진 신세도 잊을 수 없다.

어릴 때 나는 항상 과학자가 되는 꿈을 꾸었다. 단 모든 분야가 다 재미있었기에 무슨 과학을 택해야 할지는 몰랐다. 그것이 고생물학 자가 되지는 않겠다는 뜻이었다면, 천문학자는 될 수 있었을까? 저 널리스트로서 나는 아주 운 좋게도 각지에 있는 다방면의 비상한 과 학자들과 사귈 기회가 많았다.

그 밖에 많은 친구, 친척, 동료 들이 조사를 하고 책을 쓰는 과정에 서 중요한 순간마다 도움을 주었다. 실질적인 것에서부터 지적, 도덕 적, 정신적(먹을 것은 물론이고)인 것에 이르기까지 다양했다. 모두 기 발한 아이디어를 떠올리게 하고 에너지를 북돋워 주는 것들이었다.

이루 다 말하지 못했지만 특별히 감사할 대상이 하나 더 있다. 누 구나 마땅히 감사해야 할 무수한 다른 생물들이다. 그들이 없다면 우 리도 존재할 수 없다. 그것은 너무나 당연한 일이며, 우리는 감히 그 들을 무시할 처지가 못 된다. 그것은 내가 소중한 내 아내를 소홀히 할 수 없는 것과 같은 문제다. 우리 모두를 낳아주고 길러주는 고마 운 어머니 지구도 마찬가지다.

우리가 없어도 지구는 계속 남는다. 하지만 지구가 없다면 우리는 존재 자체가 불가능하다.

번역 의뢰를 받으며 범상치 않은 책을 만났다는 직감이 들었다. 제목이 간결하면서 인상적이었고, 메시지도 분명해 보였다. 무엇보다 기발한 상상력에서 출발했다는 점이 끌렸다. 인간 없는 세상, 누구나 한번쯤 상상해 봄직한 것이지만 그 내용을 구체적으로 하나씩 짚어나갔다는 점이 흥미롭기도 했다. 그래서 이 책의 번역 작업은 번역이라는 일 자체의 괴로움과 저자의 문체가 지나칠 정도로 정교하다는 어려움이 있었음에도 불구하고, 앉아서 책을 자세히 읽어보거나 자판기를 두드리는 도중에 문득문득 저자의 상상을 내 현실에 대입해 보는 즐거움을 안겨주었다.

2006년 어느 날의 일이었다. 내가 사는 곳은 대도시의 공단 자락으로, 대체 어느 공장에서 내뿜는지 늘 나는 특유의 불쾌한 냄새가 있다. 그런데 그날 하루만은 그 냄새가 딱 그쳤다. 언제나 연기를 토해내던 굴뚝들도 일제히 활동을 멈췄다. 노동절이라 공장들이 특별히 가동을 멈춰서였는지 몰라도 아무튼 냄새가 없어진 데다 비 갠 뒤 바람까지 불었다. 그때 도시의 하늘과 공기가 이렇게 맑을 수도 있나 하는 생각을 했다. 도시 가동이 전면 중단되면 다른 것은 몰라도 공기 하나는 참 좋아지겠구나 하는 생각도 했다. 늘 일에 쫓기는 내 생각은 거기서 멈췄다. 그러다 이 책을 번역하면서 그날이 떠올랐다. 인천에서, 서울에서, 사람들이 일제히 사라져 버린다면 인간세계는 어떻게 변할까?

저자가 알아본 대로라면 서울 세종로가 머지않아 숲으로 변하게 된다. 빌딩 숲이 다 무너져 버리고 진짜 숲이 들어선다. 곳곳을 뒤덮고 있는 흉측한 아파트들도 다 주저앉는다. 한강의 다리들도 전부 성수대교처럼 끊어진다. 팔당 댐은 계속 넘쳐흐르다가 결국 무너져 버린다. 이것이 과연 가능한 일일까? 콘크리트를 부어 만든 도시가 다시 숲이 된다니……. 저자는 그렇다고 말한다. 인간의 힘이 지구를 파괴할 만큼 강하다고 하지만, 긴긴 세월이 지나면 결국 남는 것은 자연이요 인공의 흔적은 찾아보기 힘들다고 말한다.

길을 걷다 보면 시멘트, 아스팔트, 콘크리트 틈새로 자라나는 풀이 안쓰러울 때가 있다. 그런데 그것들을 가만히 내버려두면 어떻게 될까? 쑥쑥 자라 올라 꽤 무성해질 것이다. 가을이면 이렇게 자라다 시든 풀에 낙엽들이 걸려들 것이다. 환경미화원 없는 길거리를 뒹구는 낙엽들은 어느새 수북해질 것이다. 서서히 흙이 되어가고, 거기서 나무들이 자라기 시작할 것이다. 한편 좀처럼 없어지지 않는 것도 있다. 원자력발전소의 미래를 생각하면 절망적이다. 바다 밑 모래에 플라스틱 가루가 그렇게 많이 섞여 있다는 것도 충격이다. 그런 데서 사는 물고기를 우리는 열심히 잡아먹고 있다. 하지만 그 모든 것도 긴긴 세월이면 다 분해되고, 자연이 복원된다고 한다.

그렇다면 저자는 우리가 지금처럼 파괴적이고 탐욕적인 생활을 계속해도 결국에는 자연이 다 복구할 테니 걱정 없다는 말을 하고 싶은 걸까? 절대 그렇지 않을 것이다. 저자는 저널리스트답게 되도록 주장을 배제하려 한다. 그러면서도 인간이 불멸을 꿈꿔도 마침내 끝이 있다는 사실을 계속 환기시킨다. 어찌 보면 고도의 설득법이다. 이 책의 화두와도 같이 저자가 중요하게 던지는 질문이 있다. '우리 없는 세상이 우리가 없다고 쓸쓸해하기나 할까?'라는 것이다. 그리고 모든 목숨붙이들은 날 때와 죽을 때가 있듯이 인간이라는 한 생물종도 언젠가는 멸종하게 되어 있다고 한다. 그런데 인간은 애써 그 시기를 더 앞당겨 자멸하려 하고 있다.

또 이 책은 우리가 당연시하고 있는 지금의 문명이 얼마나 악착같은 관리에 의해 겨우 지탱되고 있는지를 돌아보게 한다. 석유 생산이 정점에 이르고 경제성장이 제로 이하로 떨어진다면 지금의 산업자본주의는 하루아침에 붕괴될 수 있다. 석유를 비롯한 주요 화석연료가 고갈된다면 고층 아파트는커녕 지금 같은 콘크리트 도시에서의 삶은 불가능해질 것이다. 지금 우리 삶의 기반이 얼마나 허약하고 터무니없는 것인지를 알면 겸허해지지 않을 수 없다. 지구의 장구한 역사에 비한다면 인간의 역사는 순간에 지나지 않는다. 그렇잖아도 언젠가는 멸종할 우리가 악착같이 미래를 앞당길 이유가 있을까?

어쩌면 우리 없이 건재할 세상을 소중히 여기기보다는 세상에게 부디 좀더 살게 해달라고, 아니면 기억만이라도 해달라고 애원할 처지가 될지도 모른다. 그것도 머지않아.

2007년 10월

이한중

저서

Addiscott, T. M. *Nitrate, Agriculture, and the Environment*. Wallingford, Oxfordshire, U.K.: CABI Publishing, 2005.

Andrady, Anthony, editor. *Plastics and the Environment*. Hoboken: John Wiley & Sons, Inc., 2003.

Audubon, John James. *Ornithological Biography, or an Account of the Habits of the Birds of the United States of America*. Edinburgh: Adam Black, 1831.

Benford, Gregory. *Deep Time*. New York: Avon Books, 1999.

Bobiec, Andrzej. *Preservation of a Natural and Historical Heritage as a Basis for Sustainable Development: A Multidisciplinary Analysis of the Situation in Bial/owiez´a Primeval Forest, Poland*. Narewka, Poland: Society for Protection of the Bial/owiez´a Primeval Forest (TOPB), 2003.

Cantor, Norman. *In the Wake of the Plague: The Black Death, and the World It Made*. New York: Free Press, 2001.

Colborn, Theo, John Peterson Myers, and Dianne Dumanoski. *Our Stolen Future: Are We Threatening Our Own Fertility, Intelligence, and Survival?—A*

Scientific Detective Story. New York: Dutton, 1996.

Colinvaux, Paul. *Why Big Fierce Animals Are Rare: An Ecologist's Perspective.* Princeton, N.J.: Princeton University Press, 1978.

Cronon, William. *Changes in the Land: Indians, Colonists, and the Ecology of New England*. New York: Hill and Wang, 1983.

Cronon, William, editor. *Uncommon Ground: Rethinking the Human Place in Nature*. New York: W. W. Norton & Company, 1995.

Crosby, Alfred W. *Ecological Imperialism (Second Edition)*. Cambridge: Cambridge University Press, 2004.

Demarest, Arthur. *Ancient Maya: The Rise and Fall of a Rainforest Civilization.* Cambridge: Cambridge University Press, 2004.

Department of Economic and Social Affairs, Population Division, United Nations. *World Population Prospects: The 2004 Revision Highlights*. New York: United Nations, February 2005, vi.

Depleted Uranium Education Project. *Metal of Dishonor, Depleted Uranium: How the Pentagon Radiates Soldiers and Civilians with DU Weapons (Second Edition)*. New York: International Action Center, 1997.

Dixon, Douglas. *After Man: A Zoology of the Future*. New York: St. Martin's Press, 1981.

Dreghorn, William. *Famagusta and Salamis: A Guide Book*. Lefkosa, Northern Cyprus: K. Rustem and Bros., 1985.

Dreghorn, William. *A Guide to the Antiquities of Kyrenia*. Nicosia: Halkin Sesi, 1977.

Dyke, George V. *John Lawes of Rothamsted: Pioneer of Science, Farming and Industry*. Harpenden: Hoos, 1993.

Erwin, Douglas. *Extinction: How Life on Earth Nearly Ended 250 Million Years Ago*. Princeton, N.J.: Princeton University Press, 2006.

Evans, W. R., and A. M. Manville II, editors. *Transcripts of Proceedings of the Workshop on Avian Mortality at Communication Towers*. August 11, 1999,

Ithaca, N.Y.: Cornell University, 2000, published on the internet at http://www.towerkill.com/ and http://migratorybirds.fws.gov/issues/ towers/agenda.html.

Flannery, Tim. *The Eternal Frontier: An Ecological History of North America and Its Peoples*. Melbourne: The Text Publishing Company, 2001.

Flannery, Tim. *The Future Eaters: An Ecological History of the Australasian Lands and People*. Sydney: Reed Books/New Holland, 1994.

Foreman, Dave. *Rewilding North America: A Vision for Conservation in The 21st Century*. Washington D.C.: Island Press, 2004.

Foster, David R. *Thoreau's Country: Journey Through a Transformed Landscape*. Cambridge: Harvard University Press, 1999.

Garrett, Laurie. *The Coming Plague*. New York: Farrar, Straus and Giroux, 1994.

Hall, Eric J. *Radiation and Life*. London: Pergamon, 1984.

Hilty, Steven L., and William L. Brown. *Birds of Colombia*. Princeton N.J.: Princeton University Press, 1986.

Hoffecker, John. *Twenty-Seven Square Miles: Landscape and History at Rocky Mountain Arsenal National Wildlife Refuge*. U.S. Fish and Wildlife Service, 2001.

Jefferson, Thomas. *Notes on the State of Virginia, 1787*. Chapel Hill: University of North Carolina Press, 1982.

Kain, Roger, and William Ravenhill, editors. *Historical Atlas of South-West England*. Exeter: University of Exeter Press, 1999.

Koester, Craig. *Revelation and the End of All Things*. Grand Rapids, Mich.: Wm. B. Eerdmans Publishing Company, 2001.

Kurtén, Björn, and Elaine Anderson. *Pleistocene Mammals of North America*. New York: Columbia University Press, 1980.

Kurzweil, Ray. *The Singularity Is Near: When Humans Transcend Biology*. New York: Viking, 2005.

Langewiesche, William. *American Ground: Unbuilding the World Trade Center*.

New York: North Point Press, 2002.

Leakey, Richard, and Roger Lewin. *The Sixth Extinction: Patterns of Life and the Future of Humankind*. New York: Doubleday, 1995.

LeBlanc, Steven A. *Constant Battles*. New York: St. Martin's Press, 2003.

Lehmann, Johannes, et al. *Amazonian Dark Earths: Origin, Properties, Management*. Dordrecht; Boston; London: Kluwer Academic, 2003.

Leslie, John. *The End of the World: The Science and Ethics of Human Extinction*. London: Routledge, 1996.

Lovelock, James. *The Ages of Gaia: A Biography of Our Living Earth*. New York: W. W. Norton & Company, 1988.

Lovelock, James. *Gaia: A New Look at Life on Earth*. Oxford: Oxford University Press, 1979.

Lovelock, James. *The Revenge of Gaia*. London: Allen Lane/Penguin Books, 2006.

Lunine, Jonathan I. *Earth: Evolution of a Habitable World*. Cambridge: Cambridge University Press, 1999.

Mann, Charles C. *1491: New Revelations of the Americas Before Columbus*. New York: Alfred A. Knopf, 2005.

Marcó del Pont Lalli, Raúl, editor. *Electrocución de Aves en Líneas Eléctricas de México: Hacia un Diagnóstico y Perspectivas de Solución*. Mexico, D.F.: INE-Semarnat, 2002.

Martin, Paul. *The Last 10,000 Years: A Fossil Pollen Record of the American Southwest*. Tucson, Ariz.: The University of Arizona Press, 1963.

Martin, Paul. *Twilight of the Mammoths: Ice Age Extinctions and the Rewilding of America*. Berkeley, Calif.: University of California Press, 2005.

Martin, Paul, and H. E. Wright, editors. *Pleistocene Extinctions: The Search for a Cause* New Haven, Conn.: Yale University Press, 1967.

McCullough, David. *Path Between the Seas: The Creation of the Panama Canal 1870-1914*. New York: Simon & Schuster, 1977.

McGrath, S. P., and P. J. Loveland. *The Soil Geochemical Atlas of England and*

Wales. London: Blackie Academic and Professional, 1992.

McKibben, Bill. *The End of Nature, 10th Anniversary Edition*. New York: Doubleday/Anchor Books, 1999.

Moorehead, Alan. *The Fatal Impact: The Invasion of the South Pacific 1767-1840*. New York: Harper & Row, 1967.

Moulton, Daniel, and John Jacob. *Texas Coastal Wetlands Guidebook*. Texas Parks & Wildlife, no date.

Muller, Charles. *The Diamond Sutra*. Toyo Gakuen University, Copyright 2004, http://www.hm.tyg.jp/~acmuller/bud-canon/diamond_sutra.html.

Mwagore, Dali, editor. *Land Use in Kenya: The Case for a National Land Use Policy*. Nakuru, Kenya: Kenya Land Alliance, no date.

Mycio, Mary. *Wormwood Forest: A Natural History of Chernobyl*. Washington D.C.: Joseph Henry Press, 2005.

Outwater, Alice. *Water: A Natural History*. New York: Basic Books 1996.

Ponting, Clive. *A Green History of the World*. London: Sinclair-Stevenson, 1991.

Potts, Richard. *Humanity's Descent: The Consequences of Ecological Instability*. New York, William Morrow & Co., 1996.

Rackham, Oliver. *Ancient Woodland: Its History, Vegetation and Uses in England*. London: E. Arnold, 1980.

Rackham, Oliver. *The Illustrated History of the Countryside*. London: Weidenfeld & Nicolson Ltd., 1994.

Rackham, Oliver. *Trees and Woodland in the British Landscape*. London: Dent, 1990.

Rathje, William, and Cullen Murphy. *Rubbish! The Archeology of Garbage*. Tucson, Ariz.: University of Arizona Press, 2001.

Rees, Martin. *Our Final Hour*. New York: Basic Books, 2003.

Rothamsted Experimental Station. *Rothamsted: Guide to the Classical Field Experiments*. Harpenden, Hertfordshire, U.K.: AFRC Institute of Arable Crops Research, 1991.

Safina, Carl. *Eye of the Albatross*. New York: Henry Holt and Company, 2002.

Safina, Carl. *Song for the Blue Ocean*. New York: Henry Holt and Company, 1998.

Sagan, Carl, F. D. Drake, Ann Druyan, Timothy Ferris, Jon Lomberg, and Linda Salzman Sagan. *Murmurs of Earth: The Voyager Interstellar Record*. New York: Random House, 1978.

Schama, Simon. *Landscape and Memory*. New York: Alfred A. Knopf, 1995.

Simmons, Alan. *Faunal Extinction in an Island Society: Pygmy Hippopotamus Hunters of Cyprus*. New York: Kluwer Academic/Plenum Publishers, 1999.

Steadman, David, and Jim Mead, editors. *Late Quaternary Environments and Deep History: A Tribute to Paul Martin*. Hot Springs, S.Dak.: The Mammoth Site of Hot Springs, South Dakota, Inc., 1995.

Stewart, George R. *Earth Abides*. New York, Houghton Mifflin Company, 1949.

Strum, Shirley C. *Almost Human: A Journey into the World of Baboons*. New York: Random House, 1987.

The Texas State Historical Association. *The Handbook of Texas Online*. Austin, Tex.: University of Texas Libraries and the Center for Studies in Texas History, 2005, http://www.tsha.utexas.edu/handbook/online/ index.html.

Thomas, Jr., William L. *Man's Role in Changing the Face of the Earth*. Chicago: University of Chicago Press, 1956.

Thorson, Robert M. *Stone by Stone: The Magnificent History in New England's Stone Walls*. New York: Walker & Company, 2002.

Todar, Kenneth. *Online Textbook of Bacteriology*. Madison, Wisc.: University of Wisconsin, Department of Bacteriology, 2006, http://textbookofbac-teriology. net.

Turner, Raymond, H. Awala Ochung', and Jeanne Turner. *Kenya's Changing Landscape*. Tucson, Ariz.: University of Arizona Press, 1998.

Wabnitz, Colette, et al. *From Ocean to Aquarium*. Cambridge, U.K.: UNEP World Conservation Monitoring Centre, 2003.

Ward, Peter, and Donald Brownlee. *The Life and Death of Planet Earth*. New York: Henry Holt and Company LLC, 2002.

Ward, Peter, and Alexis Rockman. *Future Evolution*. New York: Times Books, 2001.

Weiner, Jonathan. *The Beak of the Finch: A Story of Evolution in Our Time*. New York: Alfred A. Knopf, 1994.

Western, David. *In the Dust of Kilimanjaro*. Washington, D.C.: Island Press, 1997.

Wilson, Edward. O. *The Diversity of Life (1999 Edition)*. New York: W. W. Norton & Company, 1999.

Wilson, Edward. O. *The Future of Life*. New York: Alfred A. Knopf, 2002.

Wrangham, Richard, and Dale Peterson. *Demonic Males: Apes and the Origins of Human Violence*. New York: Panther/Houghton Mifflin Company, 1996.

Yurttaş, Şükruü. *Cappadocia*. Ankara: Rekmay Ltd., no date.

Zimmerman, Dale, Donald Turner, and David Pearson. *Birds of Kenya and Northern Tanzania*, Princeton, N.J.: Princeton University Press, 1999.

기사

Advocacy Project. "The Zapara: Rejecting Extinction." *Amazon Oil*, vol. 16, no. 8, March 21, 2002.

Allardice, Corbin, and Edward R. Trapnell. "The First Pile." Oak Ridge, Tenn.: United States Atomic Energy Commission, Technical Information Service, 1955.

Alpert, Peter, David Western, Barry R. Noon, Brett G. Dickson, Andrzej Bobiec, Peter Landres, and George Nickas. "Managing the Wild: Should Stewards Be Pilots?" *Frontiers in Ecology and the Environment*, vol. 2, no. 9, 2004, 494-99.

Andrady, Anthony L. "Plastics and Their Impacts in the Marine Environment." *Proceedings of the International Marine Debris Conference on Derelict Fishing Gear and the Ocean Environment*, August 6-11, 2000 Hawai'i Convention

Center, Honolulu, Hawai'i.

Avery, Michael L. "Review of Avian Mortality Due to Collisions with Man-made Structures." *Bird Control Seminars Proceedings*, University of Nebraska, Lincoln, 1979, 3-11.

Avery, Michael, P. F. Springer, and J. F. Cassel. "The Effects of a Tall Tower on Nocturnal Bird Migration?—a Portable Ceilometer Study." *Auk*, vol. 93, 1976, 281-91.

Ayhan, Arda. "Geological and Morphological Investigations of the Underground Cities of Cappadocia Using GIS." Master's thesis, Department of Geological Engineering, Graduate School of Natural and Applied Sciences, Middle East Technical University, 2004.

Baker, Allan J., et al. "Reconstructing the Tempo and Mode of Evolution in an Extinct Clade of Birds with Ancient DNA: The Giant Moas of New Zealand." *Proceedings of the National Academy of Sciences*, vol. 102, no. 23, June 7, 2005, 8257-62.

Baker, R. J., and R. K. Chesser. "The Chornobyl Nuclear Disaster and Subsequent Creation of a Wildlife Preserve." *Environmental Toxicology and Chemistry*, vol. 19, 2000, 1231-32.

Barlow, Connie, and Tyler Volk. "Open Living Systems in a Closed Biosphere: A New Paradox for the Gaia Debate." *BioSystems*, vol. 23, 1990, 371-84.

Barnes, David K. A. "Remote Islands Reveal Rapid Rise of Southern Hemisphere, Sea Debris." *The Scientific World Journal*, vol. 5, 2005, 915-21.

Beason, R. C. "The Bird Brain: Magnetic Cues, Visual Cues, and Radio Frequency (RF) Effects." *Proceedings of Conference on Avian Mortality at Communication Towers*, August 11, 1999, Cornell University, Ithaca, N.Y.

Beason, R. C. "Through a Bird's Eye—Exploring Avian Sensory Perception." USDA/Wildlife Services/National Wildlife Research Center, Ohio Field Station, Sandusky, Ohio, http://www.aphis.usda.gov/ws/nwrc/is/03pubs/beason031.pdf.

Bjarnason, Dan. "Silver Bullet: Depleted Uranium." Producer Marijka Hurkol, Canadian Broadcasting Corporation, January 8, 2001.

Blake, L., and K. W. T. Goulding. "Effects of Atmospheric Deposition, Soil pH and Acidification on Heavy Metal Contents in Soils and Vegetation of Semi-Natural Ecosystems at Rothamsted Experimental Station, UK." *Plant and Soil*, vol. 240, 2002, 235-51.

Bobiec, Andrzej. "Living Stands and Dead Wood in the Bial/owiez˙a Forest: Suggestions for Restoration Management." *Forest Ecology and Management*, vol. 165, 2002, 121-36.

Bobiec, Andrzej., H. van der Burgt, K. Meijer, and C. Zuyderduyn. "Rich Deciduous Forests in Bial/owiez˙a as a Dynamic Mosaic of Developmental Phases: Premises for Nature Conservation and Restoration Management." *Forest Ecology and Management*, vol. 130, 2000, 159-75.

"Bomb Facts: How Nuclear Weapons Are Made." *Wisconsin Project on Nuclear Arms Control*, November 2001, http://www.wisconsinproject.org /pubs/ articles/2001/bomb%20facts.htm.

Bostrom, Nick. "Are You Living in a Computer Simulation?" *Philosophical Quarterly*, vol. 53, no. 211, 2003, 243-55.

Bostrom, Nick. "Existential Risks: Analyzing Human Extinction Scenarios and Related Hazards." *Journal of Evolution and Technology*, vol. 9, March 2002.

Bostrom, Nick. "A History of Transhumanist Thought." *Journal of Evolution and Technology*, vol. 14, no. 1, 2005, 1-25.

Bostrom, Nick. "When Machines Outsmart Humans." *Futures*, vol. 35, no. 7, 2003, 759-64.

Bromilow, Richard H., et al. "The Effect on Soil Fertility of Repeated Applications of Pesticides over 20 Years." *Pesticide Science*, vol. 48, 1996, 63-72.

Butterfield, B. J., W. E. Rogers, and E. Siemann. "Growth of Chinese Tallow Tree (*Sapium sebiferum*) and Four Native Trees Along a Water Gradient." *Texas Journal of Science [Big Thicket Science Conference Special Issue]*, 2004.

Canine, Craig. "How to Clean Coal." *OnEarth*, Natural Resources Defense Council, fall, 2005.

Cappiello, Dina. "New BP Leak in Texas City Is Third Incident This Year." *Houston Chronicle*, August 11, 2005.

Cappiello, Dina. "Unit at Refinery Has Troubled Past." *Houston Chronicle*, August 11, 2005.

Carlson, Elof Axel. "Commentary: International Symposium on Herbicides in the Vietnam War: An Appraisal." *BioScience*, vol. 30, no. 8, September 1983, 507-12.

Chesser, R. K., et al. "Concentrations and Dose Rate Estimates of 134, 137Cesium and 90Strontium in Small Mammals at Chornobyl, Ukraine." *Environmental Toxicology and Chemistry*, vol.19, 1999, 305-12.

Choi, Yul. "An Action Plan for Achieving an Eco-Peace Community on the Korean Peninsula." In Peninsula: *DMZ Ecosystem Conservation*. The DMZ Forum, 2002, 137-42.

Clark, Ezra, and Julian Newman. "Push to the Finishing Line: Why the Montreal Protocol Needs to Accelerate the Phaseout of CFC Production for Basic Domestic Needs." *EIA Briefing 61-1*, Environmental Investigation Agency, July 2003.

Cobb, Kim, et al. "El Niño/Southern Oscillation and Tropical Pacific Climate During the Last Millennium." *Nature*, vol. 424, July 17, 2003, 271-76.

Cohen, Andrew S., et al. "Paleolimnological Investigations of Anthropogenic Environmental Change in Lake Tanganyika." *Journal of Paleolimnology*, vol. 34, 2005, 1-18.

Cole, W. Matson, Brenda E. Rodgers, Ronald K. Chesser, and Robert J. Baker. "Genetic Diversity of *Clethrionomys glareolus* Populations from Highly Contaminated Sites in the Chornobyl Region, Ukraine." *Environmental Toxicology and Chemistry*, vol. 19, no. 8, 2000, 2130-35.

Coleman, J. S., and S. A. Temple. "On the Prowl." *Wisconsin Natural Resources Magazine*, December 1996.

Coleman, J. S., S. A. Temple, and S. R. Craven. "Cats and Wildlife: A Conservation Dilemma." *1997 USFWS and University of Wisconsin Extension Report*, Madison, Wisc, 1997.

"Complaints by Workers Mar Bloom in Flower Farms." *The Nation* (Nairobi), August 24, 2005.

"Contact-Handled Transuranic Waste Acceptance Criteria for the Waste Isolation Pilot Plant Revision 4.0." WIPP/DOE—02-3122, December 29, 2005.

"Contaminants Released to Surface Water from Rocky Flats." Technical Topic Papers, Rocky Flats Historical Public Exposures Studies, Colorado Department of Public Health and Environment, no date.

"Continued Production of CFCs in Europe." Environmental Investigation Agency, September 20, 2005, http://www.eia-international.org/cgi/news/ news. cgi?t=template&a=270.

de Bruijn, Onno, Heorhi Kazulka, and Czesl/aw Okolow, editors. "The Bial/ owiez'a Forest in the Third Millennium." *Proceedings of the Cross-border Conference held in Kamenyuki (Belarus) and Bial/owiez'a (Poland)*, June 27-29, 2000.

DeMartini, Edward. "Habitat and Endemism of Recruits to Shallow Reef Fish Populations: Selection Criteria for No-take MPAs in the NWHI Coral Reef Ecosystem Reserve." Bulletin of Marine Science, vol. 74, no. 1, 185-205.

DeMartini, Edward, Alan Friedlander, and Stephani Holzwarth. "Size at Sex Change in Protogynous Labroids, Prey Body Size Distributions, and Apex Predator Densities at NW Hawaiian Atolls." *Marine Ecology Progress Series*, vol. 297, 2005, 259-71.

de Waal, Frans B. M. "Bonobo Sex and Society." *Scientific American*, March 1995, 82-88.

"Depleted Uranium." World Health Organization Fact Sheet No. 257, Revised January 2003.

Diamond, Jared. "Blitzkrieg Against the Moas." *Science*, vol. 287, no. 5461, March

24, 2000, 2170-71.

Diamond, Steve. "A Brief History of Johnston Atoll." *15th Airlift Wing History Office Web*, Hickam AFB, Hawaii, http://www2.hickam.af.mil/ho/ past/JA/ JA_history_home.html.

Donlan, Josh, et al. "Re-wilding North America." *Nature*, vol. 436, August 18, 2005, 913-14.

Doyle, Alister. "Arctic 'Noah's Ark' Vault to Protect World's Seeds." *Reuters*, May 30, 2006.

Ellegren, Hans, et al. "Fitness Loss and Germline Mutations in Barn Swallows Breeding in Chernobyl." *Nature*, vol 389, October 9, 1997, 593-96.

Erickson, Wallace P., Gregory D. Johnson, and David P. Young, Jr. "A Summary and Comparison of Bird Mortality from Anthropogenic Causes with an Emphasis on Collisions." *USDA Forest Service General Technical Reports*, PSW-GTR-191, 2005, 1029-42.

Erwin, Douglas. "Impact at the Permo-Triassic Boundary: A Critical Evaluation." Rubey Colloquium Paper, *Astrobiology*, vol. 3, no. 1, 2003, 67-74.

Erwin, Douglas. "Lessons from the Past: Biotic Recoveries from Mass Extinctions." *Proceedings of the National Academy of Sciences*, vol. 98, no. 10, May 8, 2001, 5399-5403.

Evans, Thayer. "Fire Still Smoldering at BP Unit near Alvin; an Investigation to Determine the Cause Must Wait Until Blaze Is Out." *Houston Chronicle*, August 12, 2005.

Fiedel, Stuart, and Gary Haynes. "A Premature Burial: Comments on Grayson and Meltzer's 'Requiem for Overkill.' " *Journal of Archaeological Science*, vol. 31, no. 1, January 2004, 121-31.

Fleming, Andrew. "Dartmoor Reaves." *Devon Archaeology: Dartmoor Issue*, vol. 3, 1985 (reprinted 1991), 1-6.

Foster, David. R. "Land-Use History (1730-1990) and Vegetation Dynamics in Central New England, USA." *Journal of Ecology*, vol. 80, no. 4, December

1992, 753-71.

Foster, David R., Glenn Motzkin, and Benjamin Slater. "Land-Use History as Longterm Broad-Scale Disturbance: Regional Forest Dynamics in Central New England." *Ecosystems*, vol. 1, 1998, 96-119.

Friedlander, Alan, and Edward DeMartini. "Contrasts in Density, Size, and Biomass of Reef Fishes Between the Northwestern and the Main Hawaiian Islands: The Effects of Fishing down Apex Predators." *Marine Ecology Progress Series*, vol. 230, 2002, 253-64.

Galik, K., B. M. Senut, D. Pickford, J. Treil Gommery, A. J. Kuperavage, and R. B. Eckhardt. "External and Internal Morphology of the BAR 1002'00 *Orrorin tugenensis* Femur." *Science*, vol. 305, September 3, 2004, 1450-53.

Gamache, Gerald L., et al. "Longitudinal Neurocognitive Assessments of Ukranians Exposed to Ionizing Radiation After the Chernobyl Nuclear Accident." *Archives of Clinical Neuropsychology*, vol. 20, 2005, 81-93.

Gao, F., et al. "Origin of HIV-1 in the Chimpanzee *Pan troglodytes troglodytes.*" *Nature* vol. 397, February 4, 1999, 436-41.

Gochfeld, Michael. "Dioxin in Vietnam—the Ongoing Saga of Exposure." *Journal of Occupational Medicine*, vol. 43, no. 5, May 1, 2001, 433-34.

Gopnik, Adam. "A Walk on the High Line." *The New Yorker*, May 21, 2001, 44-49.

Graham-Rowe, Duncan. "Illegal CFCs Imperil the Ozone Layer." *New Scientist*, December 17, 2005, 16.

Grayson, Donald K., and David J. Meltzer. "Clovis Hunting and Large Mammal Extinction: A Critical Review of the Evidence." *Journal of World Prehistory*, vol. 16, no. 4, December 2002, 313-59.

Greeves, Tom. "The Dartmoor Tin Industry—Some Aspects of Its Field Remains." *Devon Archaeology: Dartmoor Issue*, vol. 3, 1985 (reprinted in 1991), 31-40.

Grunwald, Michael. "Monsanto Hid Decades of Pollution: PCBs Drenched Ala. Town, But No One Was Ever Told." *Washington Post*, January 1, 2002, online clarification, 1/5/02; clarification corrected 1/11/02,

http://www.washingtonpost.com/ac2/wp-dyn?pagename=article&node
=&contentId=A46648?001Dec31.

Gülyaz, Murat Ertugr˘ul. "Subterranean Worlds." *In Cappadocia*. Istanbul, Ayhan
þahenk Foundation, 1998, 512-25.

Gushee, David E. "CFC Phaseout: Future Problem for Air Conditioning
Equipment?" *Congressional Research Service*, Report 93-382 S, April 1, 1993.

Habib, Daniel, et al. "Synthetic Fibers as Indicators of Municipal Sewage Sludge,
Sludge Products, and Sewage Treatment Plant Effluents." *Water, Air, and Soil
Pollution*, vol. 103, no. 1, April 1, 1998, 1-8.

"Halocarbons and Minor Gases." Chapter 5 in *Emissions of Greenhouse Gases
in the United States 1987-1992*, Washington, D.C.: Energy Information
Administration Office of Energy Markets and End Use, U.S. Department of
Energy, DOE/EIA-0573, October, 1994.

Harmer, Ralph, et al. "Vegetation Changes During 100 Years of Development
of Two Secondary Woodlands on Abandoned Arable Land." *Biological
Conservation*, vol. 101, 2001, 291-304.

Hawkins, David G. "Passing Gas: Policy implications of leakage from geologic
carbon storage sites." In J. Gale and J. Kaya, editors, *Proceedings of the 6th
International Conference on Greenhouse Gas Control Technologies*. Kyoto,
Japan, October 2002, Amsterdam: Elsevier, 2003.

Hawkins, David. "Stick it Where??—Public Attitudes Toward Carbon Storage."
Proceedings from the First National Conference on Carbon Sequestration,
DOE/National Energy Technology Laboratory, May 2001.

Hayden, Thomas. "Trashing the Oceans." *U.S. News & World Report*, vol. 133,
no. 17, November 4, 2002, 58.

Haynes, C. Vance. "The Rancholabrean Termination: Sudden Extinction in the
San Pedro Valley, Arizona, 11,000 B.C." In Juliet E. Morrow and Cristobal
Gnecco, editors, *Paleoindian Archaeology: A Hemispheric Perspective*.
Gainesville: University Press of Florida, 2006.

Haynes, Gary. "Under Iron Mountain: Corbis Stores 'Very Important Photographs' at Zero Degrees Fahrenheit." *News Photographer*, January 2005.

Herscher, Ellen. "Archaeology in Cyprus." *American Journal of Archaeology*, vol. 99, no. 2, April 1995, 257-94.

Holdaway, R. N., and C. Jacomb. "Rapid Extinction of the Moas (Aves: Dinornithiformes): Model, Test, and Implications." *Science*, vol. 287, no. 5461, March 24, 2000, 2250-54.

Hotz, Robert Lee. "An Eden Above the City." *Los Angeles Times*, May 15, 2004.

Howden, Daniel. "Varosha Doomed to Rot Away in a Lonely Mediterranean Paradise." *The Independent*, April 26, 2004.

Ichikawa, Mitsuo. "The Forest World as a Circulation System: The Impacts of Mbuti Habitation and Subsistence Activities on the Forest Environment." *African Study Monographs*, suppl.26, March 2001, 157-68.

Jackson, Jeremy B. C. "Reefs Since Columbus." *Coral Reefs 6* (suppl.), 1997, S23S32.

Jackson, Jeremy B. C. "What Was Natural in the Coastal Oceans?" *Proceedings of the National Academy of Sciences*, May 8, 2001, vol. 98, no. 10, 5411-18.

Jackson, Jeremy B. C., et al. "Historical Overfishing and the Recent Collapse of Coastal Ecosystems." *Science*, vol. 293, July 27, 2001, 629-38.

Jackson, Jeremy B. C., and Kenneth G. Johnson. "Life in the Last Few Million Years." *The Paleontological Society*, 2000, 221-35.

Jackson, Jeremy B. C., and Enric Sala. "Unnatural Oceans." *Scientia Marina 65* (supp. 2), 2001, 273-81.

Jewett, Thomas O. "Thomas Jefferson, Paleontologist." *The Early America Review*, vol. 3, no. 2, fall 2000.

Jin, Y. G., et al. "Pattern of Marine Mass Extinction Near the Permian-Triassic Boundary in South China." *Science*, vol. 289, July 21, 2000.

Joy, Bill. "Why the Future Doesn't Need Us." *Wired*, vol. 8, no. 4, April, 2000.

Kaiser-Hill Company, L.L.C. "Final Draft: Landfill Monitoring and Maintenance

Plan and Post Closure Plan, Rocky Flats Environmental Technology Site Present Landfill." January 2006, http://192.149.55.183/NewRelease/ PLFMMPlandraftfinal23Jan061.pdf.

Kassam, Aneesa, and Ali Balla Bashuna. "The Predicament of the Waata, Former Hunter-gatherers of East and Northeast Africa: Etic and Emic Perspectives." Paper presented at the Ninth International Conference on Hunters and Gatherers, Edinburgh, Scotland, September 9-13, 2002.

Katz, Miriam E., et al. "Uncorking the Bottle: What triggered the Paleocene/ Eocene thermal maximum methane release?" *Paleoceano-graphy*, vol. 16, no. 6, December 2001, 549-62.

Katzev, S. W. "The Kyrenia Shipwreck: Clue to an Ancient Crime." *The Athenian*, March 1982, 26-28.

Katzev, S. W., and M. L. Katzev. "Last Harbor for the Oldest Ship." *National Geographic*, November 1974, 618-25.

Kazulka, Heorhi. "Belovezhskaya Pushcha: They Go On Logging It Out, On and On and On. . . ." *Narodnaia Volia*, vol. 2, no.1565, January 4, 2003.

Keating, Barbara. "Insular Geology of the Line Islands." In B. H. Keating and B. Bolton, editors, *Geology and Offshore Mineral Resources of the Central Pacific Basin*. Earth Science Monograph Series, Springer Verlag, New York 1992, 77-99.

Keddie, Grant. "Human History: The Atlatl Weapon." Royal BC Museum, Victoria, British Columbia, Canada, N.D., http://www.royalbcmuseum.bc.ca/ hhistory/atlatl-1.pdf.

Kerr, Richard A. "At Last, Methane Lakes on Saturn's Icy Moon Titan—But No Seas." *Science*, vol. 313, August 4, 2006, 398.

Kiehl, Jeffrey, and Christine Shields. "Climate Simulation of the Latest Permian: Implications for Mass Extinction." *Geology*, September 2005, vol. 33, no. 9, 757-60.

Kim, Ke Chung. "Preserving Biodiversity in Korea's Demilitarized Zone." *Science*, vol. 278, no. 5336, October 10, 1997, 242-43.

Kim, Ke Chung. "Preserving the DMZ Ecosystem: The Nexus of Pan-KoreanNature Conservation." In Peninsula: *DMZ Ecosystem Conservation*. The DMZ Forum, 2002, 171-91.

Kim, Ke Chung, and Edward O. Wilson. "The Land That War Protected." *The New York Times Op-Ed*, Tuesday, December 10, 2002, A 31.

Kim, Kew-gon. "Ecosystem Conservation and Sustainable Use in the DMZ and CCA." In Peninsula: *DMZ Ecosystem Conservation*. The DMZ Forum, 2002, 214-50.

Klem, Jr., Daniel. "Bird-Window Collisions." *Wilson Bulletin*, vol.101, no.4, 1989, 606-20.

Klem, Jr., Daniel. "Collisions Between Birds and Windows: Mortality and Prevention." *Journal of Field Ornithology*, vol. 61, no. l, 1990, 120-28.

Klem, Jr., Daniel. "Glass: A Deadly Conservation Issue for Birds." *Bird Observer*, vol. 34, no. 2, 2006, 73-81.

Koppes, Clayton R. "Agent Orange and the Official History of Vietnam." *Reviews in American History*, vol. 13, no. 1, March 1985, 131-35.

Kurzweil, Ray. "Our Bodies, Our Technologies." *Cambridge Forum Lecture*, May 4, 2005, http://www.kurzweilai.net/meme/frame.html?main=/ articles/art0649. html.

Kusimba, Chapurukha M., and Sibel B. Kusimba. "Hinterlands and cities: Archaeological investigations of economy and trade in Tsavo, southeastern Kenya." *Nyame Akuma*, no. 54, December 2000, 13-24.

Lenzi Grillini, Carlo R. "Structural analysis of the Chambura Gorge forest (Queen Elizabeth National Park, Uganda)." *African Journal of Ecology*, vol. 38, 2000, 295-302.

Levy, Sharon, "Navigating With A Built-In Compass." *National Wildlife*, vol. 37, no.6, October—November 1999.

Little, Charles E. "America's Trees Are Dying." *Earth Island Journal*, fall 1995.

Long, Chun-lin, and Jieuru Wang. "Studies of Traditional Tea-Gardens of Jinuo

Nationality, China." In S. K. Jain, editor, *Ethnobiology in Human Welfare*. New Delhi, Deep Publications, 1996, pp. 339-44.

Lorenz, R. D., S. Wall, J. Radebaugh, G. Boubin, E. Reffet, M. Janssen, E. Stofan, R. Lopes, R. Kirk, C. Elachi, J. Lunine, K. Mitchell, F. Paganelli, L. Soderblom, C. Wood, L. Wye, H. Zebker, Y. Anderson, S. Ostro, M. Allison, R. Boehmer, P. Callahan, P. Encrenaz, G. G. Ori, G. Francescetti, Y. Gim, G. Hamilton, S. Hensley, W. Johnson, K. Kelleher, D. Muhleman, G. Picardi, F. Posa, L. Roth, R. Seu, S. Shaffer, B. Stiles, S. Vetrella, E. Flamini, and R. West. "The Sand Seas of Titan: Cassini RADAR Observations of Longitudinal Dunes." *Science*, vol. 312, May 5, 2006, 724-27.

Lozano, Juan A. "Recent Accidents at BP Plants Raise Safety Concerns." *Houston Chronicle, Associated Press*, August 11, 2005.

"M919 Cartridge 25mm, Armor Piercing, Fin Stabilized, Discarding Sabot, with Tracer (APFSDS-T)." *Military Analysis Network*, Federation of American Scientists, 1998, http://www.fas.org/man/dod-101/sys/land/m919.htm.

Markowitz, Michael. "The Sewer System." *Gotham City Gazette*, October 20, 2003.

Martin, Paul S., and D. W. Steadman. "Prehistoric Extinctions on Islands and Continents." In R. D. E. MacPhee, editor, *Extinctions in Near Time: Causes, Contexts and Consequences*. New York: Kluwer/Plenum Press, 1999, 17-55.

Martin, Paul S., and Christine R. Szuter. "War Zones and Game Sinks in Lewis and Clark's West." *Conservation Biology*, vol. 13, no. 1, February 1999, 36-45.

Mato, Y., et al. "Plastic Resin Pellets as a Transport Medium for Toxic Chemicals in the Marine *Environment." Environmental Science and Technology*, vol. 35, 2001, 318-24.

Mayell, Hillary. "Fossil Pushes Upright Walking Back 2 Million Years, Study Says." *National Geographic News*, September 2, 2004.

Mayell, Hillary. "Ocean Litter Gives Alien Species an Easy Ride." *National Geographic News*, April 29, 2002.

McGrath, S. P. "Long-term Studies of Metal Transfers Following Applications of Sewage Sludge." In P. J. Coughtrey, M. H. Martin, and M. H. Unsworth, *Pollutant Transport and Fate in Ecosystems*. Special Publication No. 6 of the British Ecological Society, Oxford: Blackwell Scientific, 1987, 301-17.

McRae, Michael. "Survival Test for Kenya's Wildlife." *Science*, vol. 280, no. 5363, April 28, 1998.

Michel, Thomas. "100 Years of Groundwater Use and Subsidence in the Upper Texas Gulf Coast." Groundwater Reports, Texas Water Development Board, 2005, 139-48.

Milling, T. J. "Leak of gas sends dozens to hospital." *Houston Chronicle*, May 9, 1994.

Mineau, Pierre, and Melanie Whiteside. "Lethal Risk to Birds from Insecticide Use in the United States—a Spatial and Temporal Analysis." *Environmental Toxicology and Chemistry*, vol. 25, no. 5, 2006, 1214-22.

Ministry of the Environment of Japan. "Report: ODS Recovery and Disposal Workshop in Asia and the Pacific Region." Siem Reap, Cambodia, November 6, 2004.

Ministry of the Environment of Japan. "Revised Report of the Study on ODS [Ozone-Depleting Substances] Disposal Options in Article 5 Countries." May 2006.

Moller, Anders Pape, et al. "Condition, Reproduction and Survival of Barn Swallows from Chernobyl." *Journal of Animal Ecology*, vol.74, 2005, 1102-11.

Moller, Anders Pape, and Timothy A. Mousseau. "Biological Consequences of Chernobyl: 20 Years On." *Trends in Ecology and Evolution*, vol. 21, no. 4, April 2006, 200-207.

"Monte Verde Under Fire." *Online Features*, Archaeological Institute of America, October 18, 1999, http://www.archaeology.org/online/ features/clovis/.

Moore, Charles. "Trashed: Across the Pacific Ocean, Plastics, Plastics, Everywhere." *Natural History Magazine*, vol. 112, no. 9, November 2003.

Moore, Charles. "A Comparison of Plastic and Plankton in the North Pacific Central Gyre." *Marine Pollution Bulletin*, vol. 42, no. 12, 2001, 1297-1300.

Moore, Charles., et al. "A Brief Analysis of Organic Pollutants Sorbed to Pre- and Post-Production Plastic Particles from the Los Angeles and San Gabriel River Watersheds." *Proceedings of the Plastic Debris, Rivers to Sea Conference, Redondo Beach, CA, Sept. 2005*, http://conference. plasticdebris.org/ proceedings.html.

Moore, Charles., et al. "A Comparison of Neustonic Plastic and Zooplankton Abundance in Southern California's Coastal Waters." *Marine Pollution Bulletin*, vol. 44, 2002, 1035-38.

Moore, Charles., et al. "Density of Plastic Particles found in zooplankton trawls from Coastal Waters of California to the North Pacific Central Gyre." *Proceedings of the Plastic Debris, Rivers to Sea Conference, Redondo Beach, CA, Sept. 2005*, http://conference.plasticdebris.org/ proceedings.html.

Moore, Charles., et al. "Working Our Way Upstream: A Snapshot of Land-Based Contributions of Plastic and Other Trash to Coastal Waters and Beaches of Southern California." *Proceedings of the Plastic Debris, Rivers to Sea Conference, Redondo Beach, CA, Sept. 2005*, http://conference. plasticdebris. org/proceedings.html.

Moran, Kevin. "15th Body Pulled from Refinery Rubble." Houston Chronicle, March 24, 2005.

Moran, Kevin, and Bill Dawson. "Painful encounter: Leak of Toxic Chemicals Sends Texas City Residents Scurrying." *Houston Chronicle*, April 2, 1998.

Moss, C. J. "The Demography of an African Elephant (*Loxodonta africana*) Population in Amboseli, Kenya." *Journal of Zoology*, 2001, vol. 255, 145-56.

Mullen, Lisa. "Piecing Together a Permian Impact." *Astrobiology Magazine*, May 13, 2004, http://www.astrobio.net/news/modules. php?op=modload&name= News&file=article&sid=969.

Myers, Norman, and Andrew Knoll. "The Biotic Crisis and the Future of

Evolution." *Proceedings of the National Academy of Sciences*, May 8, 2001, vol. 98, no. 10, 5389-92.

Norris, Robert S., and William M. Arkin. "Global nuclear stockpiles, 1945-2000." *The Bulletin of the Atomic Scientists*, vol. 56, no. 02, March-April 2000, 79.

Norris, Robert S., and Hans Kristensen "Nuclear Weapons Data: NRDC Nuclear Notebook." *The Bulletin of the Atomic Scientists*, 2006, http://www. thebulletin.org/nuclear_weapons_data/.

Norton, M. R., H. B. Shah, M. E. Stone, L. E. Johnson, and R. Driscoll. "Overview—Defense Waste Processing Facility Operating Experience." Westinghouse Savannah River Company, WSRC-MS-2002-00145, Contract No. DEAC09-96SR18500, U.S. Department of Energy.

Ochego, Hesbon. "Application of Remote Sensing in Deforestation Monitoring: A Case Study of the Aberdares (Kenya)." Presented at the 2nd FIG Regional Conference, Marrakech, Morocco, December 2-5, 2003.

Oh, Jung-Soo. "Biodiversity and Conservation Stratgies in the DMZ and CCA." In Peninsula: *DMZ Ecosystem Conservation*. The DMZ Forum, 2002, 192-213.

Olivier, Susanne, et al. "Plutonium from Global Fallout Recorded in an Ice Core from the Belukha Glacier, Siberian Altai." *Environmental Science and Technology*, vol. 38, no. 24, 2004, 6507-12.

O'Reilly, Catherine M., Simone R. Alin, Pierre-Denis Plisnier, Andrew S. Cohen, and Brent A. McKee. "Climate Change Decreases Aquatic Ecosystem Productivity of Lake Tanganyika, Africa." *Nature*, vol. 424, August 14, 2003, 766-68.

OSPAR Commission. "Convention for the Protection of the Marine Environment of the North-East Atlantic." Paris, September 21-22, 1992.

Overpeck, Jonathan, et al. "Paleoclimatic Evidence for Future Ice-Sheet Instability and Rapid Sea-Level Rise." *Science*, March 24, 2006, vol. 311, 1747-50.

Owen, James. "Oceans Awash with Microscopic Plastic, Scientists Say." *National Geographic News*, May 6, 2004.

Pandolfi, J. M., R. H. Bradbury, E. Sala, T. P. Hughes, K. A. Bjorndal, R. G. Cooke, D. Macardle, L. McClenahan, M. J. H. Newman, G. Paredes, R. R. Warner, and J. B. C. Jackson. "Global Trajectories of the Long-term Decline of Coral Reef Ecosystems." Science, vol. 301, August 15, 2005, 955-58.

Pandolfi, J. M., J. B. C. Jackson, N. Baron, R. H. Bradbury, H. M. Guzman, T. P. Hughes, C. V. Kappel, F. Micheli, J. C. Ogden, H. P. Possingham, and E. Sala. "Are U.S. Coastal Reefs on a Slippery Slope to Slime?" Science, vol. 307, March 18, 2005, 1725-26, supporting online material: www.sciencemag.org/cgi/content/full/307/5716/1725/DC1.

Peters, Charles M., et al. "Oligarchic Forests of Economic Utilization and Conservation of Tropical Resource." Conservation Biology, vol. 3, no. 4, December 1989, 341-49.

Piller, Charles. "An Alert Unlike Any Other." Los Angeles Times, May 3, 2006.

Pinsker, Lisa M. "Applying Geology at the World Trade Center Site." Geotimes, vol. 46, no. 11, November 2001.

Potts, Richard. "Complexity and Adaptability in Human Evolution." Manuscript submitted to the American Academy of Arts and Sciences, in association with the July 2001 conference "Development of the Human Species and Its Adaptation to the Environment," http://www. uchicago.edu/aff/mwc-amacad/biocomplexity/conference_papers/ PottsComplexity.pdf.

Potts, Richard, et al. "Field Dispatches, The Olorgesailie Prehistoric Site: A Joint Venture of the Smithsonian Institution and the National Museums of Kenya, June 22-August 18, 2004." http://www.mnh.si.edu/anthro/ humanorigins/aop/olorg2004/dispatch/start.htm.

Potts, Richard, Anna K. Behrensmeyer, Alan Deino, Peter Ditchfield, and Jennifer Clark. "Small Mid-Pleistocene Hominin Associated with East African Acheulean Technology." Science, vol. 305, no. 2, July 2004, 75-78.

Poulton, P. R., et al. "Accumulation of Carbon and Nitrogen by Old Arable Land Reverting to Woodland." Global Change Biology, vol. 9, 2003, 942-55.

Quammen, David. "Spirit of the Wild." *National Geographic*, vol. 208, September 2005, 122-43.

Quammen, David. "The Weeds Shall Inherit the Earth." *The Independent*, November 22, 1998, 30-39.

"Radioactive Waste." U.S. Nuclear Regulatory Commission, http://www. nrc.gov/waste.html, March 1, 2006.

"Raising the Quality: Treatment and Disposal of Sewage Sludge." Department for Environment, Food and Rural Affairs (U.K.), September 23, 1998, 13.

Reaney, Patricia. "Cultivated Land Disappears in AIDs-ravaged Africa."*Reuters*, September 8, 2005.

"Report of Workshop of Experts from Parties to the Montreal Protocol to Develop Specific Areas and a Conceptual Framework of Cooperation to Address Illegal Trade in Ozone-Depleting Substances." Montreal, April 3, 2005, United Nations Environment Programme.

"Reprocessing and Spent Nuclear Fuel Management at the Savannah River Site." Institute for Energy and Environmental Research, Takoma Park, Maryland, February 1999.

Richardson, David, and Remy Petit. "Pines as Invasive Aliens: Outlook on Transgenic Pine Plantations in the Southern Hemisphere." In Claire G. Williams, editor, *Landscapes, Genomics and Transgenic Conifer Forests*. New York: Springer Press, 2005.

Richkus, Kenneth D., et al. "Migratory bird harvest information, 2004 Preliminary Estimates." U.S. Fish and Wildlife Service. U.S. Department of the Interior, Washington, D.C., 2005.

Roach, John. "Are Plastic Grocery Bags Sacking the Environment?" *National Geographic News*, September 2, 2003.

Rodda, Gordon H., Thomas H. Fritts, and David Chiszar. "The Disappearance of Guam's Wildlife." *Bioscience*, vol. 47, no. 9, October 1997, 565-75.

Rodgers, Brenda E., Jeffrey K. Wickliffe, Carleton J. Phillips, Ronald K.

Chesser, and Robert J. Baker. "Experimental Exposure of Naive Bank Voles (*Clethrionomys glareolus*) to the Chornobyl, Ukraine, Environment: a Test of Radioresistance." *Environmental Toxicology and Chemistry*, vol. 20, no. 9, 2001, 1936-41.

Rogoff, David. "The Steinway Tunnels." *Electric Railroads*, no. 29, April 1960.

Rubin, Charles T. "Artificial Intelligence and Human Nature." *The New Atlantis*, no. 1, spring 2003, 88-100.

Ruddiman, W. F. "Ice-Driven CO2 Feedback on Ice Volume." *Climate of the Past*, vol. 2, 2006, 43-55.

Sala, Enric, and George Sugihara. "Food web theory provides guidelines for marine conservation." In Andrea Belgrano, et al., *Aquatic Food Webs: An ecosystem approach*. Oxford: Oxford University Press, 2005, 170-83.

Sanderson, E. W., M. Jaiteh, M. E. Levy, et al. "The Human Footprint and the Last of the Wild." BioScience, vol. 52, 2002, 891-904.

Sapolsky, Robert M. "A Natural History of Peace." *Foreign Affairs*, January-February, 2006.

Savidge, Julie A. "Extinction of an Island Forest Avifauna by an Introduced Snake." *Ecology*, vol. 68, no. 3, 1987, 660-68.

Schecter, Arnold, Le Cao Dai, Olaf Päpke, Joelle Prange, John D. Constable, Muneaki Matsuda, Vu Duc Thao, and Amanda L. Piskac. "Recent Dioxin Contamination From Agent Orange in Residents of a Southern Vietnam City." *Journal of Occupational Medicine*, vol. 43, no.5, May 1, 2001, 435-43.

Scherbov, Dr. Sergei, Research Group Leader, Vienna Institute of Demography. "World, Total Population: Assumption Is That from Now on All Women Have One Child." Unpublished, personal communication with author, June 15, 2006.

Scientific American Discovering Archaeology Special Report: Monte Verde Revisited. November-December 1999:

Fiedel, Stuart J. "Artifact Provenience at Monte Verde: Confusion and

Contradictions," 1-12.

Dillehay, Tom, et al. "Reply to Fiedel, Part I," 12-14.

Collins, Michael. "Reply to Fiedel, Part II," 14-15.

West, Frederick H. "The Inscrutable Monte Verde," 16-17.

Haynes, Vance. "Monte Verde and the Pre-Clovis Situation in America," 17-19.

Anderson, David G. "Monte Verde and the Way American Archaeology Does Business," 19-20.

Adovasio, J. M. "Paradigm-Death and Gunfights," 20.

Bonnichsen, Robson. "A Little Kinder?" 20-21.

Tankersley, Ken B. "The Truth Is Out There!" 21-22.

Sheldrick, Daphne. "The Elephant Debate." The David Sheldrick Wildlife Trust, 2006, http://www.sheldrickwildlifetrust.org/html/debate.html.

Smith, Thierry, Kenneth D. Rose, and Philip D. Gingerich. "Rapid Asia-Europe-North America Geographic Dispersal of Earliest Eocene Primate *Teilhardina* During the Paleocene-Eocene Thermal Maximum." *Proceedings of the National Academy of Sciences USA*, vol. 103, no. 30, July 25, 2006, 11223-27.

Spinney, Laura. "Return to Paradise." *New Scientist*, vol. 151, no. 2039, July 20, 1996, 26.

Steadman, David. "Prehistoric Extinctions of Pacific Island Birds: Biodiversity Meets Zooarchaeology." *Science*, vol. 267, 1123-31.

Steadman, David, et al. "Asynchronous extinction of late Quaternary sloths on continents and islands." *Proceedings of the National Academy of Sciences USA*, vol. 102, no. 33, August 16, 2005, 11763-68.

Steadman, David, G. K. Pregill, and S. L. Olson. "Fossil vertebrates from Antigua, Lesser Antilles: Evidence for late Holocene human-caused extinctions in the West Indies." *Proceedings of the National Academy of Sciences USA*, vol. 81, 1984, 4448-51.

Steadman, David, and Anne Stokes. "Changing Exploitation of Terrestrial Vertebrates During the Past 3000 Years on Tobago, West Indies." *Human*

Ecology, vol. 30, no. 3, September 2002, 339-67.

Stengel, Marc K. "The Diffusionists Have Landed." *The Atlantic Monthly*, January 2000, vol. 285, no. 1, 35-48.

Sterling, Bruce. "One Nation, Invisible." *Wired*, Issue 7.08, August 1999.

Stevens, William K. "New Suspect in Ancient Extinctions of the Pleistocene Megafauna: Disease." *New York Times*, April 29, 1997.

Stewart, Jr., C. Neal, et al. "Transgene Introgression from Genetically Modified Crops to Their Wild Relatives." Nature, vol. 4, Oct. 2003, 806-17.

Sublette, Carey. "The Nuclear Weapon Archive: A Guide to Nuclear Weapons." May 2006, http://nuclearweaponarchive.org/.

Takada, Hideshige. "Pellet Watch: Global Monitoring of Persistent Organic Pollutants (POPs) Using Beached Plastic Resin Pellets." *Proceedings of the Plastic Debris, Rivers to Sea Conference, Redondo Beach, CA Sept. 2005*, http://conference.plasticdebris.org/proceedings.html.

Tamaro, George J. "World Trade Center 'Bathtub': From Genesis to Armageddon." *The Bridge (National Academy of Engineering)*, vol. 32, no. 3, Spring 2002, 11-17.

"Technical Factsheet on: Lead." In *National Primary Drinking Water Regulations*. U.S. Environmental Protection Agency, February 28, 2006, http://www.epa.gov/OGWDW/dwh/t-ioc/lead.html.

Tegmark, Max, and Nick Bostrum. "How Unlikely Is a Doomsday Catastrophe?" *Nature*, December 8, 2005, vol. 438, 754.

Thompson, Clive. "Derailed." *New York Magazine*, February 28, 2005.

Thompson, Daniel Q., Ronald L. Stuckey, and Edith B. Thompson. "Spread, Impact, and Control of Purple Loosestrife (*Lythrum salicaria*) in North American Wetlands." U.S. Fish and Wildlife Service. Jamestown, N.Dak.: Northern Prairie Wildlife Research Center, online, June 4, 1999, http://www.npwrc.usgs.gov/resource/plants/loosstrf/loosstrf.htm.

Thompson, Richard C., et al. "Lost at Sea: Where Is All the Plastic?" *Science*, vol.

304, May 7, 2004, 838.

Thorson, Robert M. "Stone Walls Disappearing." *Connecticut Woodlands*, Winter 2005.

"ToxFAQs for Polycyclic Aromatic Hydrocarbons (PAHs)." Agency for Toxic Substances and Disease Registry, 1996, http://www.atsdr.cdc. gov/tfacts69. html.

U.S. Army Environmental Policy Institute (USAEPI), "Health and Environmental Consequences of Depleted Uranium Use by the U.S. Army." Summary Report to Congress, June 1994.

van der Linden, Bart, Harm Smeenge, and Frank Verhart. *Sustainable Forest Degeneration in Bial/owiez'a* 2004, http://www.franknature.nl.

Vartanyan, S. L., et al. "Radiocarbon Dating Evidence for Mammoths on Wrangel Island, Arctic Ocean, Until 2000 BC." *Radiocarbon*, vol. 37, no. 1, 1995, 1-6.

Vitello, Paul. "Rusty Railroad on Its Way to Pristine Park." *New York Times*, June 15, 2005.

Volk, Tyler. "Sensitivity of Climate and Atmospheric CO2 to Deep-Ocean and Shallow-Ocean Carbonate Burial." *Nature*, vol. 337, 1989, 637-40.

Wagner, Thomas. "Humans in England May Go Back 700,000 Years." *Associated Press*, December 14, 2005.

Weinstock, J., E. Willerslev, A. Sher, W. Tong, S. Y. Ho, et al. "Evolution, Systematics, and Phylogeography of Pleistocene Horses in the New World: A Molecular Perspective." *Public Library of Science: Biology*, vol. 3, no. 8, August 2005, e241.

Weisman, Alan. "Diamonds in the Wild." *Condé Nast Traveler*, December 2001, 104+.

Weisman, Alan. "Earth Without People." *Discover Magazine*, vol. 26, no. 02, February 2005, 60-65.

Weisman, Alan. "Journey Through a Doomed Land." *Harper's*, vol. 289, no. 1731, August 1994, 45-53.

Weisman, Alan. "Naked Planet." *Los Angeles Times Magazine*, April 5, 1992, 16+.

Weisman, Alan. "The Real Indiana Jones." *Los Angeles Times Magazine*, October 14, 1990, 12+.

Wenning, Richard J., et al. "Importance of Implementation and Residual Risk Analyses in Sediment Remediation." *Integrated Environmental Assessment and Management*, vol. 2, no. 1, 59-65.

Wesoll/owski, Tomasz. "Virtual Conservation: How the European Union Is Turning a Blind Eye to Its Vanishing Primeval Forest." *Conservation Biology*, vol. 19, no. 5, October 2005, 1349-58.

Western, David. "Human-modified Ecosystems and Future Evolution."*Proceedings of the National Academy of Sciences*, May 8, 2001, vol. 98, no. 10, 5458-65.

Western, David, and Manzolillo Nightingale. "Environmental change and the vulnerability of pastoralists to drought: The Maasai in Amboseli, Kenya." *Africa Environment Outlook Case Studies*, United Nations Environment Programme, Nairobi, 2003.

Western, David, and Manzolillo Nightingale. "Keeping the East African Rangelands Open and Productive." *Conservation and People*, vol. 1, no. 1, October 2005.

Westling, Arthur, et al. "Long-term Consequences of the Vietnam War: Ecosystems." *Report to the Environmental Conference on Cambodia, Laos and Vietnam*, September 15, 2002.

Willis, Edwin O. "Populations and Local Extinctions of Birds on Barro Colorado Island, Panama." *Ecological Monographs*, vol. 44, no. 2, spring 1974, 153-69.

"WIPP Remote-Handled Transuranic Waste Study." DOE/CAO 95-1095, U.S. Department of Energy, Carlsbad Area Office, Carlsbad, N. Mex., October 1995.

Yamaguchi, Eiichiro. "Waste Tire Recycling." Master's thesis, Theoretical and Applied Mechanics, University of Illinois at Urbana, Champaign, October 2000, http://www.p2pays.org/ref/11/10504/.

ㅂ

인간 없는 세상

THE WORLD WITHOUT US

1판 1쇄 발행 2007년 10월 25일
2판 1쇄 발행 2020년 9월 25일
2판 4쇄 발행 2024년 7월 5일

지은이 앨런 와이즈먼
옮긴이 이한중 **감수** 최재천

발행인 양원석
디자인 강소정, 김미선
영업마케팅 조아라, 이지원, 한혜원

펴낸 곳 ㈜알에이치코리아
주소 서울시 금천구 가산디지털2로 53, 20층 (가산동, 한라시그마밸리)
편집문의 02-6443-8932 **도서문의** 02-6443-8800
홈페이지 http://rhk.co.kr
등록 2004년 1월 15일 제2-3726호

ISBN 978-89-255-8979-4 (03400)